Philipp Steibler
Freischneiden in der Festigkeitslehre
De Gruyter Studium

Weitere empfehlenswerte Titel

Basiswissen Maschinenlehre, 2. Auflage
H. Hinzen, 2014
ISBN 978-3-486-77849-6, e-ISBN 978-3-486-85918-8,
e-ISBN (EPUB) 978-3-486-99081-2

Maschinendynamik
M. Schulz, 2017
ISBN 978-3-11-046579-2, e-ISBN 978-3-11-046582-2,
e-ISBN (EPUB) 978-3-11-046597-6

Technische Mechanik Set Band 1–3
F. Mathiak, 2015
ISBN 978-3-11-044237-3

Computational Physics
M. Bestehorn, 2016
ISBN 978-3-11-037288-5, e-ISBN 978-3-11-037303-5,
e-ISBN (EPUB) 978-3-11-037304-2

Philipp Steibler

Freischneiden in der Festigkeitslehre

—

DE GRUYTER
OLDENBOURG

Autor
Prof. Dr. Philipp Steibler
Hochschule Konstanz
Fakultät Maschinenbau
Alfred-Wachtel-Str. 8
steibler@htwg-konstanz.de

ISBN 978-3-11-048118-1
e-ISBN (PDF) 978-3-11-048123-5
e-ISBN (EPUB) 978-3-11-048129-7

Library of Congress Cataloging-in-Publication Data
A CIP catalog record for this book has been applied for at the Library of Congress.

Bibliografische Information der Deutschen Nationalbibliothek
Die Deutsche Nationalbibliothek verzeichnet diese Publikation in der Deutschen
Nationalbibliografie; detaillierte bibliografische Daten sind im Internet über
http://dnb.dnb.de abrufbar.

© 2017 Walter de Gruyter GmbH, Berlin/Boston
Umschlaggestaltung: Artal85/iStock/thinkstock
Satz: le-tex publishing services GmbH, Leipzig
Druck und Bindung: CPI books GmbH, Leck
♾ Gedruckt auf säurefreiem Papier
Printed in Germany

www.degruyter.com

Vorwort

Die Grundlagen der Berechnungsmethoden der Festigkeitslehre sollen in diesem Buch nicht vernachlässigt werden. Allerdings stehen die Anwendung dieser Methoden und ihre Übertragung auf reale Bauteile im Vordergrund. Dem Leser sollen einfache Werkzeuge an die Hand gegeben werden, um seine eigenen Aufgabenstellungen lösen zu können. Er soll ohne große Mathematik-Vorkenntnisse aussagekräftige Ergebnisse erzielen können. Die präsentierten Rechenwege stellen nicht immer die effektivsten dar, ermöglichen aber eine strukturierte Vorgehensweise.

Allerdings bedeuten in der Technischen Mechanik einfache Rechenregeln nicht, dass die Lösungsfindung nicht anspruchsvoll ist. Häufig stellt die Frage, wo und wann die einzelnen Regeln anzuwenden sind, die größte Schwierigkeit dar. Vor allem zu Beginn der Aufgaben ist es wichtig, die prinzipielle Funktionsweise des zu untersuchenden Bauteils zu verstehen und den für die weiteren Berechnungen notwendigen Einstieg zu finden. Diese ersten Schritte, die viel Erfahrung voraussetzen, werden auch als Freischneiden bezeichnet. Um diese Erfahrung zu erlangen, können in diesem Buch zahlreiche Aufgaben bearbeitet werden, die den ganzen Prozess vom gegebenen zu untersuchenden Bauteil bis zur gesuchten Aussage abdecken. Das eigenständige Bearbeiten dieser Aufgaben sollte daher im Vordergrund stehen. Die individuellen Aufgabenskizzen mögen den Leser motivieren, die angegebenen Lösungen zu bestimmen. Bei größeren Schwierigkeiten sind ausführliche Lösungsvorschläge im Anhang beigefügt.

Für ein besseres Verständnis ist es sinnvoll, die Entstehung und Bedeutung der Formeln zu kennen. Einfachere Herleitungen sind im Textfluss integriert. Dabei ist angestrebt, die mathematischen Anforderungen so gering wie möglich zu halten. Herleitungen von Formeln, die eine anspruchsvollere Mathematik verlangen, sind ergänzend im Anhang zu finden.

Dieses Buch ist auf Anregung von Studierenden entstanden, die die vom Autor gehaltenen Lehrveranstaltungen an der Hochschule Konstanz besuchten. Es orientiert sich an den wesentlichen Inhalten der Teilbereiche Statik und Festigkeitslehre der Technischen Mechanik.

Durch die aufgabenbezogene Darstellung richtet sich das Buch nicht nur an Studierende, sondern auch an berufstätige Ingenieure, die eine einfache und effektive Berechnung verlangen.

Der Dank gilt allen Studierenden der Hochschule Konstanz für die zahlreichen Hinweise und Korrekturen, ebenso dem Verlag De Gruyter Oldenbourg für das große Interesse am Entstehen und der Ausstattung dieses Buches.

Konstanz, im Mai 2017   Philipp Steibler

Inhalt

1 Einleitung

Ein wichtiger Bestandteil der Technischen Mechanik ist die Untersuchung von Bauteilen unter dem Einfluss von Kräften. Dabei treten Verformungen und Spannungen auf. Da diese vorgegebene Grenzen nicht überschreiten dürfen, müssen sie für die Konstruktion der Bauteile vorab bestimmt werden.

Im Rahmen dieses Textes sollen nur Bauteile betrachtet werden, die im Wesentlichen stabförmig sind. Sie stehen unter dem Einfluss von Kräften, befinden sich aber in einem statischen Ruhezustand. Das bedeutet, der dynamische Weg in diesen Ruhezustand soll nicht untersucht werden. Dadurch resultiert eine standardisierte Vorgehensweise zur Bestimmung der Spannungen und Verformungen:

– Bestimmung der Kräfte und Momente, die auf das Gesamtbauteil wirken
– Zerlegung des Bauteils in Teilbauteile. Berechnung von sogenannten Schnittkräften und -momenten, die an den Teilbauteilen wirksam sind (Freischneiden)
– Ermittlung der Schaubilder für die sogenannten inneren Kräfte und Momente
– Bestimmung der Spannungen und Verformungen
– Bewertung der Ergebnisse

Für die Berechnung der Kräfte und Momente müssen Gleichgewichtsbedingungen ausgewertet werden. Diese müssten eigentlich am verformten Bauteil erfüllt sein. Das bedeutet, für die Bestimmung der Kräfte und Momente müssten die Verformungen bekannt sein. Da diese aber zu Beginn nicht vorhanden sind, wählt man eine Vereinfachung und bestimmt die Kräfte und Momente an den unverformten Bauteilen. Man spricht von **starren Ersatzbauteilen**. Anhand dieser Größen ermittelt man die Verformungen und Spannungen an den in Wirklichkeit **elastischen Bauteilen**. Das ist allerdings nur zulässig, wenn die Verformungen „ausreichend" klein sind. Diese Bedingung ist bei den Herleitungen und Aufgaben dieses Textes immer erfüllt. Lediglich bei der abschließenden Betrachtung eines Eulerschen Knickstabs wird das Gleichgewicht am verformten Bauteil ausgewertet. Auf Grund der kleinen Verformungen kann zusätzlich vorausgesetzt werden, dass nur lineare Zusammenhänge auftreten. Z.B. wird eine linear von der Dehnung abhängige Spannung betrachtet. Durch diese Vereinfachungen ist es möglich, relativ einfach anzuwendende Formeln zur Bestimmung der Spannungen und Verformungen abzuleiten.

Diese Vereinfachungen haben aber zur Folge, dass immer eine Differenz zwischen Berechnung und Realität existiert. Das bedeutet, in der Praxis müssen nicht nur die Spannungen und Verformungen ermitteln werden, sondern man muss auch entscheiden, ob sie den realen Zustand ausreichend beschreiben, bzw. der begangene Fehler muss abgeschätzt werden.

Beim Freischneiden müssen häufig Kräfte und Momente eingeführt werden, die nicht parallel zu den Koordinatenachsen zeigen. Um die Berechnung zu vereinfachen, werden sie in Komponenten parallel zu den Koordinatenachsen zerlegt. In den Abbil-

DOI 10.1515/9783110481235-001

dungen sind oft nicht nur die gegebenen Kräfte eingezeichnet, sondern auch mit abgeänderter Farbe ihre Komponenten. Für die Berechnung bedeutet dies, dass die Ausgangskräfte und die Zerlegungskräfte nicht gemeinsam berücksichtigt werden dürfen. Je nachdem, wie sich ein einfacherer Berechnungsvorgang ergibt, sind die Gesamtkräfte oder die Zerlegungskräfte zu verwenden.

2 Kräfte und Momente

Eine Kraft beschreibt die Wirkung eines Objektes, welches in diesem Text als Bauteil bezeichnet wird, auf ein anderes. Durch das Wirken der Kraft kann sich das Bauteil beschleunigen, eine Bewegung kann verhindert werden oder das Bauteil kann sich verformen. Die Beobachtung zeigt, dass die Kraft eine gerichtete Größe mit einem Betrag sein muss. Für das Arbeiten mit solchen Größen stellt die Mathematik Vektoren zur Verfügung. Somit kann die Kraft als dreidimensionaler Vektor betrachtet werden. Sie besitzt in jede Raumrichtung eine Komponente F_x, F_y und F_z und einen Betrag F.

$$\text{Kraft:} \quad \vec{F} = \begin{pmatrix} F_x \\ F_y \\ F_z \end{pmatrix} \qquad \text{Betrag der Kraft:} \quad F = \left| \vec{F} \right| = \sqrt{F_x^2 + F_y^2 + F_z^2}$$

Kräfte

Ihr wird die Einheit Newton [N] zugeordnet. Sie kann durch einen Kraftpfeil, der auf der Wirklinie der Kraft liegt, dargestellt werden. Die Kraftkomponenten F_x, F_y und F_z können ebenso als Kräfte betrachtet werden, die jeweils nur in eine der drei Raumrichtungen x, y oder z zeigen. Die Komponenten spannen einen Quader auf, dessen Diagonale die Kraft F beschreibt.

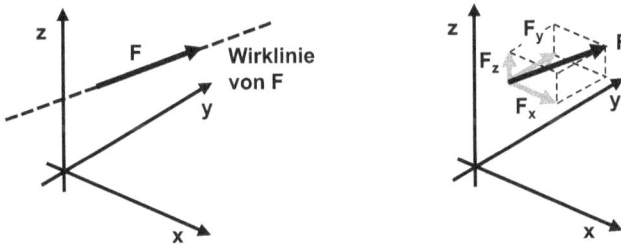

Abb. 2.1: Kraft und ihre Kraftkomponenten.

Möchte man mit Kräften rechnen, müssen die Rechenregeln für Vektoren angewendet werden. Vier häufig angewandte Regeln sollen im Folgenden vorgestellt werden.

Verschiebung der Kraft auf ihrer Wirklinie

Beim Rechnen mit Kräften dürfen diese beliebig entlang ihrer Wirklinien verschoben werden.

DOI 10.1515/9783110481235-002

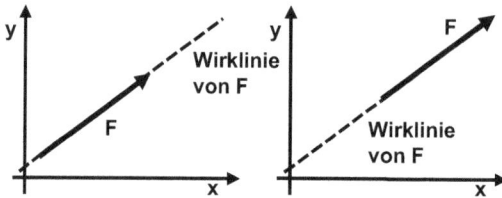

Abb. 2.2: Verschieben der Kraft auf ihrer Wirklinie.

Zerlegung einer Kraft in ihre Kraftkomponenten

Sind der Kraftbetrag F und die Orientierung der Wirklinie bekannt, können die drei Kraftkomponenten ermittelt werden. Im ebenen Fall ($F_z = 0$) erfolgt dies, wie in Abbildung 2.3 dargestellt, über das sogenannte rechtwinkelige **Kräftedreieck**, welches die zwei verbleibenden Komponenten F_x und F_y als Kathete und die Gesamtkraft F als Hypotenuse beinhaltet.

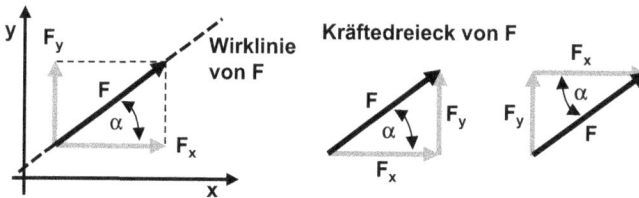

Abb. 2.3: Berechnung der ebenen Kraftkomponenten mittels Orientierungswinkel α.

Im ebenen Beispiel (Abbildung 2.3) ist die Orientierung durch den Winkel α, welchen die Wirklinie mit der x-Achse einschließt, definiert. Für die Kraft gelte $F = 5$ N und für den Winkel $\tan\alpha = 0.75$. Diese Winkelgröße impliziert $\sin\alpha = 0.6$ und $\cos\alpha = 0.8$. Die Komponenten F_x und F_y stellen dann die Projektionen der Kraft F auf die x- und y-Achsen dar. Für ihre Berechnung kann entweder die Komponente F_y nach rechts oder die Komponente F_x nach oben verschoben werden, um ein sogenanntes **Kräftedreieck** zu erhalten. Mit diesem rechtwinkligen Dreieck erhält man die gesuchten Komponenten.

$$\frac{F_x}{F} = \cos\alpha \quad \Rightarrow \quad F_x = F\cos\alpha = 5\,\text{N} \cdot 0.8 = 4\,\text{N}$$

$$\frac{F_y}{F} = \sin\alpha \quad \Rightarrow \quad F_y = F\sin\alpha = 5\,\text{N} \cdot 0.6 = 3\,\text{N}$$

Alternativ kann die Lage der Wirklinie dadurch bestimmt werden, dass die Koordinaten zweier Punkte P_1 und P_2 gegeben sind, durch welche die Wirklinie verläuft. Für die Berechnung werden, wie in Abbildung 2.4 dargestellt, die Koordinaten $P_{1x} = 2$, $P_{1y} = 2$, $P_{2x} = 8$ und $P_{2y} = 6.5$ gewählt. Die Kraft hat den Betrag $F = 5$ N. Durch die zwei Punkte kann ein rechtwinkliges Dreieck $P_1P_0P_2$ aufgespannt werden, welches

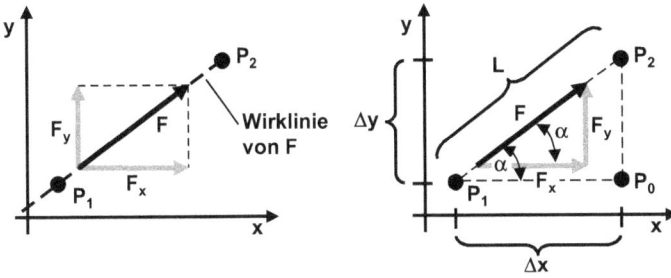

Abb. 2.4: Berechnung der ebenen Kraftkomponenten mittels Richtungskosinus.

den gleichen Winkel α wie das Kräftedreieck besitzt. Für die Berechnung muss der waagrechte Abstand $\Delta x = 6$, der senkrechte $\Delta y = 4.5$ und der Gesamtabstand $L = 7.5$ der beiden Punkte P_1 und P_2 bestimmt werden.

$$\sin \alpha = \frac{\Delta y}{L} = \frac{4.5}{7.5} = 0.6$$

$$\cos \alpha = \frac{\Delta x}{L} = \frac{6}{7.5} = 0.8$$

Mit den Werten für $\sin \alpha$ und $\cos \alpha$ können wie im vorausgegangenen Beispiel die Kraftkomponenten F_x und F_y bestimmt werden. Verknüpft man die Ergebnisse der beiden Beispiele, kann man die Komponenten ohne die explizite Bestimmung des Winkels ermitteln.

$$F_x = F \cos \alpha = F\frac{\Delta x}{L} = 5\,\text{N} \cdot 0.8 = 4\,\text{N}$$

$$F_y = F \sin \alpha = F\frac{\Delta y}{L} = 5\,\text{N} \cdot 0.6 = 3\,\text{N}$$

Die beiden Quotienten $\Delta x/L$ und $\Delta y/L$ werden als **Richtungskosinus** bezeichnet. Führt man ebenso $\Delta z/L$ ein, können allgemein die Kraftkomponenten aus dem Kraftbetrag und den drei Richtungskosinus bestimmt werden.

$$\vec{F} = \begin{pmatrix} F_x \\ F_y \\ F_z \end{pmatrix} = F \begin{pmatrix} \Delta x/L \\ \Delta y/L \\ \Delta z/L \end{pmatrix} = F\frac{1}{L} \begin{pmatrix} \Delta x \\ \Delta y \\ \Delta z \end{pmatrix}$$

Vor allem bei räumlichen Aufgaben erweist sich die Zerlegung mit Hilfe der Richtungskosinus als vorteilhaft.

Addition zweier Kräfte

Ebene Kräfte werden zeichnerisch mit dem **Kräfteparallelogramm** (Abbildung 2.5 links) addiert. Die beiden Ausgangskräfte F_1 und F_2 stellen die Seiten des Parallelogramms dar, die resultierende Kraft F_R die Diagonale. Dabei ist zu beachten, dass

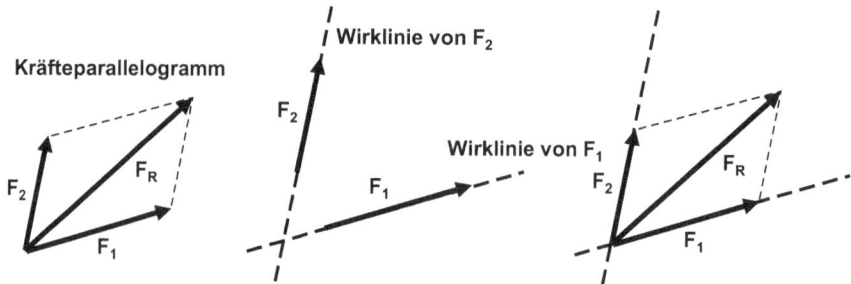

Abb. 2.5: Ebene Kräfteaddition mit dem Kräfteparallelogramm.

im Allgemeinen die Summe der Beträge der beiden Ausgangskräfte nicht gleich dem Betrag der resultierenden ist.

$$F_R \leq F_1 + F_2$$

Nur wenn beide Ausgangskräfte parallel zueinander sind, darf das Gleichheitszeichen verwendet werden. Gehen die beiden Kräfte nicht von einem gemeinsamen Punkt aus (Abbildung 2.5 Mitte), können sie auf ihren Wirklinien verschoben werden, um das Kräfteparallelogramm zu erzeugen (Abbildung 2.5 rechts).

Um bei der rechnerischen Addition nur mit Komponenten arbeiten zu können, wird ein Bezugskoordinatensystem eingeführt, in welches man die Kräfte bzw. ihre Kraftkomponenten einzeichnet. Anschließend können die einzelnen Komponenten der resultierenden Kraft F_R unabhängig voneinander bestimmt werden. Dazu verwendet man nur die positiven Beträge der Ausgangskomponenten. Zeigen diese in die positiven Koordinatenrichtungen, wird den Beträgen ein positives Vorzeichen vorausgestellt, andernfalls ein negatives.

$$
\begin{array}{l}
F_{Rx} = (\pm F_{1x}) + (\pm F_{2x}) \\
F_{Ry} = (\pm F_{1y}) + (\pm F_{2y}) \\
F_{Rz} = (\pm F_{1z}) + (\pm F_{2z})
\end{array}
$$

Der positive Betrag des resultierenden Wertes stellt den Betrag der Komponente dar. Ist der Wert größer null, zeigt die Komponente in die positive Koordinatenrichtung, andernfalls in die negative. Die Lage der Wirklinie der resultierenden Kraft wird dabei nicht ermittelt (vgl. Abbildung 2.6).

$$F_{Rx} = (-F_{1x}) + (+F_{2x}) = (-2\,\text{N}) + (4\,\text{N}) = 2\,\text{N}$$
$$F_{Ry} = (-F_{1y}) + (+F_{2y}) = (-4\,\text{N}) + (3\,\text{N}) = -1\,\text{N}$$

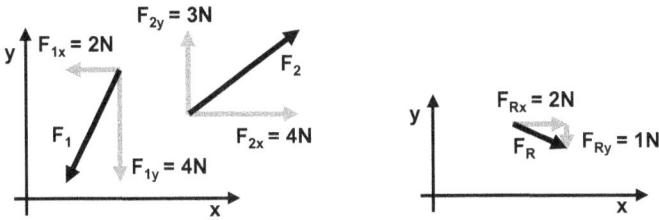

Abb. 2.6: Rechnerische Addition der Kräfte F_1 und F_2.

Zerlegung einer Ausgangskraft in zwei einzelne Kräfte

Eine in Abbildung 2.7 gegebene Ausgangskraft F_R kann in zwei Kräfte F_1 und F_2 zerlegt werden, wenn die Orientierung der Wirklinien der beiden gesuchten Kräfte bekannt ist. Dazu soll im folgenden Beispiel die gegebene senkrechte Kraft F_R in zwei Kräfte F_1 und F_2 zerlegt werden, deren Wirklinien durch die Punkte P_1 und P_2 bzw. durch den Winkel α gegeben sind.

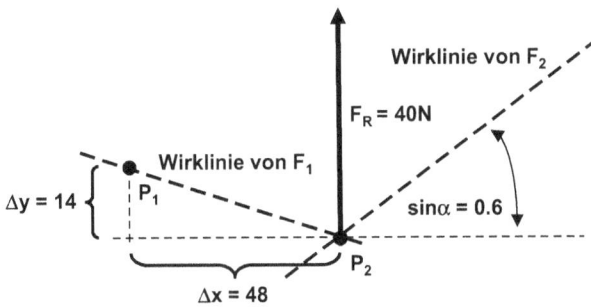

Abb. 2.7: Aufgabenstellung zur Kräftezerlegung.

Erfolgt dies bei ebenen Aufgaben zeichnerisch, bedeutet dies, dass die Diagonale des Kräfteparallelogramms bekannt ist und die Kantenlängen gesucht sind. Dazu werden die beiden Parallelen zu den Wirklinien von F_1 und F_2 durch die Pfeilspitze von F_R gezeichnet. Daraus resultiert das Kräfteparallelogramm. Zeichnet man maßstabsgetreu, so kann man in der Skizze aus den Seitenlängen die Beträge der gesuchten Kräfte bestimmen. Für die rechnerische Bestimmung werden mit Hilfe der Skizze die Kraftkomponenten F_{1x}, F_{1y}, F_{2x} und F_{2y} durch die Gesamtkräfte F_1 und F_2 dargestellt.

$$F_{1x} = \Delta x/L \cdot F_1 = 48/50 F_1 = 0.96 F_1$$
$$F_{1y} = \Delta y/L \cdot F_1 = 14/50 F_1 = 0.28 F_1$$
$$F_{2x} = \cos\alpha \cdot F_2 = 0.8 F_2$$
$$F_{2y} = \sin\alpha \cdot F_2 = 0.6 F_2$$

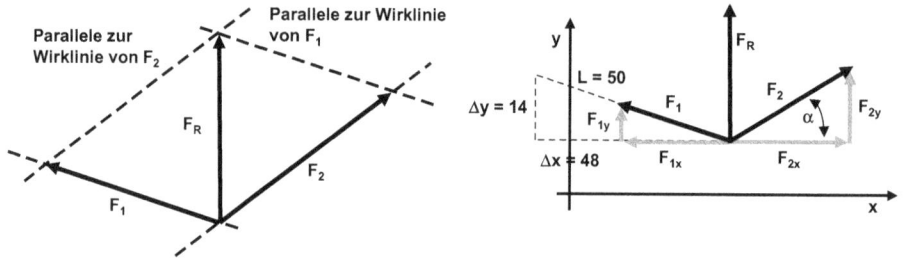

Abb. 2.8: Zeichnerische (links) und rechnerische Kräftezerlegung (rechts).

Anschließend werden komponentenweise die Summen gebildet.

$$F_{Rx} = 0 = (-F_{1x}) + (+F_{2x}) = -F_{1x} + F_{2x} = -0.96F_1 + 0.8F_2$$
$$F_{Ry} = 40\,\text{N} = (+F_{1y}) + (+F_{2y}) = F_{1y} + F_{2y} = 0.28F_1 + 0.6F_2$$

Die beiden resultierenden Gleichungen ergeben $F_1 = 40\,\text{N}$ und $F_2 = 48\,\text{N}$. Die Zerlegung einer Kraft in ihre Kraftkomponenten stellt einen Spezialfall der Kräftezerlegung dar.

Momente

Als weitere Wirkung einer Kraft ist zu beobachten, dass sie versucht, ein Bauteil um einen Drehpunkt oder Bezugspunkt P_0 zu verdrehen. Diese Wirkung kann als Moment M bezeichnet werden. Es lässt sich feststellen, dass die Wirkung dieses Moments mit wachsender Kraft und mit wachsendem Abstand der Wirklinie der Kraft vom Bezugspunkt zunimmt. Mathematisch lässt sich diese Eigenschaft durch ein Kreuzprodukt eines Abstandes r zwischen dem Bezugspunkt P_0 und dem Kraftangriffspunkt P_1 und der Kraft F beschreiben.

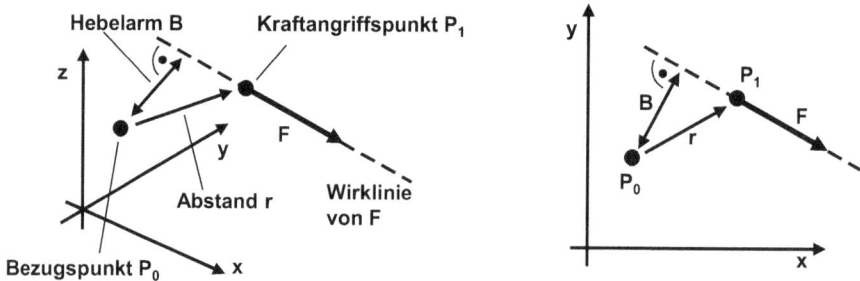

Abb. 2.9: Benötigte Größen zur Bestimmung des durch eine Kraft erzeugten Moments.

$$\vec{M} = \begin{pmatrix} M_x \\ M_y \\ M_z \end{pmatrix} = \vec{r} \times \vec{F} = \begin{pmatrix} r_x \\ r_y \\ r_z \end{pmatrix} \times \begin{pmatrix} F_x \\ F_y \\ F_z \end{pmatrix} = \begin{pmatrix} r_y F_z - r_z F_y \\ r_z F_x - r_x F_z \\ r_x F_y - r_y F_x \end{pmatrix}$$

Da das Ergebnis eines Kreuzproduktes ebenso ein Vektor ist, gelten für das Moment alle Rechenregeln wie für die Kraft. Es steht senkrecht zum Ortsvektor $P_0 P_1$ und zum Kraftvektor F.

Wählt man einen beliebigen Punkt auf der Wirklinie, so kann man den Abstand dieses Punktes vom Bezugspunkt P_0 bestimmen. Der Hebelarm B ist der Abstand des Punktes, bei welchem der Abstandswert minimal wird. Der Betrag M des Momentes ist das Produkt des Hebelarmes B, welcher senkrecht auf der Kraft F steht, mit dem Betrag der Kraft F (vgl. Anhang A1). Das Moment hat daher die Einheit [Nmm] oder [Nm].

$$M = \left| \vec{M} \right| = \sqrt{M_x^2 + M_y^2 + M_z^2} = BF$$

Liegt die Kraft F und der Ortsvektor $P_0 P_1$ in einer Ebene, so steht das resultierende Moment senkrecht auf dieser Ebene. Ist dies die xy-Ebene, folgt, dass nur M_z ungleich null ist, entsprechend bei der xz-Ebene M_y und bei der yz-Ebene M_x. Somit kann dann $M_z = M$ bzw. $M_y = M$ oder $M_x = M$ verwendet werden und es muss nicht zwischen den Komponenten und dem Gesamtmoment unterschieden werden. Das Moment M versucht das Bauteil um eine Drehachse, die senkrecht auf der Ebene steht, zu verdrehen.

Verwendet man ein kartesisches Koordinatensystem, bei welchem die nicht gezeichnete Koordinatenachse aus der Ebene herauszeigt (Abbildung 2.10 links), so dreht ein positives Moment mathematisch positiv gegen die Uhr (Abbildung 2.10 Mitte).

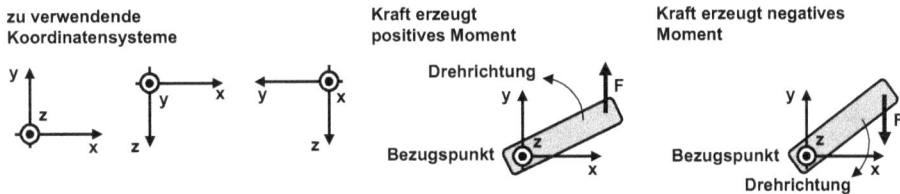

Abb. 2.10: Geeignete ebene Koordinatensysteme (links) und Drehsinn der Momente (Mitte und rechts).

Da Kraft und Moment immer senkrecht zueinander stehen, hat das Moment in Richtung der Kraft eine Komponente mit dem Betrag null. **Somit kann die Kraft, die parallel zu einer Drehachse zeigt, bezüglich dieser kein Moment erzeugen.** Die Kraft versucht nicht, das Bauteil um diese Achse zu verdrehen.

Im folgenden Beispiel aus Abbildung 2.11 soll das von F bezüglich des Bezugspunktes erzeugte Moment bestimmt werden. Die Kraft F ist durch die Komponenten $F_x = 1$ N und $F_y = 2$ N definiert.

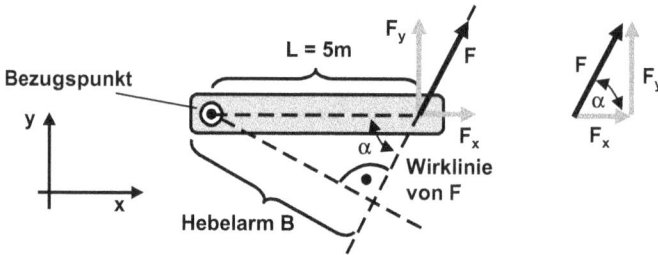

Abb. 2.11: Aufgabenstellung zur ebenen Bestimmung eines Moments.

$$F = \sqrt{F_x^2 + F_y^2} = \sqrt{5}\,\text{N}$$

$$\sin \alpha = \frac{F_y}{F} = \frac{2}{\sqrt{5}}$$

$$B = L \sin \alpha = \frac{10}{\sqrt{5}}\,\text{m}$$

$$M = BF = 10\,\text{Nm}$$

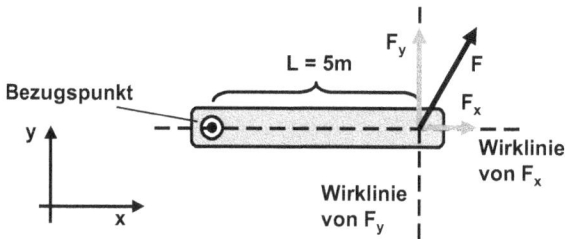

Abb. 2.12: Bestimmung des Moments durch Berücksichtigung der Kraftkomponenten.

Bestimmt man nicht das Moment mit der Gesamtkraft F, sondern berechnet, wie in Abbildung 2.12 angewandt, die Teilmomente der Kraftkomponenten und addiert diese anschließend, so reduziert sich der Rechenaufwand

$$M = 0 \cdot F_x + LF_y = 10\,\text{Nm}$$

Dabei wird ersichtlich, dass eine Kraft, deren Wirklinie durch den Bezugspunkt geht, bezüglich des Bezugspunktes kein Moment erzeugt.

Mit dem folgenden Beispiel (Abbildung 2.13) kann die zweite Bedeutung des Begriffs Moment vorgestellt werden. Die beiden Kräfte sind entgegengesetzt orientiert und haben den gleichen Betrag. Das bedeutet, ihre Kräftesumme beträgt null. Bezüglich des Bezugspunktes erzeugen sie zusammen das Moment $M = L_2F$. Somit ist der Betrag des Momentes nur vom Abstand L_2 der beiden Angriffspunkte der Kräfte abhängig. Ändert man die Lage des Bezugspunktes und somit die Länge L_1, so ändert sich das resultierende Moment nicht. Dies bedeutet, dass die beiden Kräfte bezüglich allen Bezugspunkten das gleiche Moment erzeugen. Solche zwei Kräfte werden als **Kräftepaar** bezeichnet.

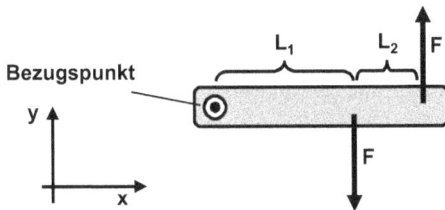

Abb. 2.13: Wirkweise eines Kräftepaars.

Verallgemeinert man dies, **kann man die Wirkung von zwei oder mehr Kräften, deren Kräftesumme gleich null ist, als Moment M bezeichnen** (vgl Abbildung 2.14 und 2.15). Betrag und Wirkrichtung des Moments sind von der Größe und Anordnung der Kräfte abhängig. Das Moment erzeugt bezüglich jedem Bezugspunkt das gleiche Moment. Versuchen die Kräfte das Bauteil mathematisch positiv zu verdrehen, spricht man von einem positiven Moment, welches in der ebenen Ansicht durch einen positiv drehenden Kreispfeil dargestellt wird. Andernfalls ergibt sich ein negatives Moment. Der Angriffspunkt des Momentes ergibt sich im Normalfall aus den geometrischen Gegebenheiten.

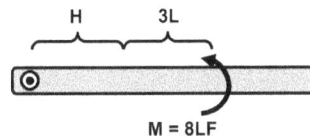

Abb. 2.14: Zusammenfassung mehrerer Kräfte durch ein positives Moment.

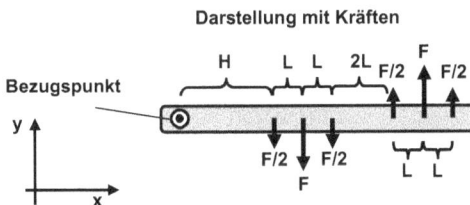

$$M = -H\frac{F}{2} - (H + L)\,F - (H + 2L)\,\frac{F}{2} + (H + 4L)\,\frac{F}{2} + (H + 5L)\,F + (H + 6L)\,\frac{F}{2} = 8LF$$

Kräfte erzeugen ein negatives Moment

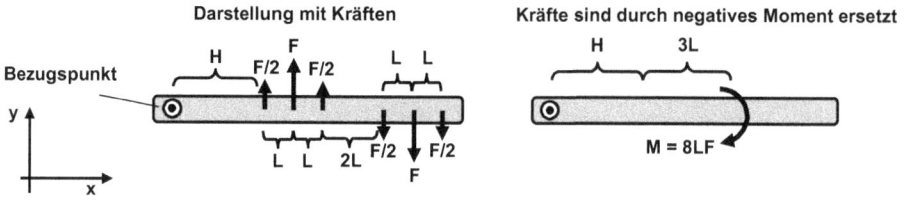

Abb. 2.15: Zusammenfassung mehrerer Kräfte durch ein negatives Moment.

$$M = H\frac{F}{2} + (H + L)\,F + (H + 2L)\,\frac{F}{2} - (H + 4L)\,\frac{F}{2} - (H + 5L)\,F - (H + 6L)\,\frac{F}{2} = -8LF$$

Bei der ebenen Darstellung ist der Kreispfeil sehr übersichtlich. Bei räumlichen Aufgaben müsste dieser perspektivisch dargestellt werden. Dies ist nicht immer eindeutig. Daher wird bei räumlicher Darstellung der ursprüngliche Vektorpfeil verwendet. Um den Unterschied zu Kräften zu betonen, verwendet man bei Momenten eine Doppelpfeilspitze. Ein positives Moment zeigt in die positive Koordinatenrichtung.

Abb. 2.16: Ebene und räumliche Darstellung von Momenten.

Resultierende Kraft

Hat man n Kräfte, deren Kräftesumme ungleich null ist, können diese zu einer **resultierenden Kraft** F_R zusammengefasst werden. Die resultierende Kraft F_R ist die

Summe der n Ausgangskräfte.

$$F_{Rx} = (\pm F_{1x}) + (\pm F_{2x}) + \ldots + (\pm F_{nx}) = \sum_{i=1}^{n} (\pm F_{ix})$$

$$F_{Ry} = (\pm F_{1y}) + (\pm F_{2y}) + \ldots + (\pm F_{ny}) = \sum_{i=1}^{n} (\pm F_{iy})$$

$$F_{Rz} = (\pm F_{1z}) + (\pm F_{2z}) + \ldots + (\pm F_{nz}) = \sum_{i=1}^{n} (\pm F_{iz})$$

Die Lage der Wirklinie der resultierenden Kraft F_R ist dadurch bestimmt, dass sie bezüglich einem Bezugspunkt ein Moment M_R erzeugt, welches der Summe der Teilmomente der n Ausgangskräfte F_i entspricht.

Bei ebenen Aufgaben in einem xy-Koordinatensystem legt man den Bezugspunkt in den Koordinatenursprung und bestimmt dann die x-Koordinate x_R des Schnittpunktes zwischen der Wirklinie von F_R und der x-Achse. Mit diesem Schnittpunkt ist ein Punkt der Wirklinie bekannt. Durch die Kraftkomponenten von F_R ist die Richtung der Wirklinie bekannt. Da die Wirklinie eine Gerade ist, ist sie durch diese Angaben eindeutig bestimmt.

$$M_R = x_R F_{Ry} = \pm y_1 F_{1x} \pm x_1 F_{1y} \ldots \pm y_n F_{nx} \pm x_n F_{ny} = \sum_{i=1}^{n} (\pm y_i F_{ix} \pm x_i F_{iy})$$

Die Längen y_i und x_i beschreiben die Hebelarme der Kraftkomponenten F_{ix} und F_{iy}. Die positiven oder negativen Vorzeichen werden entsprechend, ob die Komponenten positive oder negative Momente erzeugen, verwendet. Im folgenden Beispiel aus Abbildung 2.17 soll aus den beiden gegebenen Kräften F_1 und F_2 mit den Komponenten $F_{1x} = 1\,\text{N}$, $F_{1y} = 2\,\text{N}$, $F_{2x} = 4\,\text{N}$ und $F_{2y} = 3\,\text{N}$ die resultierende Kraft F_R und die Lage ihrer Wirklinie bestimmt werden.

$$F_{Rx} = -F_{1x} + F_{2x} = -1\,\text{N} + 4\,\text{N} = 3\,\text{N}$$

$$F_{Ry} = F_{1y} + F_{2y} = 2\,\text{N} + 3\,\text{N} = 5\,\text{N}$$

$$x_R F_{Ry} = 2.5\,\text{m} \cdot F_{1y} + 5\,\text{m} \cdot F_{2y} = 2.5\,\text{m} \cdot 2\,\text{N} + 5\,\text{m} \cdot 3\,\text{N}$$

$$\Rightarrow \quad x_R = \frac{20\,\text{Nm}}{F_{Ry}} = \frac{20\,\text{Nm}}{5\,\text{N}} = 4\,\text{m}$$

Durch Wiederholung der Vorgehensweise in einem weiteren ebenen Koordinatensystem kann auch die Wirklinie bei räumlichen Aufgabenstellungen bestimmt werden.

Häufig treten viele Kräfte F_i, die jeweils in einem Streckenabschnitt Δx_i wirksam sind, auf. Für die dargestellte Skizze in Abbildung 2.18 links lässt sich die y-Komponente der resultierenden Kraft bestimmen, wofür die einzelnen Kräfte F_i durch den Quotient $q_i = F_i/\Delta x_i$ ersetzt werden. Die Größe x_i ist die x-Koordinate des Kraftangriffspunkts der Kraft F_i.

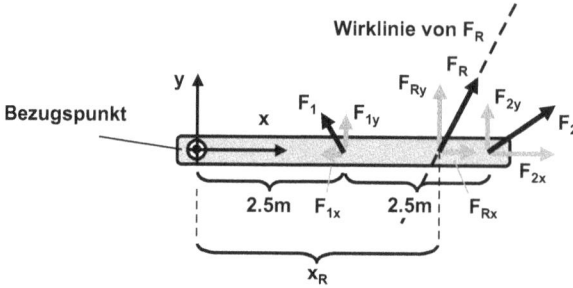

Abb. 2.17: Aufgabenstellung zur Bestimmung der resultierenden Kraft F_R.

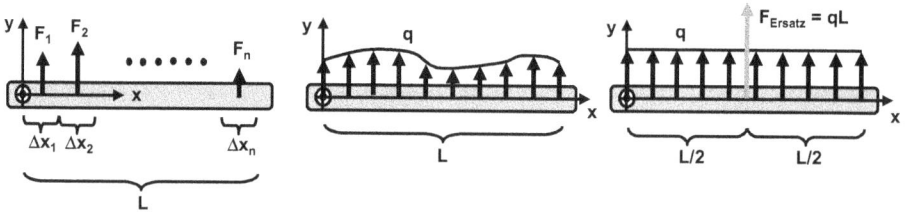

Abb. 2.18: Definition von Streckenlasten q.

$$F_{Ry} = \sum_{i=1}^{n} F_i = \sum_{i=1}^{n} \frac{F_i}{\Delta x_i} \Delta x_i = \sum_{i=1}^{n} q_i \Delta x_i$$

$$x_R F_{Ry} = \sum_{i=1}^{n} x_i F_i = \sum_{i=1}^{n} x_i \frac{F_i}{\Delta x_i} \Delta x_i = \sum_{i=1}^{n} x_i q_i \Delta x_i \quad \Rightarrow \quad x_R = \frac{1}{F_{Ry}} \sum_{i=1}^{n} x_i q_i \Delta x_i$$

Ist die Belastung durch den Quotient q_i über die gesamte Bauteillänge gleichmäßig verteilt und wirkt nicht nur an einzelnen, diskreten Punkten, kann dies dadurch beschrieben werden, dass die Anzahl n der Abschnitte gegen unendlich und deren Länge Δx_i gegen unendlich klein strebt. Dies wird als **Streckenlast** mit der Einheit [N/mm] oder [N/m] bezeichnet und gemäß Abbildung 2.18 Mitte dargestellt.

$$F_{Ry} = \lim_{n \to \infty} \sum_{i=1}^{n} q_i \Delta x_i = \int_{0}^{L} q\,dx = \int_{L} q\,dx$$

$$x_R = \lim_{n \to \infty} \frac{1}{F_{Ry}} \sum_{i=1}^{n} x_i q_i \Delta x_i = \frac{1}{F_{Ry}} \int_{0}^{L} xq\,dx = \frac{1}{F_{Ry}} \int_{L} xq\,dx$$

Ist die Streckenlast q wie in Abbildung 2.18 rechts über der Bauteillänge L konstant, gilt für die resultierende Kraft $F_{\mathrm{Ry}} = F_{\mathrm{Ersatz}} = qL$ und $x_\mathrm{R} = L/2$.

$$F_{\mathrm{Ry}} = F_{\mathrm{Ersatz}} = \int_L q\,dx = q\int_L dx = qL \qquad\qquad \Rightarrow \quad \boxed{F_{\mathrm{Ry}} = F_{\mathrm{Ersatz}} = qL} \quad \text{!}$$

$$x_\mathrm{R} = \frac{1}{F_{\mathrm{Ry}}}\int_L xq\,dx = \frac{1}{qL}q\int_L x\,dx = \frac{1}{L}\left[\frac{x^2}{2}\right]_0^L = \frac{1}{L}\frac{L^2}{2} = \frac{L}{2} \quad \Rightarrow \quad \boxed{x_\mathrm{R} = \frac{L}{2}} \quad \text{!}$$

Allgemein greift die Ersatzkraft F_{Ersatz} einer konstanten Streckenlast in der Mitte der Strecke, an der die Streckenlast wirksam ist, an.

An der linken Seite des Bauteils in Abbildung 2.19 links wirken die Streckenlasten $q_x = -12L/H^3 Fy$ und $q_y = F/H$.

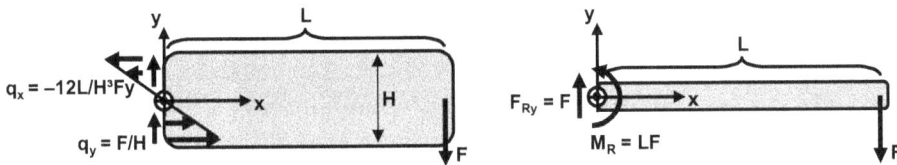

Abb. 2.19: Streckenlasten und die daraus resultierende Kraft F_{Ry} und das resultierende Moment M_R.

Ist der lokale Einfluss der Streckenlasten über der Höhe H in y-Richtung nicht von Interesse, so ist es sinnvoll, die resultierenden Größen $F_{\mathrm{Rx}} = 0$, $F_{\mathrm{Ry}} = F$ und $M_\mathrm{R} = LF$ zu bestimmen. Das negative Vorzeichen bei M_R muss eingeführt werden, damit die Vorzeichenregeln erfüllt werden.

$$F_{\mathrm{Rx}} = \int_{-H/2}^{H/2} q_x\,dy = \int_{-H/2}^{H/2} -12\frac{L}{H^3}Fy\,dy = -12\frac{L}{H^3}F\int_{-H/2}^{H/2} y\,dy = -12\frac{L}{H^3}F\left[\frac{y^2}{2}\right]_{-H/2}^{H/2} = 0$$

$$F_{\mathrm{Ry}} = q_x H = \frac{F}{H}H = F$$

$$M_\mathrm{R} = -\int_{-H/2}^{H/2} q_x y\,dx = -\int_{-H/2}^{H/2} -12\frac{L}{H^3}Fy^2\,dx = 12\frac{L}{H^3}F\int_{-H/2}^{H/2} y^2\,dx = 12\frac{L}{H^3}F\left[\frac{y^3}{3}\right]_{-H/2}^{H/2}$$

$$= 12\frac{L}{H^3}F\frac{H^3}{12} = LF$$

Wie in Abbildung 2.19 rechts können somit die Wirkungen der Streckenlasten durch die Kraft F_{Ry} und durch das M_R beschrieben werden. Dies bedeutet gleichzeitig, dass die Höhe H vernachlässigt und nur die Bauteillänge L berücksichtigt wird.

Arbeitet man mit starren Ersatzbauteilen, so ist diese Vorgehensweise immer zulässig. Erst wenn die Spannungen und Verformungen bei elastischen Bauteilen betrachtet werden, müssen die lokalen Wirkungen in Richtung der Höhe berücksichtigt werden.

Aufgaben zu Kapitel 2

Aufgabe 2.1

Es sei $F_{4x} = F_{4y} = 0$ und $F_{4z} \neq 0$. F_{4z} ist derart zu wählen, dass die Summe der vier Kräfte F_1, F_2, F_3 und F_4 eine resultierende Kraft $F_R = 21$ N ergibt, die in die negative z-Richtung zeigt (Lösung $F_{4z} = -25$ N).

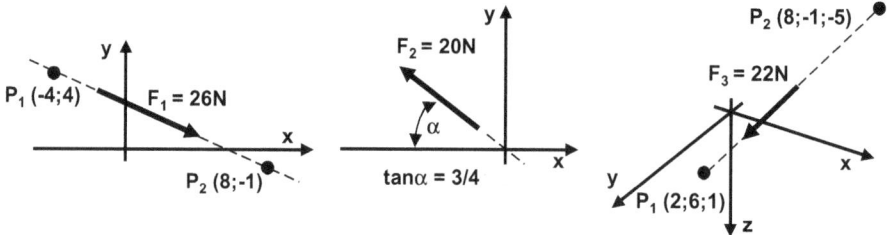

Aufgabe 2.2

Die Kräfte $F_1 = 50$ N und F_2 liegen in einer Ebene, die parallel zur yz-Ebene verläuft.
a) Die Kraft F_1 ist in einen zum Stab parallelen und in einem zum Stab senkrechten Anteil zu zerlegen.
b) Wie groß muss der Winkel β sein, wenn $F_{2y} = 12/13 F_2$ beträgt? Wie groß ist dann F_{2z}?
c) Die Kraft F_2 ist analog zu F_1 zu zerlegen.
d) Wie groß ist F_2 zu wählen, wenn die beiden parallelen Komponenten zusammen 81 N ergeben (Lösung $F_2 = 100$ N)?

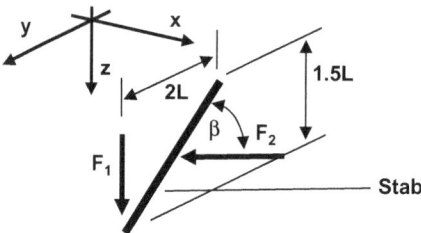

Aufgabe 2.3

Welche Momente erzeugen die Kräfte F_1 und F_2 bezüglich des Koordinatenursprungs ($\tan\alpha = 7/24$, $\tan\beta = 4/3$) (Lösung $M_1 = 800LF$, $M_2 = \sqrt{7972}LF$)?

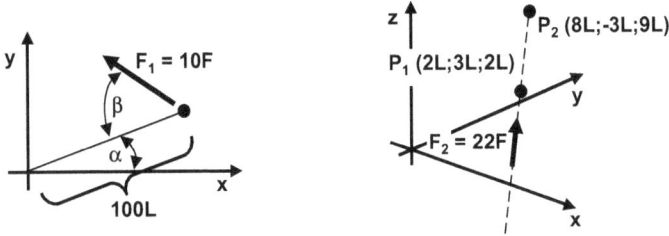

Aufgabe 2.4

Der Stab mit der Länge $10L$ liegt in der xy-Ebene. Die gegebenen Momente zeigen in x- oder y-Richtung ($\tan\alpha = 4/3$). Welche Momente wirken an den beiden Punkten A und B in Stabrichtung und quer zum Stab (Lösung: $|M_{A,parallel}| = M_{B,parallel} = 48LF$, $|M_{A,quer}| = 136LF$, $M_{B,quer} = 36LF$)?

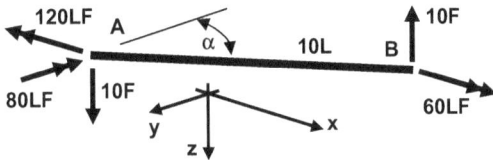

Aufgabe 2.5

Welche resultierende Kraft ergibt sich? Wo schneidet ihre Wirklinie die x-Achse (Lösung: $x_{R,B1} = 0.5\,\text{m}$, $|x_{R,B2}| = 34L$, $x_{R,B3} = 9L$, $x_{R,B4} = 1\,\text{m}$)?

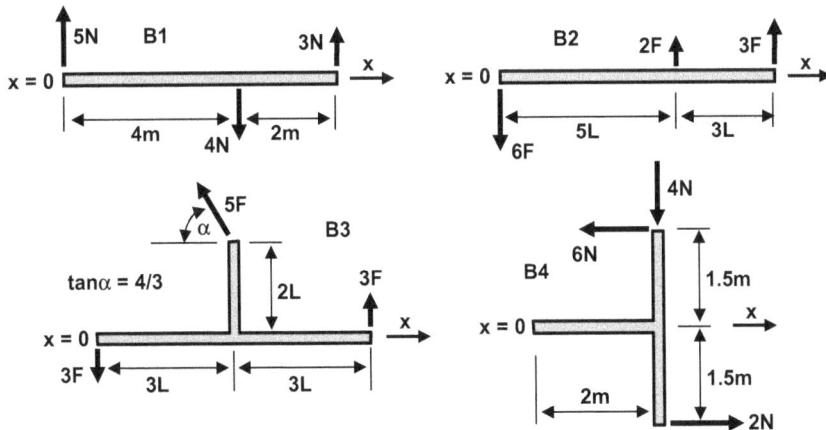

Aufgabe 2.6

Die resultierenden Kräfte F_{R1} und F_{R2} und die Schnittpunkte ihrer Wirklinien mit der x-Achse sind zu bestimmen. Die Funktion $q(x)$ bei B2 ist ein Polynom 3. Grades (Lösung: $x_{R,B1} = L/3$, $x_{R,B2} = 2/5L$).

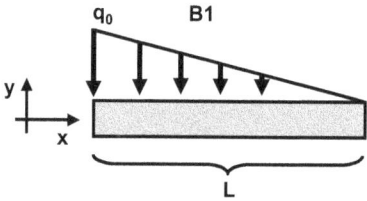

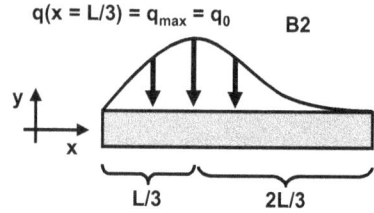

3 Schwerpunkt und Flächenmomente n-ten Grades

Es sei ein Bauteil gegeben, welches aus n Teilbauteilen besteht. Von diesen Teilbauteilen sei die Gewichtskraft G_i und die Lage ihrer Schwerpunkte $(x_i, y_i, z_i)^\mathrm{T}$ bekannt. Die Gewichtskraft besitzt im Normalfall nur eine senkrechte Komponente in z-Richtung. Über die Masse m_i [kg] und der Erdbeschleunigung g [m/s^2] kann die Gewichtskraft G_i bestimmt werden.

$$G_i = G_{iz} = m_i g$$

Die Gesamtgewichtskraft G des Bauteils ist die Summe aller Teilgewichtskräfte G_i.

$$G = \sum_{i=1}^{n} G_i$$

Der Gesamtschwerpunkt $(x_s, y_s, z_s)^\mathrm{T}$ ist der Bezugspunkt, bezüglich welchem die Summe aller Teilmomente durch die Teilgewichtskräfte G_i gleich null ist.

$$\vec{0} = \sum_{i=1}^{n} \begin{pmatrix} x_i - x_s \\ y_i - y_s \\ z_i - z_s \end{pmatrix} \times \begin{pmatrix} G_{ix} \\ G_{iy} \\ G_{iz} \end{pmatrix} = \sum_{i=1}^{n} \begin{pmatrix} (y_i - y_s)G_{iz} - (z_i - z_s)G_{iy} \\ (z_i - z_s)G_{ix} - (x_i - x_s)G_{iz} \\ (x_i - x_s)G_{iy} - (y_i - y_s)G_{ix} \end{pmatrix}$$

Geht man wie zu Anfang davon aus, dass die Gewichtskraft nur in z-Richtung wirksam ist und somit deren Komponenten $G_{ix} = G_{iy} = 0$ sind, so ist mit $G_i = G_{iz}$ in der obigen Gleichung nur die erste und zweite Zeile ungleich null.

$$0 = \sum_{i=1}^{n} (y_i - y_s)\, G_{iz} = \sum_{i=1}^{n} (y_i - y_s)\, G_i$$

$$= \sum_{i=1}^{n} y_i G_i - \sum_{i=1}^{n} y_s G_i = \sum_{i=1}^{n} y_i G_i - y_s \sum_{i=1}^{n} G_i = \sum_{i=1}^{n} y_i G_i - y_s G$$

$$0 = -\sum_{i=1}^{n} (x_i - x_s)\, G_{iz} = \sum_{i=1}^{n} (-x_i + x_s)\, G_i$$

$$= -\sum_{i=1}^{n} x_i G_i + \sum_{i=1}^{n} x_s G_i = -\sum_{i=1}^{n} x_i G_i + x_s \sum_{i=1}^{n} G_i = -\sum_{i=1}^{n} x_i G_i + x_s G$$

Verwendet man ein gedrehtes Koordinatensystem, so erhält man zusätzlich eine Bestimmungsgleichung für die z-Koordinate z_s.

$$0 = \sum_{i=1}^{n} z_i G_i - z_s G$$

DOI 10.1515/9783110481235-003

Zusammengefasst bzw. umgeformt, erhält man die Lage des Gesamtschwerpunktes.

$$x_s = \frac{1}{G} \sum_{i=1}^{n} x_i G_i$$

$$y_s = \frac{1}{G} \sum_{i=1}^{n} y_i G_i \quad \Rightarrow \quad \vec{x}_s = \begin{pmatrix} x_s \\ y_s \\ z_s \end{pmatrix} = \frac{1}{G} \sum_{i=1}^{n} \begin{pmatrix} x_i \\ y_i \\ z_i \end{pmatrix} G_i = \frac{1}{G} \sum_{i=1}^{n} \vec{x}_i G_i$$

$$z_s = \frac{1}{G} \sum_{i=1}^{n} z_i G_i$$

Kann man voraussetzen, dass die Erdbeschleunigung g konstant ist, folgt mit $G = mg$ der Massenmittelpunkt $(x_m, y_m, z_m)^{\mathrm{T}}$.

$$\vec{x}_m = \frac{1}{mg} \sum_{i=1}^{n} \vec{x}_i m_i g = \frac{g}{mg} \sum_{i=1}^{n} \vec{x}_i m_i = \frac{1}{m} \sum_{i=1}^{n} \vec{x}_i m_i$$

Besteht das Bauteil aus einem Material mit konstanter Dichte ρ, so folgt mit $m = \rho V$ der Volumenmittelpunkt $(x_v, y_v, z_v)^{\mathrm{T}}$.

$$\vec{x}_v = \frac{1}{V} \sum_{i=1}^{n} \vec{x}_i V_i$$

Geht man davon aus, dass das Bauteil eine konstante Höhe H bzw. eine Einheitshöhe (ebene Flächen) besitzt, folgt mit $V = AH$ der Flächenmittelpunkt $(x_a, y_a, z_a)^{\mathrm{T}} = (x_s, y_s, z_s)^{\mathrm{T}}$, welcher im Folgenden auch mit dem Indice „s" gekennzeichnet werden soll.

$$\vec{x}_s = \vec{x}_a = \frac{1}{A} \sum_{i=1}^{n} \vec{x}_i A_i \quad \Rightarrow \quad \begin{aligned} x_s &= \frac{1}{A} \sum_{i=1}^{n} x_i A_i \\[6pt] y_s &= \frac{1}{A} \sum_{i=1}^{n} y_i A_i \\[6pt] z_s &= \frac{1}{A} \sum_{i=1}^{n} z_i A_i \end{aligned}$$

Für das erste Beispiel (Abbildung 3.1) soll vorausgesetzt werden, dass der Flächenmittelpunkt eines Rechteckes im Schnittpunkt der beiden Diagonalen liegt und somit bekannt ist. Dies wird später mit dem Rechteck aus Abbildung 3.4 nachgewiesen.

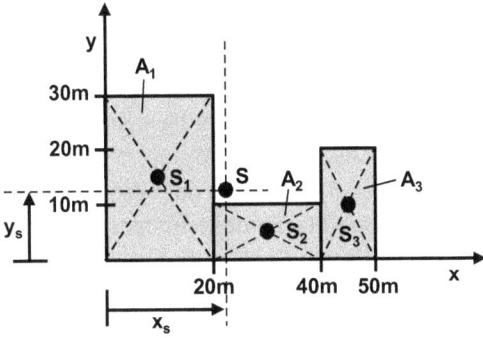

Abb. 3.1: Aufgabenstellung zum Berechnen des Gesamtflächenmittelpunktes S.

Aus Abbildung 3.1 können alle zur Berechnung der Lage des Gesamtflächenmittelpunktes notwendigen Größen ($x_1 = 10\,\text{m}$, $y_1 = 15\,\text{m}$, $A_1 = 600\,\text{m}^2$, $x_2 = 30\,\text{m}$, $y_2 = 5\,\text{m}$, $A_2 = 200\,\text{m}^2$, $x_3 = 45\,\text{m}$, $y_3 = 10\,\text{m}$, $A_3 = 200\,\text{m}^2$) der drei Teilflächen ($n = 3$) herausgelesen werden.

$$A = \sum_{i=1}^{3} A_i = 600\,\text{m}^2 + 200\,\text{m}^2 + 200\,\text{m}^2 = 1000\,\text{m}^2$$

$$x_s = \frac{1}{A}\sum_{i=1}^{3} x_i A_i = \frac{1}{1000\,\text{m}^2}\left(10\,\text{m} \cdot 600\,\text{m}^2 + 30\,\text{m} \cdot 200\,\text{m}^2 + 45\,\text{m} \cdot 200\,\text{m}^2\right) = 21\,\text{m}$$

$$y_s = \frac{1}{A}\sum_{i=1}^{3} y_i A_i = \frac{1}{1000\,\text{m}^2}\left(15\,\text{m} \cdot 600\,\text{m}^2 + 5\,\text{m} \cdot 200\,\text{m}^2 + 10\,\text{m} \cdot 200\,\text{m}^2\right) = 12\,\text{m}$$

Ist eine Fläche symmetrisch zu einer Geraden, so gilt allgemein, dass ihr Flächenmittelpunkt auf dieser Geraden liegt. Dies soll bei der Berechnung des Flächenmittelpunktes eines Dreieckes, welches in Abbildung 3.2 dargestellt ist, berücksichtigt werden. Der Koordinatenursprung liegt somit auf der mittleren Symmetrieachse, wodurch $x_s = 0$ resultiert und nur noch die y-Koordinate des Flächenmittelpunktes zu bestimmen ist.

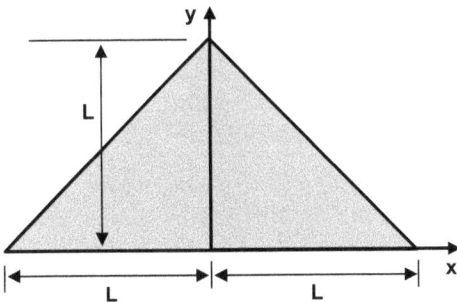

Abb. 3.2: Bestimmung des Flächenmittelpunktes eines Dreiecks.

Das Dreieck kann man nicht in endlich viele Rechtecke, von welchen man die Lage der Flächenmittelpunkte kennt, zerlegen. Deshalb wird das Dreieck in der Abbildung 3.3 links näherungsweise durch zwei überdeckende Rechtecke beschrieben. Man kann eine Flächenmittelpunktkoordinate $y_s = L/2$ ermitteln. Eine Überdeckung des Dreieckes mit 6 Rechtecken beschreibt das Dreieck (Abbildung 3.3 Mitte) „besser" und liefert eine Flächenmittelpunktkoordinate von $y_s = 5/12L$. Wird das Dreieck mit 20 nochmals kleineren Rechtecken substituiert, die eine Flächenmittelpunktkoordinate von $y_s = 3/8L$ ergeben, reduziert sich der Fehler durch die Näherung weiter (Abbildung 3.3 rechts).

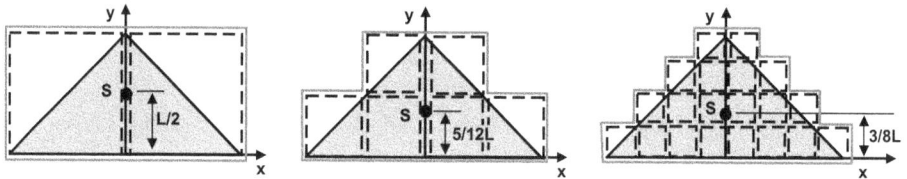

Abb. 3.3: Näherungsweise Flächenmittelpunktbestimmung eines Dreiecks mit überdeckenden Rechtecken.

Setzt man diesen Prozess fort, so strebt der Fehler gegen null. Bei unendlich vielen, unendlich kleinen Rechtecken erhält man einen Fehler null. Der Flächeninhalt dA dieser unendlich kleinen Teilflächen ist das Produkt der Breite dx multipliziert mit der Höhe dy.

$$y_s = \lim_{n \to \infty} \frac{1}{A} \sum_{i=1}^{n} y_i A_i = \frac{1}{A} \int_A y\, dA = \frac{1}{L^2} \int_0^L \int_{-L+y}^{L-y} y\, dx\, dy = \frac{1}{L^2} \int_0^L y\, [x]_{-L+y}^{L-y}\, dy$$

$$= \frac{1}{L^2} \int_0^L y\, [2L - 2y]\, dy = \frac{1}{L^2} \int_0^L 2Ly - 2y^2\, dy = \frac{1}{L^2} \left[Ly^2 - \frac{2y^3}{3} \right]_0^L = \frac{L}{3}$$

Diese Vorgehensweise ist bei jeder beliebigen Fläche anwendbar. Dies ergibt die allgemeinen Formeln zur Bestimmung der Flächenmittelpunkte.

$$x_s = \frac{1}{A} \int_A x\, dA$$

$$y_s = \frac{1}{A} \int_A y\, dA$$

$$z_s = \frac{1}{A} \int_A z\, dA \quad \Rightarrow \quad S_y = -z_s A = -\int_A z\, dA$$

Das Integral S_y nennt man **statisches Moment** oder Flächenmoment ersten Grades, da z in erster Potenz vorkommt. Ersetzt man z durch z^0 und streicht das Vorzeichen, berechnet man den Flächeninhalt A oder das Flächenmoment nullten Grades. Wählt man unter dem Integral statt z die Funktion z^2, so wird das Integral Flächenmoment zweiten Grades oder **Flächenträgheitsmoment** I_y genannt.

$$A = \int_A z^0 \, dA = \int_A dA$$

$$S_y = -z_s A = - \int_A z \, dA$$

$$I_y = \int_A z^2 \, dA$$

Für das in Abbildung 3.4 dargestellte Rechteck sollen die Flächenmomente bestimmt werden. Der Koordinatenursprung wird in den Rechtecksmittelpunkt gelegt. Die kleine Teilfläche dA kann durch das Produkt Breite dy und Höhe dz beschrieben werden.

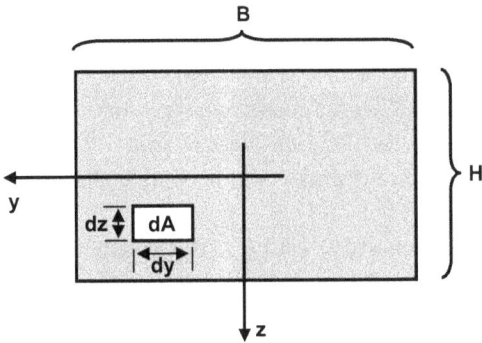

Abb. 3.4: Rechteck zur Bestimmung der Flächenmomente nullten, ersten und zweiten Grades.

Flächeninhalt A

$$A = \int_A dA = \int_{\frac{-H}{2}}^{\frac{H}{2}} \int_{\frac{-B}{2}}^{\frac{B}{2}} dy \, dz = \int_{\frac{-H}{2}}^{\frac{H}{2}} \left(\int_{\frac{-B}{2}}^{\frac{B}{2}} dy \right) dz = \int_{\frac{-H}{2}}^{\frac{H}{2}} [y]_{\frac{-B}{2}}^{\frac{B}{2}} \, dz = \int_{\frac{-H}{2}}^{\frac{H}{2}} \left[\frac{B}{2} - \left(-\frac{B}{2} \right) \right] dz$$

$$= \int_{\frac{-H}{2}}^{\frac{H}{2}} B \, dz = B \, [z]_{\frac{-H}{2}}^{\frac{H}{2}} = B \left[\frac{H}{2} - \left(-\frac{H}{2} \right) \right] = BH$$

Statisches Moment S_y

$$S_y = -\int_A z\,dA = -\int_{-\frac{H}{2}}^{\frac{H}{2}}\int_{-\frac{B}{2}}^{\frac{B}{2}} z\,dy\,dz = -\int_{-\frac{H}{2}}^{\frac{H}{2}} z\left(\int_{-\frac{B}{2}}^{\frac{B}{2}} dy\right)dz = -\int_{-\frac{H}{2}}^{\frac{H}{2}} z\,[y]_{-\frac{B}{2}}^{\frac{B}{2}}\,dz$$

$$= -\int_{-\frac{-H}{2}}^{\frac{H}{2}} zB\,dz = -B\left[\frac{z^2}{2}\right]_{-\frac{H}{2}}^{\frac{H}{2}} = -B\left[\left(\frac{H/2}{2}\right)^2 - \left(\frac{-H/2}{2}\right)^2\right] = 0$$

Flächenträgheitsmoment I_y

$$I_y = \int_A z^2\,dA = \int_{-\frac{H}{2}}^{\frac{H}{2}}\int_{-\frac{B}{2}}^{\frac{B}{2}} z^2\,dy\,dz = \int_{-\frac{H}{2}}^{\frac{H}{2}} z^2\left(\int_{-\frac{B}{2}}^{\frac{B}{2}} dy\right)dz = \int_{-\frac{H}{2}}^{\frac{H}{2}} z^2\,[y]_{-\frac{B}{2}}^{\frac{B}{2}}\,dz$$

$$= \int_{-\frac{-H}{2}}^{\frac{H}{2}} z^2 B\,dz = B\left[\frac{z^3}{3}\right]_{-\frac{H}{2}}^{\frac{H}{2}} = B\left[\left(\frac{H/2}{3}\right)^3 - \left(\frac{-H/2}{3}\right)^3\right] = B\left[\frac{H^3}{24} - \left(\frac{-H^3}{24}\right)\right] = \frac{BH^3}{12}$$

Da beim untersuchten Rechteck $S_y = -z_s A = 0$ und $A \neq 0$ gilt, folgt, dass die z-Koordinate z_s des Flächenmittelpunktes den Wert null besitzen muss. Analog kann auch gezeigt werden, dass $y_s = 0$ gilt. Daher ist die ursprüngliche Annahme, dass der Flächenmittelpunkt eines Rechteckes im Kreuzungspunkt der Diagonalen liegt, bestätigt.

Berechnet man die Flächenmomente für den in Abbildung 3.5 dargestellten Kreis, so ist es sinnvoll, mit den Polarkoordinaten r und α zu rechnen. Der Koordinatenursprung wird in den Kreismittelpunkt gelegt. Da die Kantenlängen der Teilfläche dA unendlich klein sind, stellt dA auch ein Rechteck dar, dessen Flächeninhalt durch die Kantenlänge dr in radialer Richtung und der Kantenlänge $r\,d\alpha$ in Umfangsrichtung berechnet werden kann. r beschreibt dabei den Abstand der Teilfläche dA vom Kreismittelpunkt bzw. vom Koordinatenursprung. Die z-Koordinate kann mit Hilfe eines rechtwinkligen Dreiecks zu $z = r \cdot \sin\alpha$ bestimmt werden.

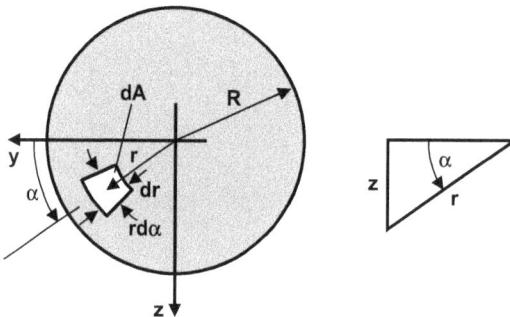

Abb. 3.5: Kreis zur Bestimmung der Flächenmomente nullten, ersten und zweiten Grades.

Flächeninhalt *A*

$$A = \int_A dA = \int_0^R \int_0^{2\pi} r\,d\alpha\,dr = \int_0^R r\left(\int_0^{2\pi} d\alpha\right) dr = \int_0^R r\,[\alpha]_0^{2\pi}\,dr$$

$$= \int_{-0}^R r2\pi dr = 2\pi \int_0^R r\,dr = 2\pi \left[\frac{r^2}{2}\right]_0^R = \pi R^2$$

Statisches Moment *S_y*

$$S_y = -\int_A z\,dA = -\int_0^R \int_0^{2\pi} (r\sin\alpha)\,r\,d\alpha\,dr = -\int_0^R r^2 \left(\int_0^{2\pi} \sin\alpha\,d\alpha\right) dr$$

$$= -\int_0^R r^2\,[-\cos\alpha]_0^{2\pi}\,dr = -\int_0^R r^2\,[0]\,dr = 0$$

Flächenträgheitsmoment *I_y*

$$I_y = \int_A z^2\,dA = \int_0^R \int_0^{2\pi} \left(r^2\sin^2\alpha\right)\,r\,d\alpha\,dr = \int_0^R r^3 \left(\int_0^{2\pi} \sin^2\alpha\,d\alpha\right) dr$$

$$= \int_0^R r^3 \left[\frac{1}{2}(\alpha - \sin\alpha\cos\alpha)\right]_0^{2\pi} dr = \int_0^R r^3\,[\pi]\,dr = \pi \int_0^R r^3\,dr = \pi \left[\frac{r^4}{4}\right]_0^R = \frac{\pi}{4}R^4$$

Da beim Kreis das statische Moment S_y wie beim Rechteck den Wert null einnimmt, muss sein Flächenmittelpunkt die Koordinaten $y_s = z_s = 0$ besitzen und somit im Kreismittelpunkt liegen.

Die am Rechteck und am Kreis ermittelten Ergebnisse für das statische Moment S_y lassen sich auf beliebige Querschnitte übertragen. Es ist genau dann gleich null, wenn der Flächenmittelpunkt im Koordinatenursprung liegt.

Aufgaben zu Kapitel 3

Aufgabe 3.1

Gesucht ist die Lage der Flächenmittelpunkte der grauen Flächen (Lösung: $x_{SB1} = 7/4H$, $z_{SB2} = 4/5H$).

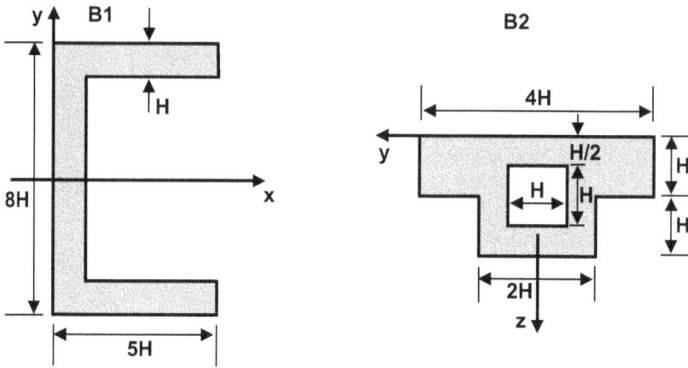

Aufgabe 3.2

a) Die Lage des Flächenmittelpunkts ist zu bestimmen (Lösung: $z'_S = 29/18H$).

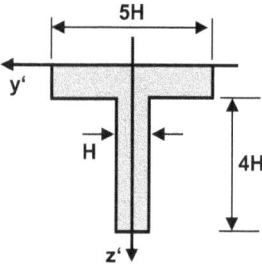

b) Der Koordinatenursprung ist in den Flächenmittelpunkt zu legen. Das Flächenträgheitsmoment I_y ist durch Integration zu bestimmen. Die Fläche ist in 9 identische Quadrate zu zerlegen. A_i ist deren Flächeninhalt, z_i sind die z-Koordinaten der Flächenmittelpunkte der Teilflächen. Näherungsweise ist das Flächenträgheitsmoment I_y mit der Formel

$$I_y = \sum_{i=1}^{n} z_i^2 A_i$$

und $n = 9$ zu bestimmen. Wie groß ist der resultierende prozentuale Fehler (Lösung: Fehler: 4 %)?

4 Freischneiden und Bestimmung der Schnittgrößen

Ein Bauteil 1 wirkt mit einer oder mehreren Kräften auf ein Bauteil 2 ein. Die Wirkung dieser Kräfte wird durch eine Ersatzkraft oder resultierende Kraft $F_{1,2}$ und einem Moment $M_{1,2}$ zusammengefasst. Dann lässt sich beobachten, dass das Bauteil 2 mit einer Kraft $F_{2,1}$ und einem Moment $M_{2,1}$ auf das Bauteil 1 einwirkt. Die beiden Kräfte und Momente haben die gleichen Beträge und sind entgegengesetzt orientiert. Daher werden Sie mit „**Aktio und Reaktio**" bezeichnet.

$$\vec{F}_{1,2} = -\vec{F}_{2,1}$$
$$\vec{M}_{1,2} = -\vec{M}_{2,1}$$

Diese Kräfte und Momente werden wie in Abbildung 4.1 dargestellt sichtbar, wenn man die beiden Bauteile trennt und ersatzweise die gegenseitigen Wirkungen durch diese Größen beschreibt. Dieses Zerlegen und Einzeichnen der Kräfte und Momente nennt man **Freischneiden**.

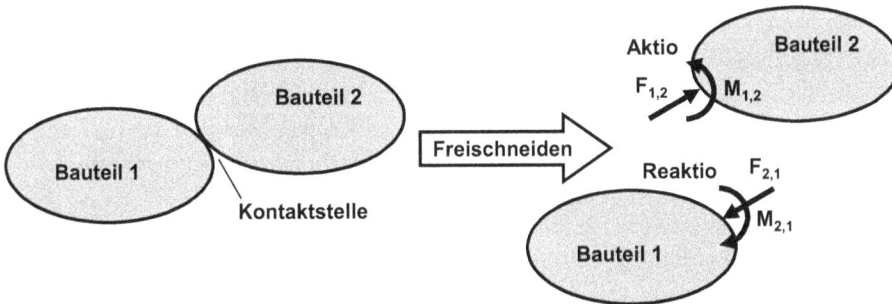

Abb. 4.1: Freischneiden zweier Bauteile.

Ist die Summe aller angreifenden Kräfte und Momente, die auf ein Bauteil wirken, gleich null, so befindet es sich im Gleichgewicht. Befindet es sich in Ruhe, so ist es im **statischen Gleichgewicht**. Andernfalls bewegt es sich geradlinig mit konstanter Geschwindigkeit. Man spricht von einem **dynamischen Gleichgewicht**. Bei beiden Gleichgewichtszuständen sind die identischen Kräfte und Momente wirksam. Daher wird für die Untersuchung eines dynamischen Gleichgewichts dieses häufig durch ein statisches ersetzt. Der Impulssatz, der in seiner einfachsten Version „Masse mal Beschleunigung ist gleich der Summe aller Kräfte" lautet, und der Drehimpulssatz „Massenträgheitsmoment mal Winkelbeschleunigung ist gleich der Summe aller Momente" ergeben mit den Beschleunigungen null die **Gleichgewichtsbedingungen**.

$$
\begin{array}{lll}
\sum F_x = 0 & \sum F_y = 0 & \sum F_z = 0 \\
\sum M_x = 0 & \sum M_y = 0 & \sum M_z = 0
\end{array}
$$

DOI 10.1515/9783110481235-004

Bei ebenen Aufgabenstellungen sind eine Kräftesumme und zwei Summen der Momente nicht zu berücksichtigen bzw. automatisch erfüllt.

Mit diesen Gleichgewichtsbedingungen können die beim Freischneiden sichtbar werdenden Kräfte und Momente berechnet werden. Je nach Art, wie oder was man schneidet, werden sie Lagerkräfte und Lagermomente, Schnittkräfte und Schnittmomente bzw. innere Kräfte und Momente genannt.

4.1 Lagerkräfte und Lagermomente

Möchte man ein Gesamtbauteil betrachten, so muss man den Einfluss der Umgebung auf das Bauteil durch Kräfte und Momente darstellen. Dieser Einfluss wird im Normalfall durch eine Lagerung ausgeübt. In der Betrachtungsweise von Abbildung 4.1 entspricht das Bauteil dem Bauteil 2 und die Umgebung dem Bauteil 1. Es werden in der Regel nur die Lagergrößen dargestellt, die am Bauteil bzw. Bauteil 2 wirksam sind. Die Gegengrößen, die an der Umgebung oder am Bauteil 1 angreifen, werden meistens nicht eingezeichnet.

An den ebenen Betrachtungen in den Abbildungen 4.2 bis 4.4 sieht man, welche unterschiedlichen Lagerkräfte und Lagermomente bei den einzelnen Kontakten zwischen Umgebung und Bauteil übertragen werden. In der Ebene sind prinzipiell drei Bewegungsmöglichkeiten vorhanden. Das Bauteil kann in waagrechter (u_x) und in senkrechter Richtung (u_y) verschoben werden. Zusätzlich kann es um eine Drehachse, die senkrecht zur Ebene steht, gedreht werden (α).

Bei der in Abbildung 4.2 dargestellten Lagervariante besteht ein flächiger, fest zusammenhängender Kontaktbereich zwischen der Umgebung und dem Bauteil. Durch diesen Kontakt werden die waagrechte und die senkrechte Bewegung, sowie die Drehung verhindert. Die waagrechte Bewegung wird durch eine waagrechte Kraft unterdrückt. Entsprechend wird die senkrechte Bewegung durch eine senkrechte Kraft, welche als Normalkraft bezeichnet wird, unterdrückt. Die Drehung wird durch ein Moment verhindert. Daher müssen an der zusammenhängenden Kontaktfläche in Summe eine waagrechte Kraft F_x, eine senkrechte Kraft F_y und ein Moment M wirksam sein.

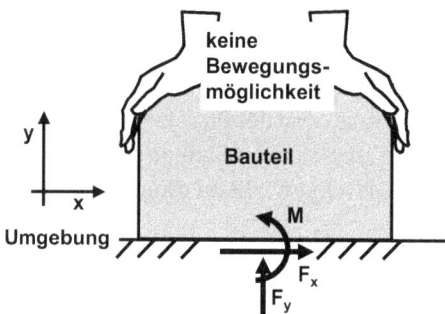

Abb. 4.2: Flächiger Kontaktbereich zwischen Bauteil und Umgebung.

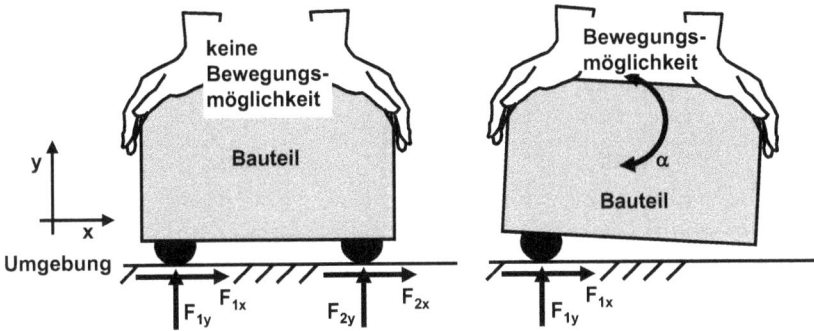

Abb. 4.3: Punktueller Kontaktbereich mittels Füße.

Ändert man den Kontaktbereich, wie in Abbildung 4.3 links dargestellt, indem man das Bauteil auf zwei Füße stellt, so entstehen zwei Kontaktflächen, an denen andere Kräfte wirksam werden. Beide Füße können für sich betrachtet die waagrechte und die senkrechte Bewegung unterdrücken. Dazu ist jeweils eine waagrechte und eine senkrechte Kraft notwendig. Dass beide Füße diese Bewegungen unterdrücken können, wird sichtbar, wenn man wie in Abbildung 4.3 rechts einen Fuß entfernt. Die waagrechte und senkrechte Bewegungsmöglichkeit bleibt unterdrückt. Allerdings kann jetzt die Drehung allein durch einen Fuß nicht verhindert werden. Daher kann an einer einzelnen Kontaktstelle auch kein Moment wirksam sein. Nur wenn beide Füße wie in Abbildung 4.3 links vorhanden sind, kann die Drehung verhindert werden. Das bedeutet, eine Drehung kann nicht nur durch ein Moment, sondern auch durch ein Zusammenspiel mehrerer Kräfte verhindert werden.

Ersetzt man wie in Abbildung 4.4 links einen Fuß durch eine Rolle, so besitzt das Bauteil wieder keine Bewegungsmöglichkeit. Allerdings kann das für sich betrachtete Rad nur die senkrechte Bewegung mit einer senkrechten Kraft F_{1y} unterdrücken. Dies wird sichtbar, wenn das Bauteil auf 2 Räder (Abbildung 4.4 rechts) gestellt wird. Nun kann die waagrechte Bewegung nicht mehr verhindert werden. Dies bedeutet, es können auch keine waagrechten Kräfte wirksam sein.

Die Beispiele in Abbildung 4.2 bis 4.4 zeigen, dass je nach Art des Kontaktes unterschiedliche Kräfte und Momente von der Umgebung auf das Bauteil wirken. Werden bei einer ebenen Aufgabenstellung alle drei Bewegungsmöglichkeiten unterdrückt, so spricht man von einer **festen Einspannung**, die auch als 3-wertige Lagerung bezeichnet wird. Verhindert man die waagrechte und senkrechte Bewegungsmöglichkeit, nicht aber die Drehung, so bezeichnet man dies als ein **gelenkiges Festlager**, bzw. als ein 2-wertiges Lager. Wird nur die waagrechte oder senkrechte Bewegungsmöglichkeit unterdrückt, so wird dies als **Loslager** bzw. als 1-wertiges Lager bezeichnet. Für jedes Lager werden die in Abbildung 4.5 dargestellten Symbole verwendet. Andere Kombinationen von unterdrückten Bewegungsmöglichkeiten werden durch die Kombination dieser drei Lagertypen erreicht.

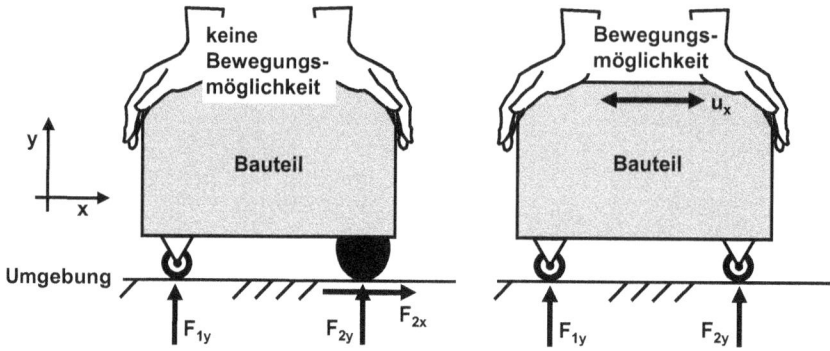

Abb. 4.4: Punktueller Kontaktbereich mittels Fuß und Rollen.

Räumliche Bauteile kennen 6 Bewegungsmöglichkeiten. Zur Unterdrückung dieser können auch Kombinationen von ebenen Lagern verwendet werden. Z. B. ist eine räumliche feste Einspannung ein 6-wertiges Lager.

	ebenes Lagersymbol	auf das Bauteil wirkende Kräfte und Momente
feste Einspannung		
gelenkiges Festlager		
Loslager		

Abb. 4.5: Ebene Lagersymbole.

Ein Bauteil ist **kinematisch unbestimmt gelagert,** wenn es trotz Lagerung eine Bewegungsmöglichkeit besitzt. Das Bauteil ist **statisch bestimmt gelagert,** wenn die Anzahl der unbekannten Lagerkräfte und Lagermomente (Anzahl der Unbekannten) gleich der Anzahl der Gleichgewichtsbedingungen (Anzahl der Gleichungen, eben: 3, räumlich: 6) ist. Ist die Anzahl der Gleichungen größer als die Anzahl der Unbekannten, ist das Bauteil **statisch unbestimmt gelagert**. Das bedeutet häufig, dass es auch kinematisch unbestimmt gelagert ist. Sind mehr Unbekannte als Gleichungen zu bestimmen, ist das Bauteil **statisch überbestimmt gelagert**.

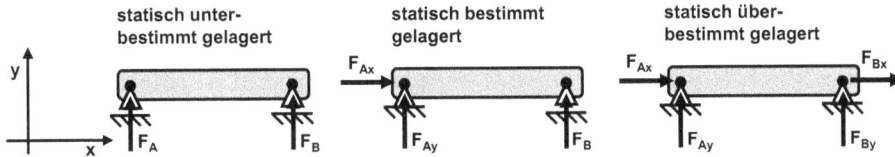

Abb. 4.6: Unterbestimmte, bestimmte und überbestimmte ebene Lagerung.

In den folgenden beiden Beispielen sollen die Lagerkräfte und die Lagermomente mit Hilfe der Gleichgewichtsbedingungen an zwei statisch bestimmt gelagerten ebenen Bauteilen ermittelt werden.

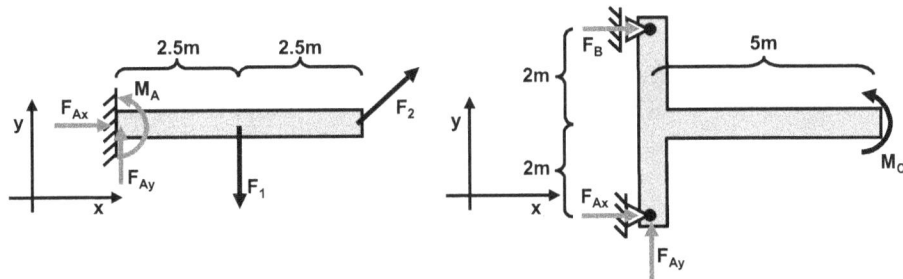

Abb. 4.7: Ebene Aufgabenstellungen mit eingezeichneten Lagerkräften und Lagermoment.

Bei der linken Geometrie in Abbildung 4.7 ist die Kraft $F_1 = 2\,\text{N}$ gegeben. Die Kraft F_2 ist über die beiden Komponenten $F_{2x} = 4\,\text{N}$ und $F_{2y} = 3\,\text{N}$ definiert. Die feste Einspannung wird durch die zwei Lagerkräfte F_{Ax} und F_{Ay} und das Lagermoment M_A ersetzt. Diese drei Größen werden mit Hilfe der drei ebenen Gleichgewichtsbedingungen bestimmt. Für die Momentenbilanz wird der Lagerungspunkt A als Bezugspunkt verwendet.

$$\sum F_x = 0: \quad F_{Ax} + F_{2x} = 0 \qquad\qquad \Rightarrow \quad F_{Ax} = -4\,\text{N}$$

$$\sum F_y = 0: \quad F_{Ay} - F_1 + F_{2y} = 0 \qquad \Rightarrow \quad F_{Ay} = -1\,\text{N}$$

$$\sum M\big|_A = 0: \quad M_A - 2.5\,\text{m} \cdot F_1 + 0 \cdot F_{2x} + 5\,\text{m} \cdot F_{2y} = 0 \quad \Rightarrow \quad M_A = -10\,\text{Nm}$$

Bei der rechten Geometrie in Abbildung 4.7 ist das Moment $M_C = 10\,\text{Nm}$ gegeben. Die drei Lagerkräfte F_{Ax}, F_{Ay} und F_B erhält man über die 3 ebenen Gleichgewichtsbedingungen.

$$\sum F_x = 0: \quad F_{Ax} + F_B = 0 \qquad\qquad \Rightarrow \qquad F_{Ax} = -F_B$$

$$\sum F_y = 0: \quad F_{Ay} = 0$$

$$\sum M\Big|_C = 0: \quad M_C + 2\,\mathrm{m} \cdot F_{Ax} - 5\,\mathrm{m} \cdot F_{Ay} - 2\,\mathrm{m} \cdot F_B = 0 \quad \Rightarrow \quad F_{Ax} - F_B = \frac{-M_C}{2\,\mathrm{m}}$$

Die drei Gleichgewichtsbedingungen ergeben nicht direkt die drei gesuchten Lagerkräfte. Setzt man aber die erste in die dritte Gleichung ein, kann man zuerst die Kraft F_B und dann F_{Ax} bestimmen.

$$F_{Ax} - F_B = -F_B - F_B = -2F_B = \frac{-M_C}{2\,\mathrm{m}} \quad \Rightarrow \quad F_B = 2.5\,\mathrm{N}$$

$$F_{Ax} = -F_B \qquad\qquad\qquad\qquad \Rightarrow \quad F_{Ax} = -2.5\,\mathrm{N}$$

In Abbildung 4.8 ist eine Geometrie dargestellt, an welcher die räumliche Lagerkraftberechnung durchgeführt werden muss. Loslager sind im Räumlichen wie in der Ebene 1-wertige Lager. Das gelenkige Festlager wird im Räumlichen zu einem 3-wertigen Lager. Zur Bestimmung der 5 Lagerkräfte sind die 6 räumlichen Gleichgewichtsbedingungen auszuwerten. Somit ist das Bauteil statisch unterbestimmt und kinematisch unbestimmt gelagert. Die fehlende Lagerung macht sich allerdings nicht negativ bemerkbar, da durch die belastende Kraft 4F die mögliche Drehung um die z-Achse nicht angeregt wird. Als Bezugspunkt wird das Lager A gewählt.

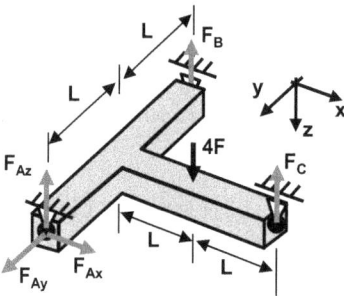

Abb. 4.8: Räumliche Aufgabenstellung mit eingezeichneten Lagerkräften.

$$\sum F_x = 0: \quad F_{Ax} = 0$$

$$\sum F_y = 0: \quad F_{Ay} = 0$$

$$\sum F_z = 0: \quad 4F - F_{Az} - F_B - F_C = 0$$

$$\sum M_x\Big|_A = 0: \quad -L \cdot 4F + 2LF_B + LF_C = 0$$

$$\sum M_y\Big|_A = 0: \quad -L \cdot 4F + 2LF_C = 0$$

$$\sum M_z\Big|_A = 0: \quad \text{keine Kraft ist zu berücksichtigen,}$$

$$\qquad\qquad\qquad \text{Momentenbilanz ist automatisch erfüllt}$$

Aus der Momentenbilanz um die y-Achse folgt $F_C = 2F$. Setzt man dies in die Momentenbilanz um die x-Achse ein, folgt $F_B = F$. Zuletzt ergibt die Kräftebilanz in z-Richtung $F_{Az} = F$.

4.2 Seilkräfte

Möchte man ein Seil zusammendrücken oder eine Kraft quer zum Seil aufbringen, kann das Seil keinen Widerstand aufbringen. Das bedeutet, dass an einem Seil, wie in Abbildung 4.9 links dargestellt, nur ziehende Kräfte in Seilrichtung wirksam sein können. Bildet man das Kräftegleichgewicht in x-Richtung, erkennt man, dass beide Seilkräfte F_1 und F_2 betragsmäßig identisch sein müssen.

$$\sum F_x = 0: \quad -F_1 + F_2 = 0 \quad \Rightarrow \quad F_1 = F_2$$

Somit muss zwischen F_1 und F_2 nicht unterschieden und nur eine Seilkraft berücksichtigt werden.

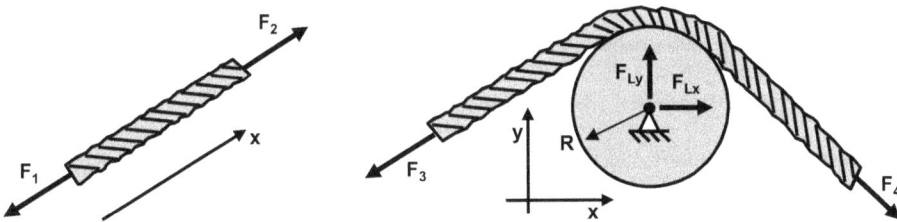

Abb. 4.9: Seilkräfte.

Verläuft das Seil wie in Abbildung 4.9 rechts über eine frei drehbare Rolle mit dem Radius R, ergibt die Momentenbilanz um den Rollenmittelpunkt L, dass auch hier beide Seilkräfte F_3 und F_4 identisch sind. Auch in dieser Situation ist im Seil immer nur eine Seilkraft wirksam.

$$\sum M\big|_L = 0: \quad RF_3 - RF_4 = 0 \quad \Rightarrow \quad F_3 = F_4$$

Diese Ergebnisse lassen sich auf Riemen und Ketten übertragen, die sich mechanisch wie Seile verhalten.

4.3 Schnittkräfte und Schnittmomente

Wird das Gesamtbauteil nicht von seiner Umgebung freigeschnitten, sondern teilt man das Gesamtbauteil in zwei oder mehrere Teilbauteile, so müssen die Wirkungen des

Teilbauteiles i auf das Teilbauteil j durch eine Kraft $F_{i,j}$ und teilweise auch durch ein Moment $M_{i,j}$ beschrieben werden. Wegen „Aktio und Reaktio" sind dann die Kraft $F_{j,i}$ und das Moment $M_{j,i}$ vom Teilbauteil j auf das Teilbauteil i wirksam, wobei die Kräfte und Momente die gleichen Beträge besitzen und entgegengesetzt orientiert sind. Sie werden als Schnittkräfte und Schnittmomente bezeichnet.

Welche Kräfte und Momente an den Schnitt- oder Kontaktstellen einzuführen sind, hängt davon ab, wie die beiden Teilbauteile miteinander verbunden sind. Typische ebene Verbindungselemente sind die in den Abbildungen 4.10 und 4.11 dargestellte feste Verbindung und das Gelenk.

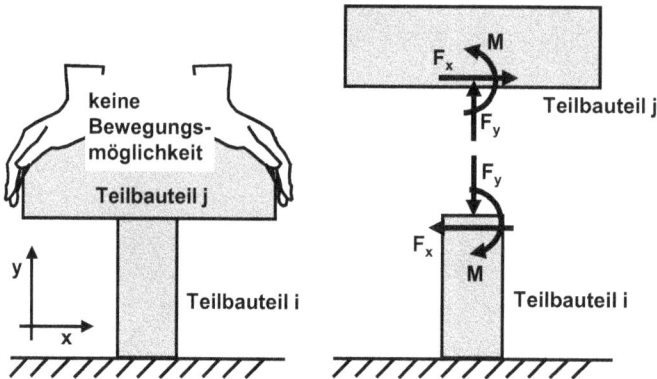

Abb. 4.10: Wirkweise einer festen Verbindung zwischen den Teilbauteilen i und j.

Das in Abbildung 4.10 dargestellte ebene Teilbauteil i kann sich durch die feste Einspannung an der Umgebung nicht bewegen. Infolge der festen Verbindung kann sich das Teilbauteil j relativ zum Teilbauteil i auch nicht bewegen. Das bedeutet, die waagrechte Bewegung des Teilbauteils j muss durch eine waagrechte Kraft F_x, die senkrechte Bewegung durch eine Kraft F_y und die Drehung durch ein Moment M unterdrückt werden. Diese Größen muss das Teilbauteil i aufbringen. Wegen „Aktio und Reaktio" sind die Gegengrößen am Teilbauteil i wirksam. Bei einer räumlichen festen Verbindung müssten 3 Kräfte und 3 Momente angebracht werden.

Beim Gelenk werden wie bei der festen Verbindung die waagrechte und die senkrechte Bewegung unterdrückt. Allerdings kann das Teilbauteil j beliebig um die z-Achse gedreht werden. Daher kann zwischen den Teilbauteilen kein Moment wirksam sein, welches die Drehung unterdrückt. Somit wird das ebene Gelenk nur durch eine waagrechte Kraft F_x und durch eine senkrechte Kraft F_y ersetzt.

Da jedes Teilbauteil für sich im Gleichgewicht sein muss, erhält man für jedes ebene Teilbauteil 3 und für jedes räumliche Teilbauteil 6 Gleichgewichtsbedingungen, um die Schnittkräfte und Schnittmomente zu bestimmen. Ist die Summe der Gleichgewichtsbedingungen identisch mit der Summe der Anzahl der Lagerkräfte, Lager-

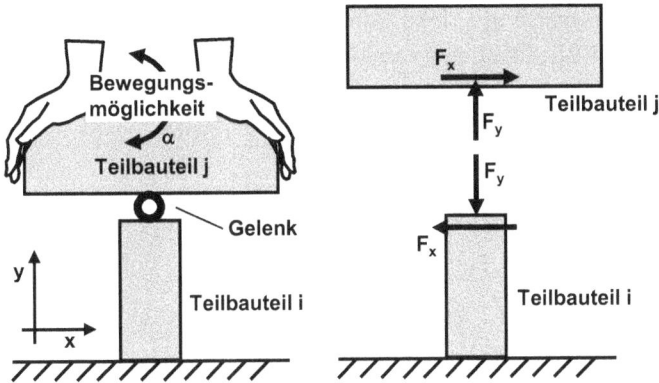

Abb. 4.11: Wirkweise eines Gelenkes zwischen den Teilbauteilen *i* und *j*.

momente, Schnittkräfte und Schnittmomente, so ist das Gesamtbauteil **statisch bestimmt** (Anzahl der Gleichungen gleich Anzahl der Unbekannten), andernfalls **statisch unbestimmt**.

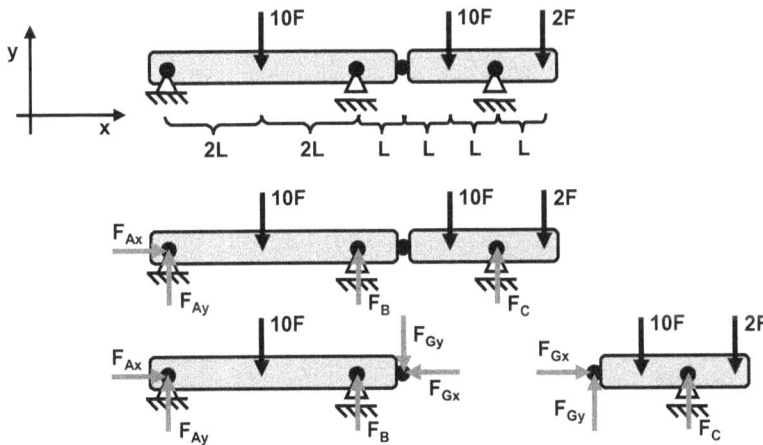

Abb. 4.12: Berechnung der Lagerkräfte an einem geraden Bauteil mit Gelenk.

Betrachtet man das in Abbildung 4.12 oben dargestellte Bauteil, müssen die Wirkungen der Lager durch 4 Kräfte beschrieben werden. Da für das ebene Gesamtbauteil nur 3 Gleichgewichtsbedingungen zur Verfügung stehen, kann lediglich die waagrechte Kraft F_{Ax} am Gesamtbauteil bestimmt werden.

$$\sum F_x = 0: \quad F_{Ax} = 0$$

Für die Bestimmung der senkrechten Kräfte F_{Ay}, F_B und F_C wird das Bauteil am Gelenk in zwei Teilbauteile zerlegt. Dazu müssen am Gelenk zusätzlich die Kräfte F_{Gx}

und F_{Gy} eingeführt werden. Somit sind 6 Unbekannte zu ermitteln. Da nach der Zerlegung aber 2×3 Gleichgewichtsbedingungen vorhanden sind, ist das Bauteil statisch bestimmt und die verbleibenden Kräfte können an den Teilbauteilen bestimmt werden. Dazu wird zuerst das rechte Teilbauteil betrachtet.

$$\sum F_x = 0: \qquad\qquad\qquad F_{Gx} = 0$$
$$\sum M\big|_G = 0: \quad -L \cdot 10F + 2LF_C - 3L \cdot 2F = 0 \quad \Rightarrow \quad F_C = 8F$$
$$\sum F_y = 0: \qquad F_{Gy} - 10F + F_C - 2F = 0 \quad \Rightarrow \quad F_{Gy} = 4F$$

Anschließend können die verbleibenden Kräfte am linken Teilbauteil berechnet werden, wobei das Kräftegleichgewicht in x-Richtung das bereits bekannte Ergebnis $F_{Ax} = 0$ bestätigt.

$$\sum F_x = 0: \qquad\qquad F_{Ax} - F_{Gx} = 0 \quad \Rightarrow \quad F_{Ax} = 0$$
$$\sum M\big|_A = 0: \quad -2L \cdot 10F + 4LF_B - 5LF_{Gy} = 0 \quad \Rightarrow \quad F_B = 10F$$
$$\sum F_y = 0: \qquad F_{Ay} - 10F + F_B - F_{Gy} = 0 \quad \Rightarrow \quad F_{Ay} = 4F$$

Die Lagerkräfte können zwar nicht am Gesamtbauteil bestimmt werden, sind sie aber bekannt, erfüllen sie auch die Gleichgewichtsbedingungen für das Gesamtbauteil.

Ist ein geradliniger, ebener Teilstab i, wie in Abbildung 4.13 links dargestellt, mit zwei Teilbauteilen gelenkig verbunden und wirken sonst keine weiteren Kräfte auf diesen Stab, so zeigt das Momentengleichgewicht und die Kräftebilanz in y-Richtung, dass der Stab keine Querkräfte übertragen kann.

$$\sum F_x = 0: \quad -F_{1x} + F_{2x} = 0 \qquad\quad \Rightarrow \quad F_{1x} = F_{2x}$$
$$\sum M\big|_1 = 0: \qquad LF_{2y} = 0 \quad (L \neq 0) \quad \Rightarrow \quad F_{2y} = 0$$
$$\sum F_y = 0: \qquad -F_{1y} + F_{2y} = 0 \qquad \Rightarrow \quad F_{1y} = 0$$

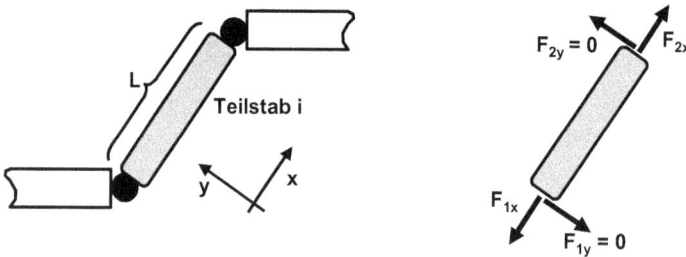

Abb. 4.13: An zwei Punkten gelenkig angebundener Zugstab.

Die beiden Kräfte F_{1x} und F_{2x} sind identisch. Zeigen sie wie in Abbildung 4.13 vom Stab heraus, ziehen sie diesen auseinander. Man bezeichnet den Stab als Zugstab. Andernfalls wird der Stab zusammengedrückt und man nennt ihn Druckstab. Diese

Aussage gilt auch für räumliche Stäbe. Ein Bauteil, welches nur aus Zug- und Druck-stäben aufgebaut ist, wird als **Fachwerk** bezeichnet.

Die Anwendung der Zugstabeigenschaften bei der Lagerkraftberechnung kann an der in Abbildung 4.14 links oben dargestellten Geometrie verdeutlicht werden. Gesucht sind die Lagerkräfte. Am linken Lager müssen die Kräfte F_{Ax} und F_{Ay} einge-zeichnet werden. Da der rechte Diagonalstab die Eigenschaften eines Zugstabes er-füllt, zeichnet man am rechten Lager nur eine Kraft F_B ein.

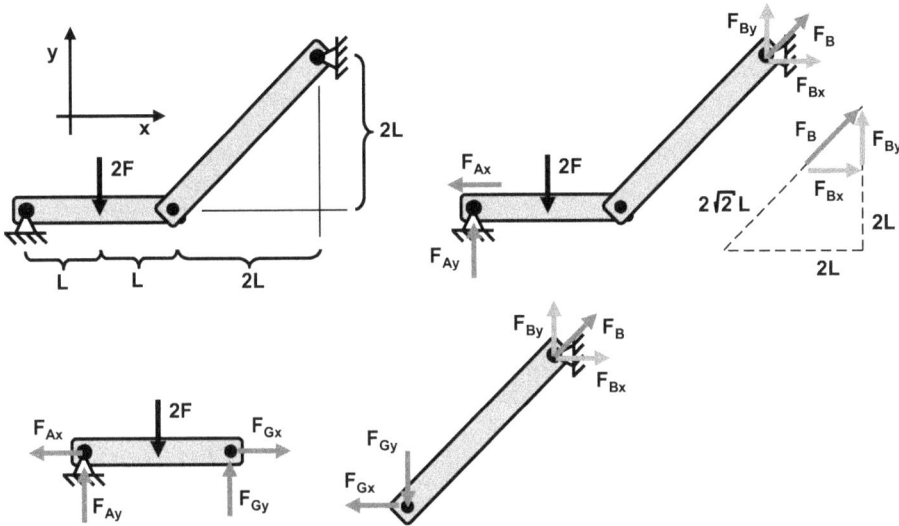

Abb. 4.14: Berechnung der Lager- und Schnittkräfte an einem ebenen Bauteil.

Die Kraft F_B kann mit einer Momentenbilanz um A bestimmt werden. Dazu ist es sinn-voll, F_B in ihre Komponenten F_{Bx} und F_{By} zu zerlegen.

$$\frac{F_{Bx}}{F_B} = \frac{F_{By}}{F_B} = \frac{2L}{2\sqrt{2}L} = \frac{1}{\sqrt{2}} \qquad \Rightarrow \quad F_{Bx} = F_{By} = \frac{F_B}{\sqrt{2}}$$

$$\sum M\big|_A = 0: \quad -L2F - 2LF_{Bx} + 4LF_{By}$$

$$= -L2F - 2L\frac{F_B}{\sqrt{2}} + 4L\frac{F_B}{\sqrt{2}} = 0 \quad \Rightarrow \quad F_B = \sqrt{2}F$$

$$\Rightarrow \quad F_{Bx} = F_{By} = F$$

Die Kräftegleichgewichte ergeben die Lagerkräfte F_{Ax} und F_{Ay}.

$$\sum F_x = 0: \quad -F_{Ax} + F_{Bx} = -F_{Ax} + \frac{F_B}{\sqrt{2}} = 0 \quad \Rightarrow \quad F_{Ax} = F$$

$$\sum F_y = 0: \quad F_{Ay} - 2F + F_{By} = F_{Ay} - 2F + \frac{F_B}{\sqrt{2}} = 0 \quad \Rightarrow \quad F_{Ay} = F$$

Zerschneidet man das Bauteil am Gelenk in zwei Teilbauteile, müssen dort die Schnittkräfte F_{Gx} und F_{Gy} bzw. die resultierende Gesamtkraft F_G eingezeichnet werden. Aufgrund der Zugstabeigenschaften des Diagonalstabes gilt $F_{Gx} = F_{Bx} = F$ und $F_{Gy} = F_{By} = F$ bzw. $F_G = F_B$.

Eine Verbindung zwischen einem ebenen Stab und einer Rolle bzw. einem Rad soll extra betrachtet werden. Wird diese wie in Abbildung 4.15 freigeschnitten, muss an der Kontaktstelle an beiden Teilbauteilen eine waagrechte Kraft F_R und eine senkrechte Kraft F_N eingetragen werden. Zusätzlich werden an der Rolle auch die beiden Lagerkräfte F_{Ax} und F_{Ay} eingezeichnet. Bildet man an der Rolle das Momentengleichgewicht um den Bezugspunkt A, folgt, dass die Kraft F_R gleich null sein muss.

$$\sum M\big|_A = 0: \quad RF_R = 0 \ (R \neq 0) \quad \Rightarrow \quad F_R = 0$$

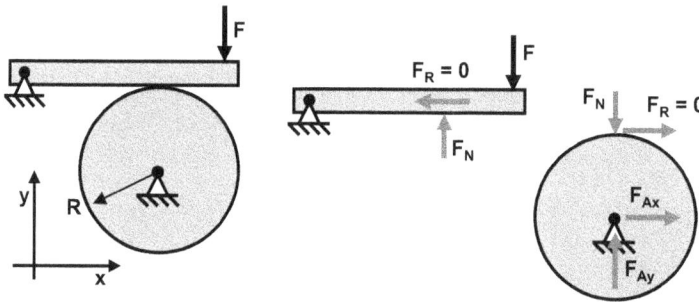

Abb. 4.15: Freischneiden einer ebenen Verbindung zwischen Stab und nicht angetriebener Rolle.

Dies liefert die wichtige Erkenntnis, dass wenn an einer Rolle nur eine Kraft in Umfangsrichtung wirksam ist, diese gleich null sein muss. Dies ist auch die Begründung, weshalb die Räder in Abbildung 4.4 keine waagrechten Kräfte übertragen können. Sind wie in Abbildung 4.16 nach dem Freischneiden zwei oder mehr Kräfte in Umfangsrichtung wirksam, so beeinflussen sie sich gegenseitig. Bei diesem Beispiel ergibt das Momentengleichgewicht um A für die Kraft $F_R = F$.

$$\sum M\big|_A = 0: \quad \frac{R}{2}2F - RF_R = 0 \quad \Rightarrow \quad F_R = F$$

Wirkt auf die Rolle eine „antreibende" oder „bremsende" Kraft, so erhält man auch eine Kraft F_R ungleich null. Diese Wirkung kann man auch mit einem „antreibenden" oder „bremsenden" Moment erreichen.

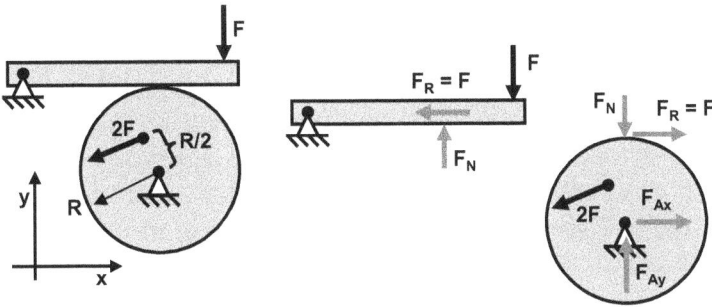

Abb. 4.16: Freischneiden einer ebenen Verbindung zwischen Stab und angetriebener Rolle.

Aufgaben zu Kapitel 4.1 bis 4.3

Einführende Aufgabe:

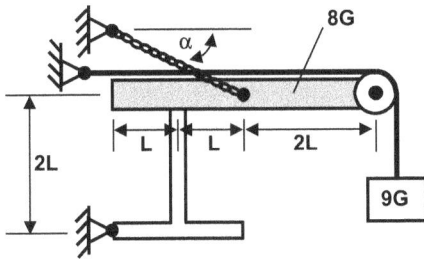

Nur die Gewichtskraft $9G$ der rechten Kiste und die Gewichtskraft $8G$ des grauen Stabes sind zu berücksichtigen ($\tan \alpha = 5/12$). Die Seilkraft, die Kettenkraft und die Lagerkräfte sind gesucht.

Lösung:

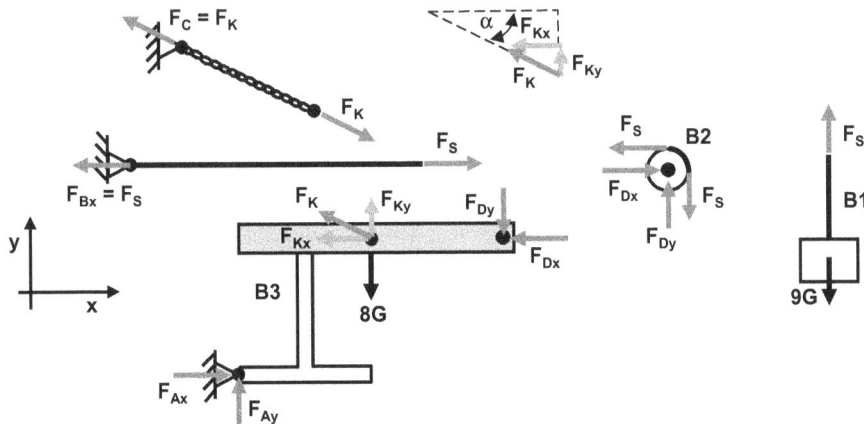

An der Rolle B2 wird das senkrecht verlaufende Seil zerschnitten. Laut Kapitel 4.2 kann ein Seil nur Kräfte in Seilrichtung übertragen. Daher wird an der Rolle eine nach unten zeigende Schnittkraft F_S angebracht. Wegen Aktio gleich Reaktio (Kapitel 4.3) muss die Gegenkraft, eine nach oben zeigende Kraft F_S, am oberen Ende des Teilbauteils B1 angebracht werden. Die Gewichtskraft $9G$ wird durch eine nach unten zeigende Kraft dargestellt. Das Kräftegleichgewicht in senkrechter Richtung am Bauteil B1 ergibt die Seilkraft $F_S = 9G$. Da die Kraft F_S in die positive y-Richtung zeigt, wird sie positiv berücksichtigt. Entsprechend stellt man der Kraft $9G$, wie in Kapitel 2 vorgestellt, ein negatives Vorzeichen voran.

$$\sum F_y = 0: \quad F_S - 9G = 0 \quad \Rightarrow \quad F_S = 9G$$

Das an der Rolle waagrecht verlaufende Seil wird ebenso zerschnitten. Gemäß Kapitel 4.2 müssen beide Schnittkräfte des Seiles, welches über eine frei drehbare Rolle verläuft, identisch gleich F_S sein. Die Gegenkraft wird am rechten Ende des waagrecht verlaufenden Seilabschnitts eingezeichnet. Da dieser Abschnitt gemäß Kapitel 4.2 wieder im Gleichgewicht sein muss, wirkt an seinem linken Ende eine Kraft F_S nach links. Diese entspricht der Lagerkraft F_{Bx} des mittleren Lagers B. Gemäß Kapitel 4.1 könnte das Lager B auch eine senkrechte Kraft aufbringen. Da aber keine Kraft quer zum Seil wirksam sein kann, muss $F_{By} = 0$ sein. Die Rolle B2 ist gelenkig mit dem grauen Stab verbunden. Entsprechend Kapitel 4.3 wird die Wirkung des Stabes über das Gelenk auf die Rolle durch eine waagrechte Kraft F_{Dx} und eine senkrechte Kraft F_{Dy} beschrieben. Wegen Aktio gleich Reaktio sind die Gegenkräfte am grauen Stab des Bauteils B3 wirksam. Mit den Kräftegleichgewichten für die Rolle können die Kräfte F_{Dx} und F_{Dy} bestimmt werden.

$$\sum F_x = 0: \quad F_{Dx} - F_S = 0 \quad \Rightarrow \quad F_{Dx} = 9G$$
$$\sum F_y = 0: \quad F_{Dy} - F_S = 0 \quad \Rightarrow \quad F_{Dy} = 9G$$

Am Bauteil B3 wird die Wirkung des Lagers gemäß Kapitel 4.1 durch zwei Kräfte F_{Ax} und F_{Ay} dargestellt. Da eine Kette, wie ein Seil, nur Kräfte in Kettenrichtung übertragen kann, wird die Wirkung der Kette auf das Bauteil B3 durch die in Kettenrichtung zeigende Kraft F_K beschrieben. Zur Bestimmung dieser Kräfte muss F_K in eine waagrechte F_{Kx} und eine senkrechte Komponente F_{Ky} zerlegt werden. Das Kräftedreieck F_K, F_{Kx} und F_{Ky} ist winkelgleich zum Dreieck, welches die Kettenlänge als Hypotenuse besitzt. Somit beinhaltet das Kräftedreieck (vergleiche Kapitel 2) ebenso den Winkel α.

$$\frac{F_{Kx}}{F_K} = \cos\alpha \quad \Rightarrow \quad F_{Kx} = F_K \cos\alpha = \frac{12}{13}F_K$$
$$\frac{F_{Ky}}{F_K} = \sin\alpha \quad \Rightarrow \quad F_{Ky} = F_K \sin\alpha = \frac{5}{13}F_K$$

Die Gewichtskraft des grauen Stabes wird durch die mittig angebrachte Kraft $8G$ berücksichtigt. Die Kräfte- und das Momentengleichgewicht am Bauteil B3 ergeben die gesuchten Kräfte. Man wertet zuerst das Momentengleichgewicht aus, da dies zu einer Gleichung mit nur einer Unbekannten führt. Darin erzeugen Kräfte, die versuchen, das Bauteil um den Bezugspunkt A positiv zu verdrehen (gegen den Uhrzeigersinn), ein positives Moment. Kräfte, die versuchen, das Bauteil mit dem Uhrzeigersinn zu drehen, erzeugen ein negatives Moment.

$$\sum M\big|_A = 0: \quad 2LF_{Kx} + 2LF_{Ky} - 2L \cdot 8G + 2LF_{Dx} - 4LF_{Dy} = 0 \quad \Rightarrow \quad F_K = 13G$$

$$\sum F_x = 0: \quad\quad\quad\quad\quad\quad F_{Ax} - F_{Kx} - F_{Dx} = 0 \quad \Rightarrow \quad F_{Ax} = 21G$$

$$\sum F_y = 0: \quad\quad\quad\quad\quad F_{Ay} + F_{Ky} - 8G - F_{Dy} = 0 \quad \Rightarrow \quad F_{Ay} = 12G$$

Auch die Kette muss im Gleichgewicht sein. Somit muss auch an ihrem linken Ende die Kraft $F_K = F_C$ wirksam sein. Diese Kraft beschreibt die Wirkung des Lagers C auf die Kette. Formal wird die Wirkung des Lagers C durch eine waagrechte Kraft F_{Cx} und eine senkrechte Kraft F_{Cy} beschrieben. Da die Kette aber nur Kräfte in Kettenrichtung übertragen kann, ergeben sich für F_{Cx} und F_{Cy} solche Werte, womit ihre resultierende Kraft F_C in Kettenrichtung zeigt. Dies bedeutet, dass beide nicht unabhängig voneinander sind und mathematisch nur eine Unbekannte darstellen, die sinnvollerweise durch die resultierende Kraft F_C beschrieben wird.

Aufgabe 4.1.1

Die Lagerkräfte in den vier Bauteilen sind zu bestimmen (Lösung: $F_{A,B1} = F$, $F_{B,B2} = F$, $F_{Bz,B3} = 9F$, $F_{C,B4} = 4F$).

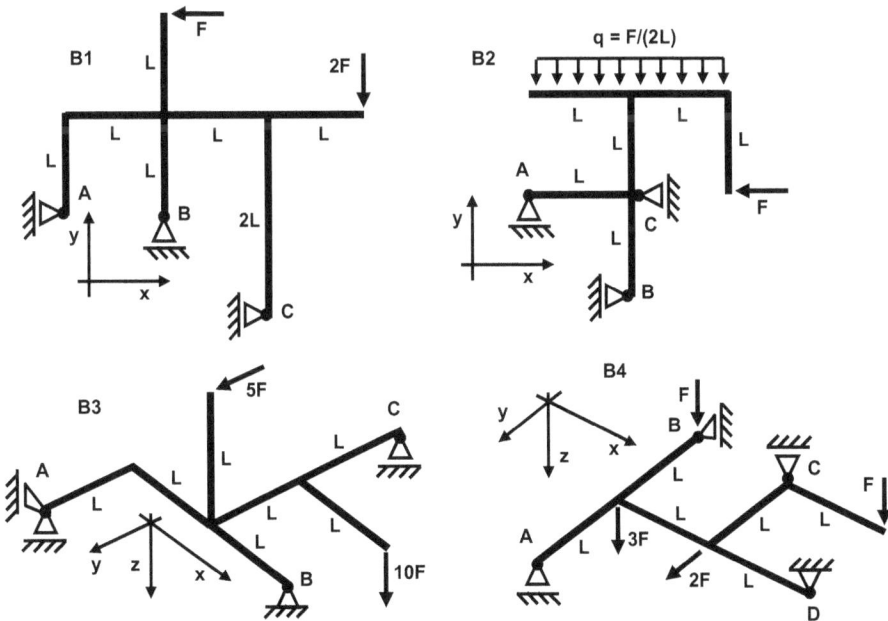

Aufgabe 4.2.1

Gesucht sind die Seilkräfte in Abhängigkeit von F (Lösung: $F_{S,B1} = 1040F$, $F_{S,B2} = 2F$).

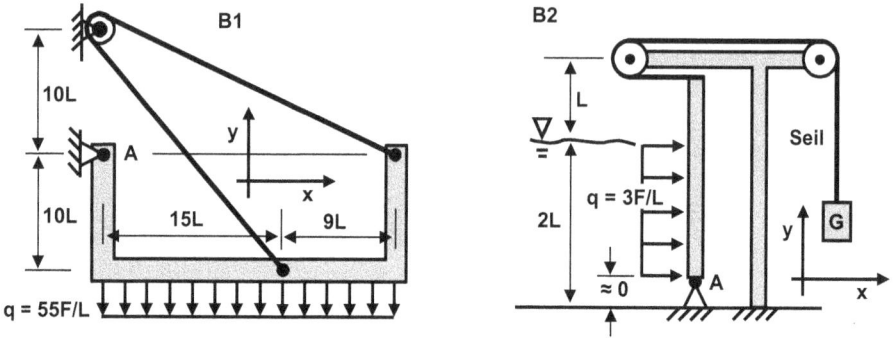

Aufgabe 4.2.2

Auf einen Balken, der über ein Seil fixiert wird, wirkt die konstante Flächenlast q. Wie groß darf der Faktor c maximal werden, wenn das Seil bei einer Seilkraft $F_S = 130F$ reißt? Wie groß sind dann die Kräfte am Lager A (Lösung: $F_{Ax} = 224F$, $F_{Ay} = 68F$)?

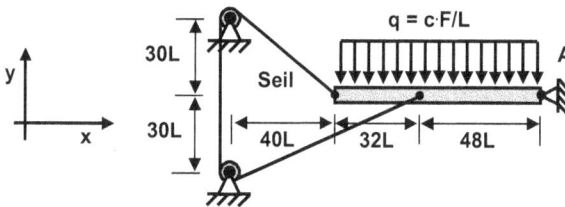

Aufgabe 4.3.1

Der graue Balken hat die Gewichtskraft $G_1 = G$. Für ein Gegengewicht gilt $G_2 = G$. Wie muss G_3 gewählt werden, damit das Bauteil im Gleichgewicht ist? Wie groß sind die resultierenden Kräfte am Lager A (Lösung: $F_{Ax} = 0.4G$, $F_{Ay} = 1.1G$)?

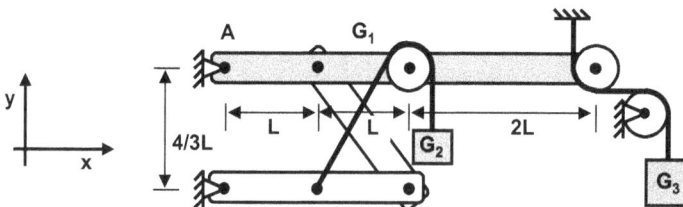

Aufgabe 4.3.2

Die Kräfte am Lager B sind gesucht (Lösung: $F_{Bx} = 4F$, $F_{By} = 3F$).

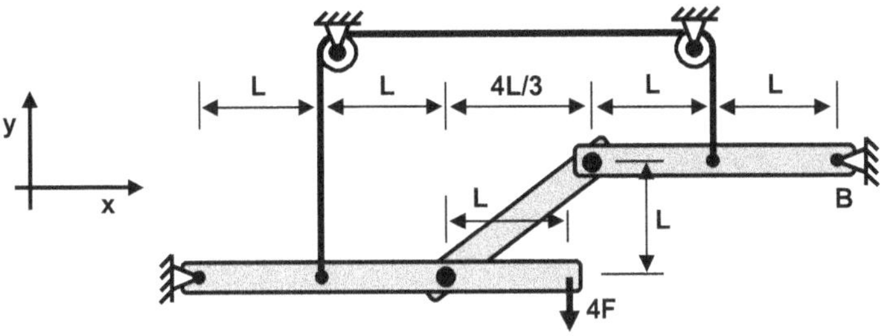

Aufgabe 4.3.3

Das Bauteil ist symmetrisch. F wirkt in der Mitte. Wie groß ist die Federkraft (Lösung: $F_{Feder} = 0.75F$)?

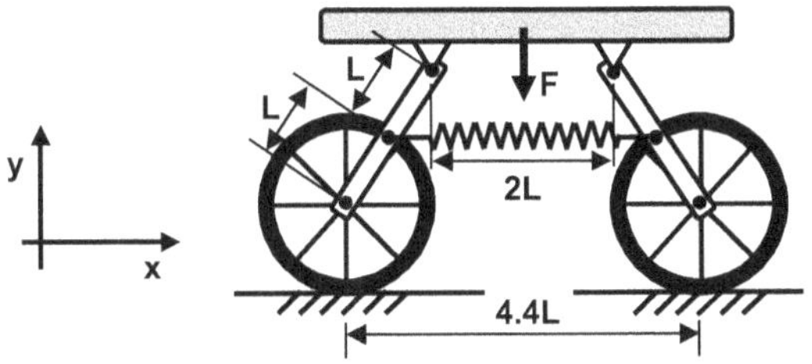

Aufgabe 4.3.4

Das Bauteil ist im Gleichgewicht ($\tan \alpha = 3/4$). Wie groß ist die Kraft G, wenn die Federkraft in der unteren Feder $12F$ beträgt (Lösung: $G = 7F$)?

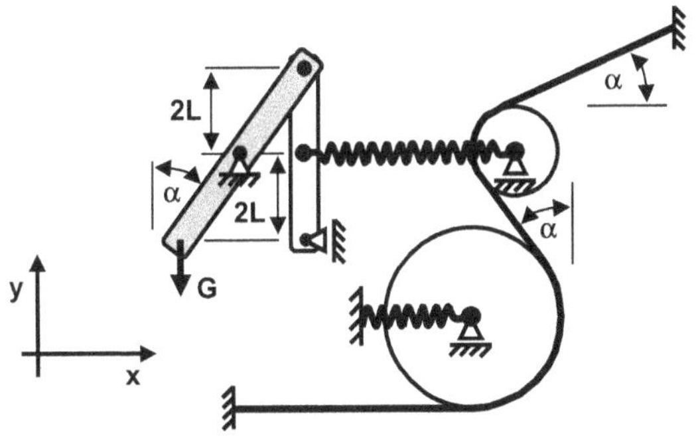

Aufgabe 4.3.5

Bei der Kette ist eine der beiden Kettenkräfte F_{K1} oder F_{K2} gleich null. Wie groß ist der Betrag der Kettenkraft ungleich null? Welche Kräfte wirken am Lager A (Lösung: $F_{Ax} = 24F$, $F_{Ay} = 15F$)?

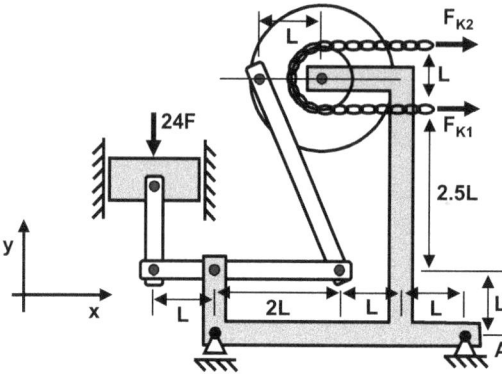

Aufgabe 4.3.6

Nur die Vorderräder des Pkw sind angetrieben. Bei welchem Winkel α sind an den Vorderrädern die parallel und senkrecht zur Fahrbahn zeigenden Kräfte betragsmäßig identisch (Lösung: $\alpha = 15.26°$)?

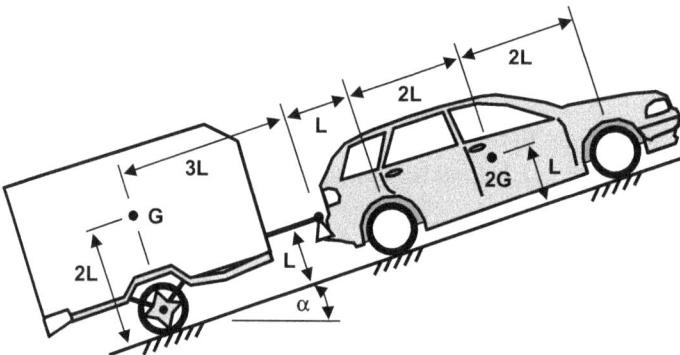

Aufgabe 4.3.7

Trotz der ovalen Form der Kaktussegmente kann davon ausgegangen werden, dass die Gewichtskräfte G_{Si} der 5 Kaktussegmente mit der Länge L_{Si} durch die Formel $G_{Si} = G \times L_{Si}/L$ bestimmt werden können. Für die Berechnung greift die Gewichtskraft im jeweiligen Schwerpunkt des Segments an. Das unterste Kaktussegment steht in der Topfmitte.

Es sei $a = 4L$. Wie groß muss die Gewichtskraft F des symmetrischen Kaktustopfes mindestens sein, damit die Pflanze nicht kippt (Lösung: $F = 7G$)? Wie groß darf $a \geq 0$ sein, damit der Kaktus unabhängig vom Topfgewicht nicht kippt (Lösung: $0 \leq a \leq 3.322L$)?

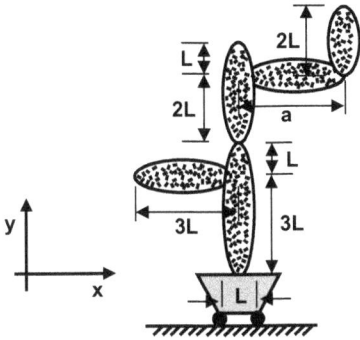

Aufgabe 4.3.8
Der Mann hat die Gewichtskraft $60G$. Der graue Rahmen hat pro Länge L die Gewichtskraft $6G$. Die restlichen Gewichtskräfte können vernachlässigt werden. Wie groß muss x mindestens sein, dass das Sportgerät nicht kippt (Lösung: $x = 0.264L$)?

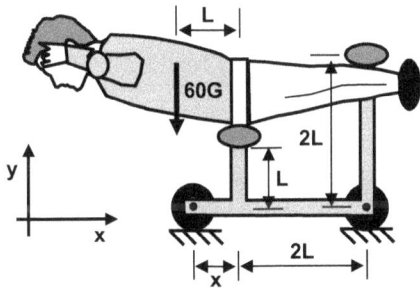

Aufgabe 4.3.9
Es gilt $R/L = 0.2$, $\cos^2 \beta - \sin^2 \beta = 2\cos^2 \beta - 1$ und näherungsweise $\sin \alpha = \tan \alpha$. Gesucht ist M in Abhängigkeit von F, R und β. Für welches β wird M maximal (Lösung: $\beta = 79.3°$)?

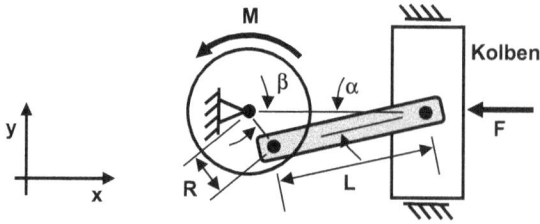

Aufgabe 4.3.10

Das Auto besitzt eine Gewichtskraft von $208G$, seine Räder sind frei drehbar (tan α = 5/12, β = 90°). Gesucht sind die Seilkraft, die Kraft im Hydraulikzylinder und die Gesamtkraft $F_A^2 = F_{Ax}^2 + F_{Ay}^2$ im Gelenk A (Lösung: $F_A = \sqrt{7769}G$).

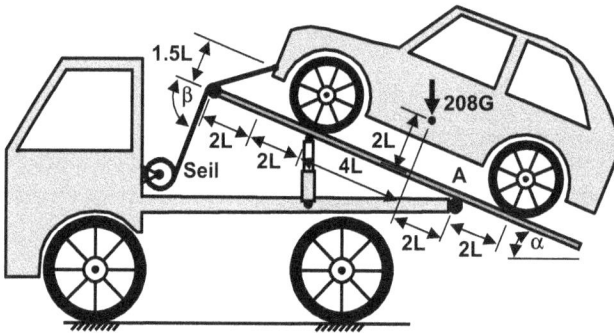

Aufgabe 4.3.11

Beide Achsen sind auf gleicher Höhe. Die beiden großen Räder haben den gleichen Durchmesser. An den drei angedeuteten Zahnrädern werden nur Kräfte in Umfangsrichtung übertragen. In x-Richtung wirken keine Kräfte. Wie groß sind die Kräfte an den Lagern A und B (Lösung: $F_A = 5F$, $F_B = 7F$)?

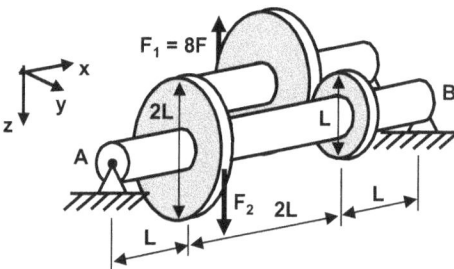

Aufgabe 4.3.12

Die kleinen Kettenräder haben den Radius L, das große den Radius $2L$. Die vordere Welle ABCD besteht aus drei gleichlangen Abschnitten mit der Gesamtlänge $3L$. In x-Richtung wirken keine Kräfte. Welche der Kettenkräfte F_{K1} oder F_{K2} ist gleich null, wie groß sind die Kräfte in den Lagern A und C (Lösung: $F_A = 3/8F$, $F_C = F/8$)?

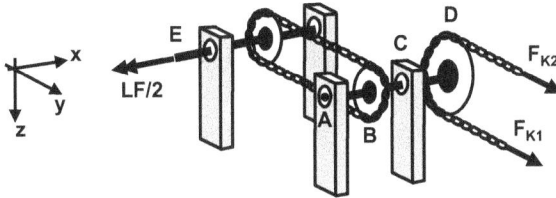

4.4 Fachwerke

Besteht ein Bauteil nur aus Stäben, die die drei Bedingungen
- die Stäbe sind gerade
- die Stäbe sind an ihren beiden Endpunkten gelenkig verbunden
- Kräfte wirken nur an den Verbindungspunkten der Stäbe

erfüllen, so wird es als Fachwerk bezeichnet. Für die Verbindungspunkte verwendet man auch den Begriff Knoten. Die drei Bedingungen ergeben, dass nur Kräfte in Stabrichtung wirksam sind. Somit sind nur Zug- und Druckstäbe vorhanden. Zur Berechnung der Kräfte kann das **Knotenpunktverfahren** verwendet werden. Dazu werden z. B. am Fachwerk in Abbildung 4.17 links die Knoten freigeschnitten (Abbildung 4.17 rechts). An den Stäben können auch die Kräfte eingezeichnet werden. Da diese nur

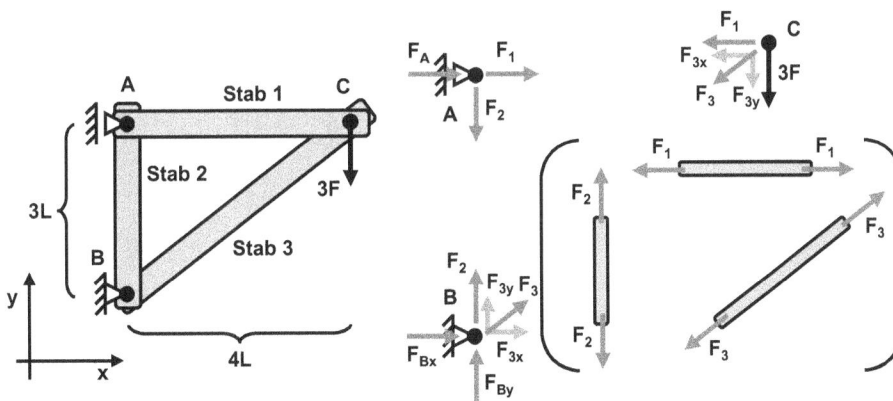

Abb. 4.17: Aufgabenstellung zur Fachwerksberechnung und freigeschnittene Knoten.

die Information (Kräftegleichgewicht in Stabrichtung) liefern, dass beide Stabkräfte identisch sind, werden die freigeschnittenen Stäbe häufig nicht dargestellt, sondern nur die Knoten. Das bedeutet, zeigt die Kraft vom Knoten weg, betrachtet man einen Zugstab, andernfalls einen Druckstab.

Bei einem ebenen bzw. räumlichen Bauteil resultieren für jeden Knoten 2 oder 3 Kräftegleichgewichte, die zur Bestimmung der Kräfte ausgewertet werden können. Durch die Art der Verbindung der Stäbe ist das Momentgleichgewicht für alle Kräfte erfüllt und ergibt keine Informationen zur Bestimmung der Kräfte. Das bedeutet, dass bei einem ebenen Bauteil pro Knoten 2 Kräfte bestimmt werden können. Im Beispiel in Abbildung 4.17 beginnt man am Knoten C und bestimmt die Kräfte F_3 und F_1.

$$\sum F_y = 0: \quad -F_{3y} - 3F = -\frac{3}{5}F_3 - 3F = 0 \quad \Rightarrow \quad F_3 = -5F$$

$$\sum F_x = 0: \quad -F_1 - F_{3x} = -F_1 - \frac{4}{5}F_3 = 0 \quad \Rightarrow \quad F_1 = 4F$$

Anschließend betrachtet man den Knoten A und berechnet die Kräfte F_A und F_2.

$$\sum F_x = 0: \quad F_A + F_1 = 0 \quad \Rightarrow \quad F_A = -4F$$

$$\sum F_y = 0: \quad -F_2 = 0 \quad \Rightarrow \quad F_2 = 0$$

Abschließend werden am Knoten B die verbleibenden Kräfte F_{Bx} und F_{By} ermittelt.

$$\sum F_x = 0: \quad F_{Bx} + F_{3x} = F_{Bx} + \frac{4}{5}F_3 = 0 \quad \Rightarrow \quad F_{Bx} = 4F$$

$$\sum F_y = 0: \quad F_{By} + F_2 + F_{3y} = F_{By} + \frac{3}{5}F_3 = 0 \quad \Rightarrow \quad F_{By} = 3F$$

Zusammenfassend wird der Stab 1 auseinandergezogen und der Stab 3 zusammengedrückt. Daher ist Stab 1 ein Zugstab, Stab 3 ein Druckstab. Da die Kraft im Stab 2 gleich null ist, wird dieser als **Nullstab** bezeichnet. Da diese Nullstäbe in den meisten Fällen auch ohne Berechnung erkannt werden können, sollen drei dazu notwendige Regeln vorgestellt werden. Von einem unbelasteten Knoten spricht man, wenn an diesem Knoten lediglich Stabkräfte und keine Lagerkräfte oder gegebene Belastungen wirksam sind. Für das Beispiel in Abbildung 4.17 bedeutet dies, dass alle Knoten belastet sind.

In Abbildung 4.18 werden die folgenden drei Regeln zum Auffinden der Nullstäbe skizziert:

- sind an einem unbelasteten Knoten 2 Stäbe angebunden und liegen diese nicht auf einer Geraden, so sind beide Stäbe Nullstäbe (Regel 1).
- sind an einem unbelasteten Knoten drei Stäbe angebunden und zwei liegen auf einer Geraden, so ist der dritte ein Nullstab (Regel 2).
- sind an einem belasteten Knoten 2 Stäbe angebunden und die Kraft und der erste Stab liegen auf einer Geraden, so ist der zweite Stab ein Nullstab (Regel 3).

Regel 1:

$F_1 = 0$

$F_2 = 0$

$\Sigma F_x = 0: F_1 = 0$
$\Sigma F_y = 0: -F_2 = 0$

F_{1x} $F_1 = 0$ F_{1y} $F_2 = 0$

$\Sigma F_y = 0: F_{1y} = 0$
$\Rightarrow F_1 = F_{1x} = 0$
$\Sigma F_x = 0: -F_{1x} + F_2 = 0$
$\Rightarrow F_2 = 0$

Regel 2:

$\Sigma F_y = 0: F_3 = 0$

$F_3 = 0$

F_1 F_2

F_{3y} F_3 F_2 F_{3x} F_1

$\Sigma F_y = 0: F_{3y} = 0$
$\Rightarrow F_3 = 0$

Regel 3:

F_1

F

$F_2 = 0$

$\Sigma F_y = 0: -F_2 = 0$

F_{2x} F $F_2 = 0$ F_{2y} F_1

$\Sigma F_y = 0: F_{2y} = 0$
$\Rightarrow F_2 = 0$

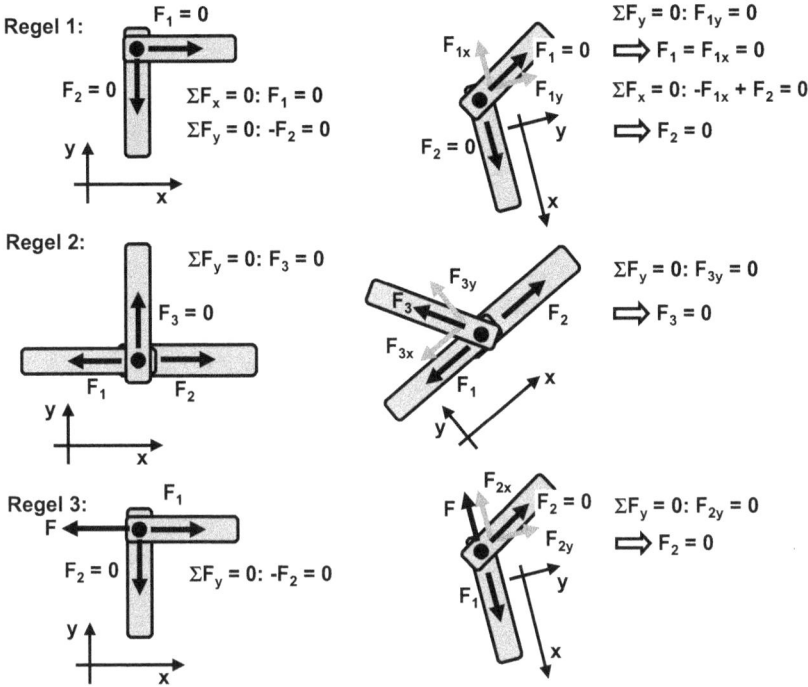

Abb. 4.18: Regeln zum Auffinden von Nullstäben.

Aufgaben zu Kapitel 4.4

Einführende Aufgabe:

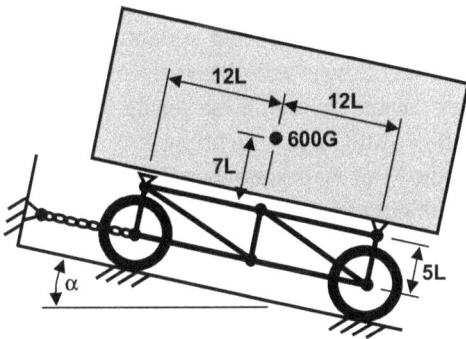

12L 12L 600G 7L 5L α

Eine Kiste mit der Gewichtskraft $600G$ liegt auf einem Untergestell, welches aus einem Fachwerk aufgebaut ist und durch eine Kette, die parallel zur Ebene verläuft, gehalten wird.

Welche Stabkräfte resultieren im Untergestell infolge der Gewichtskraft ($\tan \alpha = 7/24$)?

Lösung:

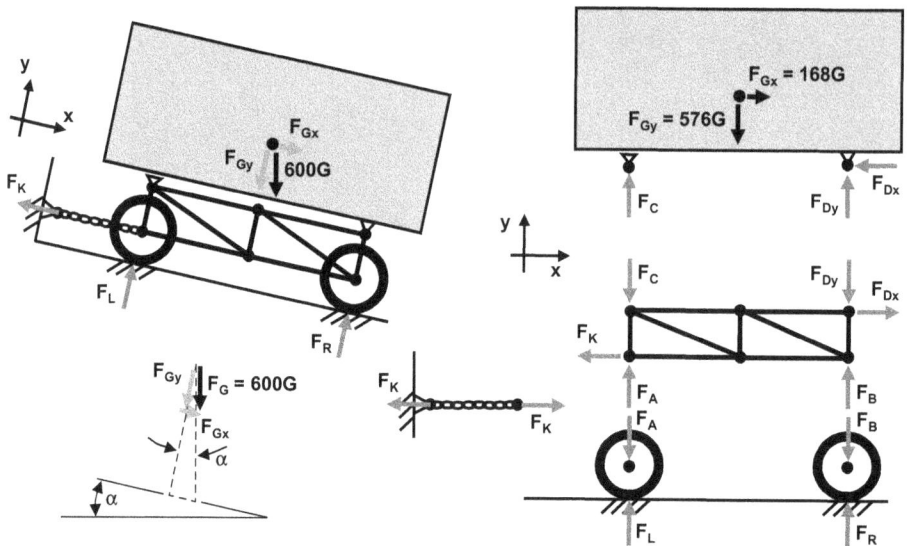

Es ist sinnvoll, das Koordinatensystem so zu wählen, dass die x-Achse parallel zur Aufstandsfläche verläuft. Dann muss nur die Gewichtskraft G in Anteile parallel und senkrecht zur Fläche zerlegt werden.

$$\frac{F_{Gx}}{F_G} = \sin\alpha \quad \Rightarrow \quad F_{Gx} = F_G \sin\alpha = \frac{7}{25}F_G = 168G$$

$$\frac{F_{Gy}}{F_G} = \cos\alpha \quad \Rightarrow \quad F_{Gy} = F_G \cos\alpha = \frac{24}{25}F_G = 576G$$

Prinzipiell können von der Radaufstandsfläche Kräfte in x- und y-Richtung auf die Räder aufgebracht werden. Da die Kräfte in x-Richtung jeweils die einzigen Kräfte wären, die an den Rädern in Umfangsrichtung zeigen, müssen diese gemäß Kapitel 4.3 gleich null sein. Daher werden nur die Kräfte F_L und F_R in y-Richtung eingezeichnet. Die Wirkung des linken Lagers wird durch die Kraft F_K beschrieben. Da am Lager eine Kette angebunden ist, die nur Kräfte in Kettenrichtung übertragen kann, muss die Lagerkraft quer zur Kette gleich null sein.

Das Gesamtbauteil wird gedreht, sodass die x-Achse waagrecht verläuft. Anschließend werden vom Untergestell die Kiste, die beiden Räder und die Kette freigeschnitten. Die Kräfte F_C, F_{Dx} und F_{Dy} können durch die Kräfte- und Momentenbilanzen an der Kiste bestimmt werden.

$$\sum M\big|_C = 0: \quad -12LF_{Gy} - 7LF_{Gx} + 24LF_{Dy} = 0 \quad \Rightarrow \quad F_{Dy} = 337G$$

$$\sum F_x = 0: \quad -F_{Dx} + 168G = 0 \quad \Rightarrow \quad F_{Dx} = 168G$$

$$\sum F_y = 0: \quad F_C - 576G + F_{Dy} = 0 \quad \Rightarrow \quad F_C = 239G$$

An den Punkten A und B wirken von den Rädern auf das Untergestell nur die senkrechten Kräfte F_A und F_B. Die gelenkigen Verbindungen A und B könnten auch waagrechte Kräfte übertragen. Diese Kräfte bzw. deren Gegenkräfte wären aber auch an den Rädern wirksam. Da zwischen Boden und Rad keine waagrechten Kräfte übertragen werden, wären die Kräfte in x-Richtung an den Punkten A und B jeweils die einzigen in waagrechter Richtung. Daher müssen sie gleich null sein. Die Wirkung der Kette auf das Untergestell wird durch die Kraft F_K beschrieben. Die Kräfte- und Momentenbilanz am Untergestell ergibt die Werte dieser Kräfte.

$$\sum M\big|_A = 0: \quad -24LF_{Dy} - 5LF_{Dx} + 24LF_B = 0 \quad \Rightarrow \quad F_B = 372G$$
$$\sum F_x = 0: \quad -F_K + F_{Dx} = 0 \quad \Rightarrow \quad F_K = 168G$$
$$\sum F_y = 0: \quad F_A - F_C - F_{Dy} + F_B = 0 \quad \Rightarrow \quad F_A = 204G$$

Somit sind alle Kräfte, die auf das gesamte Untergestell wirksam sind, bekannt. Die Regeln I bis III aus Abbildung 4.18 ergeben keine Nullstäbe. Die einzelnen Stabkräfte der 9 Stäbe können mit dem Knotenpunktverfahren bestimmt werden. Dazu werden die Stäbe (1 bis 9) und die Knoten (A bis F) durchnummeriert.

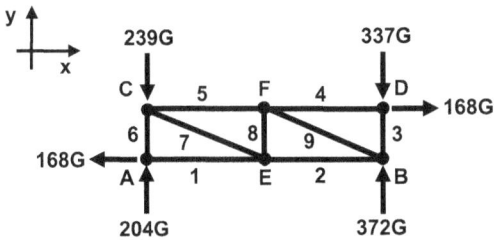

An einem einzelnen Knoten können die Kräftebilanzen in x- und y-Richtung ausgewertet werden. Da die Wirklinien der Kräfte immer durch die Knoten verlaufen, ist die Momentenbilanz automatisch erfüllt bzw. liefert keine auswertbare Information. Das bedeutet, dass immer ein Knoten betrachtet wird, bei dem maximal zwei unbekannte Stabkräfte zu bestimmen sind. An den einzelnen Knoten werden die Wirkungen der Stäbe auf die Knoten mit Kräften dargestellt. Zeigt die Kraft auf den Knoten, kennzeichnet sie einen Druckstab, andernfalls einen Zugstab.

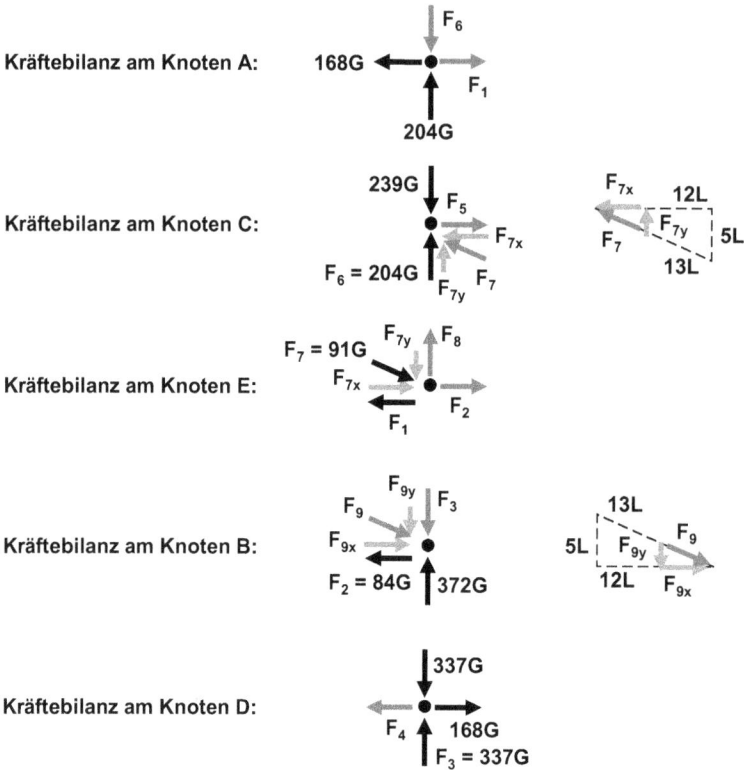

Kräftebilanz am Knoten A: $168G$ ← $\bullet$ → F_1 | F_6 ↑ $204G$

Kräftebilanz am Knoten C: $239G$ ↓ F_5 | F_{7x} $F_6 = 204G$ F_{7y} F_7 | F_{7x} $12L$ F_7 F_{7y} $5L$ $13L$

Kräftebilanz am Knoten E: $F_7 = 91G$ F_{7y} F_8 F_{7x} F_1 F_2

Kräftebilanz am Knoten B: F_{9y} F_3 F_9 F_{9x} $F_2 = 84G$ $372G$ | $13L$ $5L$ F_{9y} F_9 $12L$ F_{9x}

Kräftebilanz am Knoten D: $337G$ ↓ F_4 ← $\bullet$ → $168G$ ↑ $F_3 = 337G$

– Kräftebilanz am Knoten A:

$$\sum F_x = 0: \quad -168G + F_1 = 0 \quad \Rightarrow \quad F_1 = 168G$$
$$\sum F_y = 0: \quad 204G - F_6 = 0 \quad \Rightarrow \quad F_6 = 204G$$

– Kräftebilanz am Knoten C:
Der Stab 7 verläuft diagonal. Daher müssen die Komponenten F_{7x} und F_{7y} in Abhängigkeit von F_7 bestimmt werden. Das Kräftedreieck und das geometrische Dreieck CEF sind winkelgleich.

$$\frac{F_{7x}}{F_7} = \frac{12L}{13L} \quad \Rightarrow \quad F_{7x} = \frac{12}{13}F_7$$
$$\frac{F_{7y}}{F_7} = \frac{5L}{13L} \quad \Rightarrow \quad F_{7y} = \frac{5}{13}F_7$$

Da die Kräftebilanz in y-Richtung nur eine gesuchte Stabkraft enthält, beginnt man mit dieser Gleichung.

$$\sum F_y = 0: \quad F_6 + F_{7y} - 239G = 0 \quad \Rightarrow \quad F_7 = 91G$$
$$\sum F_x = 0: \quad F_5 - F_{7x} = 0 \quad \Rightarrow \quad F_5 = 84G$$

- Kräftebilanz am Knoten E:

$$\sum F_x = 0: \quad -F_1 + F_{7x} + F_2 = 0 \quad \Rightarrow \quad F_2 = 84G$$

$$\sum F_y = 0: \quad -F_{7y} + F_8 = 0 \quad \Rightarrow \quad F_8 = 35G$$

- Kräftebilanz am Knoten B:

Wie der Stab 7, verläuft auch der Stab 9 diagonal. Daher müssen wieder die Komponenten F_{9x} und F_{9y} in Abhängigkeit von F_9 bestimmt werden. Das Kräftedreieck und das geometrische Dreieck EBF sind winkelgleich.

$$\frac{F_{9x}}{F_9} = \frac{12L}{13L} \quad \Rightarrow \quad F_{9x} = \frac{12}{13}F_9$$

$$\frac{F_{9y}}{F_9} = \frac{5L}{13L} \quad \Rightarrow \quad F_{9y} = \frac{5}{13}F_9$$

Da wieder die Kräftebilanz in x-Richtung nur eine gesuchte Stabkraft enthält, beginnt man mit dieser Gleichung.

$$\sum F_x = 0: \quad -F_2 + F_{9x} = 0 \quad \Rightarrow \quad F_9 = 91G$$

$$\sum F_y = 0: \quad -F_{9y} - F_3 + 372G = 0 \quad \Rightarrow \quad F_3 = 337G$$

- Kräftebilanz am Knoten D:

Es ist nur noch eine Stabkraft F_4 gesucht. Daher muss nur die waagrechte Kräftebilanz ausgewertet werden.

$$\sum F_x = 0: \quad -F_4 + 168G = 0 \quad \Rightarrow \quad F_4 = 168G$$

Die Kräftebilanz am Knoten F muss nicht ausgewertet werden, da alle Stabkräfte bekannt sind. Abschließend werden die Stabkräfte am Untergestell dargestellt. Positive Stabwerte kennzeichnen einen Zugstab, negative einen Druckstab.

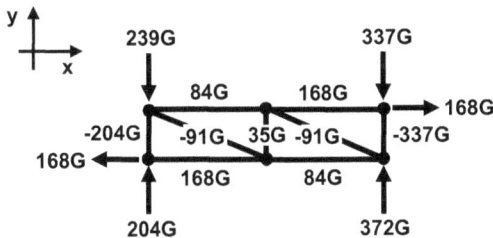

Aufgabe 4.4.1

Auf einem Wagen liegen drei Pakete mit den Gewichtskräften $24G$ und $12G$. Der rechte Auflagepunkt des Paketes mit der Gewichtskraft $12G$ liegt genau in der Mitte der Auflagepunkte des darunterliegenden Paketes. Das Auflagebrett hat die Gewichtskraft

36*G*. Der Unterbau des Wagens besteht aus einem Fachwerk, welches aus drei identischen Segmenten aufgebaut ist. Die Stabkräfte im Unterbau sollen berechnet werden (Lösung: $|F_{max}| = 85G$ (Druckstab)).

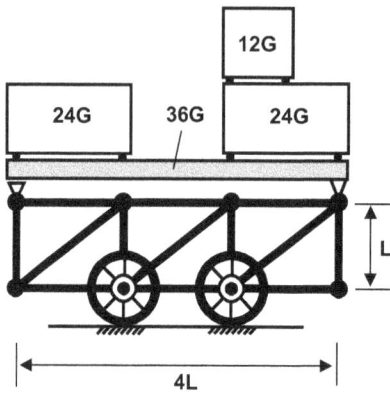

Aufgabe 4.4.2

Nur die Kiste hat eine zu berücksichtigende Gewichtskraft 200*G* (tan α = 7/24, β = 45°, tan φ = 0.75). Die Stabkräfte im Fachwerk des Unterbaus sind zu berechnen (Lösung: $|F_{max}| = 131G$ (Druckstab)).

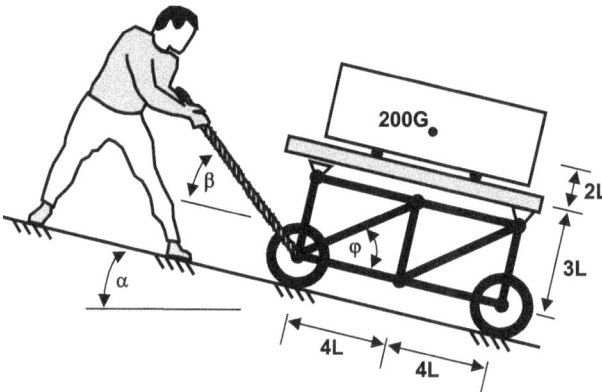

Aufgabe 4.4.3

Gesucht sind die Stabkräfte im Fachwerk (tan α = 0.75) (Lösung: $|F_{max}| = 22F$ (Druckstab)).

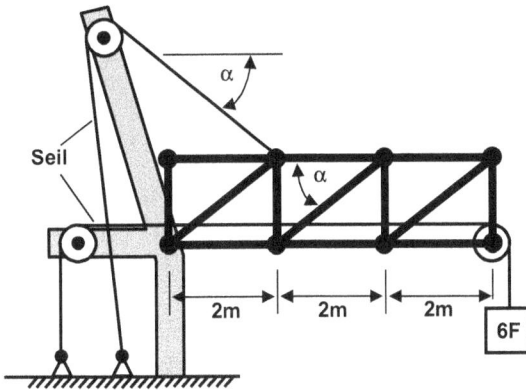

Aufgabe 4.4.4

Ein zweiteiliges Schleusentor wird durch ein Fachwerk verstärkt. Durch die gespannte Kette wird das Tor zusammengehalten. Das Wasser wirkt auf die grauen Balken mit einer Streckenlast $q = 2.5F/L$. Die Stabkräfte im Fachwerk sind zu berechnen (Lösung: $F_{max} = 39F$).

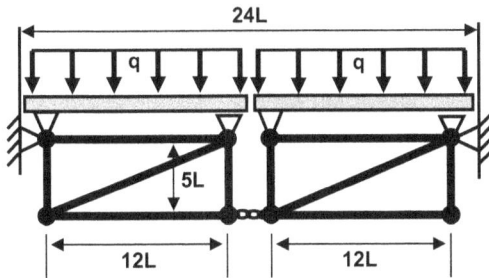

Aufgabe 4.4.5

Gesucht sind die Stabkräfte des Fachwerks des Bremspedals ($\tan\alpha = \tan\beta = 0.75$, $\tan\gamma = 5/12$) (Lösung: $F_{max} = 348F$).

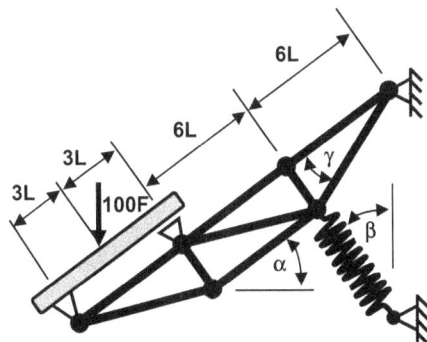

4.5 Innere Kräfte und Momente

Ein Balken ist ein Stab, der nicht nur Kräfte in Stabrichtung, sondern auch Querkräfte und Momente übertragen kann. Dieser Balken sei im Gleichgewicht und die x-Achse soll in Balkenrichtung zeigen.

Schneidet man den Balken gemäß Abbildung 4.19 in zwei Teile, entstehen zwei Schnittflächen oder zwei **Schnittufer**. An den Schnittufern können Oberflächennormalen eingezeichnet werden, die senkrecht auf den Schnittufern stehen und aus den Teilbalken herauszeigen. Die Schnitte sollen so ausgeführt werden, dass die Oberflächennormalen in die positive oder negative x-Achse zeigen. Das Schnittufer, bei welchem die Oberflächennormale in die positive x-Richtung zeigt, wird positives Schnittufer genannt, das andere negatives.

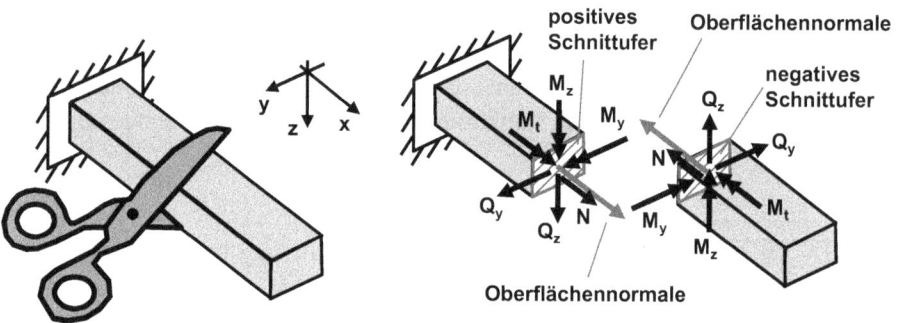

Abb. 4.19: Positives und negatives Schnittufer mit inneren Kräften und Momenten.

Der Schnitt entspricht der Trennung einer festen Verbindung. Beim räumlichen Balken müssen an jedem Schnittufer 3 Kräfte und 3 Momente angebracht werden, damit beide Teilbauteile für sich im Gleichgewicht sein können. Diese werden **innere Kräfte und Momente** genannt. Die Kraft in x-Richtung wird als **Normalkraft** N, die Kraft in y-Richtung als **Querkraft** Q_y und die Kraft in z-Richtung als **Querkraft** Q_z bezeichnet. Entsprechend wird das Moment in x-Richtung als **Torsionsmoment** M_t, das Moment in y-Richtung als **Biegemoment** M_y und das Moment in z-Richtung als **Biegemoment** M_z bezeichnet. Um allgemein gültige Regeln ableiten zu können, werden die inneren Kräfte und Momente so eingezeichnet, dass sie am positiven Schnittufer in die positiven Koordinatenrichtungen zeigen. Wegen „Aktio und Reaktio" zeigen die inneren Kräfte und Momente am negativen Schnittufer entgegengesetzt in die negativen Koordinatenrichtungen. Die Schnitte werden an jeder x-Koordinate durchgeführt, die entsprechenden inneren Kräfte und Momente bestimmt und deren Werte in Schaubilder eingetragen. Somit erhält man den Verlauf dieser Größen über der Balkenlänge.

Im Folgenden soll an mehreren Balkenvarianten die Bestimmung der inneren Kräfte und Momente vorgestellt werden.

Innere Kräfte und Momente am ebenen geraden Balken

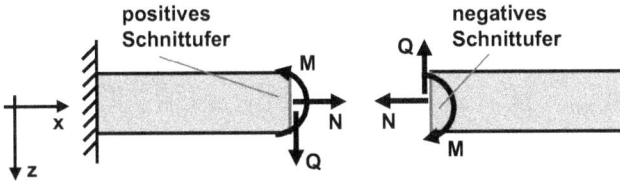

Abb. 4.20: Innere Kräfte und Momente am ebenen geraden Balken.

Der ebene Balken soll wie in Abbildung 4.20 dargestellt im xz-Koordinatensystem betrachtet werden. Dann muss die Querkraft Q_y, das Biegemoment M_z und das Torsionsmoment M_t nicht berücksichtigt werden, da sie den Betrag null besitzen. Weil keine Verwechslungsgefahr besteht, wird die Querkraft Q_z nur Q und das Biegemoment M_y nur M bezeichnet.

Stellvertretend soll der in Abbildung 4.21 links dargestellte Balken der Länge L, der mit einer konstanten Streckenlast $q = q_z$ und rechts mit einer einzelnen waagrechten Kraft F belastet wird, untersucht werden. Die Lagerkraftberechnung ergibt $F_{Ax} = F$, $F_{Az} = qL/2$ und $F_B = qL/2$. Um die inneren Kräfte und Momente in Abhängigkeit von x zu bestimmen und den Werteverlauf in Schaubilder eintragen zu können, wird der Balken an einer beliebigen x-Position zerschnitten.

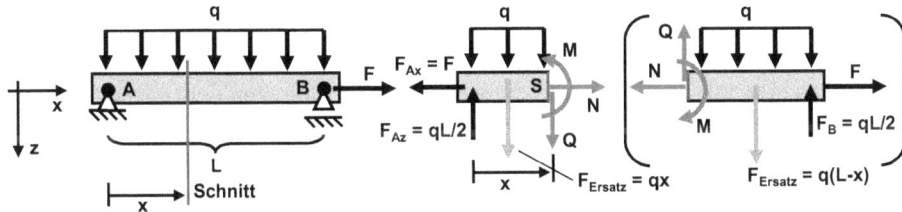

Abb. 4.21: Aufgabenstellung für Berechnung der inneren Kräfte und Momente und Schnitt an der Position x.

Da für beide Teile drei Gleichgewichtsbedingungen zur Verfügung stehen und bei beiden Teilen die gleichen 3 unbekannten Größen N, Q und M zu bestimmen sind, ist es ausreichend, nur den linken Teil zu betrachten. Daher wird der in Klammern gezeichnete rechte Teil nicht beachtet. Die am linken Teil wirksame Ersatzkraft $F_{Ersatz} = qx$ muss bestimmt werden. Anschließend müssen N, Q und M mit den Gleichgewichtsbedingungen so festgelegt werden, dass der linke Teil im Gleichgewicht ist. Als Bezugspunkt wird der Punkt S, welcher im Schnittufer liegt, gewählt.

$$\sum F_x = 0: \qquad -F_{Ax} + N = -F + N = 0 \qquad \Rightarrow \quad N = F$$

$$\sum F_z = 0: \qquad -F_{Az} + F_{Ersatz} + Q = -\frac{qL}{2} + qx + Q = 0 \qquad \Rightarrow \quad Q = \frac{qL}{2} - qx$$

$$\sum M\big|_S = 0: \quad -xF_{Az} + \frac{x}{2}F_{Ersatz} + M = -x\frac{qL}{2} + \frac{x}{2}qx + M = 0 \quad \Rightarrow \quad M = \frac{qL}{2}x - \frac{q}{2}x^2$$

Unabhängig davon, welchen Wert man für $0 < x < L$ wählt, sind die resultierenden Gleichgewichtsbedingungen und somit die Funktionen für N, Q und M vom Aufbau identisch. Somit beschreiben die resultierenden Gleichungen für N, Q und M die Verläufe über der gesamten Balkenlänge L, welche in drei Schaubildern gemäß Abbildung 4.22 aufgezeichnet werden können.

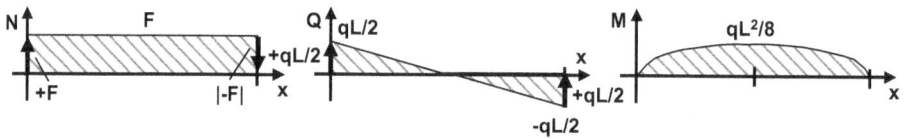

Abb. 4.22: Verlauf der inneren Kräfte und Momente für den Balken aus Abbildung 4.21.

Da für $x < 0$ der linke Teil keine Balkenanteile beinhaltet und somit im Gleichgewicht ist, müssen die inneren Kräfte und Momente für $x < 0$ gleich null sein. Gleiches gilt für $x > L$, da nun der linke Teil aus dem Gesamtbalken besteht, der gemäß Annahme im Gleichgewicht ist. Somit müssen am Balkenanfang ($x = 0$) und am Ende ($x = L$) des Balkens in den Schaubildern die in Abbildung 4.22 eingezeichneten Sprungstellen vorhanden sein, um den berechneten Funktionsverlauf für $0 < x < L$ zu ermöglichen. Man erkennt, dass die Sprunghöhen immer den Beträgen der Lagerkräfte bzw. der rechten waagrechten Kraft F entsprechen. Zeigt die entsprechende Kraft in die positive Koordinatenrichtung, fällt die innere Kraft sprungartig, wirkt eine negative Lagerkraft, so steigt die innere Kraft sprungartig an.

Leitet man die Funktionen für Q und M nach x ab, kann man einen Zusammenhang zwischen q, Q und M erkennen.

$$Q' = \frac{dQ}{dx} = \frac{d}{dx}\left(\frac{qL}{2} - qx\right) = -q$$

$$M' = \frac{dM}{dx} = \frac{d}{dx}\left(\frac{qL}{2}x - \frac{q}{2}x^2\right) = \frac{qL}{2} - qx = Q$$

Dieser Zusammenhang lässt sich verallgemeinern, wenn man einen kleinen Balkenabschnitt gemäß Abbildung 4.23 der Länge dx betrachtet. Zwischen dem linken negativen Schnittufer und dem rechten positiven Schnittufer erfahren die inneren Kräfte und Momente aufgrund der kleinen Länge dx nur kleine Änderungen dQ und dM. Da keine Kräfte in x-Richtung vorhanden sind, ist die Normalkraft konstant gleich null und muss nicht betrachtet werden.

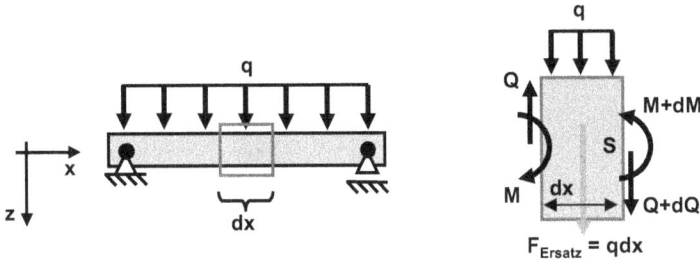

Abb. 4.23: Innere Kräfte und Momente an einem kleinen Balkenabschnitt der Länge dx.

Um den oben beobachteten Zusammenhang zu zeigen, wird das Kräftegleichgewicht in z-Richtung und das Momentengleichgewicht mit dem Bezugspunkt S gebildet.

$$\sum F_z = 0: \quad -Q + F_{\text{Ersatz}} + Q + dQ = q\,dx + dQ = 0 \quad \Rightarrow \frac{dQ}{dx} = -q$$

$$\sum M\big|_S = 0: \quad -M - dx\,Q + \frac{dx}{2} F_{\text{Ersatz}} + M + dM$$

$$= -dx\,Q + \frac{dx}{2} q\,dx + dM = 0 \qquad \Rightarrow \frac{dM}{dx} = Q$$

Der Term $dx/2 \times q\,dx$ ist eine Größenordnung kleiner als die anderen Terme und wird vernachlässigt.

Für das Aufstellen der Schaubilder der inneren Kräfte und Momente können am ebenen geraden Balken folgende Regeln angewendet werden, wobei alle Kräfte und Momente, die keine inneren sind, als **äußere Kräfte und Momente** bezeichnet werden:

- an der x-Position einer äußeren positiven Kraft wird die innere Kraft um den Betrag der äußeren sprungartig reduziert (im Schaubild Sprungstelle nach unten).
- an der x-Position einer äußeren negativen Kraft wird die innere Kraft um den Betrag der äußeren sprungartig erhöht (im Schaubild Sprungstelle nach oben).
- gleiches gilt auch für die Momente.
- zwischen den Sprungstellen verläuft die Normalkraft N in den in diesem Text vorgestellten Beispielen und Aufgaben konstant.
- die Verläufe der Querkraft Q und des Biegemoments M sind zwischen den Sprungstellen durch Ableitungsregeln definiert.

$$\frac{dQ}{dx} = -q \quad \text{und} \quad \frac{dM}{dx} = Q$$

- die Ableitungsregeln können durch Integralgleichungen ersetzt werden.

$$Q = -\int q\,dx + c_1 \quad \text{und} \quad M = \int Q\,dx + c_2$$

- die Integrationskonstanten c_1 und c_2 müssen aus den Randbedingungen an den Sprungstellen ermittelt werden.

Innere Kräfte und Momente an ebenen zusammengesetzten Bauteilen

Betrachtet man ebene Bauteile, die aus geraden Balken zusammengesetzt sind, muss das Bauteil vor der Bestimmung der inneren Kräfte und Momente, wie im Beispiel aus Abbildung 4.24, in gerade Balken zerlegt werden. Dabei sind feste Verbindungen oder Gelenke zu zerschneiden und durch Schnittkräfte und -momente zu ersetzen. Diese sind so zu bestimmen, dass jedes Teilbauteil bzw. jeder Balken für sich im Gleichgewicht ist.

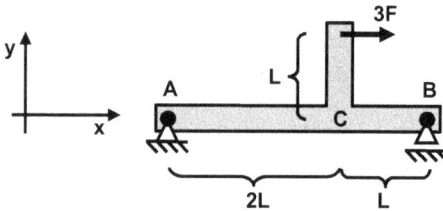

Abb. 4.24: Aufgabenstellung zur Bestimmung der inneren Kräfte und Momente bei einem zusammengesetzten Bauteil.

Zuerst müssen am Gesamtbauteil aus Abbildung 4.24 die Lagerkräfte $F_{Ax} = 3F$, $F_{Ay} = F$ und $F_B = F$ bestimmt werden. Anschließend wird das Bauteil am Punkt C in zwei gerade Balken zerlegt. Dazu muss, wie in Abbildung 4.25 links eingezeichnet, eine feste Verbindung getrennt werden, wofür zwei Schnittkräfte F_{Cx} und F_{Cy} und ein Schnittmoment M_C zu bestimmen sind.

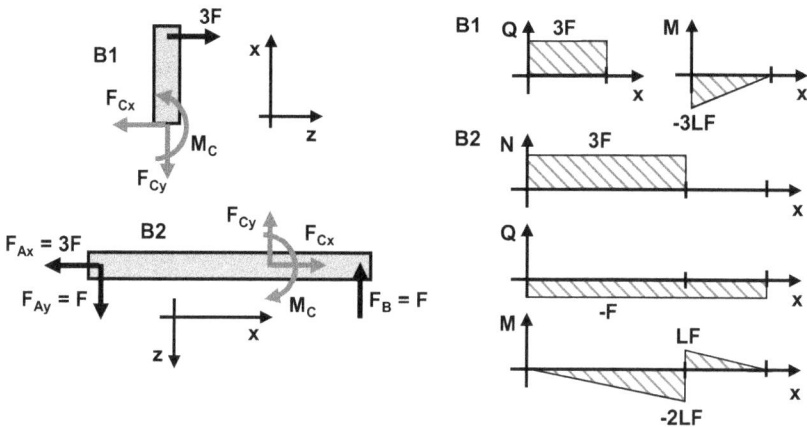

Abb. 4.25: Zerlegung des Bauteils aus Abbildung 4.24 in gerade Balken und innere Kräfte und Momente.

Für die Bestimmung der Schnittgrößen wird das Bauteil B1 betrachtet, da dabei weniger Größen zu berücksichtigen sind. Die Bilanzen werden bezüglich des globalen

xy-Koordinatensystems aufgestellt.

$$\sum F_x = 0: \quad -F_{Cx} + 3F = 0 \quad \Rightarrow \quad F_{Cx} = 3F$$

$$\sum F_y = 0: \quad -F_{Cy} = 0 \quad \Rightarrow \quad F_{Cy} = 0$$

$$\sum M\big|_C = 0: \quad M_c - L \cdot 3F = 0 \quad \Rightarrow \quad M_C = 3LF$$

Anschließend können alle Balken unabhängig voneinander betrachtet werden. Da die x-Achse in Stabrichtung zeigen muss, wird für jeden Balken ein eigenes xz-Koordinatensystem verwendet. Es können die gleichen Regeln wie beim geraden ebenen Balken angewandt werden. Somit resultieren die in Abbildung 4.25 rechts dargestellten inneren Kräfte und Momente.

Zeigen die Schnittkräfte wie am Balken BC in Abbildung 4.26 an den Schnittstellen weder quer noch parallel zum Balken, müssen sie in Komponenten zerlegt werden, die in Balkenrichtung oder quer zum Balken orientiert sind.

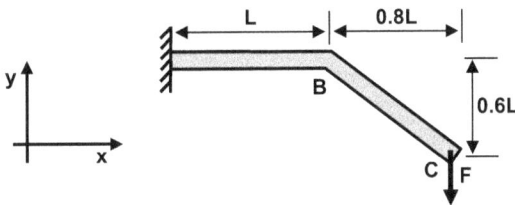

Abb. 4.26: Bauteil mit Schnittkräften, die in Balken- und Querrichtung zerlegt werden müssen.

Dazu muss wie in Abbildung 4.27 mit Hilfe der geometrischen Angaben der Winkel α, der den Zusammenhang zwischen den Komponenten und der Gesamtkraft F beschreibt, bestimmt werden. Mit diesem Winkel können am Teilbalken BC die Kraftkomponenten in Balkenrichtung $F \sin \alpha = 0.6F$ und die Komponenten $F \cos \alpha = 0.8F$ quer zum Balken berechnet werden. Da die lokale x-Achse in Balkenrichtung und somit diagonal zeigt, sind die Zerlegungskräfte die Ausgangsgrößen zur Bestimmung der inneren Kräfte N und Q.

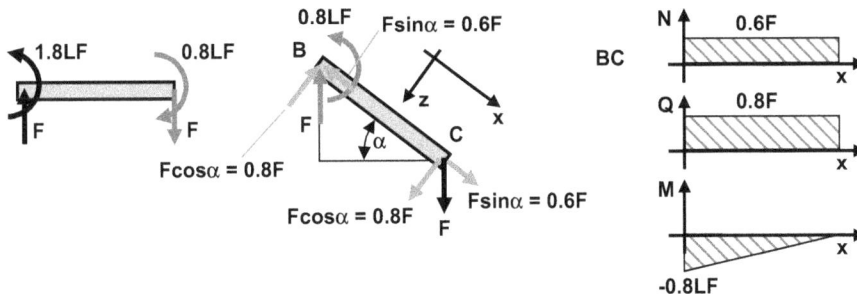

Abb. 4.27: Innere Kräfte und Momente im Balken BC der Geometrie aus Abbildung 4.26.

Innere Kräfte und Momente an räumlichen Bauteilen mit Biegung um eine Achse

Betrachtet man ein räumliches Bauteil, bei dem nur Biegung um eine Achse auftreten soll, muss die Betrachtung des vorigen Abschnitts (Innere Kräfte und Momente an ebenen zusammengesetzten Bauteilen) nur um ein Torsionsmoment M_t, welches versucht, die Stäbe um ihre Stabachse (x-Achse) zu verdrehen, ergänzt werden. Dabei soll die folgende zusätzliche Regel beachtet werden:

> **!** Zwischen den Sprungstellen verläuft das Torsionsmoment M_t in den in diesem Text vorgestellten Beispielen und Aufgaben konstant.

Die Anwendung wird an der in Abbildung 4.28 dargestellten Geometrie vorgestellt. Die verwendete Lagerung A stellt eine räumliche feste Einspannung dar.

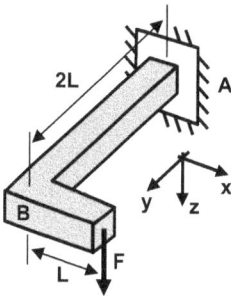

Abb. 4.28: Aufgabenstellung zur Bestimmung der inneren Kräfte und Momente bei einem räumlichen Bauteil mit Biegung um eine Achse.

Am Gesamtbauteil werden die Lagerkraft $F_A = F$ und die Lagermomente $M_{Ax} = 2LF$ und $M_{Ay} = LF$ bestimmt. Anschließend wird das Bauteil am Punkt B in zwei gerade Balken zerlegt. Dazu muss wie in Abbildung 4.29 links eingezeichnet eine feste Ver-

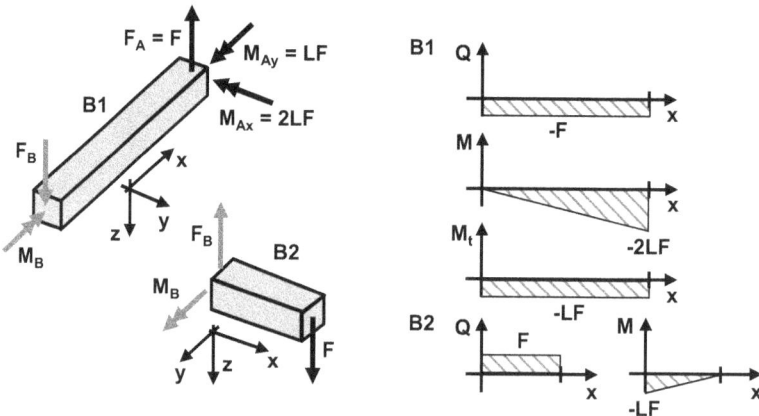

Abb. 4.29: Zerlegung des Bauteils aus Abbildung 4.28 in gerade Balken und innere Kräfte und Momente.

bindung getrennt werden, wofür eine Schnittkraft F_B und ein Schnittmoment M_B zu bestimmen sind. Für die Bestimmung der Schnittgrößen wird das Bauteil B2 betrachtet, da dabei weniger Größen zu berücksichtigen sind. Die Bilanzen werden bezüglich des lokalen Koordinatensystems des Balkens B2 aufgestellt.

$$\sum F_z = 0: \quad -F_B + F = 0 \quad \Rightarrow \quad F_B = F$$
$$\sum M_y\big|_B = 0: \quad M_B - L \cdot F = 0 \quad \Rightarrow \quad M_B = LF$$

Die weiteren Bilanzen beinhalten nur Kräfte und Momente mit dem Betrag null und werden nicht aufgeführt.

Innere Kräfte und Momente an räumlichen Bauteilen mit Biegung um 2 Achsen

Im Vergleich zur vorigen Betrachtung eines räumlichen Balkens mit nur einer Biegung um eine Achse müssen bei der Biegung um zwei Achsen zwei Querkräfte und zwei Biegemomente berücksichtigt werden. Daher wird wieder die ursprüngliche Bezeichnung $q = q_z$, q_y, $Q_z = Q$, Q_y und $M_y = M$ und M_z verwendet.

Die beim ebenen Balken und am räumlichen Balken mit Biegung um eine Achse angegebenen Regeln gelten weiterhin. Zusätzlich müssen die Zusammenhänge zwischen der Streckenlast q_y in y-Richtung, der Querkraft Q_y und dem Biegemoment M_z berücksichtigt werden:

> – die Verläufe der Querkraft Q_y und des Biegemoments M_z sind zwischen den Sprungstellen durch Ableitungsregeln definiert.
>
> $$\frac{dQ_y}{dx} = -q_y \quad \text{und} \quad \frac{dM_z}{dx} = -Q_y$$
>
> – die Ableitungsregeln können durch Integralgleichungen ersetzt werden.
>
> $$Q_y = -\int q_y dx + c_3 \quad \text{und} \quad M_z = -\int Q_y dx + c_4$$
>
> – die Integrationskonstanten c_3 und c_4 müssen aus den Randbedingungen an den Sprungstellen ermittelt werden.

Dieser Zusammenhang lässt sich mit der in Abbildung 4.30 dargestellten Betrachtung zeigen. Man betrachtet analog zur Abbildung 4.23 einen kleinen Balkenabschnitt der Länge dx.

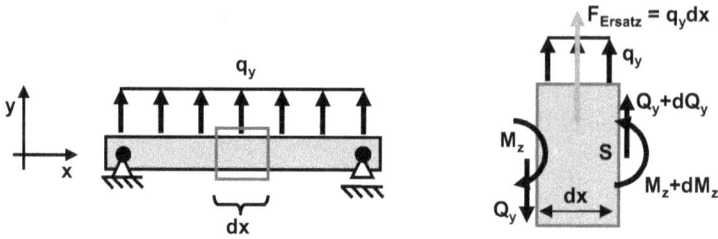

Abb. 4.30: Innere Kräfte und Momente an einem kleinen Balkenabschnitt der Länge dx.

Es wird das Kräftegleichgewicht in y-Richtung und das Momentengleichgewicht um die z-Achse mit dem Bezugspunkt S gebildet.

$$\sum F_y = 0: \quad -Q_y + F_{\text{Ersatz}} + Q_y + dQ_y = q_y dx + dQ_y = 0 \quad \Rightarrow \quad \frac{dQ_y}{dx} = -q_y$$

$$\sum M_z\big|_S = 0: \quad -M_z + dxQ_y - \frac{dx}{2}F_{\text{Ersatz}} + M_z + dM_z$$

$$= dxQ_y - \frac{dx}{2}q_y dx + dM_z = 0 \quad \Rightarrow \quad \frac{dM_z}{dx} = -Q_y$$

Um die Vorgehensweise zu verdeutlichen wird in der Geometrie aus Abbildung 4.28, wie in Abbildung 4.31 dargestellt, eine zusätzliche Kraft F in negativer y-Richtung angebracht.

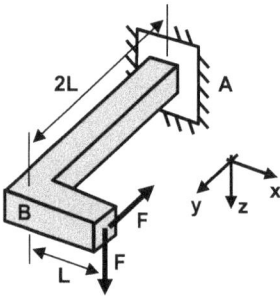

Abb. 4.31: Aufgabenstellung zur Bestimmung der inneren Kräfte und Momente bei einem räumlichen Bauteil mit Biegung um zwei Achsen.

Am Gesamtbauteil werden die Lagerkraft $F_{Ay} = F_{Az} = F$ und die Lagermomente $M_{Ax} = 2LF$, $M_{Ay} = LF$ und $M_{Az} = LF$ bestimmt. Anschließend wird das Bauteil wieder am Punkt B in zwei gerade Balken zerlegt. Für die Bestimmung der Schnittgrößen wird das Bauteil B2 betrachtet. Die Bilanzen werden bezüglich des lokalen Koordinatensystems des Balkens B2 bestimmt.

$$\sum F_z = 0: \quad -F_{Bz} + F = 0 \quad \Rightarrow \quad F_{Bz} = F$$

$$\sum M_y\big|_B = 0: \quad M_{By} - LF = 0 \quad \Rightarrow \quad M_{By} = LF$$

$$\sum F_y = 0: \quad F_{By} - F = 0 \quad \Rightarrow \quad F_{By} = F$$

$$\sum M_z\big|_B = 0: \quad M_{Bz} - LF = 0 \quad \Rightarrow \quad M_{Bz} = LF$$

Die weiteren Bilanzen beinhalten nur Kräfte und Momente mit dem Betrag null und werden nicht aufgeführt. In Abbildung 4.32 sind die resultierenden inneren Kräfte und Momente dargestellt.

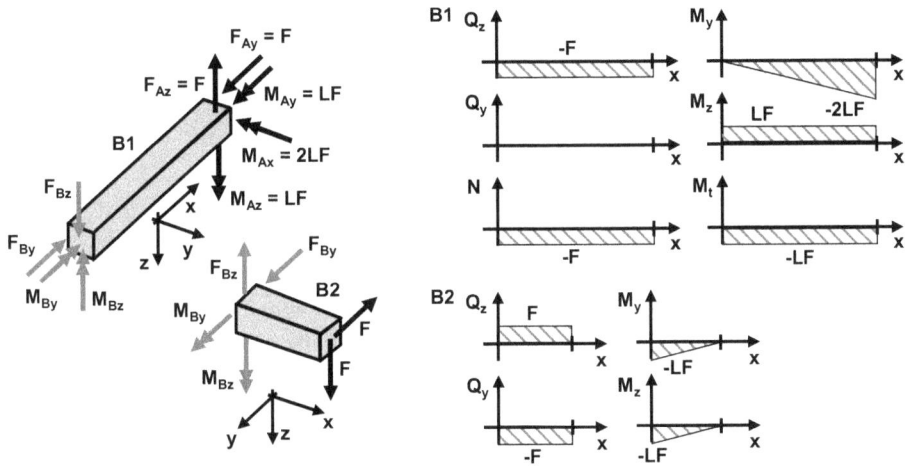

Abb. 4.32: Zerlegung des Bauteils aus Abbildung 4.31 in gerade Balken und innere Kräfte und Momente.

Aufgaben zu Kapitel 4.5

Einführende Aufgabe:

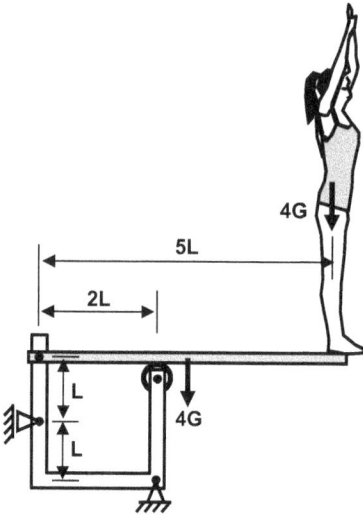

Die Gewichtskräfte $4G$ der Frau und des grauen Balkens sind zu berücksichtigen. Gesucht sind die inneren Kräfte und Momente im grauen Balken und im weißen Rahmen. Dabei soll die Gewichtskraft des grauen Balkens als konstante Streckenlast berücksichtigt werden.

Lösung:

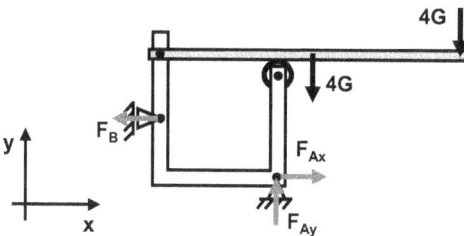

Zu Beginn werden am Gesamtbauteil gemäß den Lagertypen die Lagerkräfte F_{Ax}, F_{Ay} und F_B angebracht. Diese Kräfte können mit den Kräftebilanzen und der Momentenbilanz am Gesamtbauteil bestimmt werden.

$$\sum M\big|_A = 0: \quad LF_B - 0.5L \cdot 4G - 3L \cdot 4G = 0 \quad \Rightarrow \quad F_B = 14G$$

$$\sum F_x = 0: \quad -F_B + F_{Ax} = 0 \quad \Rightarrow \quad F_{Ax} = 14G$$

$$\sum F_y = 0: \quad F_{Ay} - 4G - 4G = 0 \quad \Rightarrow \quad F_{Ay} = 8G$$

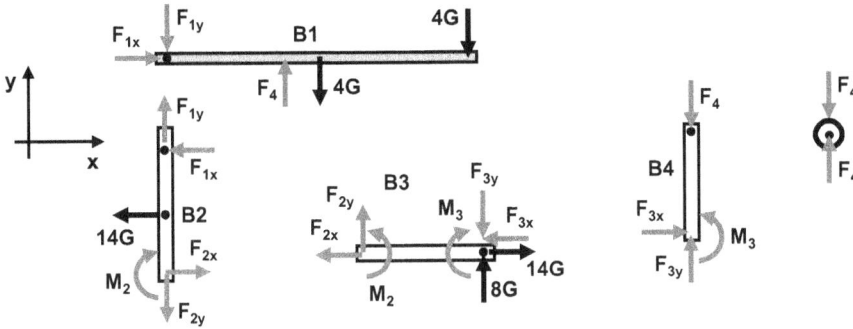

Um einzelne gerade Balken zu erhalten, wird das Gesamtbauteil an den Punkten 1 bis 4 in die vier Teilbauteile B1 bis B4 zerlegt. Am Punkt 1 wird gemäß Kapitel 4.3 ein Gelenk durch eine waagrechte Kraft F_{1x} und eine senkrechte Kraft F_{1y} ersetzt. An den Punkten 2 und 3 sind die Teilbalken fest miteinander verbunden. Die gegenseitigen Wirkungen der Teilbalken aufeinander werden jeweils durch zwei Kräfte (F_{2x}, F_{2y} bzw. F_{3x}, F_{3y}) und zwei Momente (M_2 bzw. M_3) beschrieben. Am Punkt 4 kann an der Kontaktstelle Balken/Rolle eine waagrechte und eine senkrechte Kraft wirksam sein. Die waagrechte Kraft wäre an der Rolle die einzige Kraft in Umfangsrichtung (vergleiche Kapitel 4.3) und muss daher gleich null sein. Aus diesem Grund wird sie nicht eingezeichnet. Entsprechend ist auch die waagrechte Kraft am Rollenmittelpunkt gleich null. Die senkrechte Kraft F_4 wirkt an der Rollenoberseite vom Balken auf die Rolle. Damit die Rolle im senkrechten Kräftegleichgewicht sein kann, muss in der Rollenmitte die entgegengesetzt orientierte Kraft F_4 wirksam sein. Deren Gegenkraft greift wieder am Balken B4 an. Mit den Kräfte- und Momentenbilanzen an den einzelnen Teilbalken können die eingeführten Kräfte und Momente bestimmt werden.

–   Betrachtung des Balkens B1:

$$\sum F_x = 0: \qquad\qquad\qquad F_{1x} = 0$$
$$\sum M\big|_1 = 0: \quad 2LF_4 - 2.5L \cdot 4G - 5L \cdot 4G = 0 \quad \Rightarrow \quad F_4 = 15G$$
$$\sum F_y = 0: \qquad -F_{1y} + F_4 - 4G - 4G = 0 \quad \Rightarrow \quad F_{1y} = 7G$$

–   Betrachtung des Balkens B2:

$$\sum F_x = 0: \qquad -14G - F_{1x} + F_{2x} = 0 \quad \Rightarrow \quad F_{2x} = 14G$$
$$\sum F_y = 0: \qquad\qquad F_{1y} - F_{2y} = 0 \quad \Rightarrow \quad F_{2y} = 7G$$
$$\sum M\big|_2 = 0: \quad -M_2 + L \cdot 14G + 2LF_{1x} = 0 \quad \Rightarrow \quad M_2 = 14LG$$

–   Betrachtung des Balkens B3:

$$\sum F_x = 0: \qquad -F_{2x} - F_{3x} + 14G = 0 \quad \Rightarrow \quad F_{3x} = 0$$
$$\sum F_y = 0: \qquad\qquad F_{2y} + 8G - F_{3y} = 0 \quad \Rightarrow \quad F_{3y} = 15G$$
$$\sum M\big|_2 = 0: \quad M_2 - M_3 + 2L \cdot 8G - 2LF_{3y} = 0 \quad \Rightarrow \quad M_3 = 0$$

Der Balken B4 muss nicht betrachtet werden, da alle Schnittkräfte und -momente bekannt sind und der Balken automatisch im Gleichgewicht ist. Im Weiteren können alle Balken unabhängig voneinander zur Bestimmung der Schaubilder der inneren Kräfte N und Q und Momente M betrachtet werden. Für jeden Balken wird ein eigenes xz-Koordinatensystem eingeführt, wobei die x-Achse immer in Balkenrichtung und die z-Achse quer zum Balken zeigt.

– Betrachtung des Balkens B1:

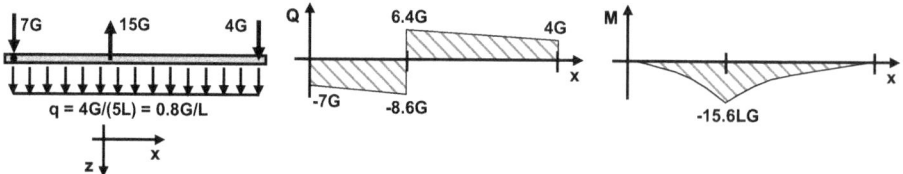

Da keine Kräfte in lokaler x-Richtung wirksam sind, ist die Normalkraft konstant gleich null. Daher kann auf das Schaubild der Normalkraft verzichtet werden.

Teilt man die Gewichtskraft $4G$ des Balkens durch die Balkenlänge $5L$, so erhält man die benötigte Streckenlast q.

$$q = \frac{4G}{5L} = 0.8\frac{G}{L}$$

Am Balkenanfang beginnt der Querkraftverlauf mit dem Wert null. An diesem Punkt zeigt die äußere Kraft $7G$ in positive z-Richtung. Entsprechend Kapitel 4.5 hat die innere Querkraft eine Sprungstelle von null auf $-7G$. Anschließend hat die Querkraft wegen der konstanten Streckenlast einen linearen Verlauf ($dQ/dx = -q$). Die Funktionsgerade muss durch den Punkt ($x = 0$, $Q = -7G$) verlaufen und die Steigung $-q = -0.8G/L$ besitzen. Dieser Geraden kann man bis zur nächsten Sprungstelle, die sich bei $x = 2L$ befindet, folgen.

$$Q = -7G - 0.8\frac{G}{L}x \quad \Rightarrow \quad Q(x = 2L) = -7G - 0.8\frac{G}{L}2L = -8.6G$$

Bei $x = 2L$ springt die innere Querkraft infolge der äußeren negativen Kraft $-15G$ von $-8.6G$ auf $6.4G$. Der weitere Verlauf der Querkraft ist wieder linear. Die Funktionsgerade der Querkraft muss durch den Punkt ($x = 2L$, $Q = 6.4G$) verlaufen und die Steigung $-q = -0.8G/L$ besitzen. Dieser Geraden kann man bis zum Ende des Balkens bei $x = 5L$ folgen.

$$Q = 8G - 0.8\frac{G}{L}x \quad \Rightarrow \quad Q(x = 5L) = 8G - 0.8\frac{G}{L}5L = 4G$$

Infolge der am Ende des Balkens wirksamen äußeren positiven Kraft $4G$ hat der Querkraftverlauf wieder eine Sprungstelle. Die Querkraft springt um $-4G$ auf den Wert null zurück.

Der Momentenverlauf beginnt am Anfang des Balkens mit dem Wert null. Da an diesem Punkt kein äußeres Moment am Balken wirksam ist, hat das innere Moment dort keine Sprungstelle. Im weiteren Verlauf wird das Moment durch eine Funktion beschrieben, die durch den Punkt ($x = 0$, $M = 0$) verläuft und die die Querkraft als Steigung ($dM/dx = Q$) besitzt. Da der Querkraftverlauf bei $x = 2L$ nicht differenzierbar ist, darf die Integration zuerst nur in einem ersten Intervall ($0 < x < 2L$) erfolgen.

$$Q = -7G - 0.8\frac{G}{L}x$$

$$M = \int Qdx + c_1 = -7Gx - 0.4\frac{G}{L}x^2 + c_1$$

Die Integrationskonstante c_1 erhält man mit der Randbedingung $M(x = 0) = 0$.

$$M(x = 0) = -7G \cdot 0 - 0.4\frac{G}{L}0^2 + c_1 \quad \Rightarrow \quad c_1 = 0$$

Am Ende des Intervalls $x = 2L$ erhält man den Funktionswert $M(x = 2L) = -15.6LG$.

$$M(x = 2L) = -7G \cdot 2L - 0.4\frac{G}{L}(2L)^2 = -15.6LG$$

Bei $x = 2L$ ist kein äußeres Moment am Balken wirksam. Somit hat das innere Momente an dieser Position keine Sprungstelle. Im zweiten Intervall ($2L < x < 5L$) ist der Verlauf des Momentes dadurch gegeben, dass er durch den Punkt ($x = 2L$, $M = -15.6LG$) verläuft und die Querkraft als Steigung besitzt.

$$Q = 8G - 0.8\frac{G}{L}x$$

$$M = \int Qdx + c_2 = 8Gx - 0.4\frac{G}{L}x^2 + c_2$$

Die Integrationskonstante c_2 folgt mit der Randbedingung $M(x = 2L) = -15.6LG$.

$$M(x = 2L) = -15.6LG = 8G \cdot 2L - 0.4\frac{G}{L}(2L)^2 + c_2 \quad \Rightarrow \quad c_2 = -30LG$$

Am Ende des Intervalls $x = 5L$ erhält man den Funktionswert $M(x = 5L) = 0$.

$$M(x = 5L) = 8G \cdot 5L - 0.4\frac{G}{L}(5L)^2 - 30LG = 0$$

Da am Ende des Balkens kein äußeres Moment wirksam ist, darf an diesem Punkt auch keine Sprungstelle notwendig sein, um auf den Funktionswert null zu kommen.

– Betrachtung des Balkens B2:

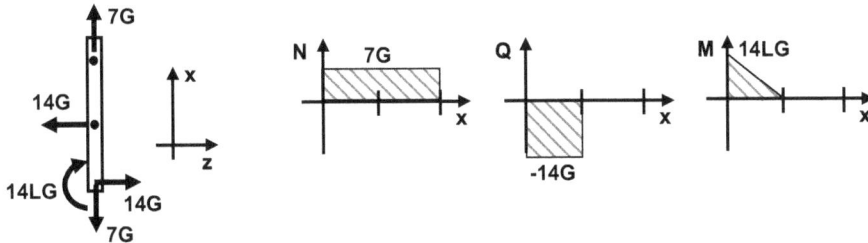

Am Balkenanfang ist eine negative äußere Kraft $7G$ in negativer x-Richtung wirksam. Daher hat die innere Normalkraft an dieser Position einen Sprung von null auf $7G$. Der Normalkraftverlauf bleibt bei diesem Funktionswert, bis wieder eine Kraft in x-Richtung am Balken wirksam ist. Am Ende des Balkens wirkt die positive äußere Kraft $7G$. Dadurch wird die innere Normalkraft um $-7G$ auf den Wert null reduziert.

Die Kraft $14G$ zeigt am Anfang des Balkens in Richtung der positiven z-Achse. Diese äußere positive Kraft reduziert die innere Querkraft. Diese springt auf den Wert $-14G$. Im Folgenden wird der Querkraftverlauf durch eine Funktion, die durch den Punkt ($x = 0$, $Q = -14G$) verläuft und die die Steigung $q = 0$ besitzt, dargestellt. Da die Streckenlast q gleich null ist, bleibt die Querkraft auf einem konstanten Wert, bis wieder eine Kraft quer zum Balken wirksam ist. Bei $x = L$ wirkt am Balken die negative äußere Kraft $-14G$. Dadurch wird die innere Querkraft um $14G$ auf den Wert null erhöht. Da im weiteren Verlauf keine weiteren Kräfte quer zum Balken wirksam sind, behält die Querkraft bis zum Ende des Balkens den Wert null.

Am Anfang des Balkens springt das innere Moment infolge des dort wirksamen äußeren negativen Moments $-14LG$ auf den Wert $14LG$. Im weiteren Verlauf ist die Funktion des inneren Moments dadurch gegeben, dass die Funktion durch den Punkt ($x = 0$, $M = 14LG$) verläuft und sie die Querkraft als Steigung besitzt. Da die Querkraft in der ersten Balkenhälfte ($0 < x < L$) konstant $-14G$ beträgt, muss das innere Moment in diesem Bereich eine lineare Funktion mit der Steigung $-14G$ sein. Folgt man dem Balken in x-Richtung um den Wert L, muss sich der Wert des Moments um $-14G \cdot L$ reduzieren. Daher hat das Moment bei $x = L$ den Wert null. Da im weiteren Verlauf keine von außen wirksamen Momente vorhanden sind und auch die Querkraft konstant gleich null ist, bleibt das Moment im Intervall $L < x < 2L$ auf dem Wert null.

Entsprechend der Vorgehensweise am Balken B2 erhält man für die Balken B3 und B4 die dargestellten Schaubilder.

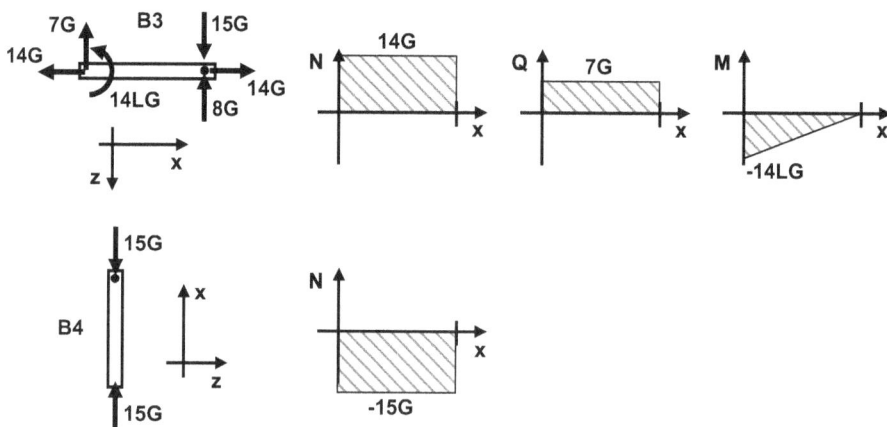

Aufgabe 4.5.1

Es gilt $a/b = 2$. Die Schaubilder der Querkraft und des Biegemoments sind zu bestimmen (Lösung: $M_{max} = 67LG$).

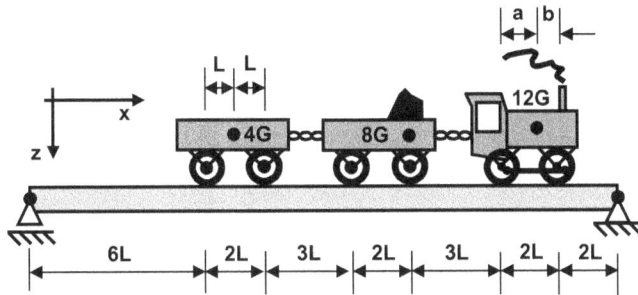

Aufgabe 4.5.2

Das Modell stellt einen vereinfachten Aufzug dar. Die Gewichtskraft des grauen Aufzugsbodens, welche als konstante Streckenlast zu betrachten ist, beträgt $8G$. Der Mann besitzt die mittige Gewichtskraft $4G$, an seinen Füßen werden nur senkrechte Kräfte übertragen. Der Verlauf der Querkraft und des Biegemoments im Aufzugboden ist anzugeben (Lösung: $M_{max} = 12.5LG$).

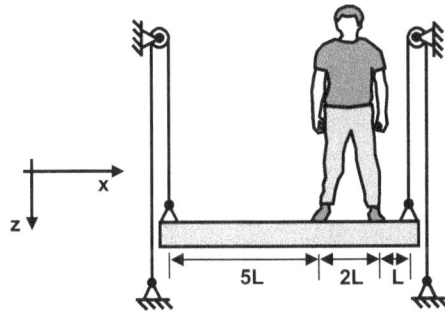

Aufgabe 4.5.3

Die inneren Kräfte und Momente in den Balken AB der ebenen Geometrien sind gesucht (Lösung: $M_{max,B1} = 3LF$, $|M_{max,B2}| = 5LF$).

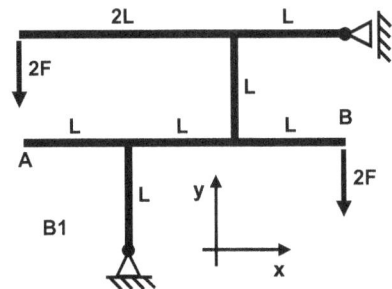

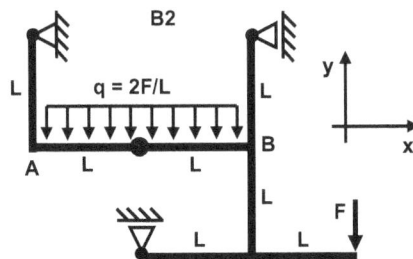

Aufgabe 4.5.4

Die inneren Kräfte und Momente im unteren waagrechten Balken der Länge $3L$ sind gesucht (vgl. Aufgabe 4.3.2) (Lösung: $|M_{max}| = 5LF$).

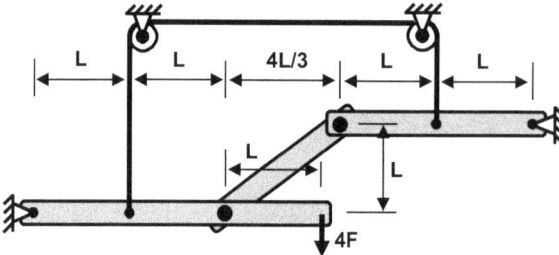

Aufgabe 4.5.5

Die Hebebühne wird durch das Fahrzeuggewicht $5F$ und die Gewichtskraft $4F$ des waagrechten Balkens der Länge $5L$, welche als Streckenlast zu berücksichtigen ist, belastet. Zu bestimmen sind die inneren Kräfte und Momente im unteren waagrechten Balken der Länge $5L$ (Lösung: $M_{max} = 13.6LF$).

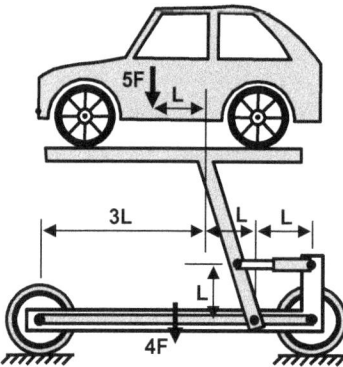

Aufgabe 4.5.6

Der graue Rahmen eines Computerbildschirmes soll untersucht werden. Der Rahmen hat eine zu vernachlässigende Gewichtskraft. Der Bildschirm hat die Gewichtskraft G, die am Aufhängungspunkt des Bildschirmes wirksam ist. Gesucht sind die Verläufe des inneren Biegemoments in den beiden waagrechten Balken B1 und B2 (Lösung: $|M_{max,B1}| = 3LG$, $M_{max,B2} = 3LG$).

Aufgabe 4.5.7

Die vier Fässer des Bierwagens haben jeweils die Gewichtskraft $80G$ und den Radius $L/2$. Alle anderen Gewichtskräfte sind zu vernachlässigen. Zwischen den Fässern können nur Kräfte übertragen werden, die senkrecht auf den Fässern stehen. Das Pferd übt keine Kraft auf den Wagen aus. Wie groß ist das maximale Biegemoment im waagrechten grauen Balken der Länge $3.2L$ (Lösung: $|M_{max}| = 51LG$)?

Aufgabe 4.5.8

Die Männer sitzen auf einem Balken der Länge $6L$, der fest mit den drei senkrechten Balken der Länge $2L$ verbunden ist. Die acht auf dem Balken sitzenden Männer haben jeweils die Gewichtskraft $75G$, die als konstante Streckenlast über der gesamten Balkenlänge zu berücksichtigen ist ($\tan \alpha = 3/4$). Die Querkraft und das Biegemoment im Balken der Länge $6L$ ist gesucht (Lösung: $M_{max} = 1444.5LG$).

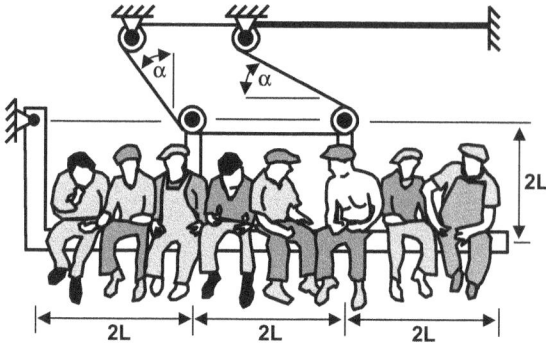

Aufgabe 4.5.9

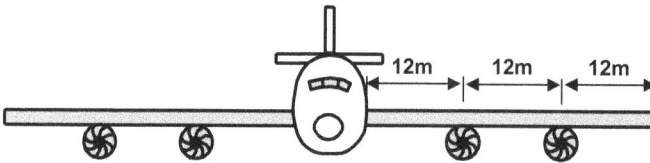

Beim dargestellten Flugzeug hat jeder Flügel die Masse 90 t (90 Tonnen) und die Turbinen jeweils 10 t. Der Rest hat eine Gesamtmasse von 176 t. Infolge der Auftriebskraft, die nur an den Flügeln wirksam ist, ist das Flugzeug im senkrechten Gleichgewicht (Erdbeschleunigung $g = 10 \, \text{m/s}^2$). Die Gewichtskraft der Flügel und die Auftriebskraft sind als konstante Streckenlast zu betrachten. Der Verlauf des Biegemoments im rechten Flügel ist gesucht (Lösung: $M(x = 24 \, \text{m}) = 2160 \, \text{kNm}$).

Aufgabe 4.5.10

Das innere Biegemoment auf Höhe der unteren Rolle im grauen Balken ist gesucht. Das Schild hat die einzige zu beachtende Gewichtskraft $2142G$ (Lösung: $|M_{\text{untere Rolle}}| = 72576LG$).

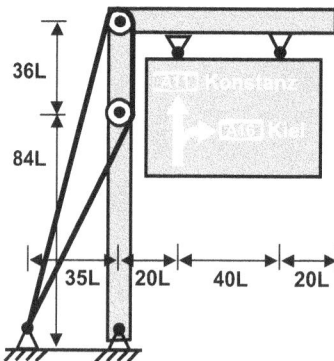

Aufgabe 4.5.11
Der Mann zieht am Seil der dargestellten Kraftmaschine. Die Durchmesser der beiden reibungsfreien Rollen, über welche ein Seil läuft, sind zu vernachlässigen (tan α = 0.75). Die inneren Kräfte und Momente im waagrechten oberen Balken sind zu bestimmen (Lösung: $|M_{min}| = 5.76LG$).

Aufgabe 4.5.12
Die Hand des Mannes überträgt nur senkrechte Kräfte. Welchen Verlauf haben die inneren Kräfte und Momente im diagonalen Balken AB (Lösung: $|Q_{max}| = 0.5657G$, $M_{max} = 2.4LG$)?

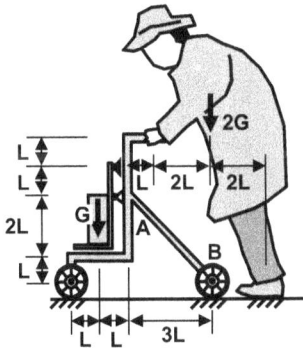

Aufgabe 4.5.13
Wie groß sind die maximale Querkraft und das maximale Biegemoment im grauen Balken (Lösung: $|M_{max}| = 27LG$)?

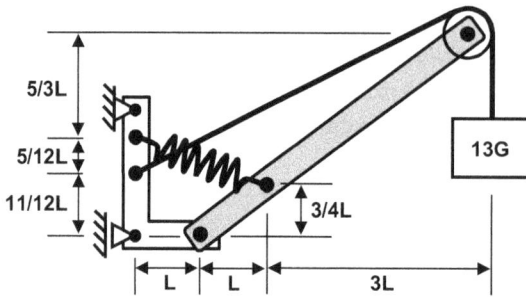

Aufgabe 4.5.14

Die inneren Kräfte und Momente im grauen Balken sind zu bestimmen (Lösung: $M_{\max} = 755.04\,\text{Nm}$).

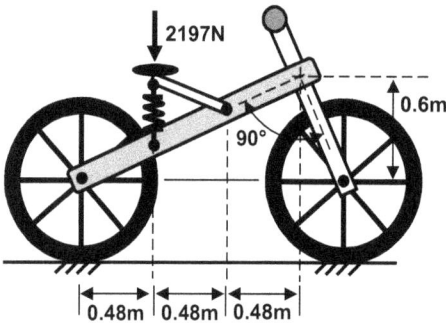

Aufgabe 4.5.15

Die inneren Kräfte und Momente in den Balken AB sind gesucht (Lösung: $|M_{\max,B1}| = 4LF$, $M_{\max,B2} = 3LF$).

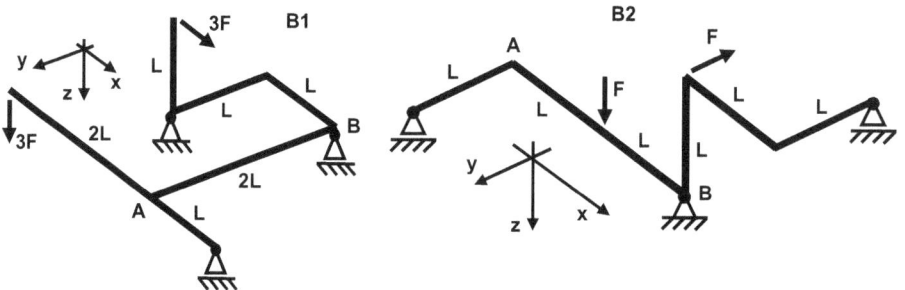

Aufgabe 4.5.16

Die inneren Kräfte und Momente in der weißen Welle sind gesucht ($\cos \alpha = 3/4$) (Lösung: $|M_{\max}| = 4LG$, $M_{textt,\max} = 18LG$).

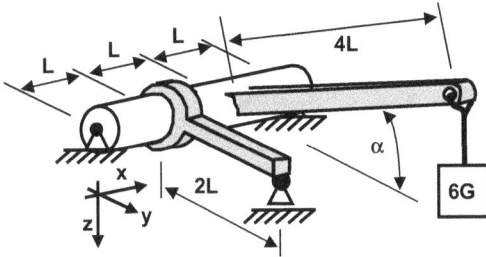

Aufgabe 4.5.17

Der Laufradkran ist im Gleichgewicht und an den Punkten A und B gelagert. Die Lager übertragen nur Kräfte. Die Länge des Laufrades in x-Richtung ist zu vernachlässigen. Der Eimer mit der Gewichtskraft $6G$ hängt am Seil. Nur senkrechte Kräfte sind zu berücksichtigen. Zu bestimmen sind die inneren Kräfte und Momente in der Welle (Lösung: $|M_{\max}| = 3.5LG$).

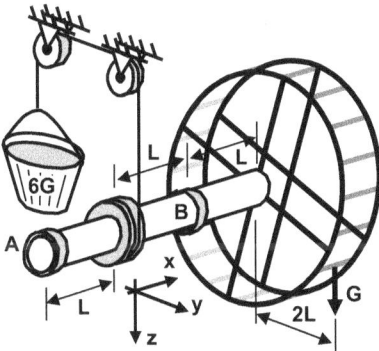

Aufgabe 4.5.18

Die inneren Kräfte und Momente in den Balken AB sind gesucht (Lösung: $|M_{y\,\max,B1}| = 2LF$, $M_{y\,\max,B2} = 9LF$).

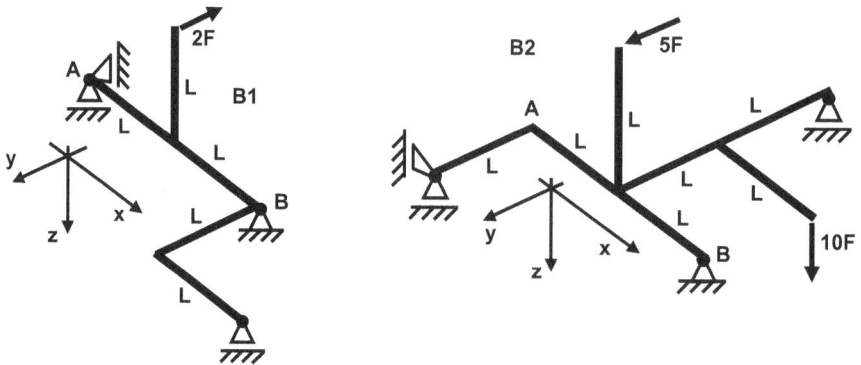

Aufgabe 4.5.19

Das Bauteil ist im Gleichgewicht und an den Punkten A und B gelagert. Die Lager übertragen nur Kräfte. In x-Richtung wirken keine Kräfte. Es sei $\tan \alpha = 0.75$. Die inneren Kräfte und Momente in der weißen Welle sind zu berechnen (Lösung: $|M_{y\,max}| = 6LF$, $|M_{z\,max}| = 8LF$).

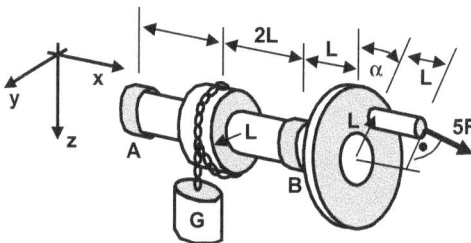

Aufgabe 4.5.20

Die Lager A und B der Vorderachse eines Tretautos können nur Kräfte in y- und z-Richtung aufnehmen. Die Räder haben die Radien L. Wie groß sind die inneren Kräfte und Momente im Teilbalken der Länge L, auf welchen die Kraft $24F$ wirkt (Lösung: $M_{y\,max} = 6LF$, $M_{z\,max} = 13LF$)?

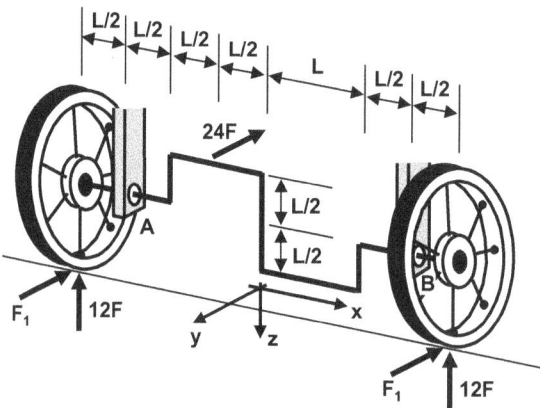

5 Reibung

Ein Bauteil mit der Gewichtskraft G liegt, wie in Abbildung 5.1 dargestellt, auf einer rauhen Unterlage. Der Begriff „rauh" deutet auf vorhandene Reibung hin. Alternativ spricht man von einer glatten Unterlage.

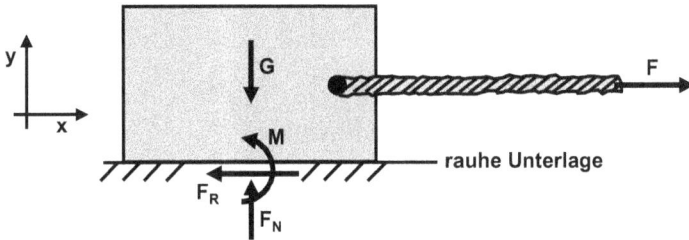

Abb. 5.1: Kräfte an einem Bauteil auf rauher reibungsbehafteter Unterlage.

Zieht man seitlich mit einer wachsenden Kraft F, so bleibt das Bauteil so lange in Ruhe, bis die Kraft F einen Grenzwert F_0 erreicht. Solange sich das Bauteil in Ruhe befindet, muss neben der senkrechten **Normalkraft** F_N eine waagrechte Kraft F_R wirksam sein, die **Haftreibungskraft** bezeichnet wird und die das Bauteil im Kräftegleichgewicht hält. Ebenso ist ein Moment M wirksam. Dieses muss jedoch bei der Einführung der Reibung nicht betrachtet werden. Das bedeutet, dass für $F \leq F_0$ ein waagrechtes und ein senkrechtes Kräftegleichgewicht aufgestellt werden kann.

$$\sum F_x = 0: \quad -F_R + F = 0 \quad \Rightarrow \quad F_R = F$$
$$\sum F_y = 0: \quad -G + F_N = 0 \quad \Rightarrow \quad F_N = G$$

Für $F = F_0$ erreicht die Reibkraft F_R ihren Maximalwert F_{RO}. Die **Coulombsche Reibung** geht davon aus, dass die **maximale Haftreibungskraft** F_{RO} proportional zur Normalkraft F_N ist, die immer senkrecht zur Unterlage zeigt.

$$F_{RO} = \mu_0 F_N$$

Die Proportionalitätskonstante wird als **Haftreibungskoeffizient** μ_0 bezeichnet. Dieser hängt von der Rauheit der sich berührenden Flächen ab. Wird $F > F_0$, beginnt das Bauteil sich zu bewegen. Es wirkt dann keine Haftreibungskraft, sondern nur noch eine Gleitreibungskraft F_G, die die Bewegung behindern, aber nicht verhindern kann. Diese Kraft ist nach Coulomb auch proportional zur Normalkraft F_N. Die Proportionalitätskonstante wird als Gleitreibungskoeffizient μ_G bezeichnet.

$$F_G = \mu_G F_N$$

DOI 10.1515/9783110481235-005

Materialpaarung	Haftreibungskoeffizient μ_0		Gleitreibungskoeffizient μ_G	
	trocken	geschmiert	trocken	geschmiert
Stahl auf Stahl	0.15 – 0.3	0.1	0.1	0.01 – 0.07
Gummi auf Asphalt	0.8	0.2	0.5	0.1

Abb. 5.2: Haftreibungs- und Gleitreibungskoeffizienten (Richtwerte).

Im Folgenden wird nur die Haftreibungskraft betrachtet. Besteht keine Verwechslungsgefahr, wird statt F_{R0} nur F_R und statt μ_0 nur μ verwendet.

$$F_R = \mu F_N$$

Der Haftreibungskoeffizient μ kann gemäß Abbildung 5.3 an einer schiefen Ebene bestimmt werden. Anfänglich ist das Bauteil mit der Gewichtskraft G im Gleichgewicht. Vergrößert man den Neigungswinkel α, erreicht man einen Grenzwinkel α_0, bei welchem das Bauteil noch in Ruhe bleibt. Bei jedem größeren Winkel α würde das Bauteil die Schräge „hinabrutschen". Der Tangens dieses Grenzwinkels α_0 entspricht dem Haftreibungskoeffizient μ.

$$\sum F_x = 0: F_R - G\sin\alpha_0 = 0$$
$$\sum F_y = 0: F_N - G\cos\alpha_0 = 0$$

Haftreibung: $F_R = \mu F_N \quad \Rightarrow \quad G\sin\alpha_0 = \mu G\cos\alpha_0 \quad \Rightarrow \quad \mu = \tan\alpha_0$

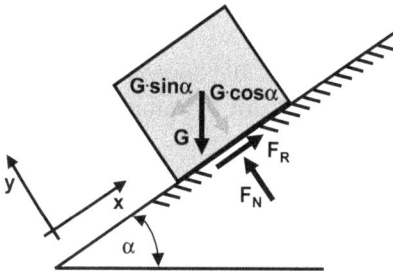

Abb. 5.3: Bauteil auf schiefer Ebene zur Bestimmung von μ.

Eine Anwendung der Coulombschen Reibung ist die sogenannte **Seil- oder Riemenreibung**. Verläuft wie in Abbildung 5.4 links dargestellt ein Seil über einer Rolle, auf welche auch ein Moment M einwirkt, so kann man feststellen, dass die beiden Kräfte F_1 und F_2 nicht identisch sind, da durch das Moment die freie Drehbarkeit der Rolle beeinträchtigt ist. Der Winkel α beschreibt den Bereich, in welchem das Seil auf der Rolle aufliegt. Laut Definition sei $F_2 > F_1$. Bei einem gegebenen F_1 ist die maximale Kraft F_2 gesucht, ohne dass das Seil über die Rolle „rutscht".

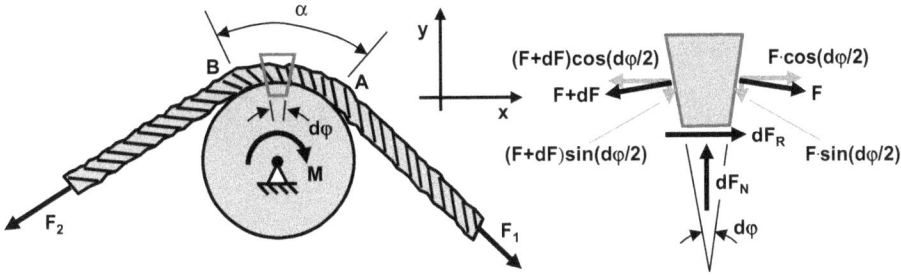

Abb. 5.4: Geometrie zur Bestimmung der Seilreibungsgleichung.

Schneidet man einen kleinen Ausschnitt des Seils, dessen Länge durch den Winkel $d\varphi$ definiert ist, frei, so müssen die in Abbildung 5.4 rechts dargestellten Schnittkräfte angebracht werden. An der rechten Schnittfläche wirkt von dem entfernten Seil die noch unbekannte Kraft F. Ebenso wirkt an der linken Schnittfläche die Kraft $F + dF$. Die Wirkung der entfernten Rolle wird durch die Normalkraft dF_N und die Haftreibungskraft dF_R beschrieben.

$$\sum F_x = 0: \quad -(F + dF)\cos\left(\frac{d\varphi}{2}\right) + F\cos\left(\frac{d\varphi}{2}\right) + dF_R$$

$$= -dF\cos\left(\frac{d\varphi}{2}\right) + dF_R$$

$$= -dF + dF_R = 0 \quad \Rightarrow \quad dF_R = dF$$

$$\sum F_y = 0: \quad -(F + dF)\sin\left(\frac{d\varphi}{2}\right) - F\sin\left(\frac{d\varphi}{2}\right) + dF_N$$

$$= -2F\sin\left(\frac{d\varphi}{2}\right) + dF\sin\left(\frac{d\varphi}{2}\right) + dF_N$$

$$= -2F\frac{d\varphi}{2} + dF\frac{d\varphi}{2} + dF_N = -Fd\varphi + dF_N = 0 \quad \Rightarrow \quad dF_N = Fd\varphi$$

$$\text{Haftreibung:} \quad dF_R = \mu dF_N \Rightarrow dF = \mu Fd\varphi \Rightarrow \frac{dF}{F} = \mu d\varphi$$

Dabei ist berücksichtigt, dass für einen kleinen Winkel $d\varphi$ die Vereinfachungen $\sin(d\varphi) = d\varphi$ und $\cos(d\varphi) = 1$ verwendet werden können.

Die resultierende Gleichung der Haftreibung wird vom Punkt A ($\varphi = 0$, $F = F_1$), wo das Seil auf die Rolle trifft, bis zum Punkt B ($\varphi = \alpha$, $F = F_2$), an dem das Seil die Rolle verlässt, integriert.

$$\int_{F_1}^{F_2} \frac{dF}{F} = \int_0^\alpha \mu d\varphi \quad \Rightarrow \quad [\ln F]_{F_1}^{F_2} = [\mu\varphi]_0^\alpha \quad \Rightarrow \quad \ln F_2 - \ln F_1 = \ln\frac{F_2}{F_1} = \mu\alpha$$

Exponiert man beide Seiten der Gleichung $\ln(F_2/F_1) = \mu\alpha$, so erhält man die gesuchte Seilreibungsgleichung.

!
$$\exp\left(\ln\frac{F_2}{F_1}\right) = \exp(\mu\alpha) \quad \Rightarrow \quad \frac{F_2}{F_1} = e^{\mu\alpha} \quad \text{bzw.} \quad \boxed{F_2 = F_1 e^{\mu\alpha}}$$

Aufgaben zu Kapitel 5

Einführende Aufgabe:

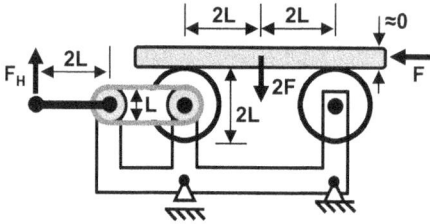

Auf das graue Brett mit der Gewichtskraft $2F$ wirkt zusätzlich die waagrechte Kraft F. Wie groß muss der Haftreibungskoeffizient μ_{RB} zwischen Brett und Rollen mindestens sein, damit das Bauteil im Gleichgewicht ist? Zwischen den kleinen Rollen und dem grauen Riemen wirkt der Haftreibungskoeffizient $\mu_S = \ln(3)/\pi$. Wie groß ist die Kraft F_H?

Lösung:

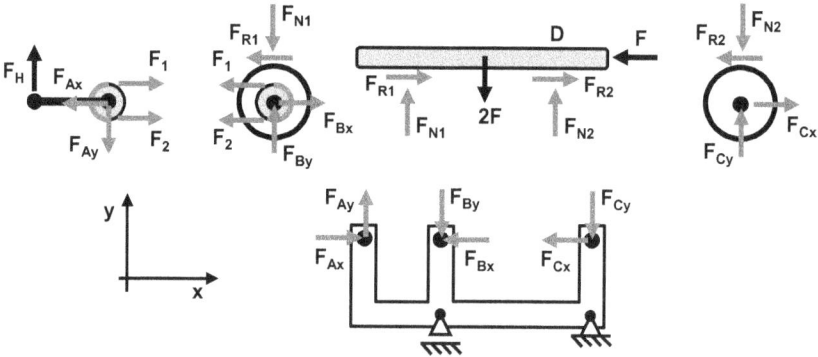

Die einzelnen Teilbauteile werden freigeschnitten und die Schnittkräfte eingezeichnet. Mit Hilfe der rechten Rolle kann die Kraft $F_{R2} = 0$ bestimmt werden.

$$\sum M\big|_C = 0: \quad LF_{R2} = 0 \quad \Rightarrow \quad F_{R2} = 0$$

Es verbleiben am Brett drei unbekannte Kräfte, wobei nur F_{R1} und F_{N1} benötigt werden.

$$\sum F_x = 0: \qquad F_{R1} - F = 0 \quad \Rightarrow \quad F_{R1} = F$$

$$\sum M\big|_D = 0: \quad -4L \cdot F_{N1} + 2L \cdot 2F = 0 \quad \Rightarrow \quad F_{N1} = F$$

Den notwendigen Haftreibungskoeffizienten μ_{RB} erhält man mit der Haftbedingung $F_R = \mu F_N$.

$$\text{Haftreibung:} \quad F_{R1} = \mu_{RB} F_{N1} \quad \Rightarrow \quad \mu_{RB} = \frac{F_{R1}}{F_{N1}} = 1$$

Wählt man einen Haftreibungskoeffizineten $\mu_{RB} > 1$, so ist man auf der „sicheren Seite", da die waagrechte Kraft F am Brett noch erhöht werden könnte, ohne dass die Haftung verloren geht. Wäre der Haftreibungskoeffizient $\mu_{RB} < 1$, würde das Brett bei der gegebenen waagrechten Kraft F nicht an den Rollen haften. Es würde über die Rollen gleiten.

Für die Bestimmung der Seil- bzw. Riemenkräfte F_1 und F_2 wird die mittlere Rolle betrachtet. Da bei der Seilreibung $F_2 > F_1$ gilt, muss F_1 bezüglich des Bezugspunktes B in die gleiche Richtung wie die Kraft F_{R1} drehen. Die Seilreibungsbedingung und das Momentengleichgewicht stellen die zwei notwendigen Bedingungen zur Bestimmung der beiden unbekannten Riemenkräfte F_1 und F_2 dar. Weil der Riemen das Rad auf einer halben Umdrehung überdeckt, beträgt der Überdeckungswinkel $\alpha = \pi$. Als Haftreibungskoeffizient ist μ_S zu verwenden.

$$\text{Seilreibung:} \quad F_2 = F_1 e^{\mu_S \pi} = F_1 e^{\frac{\ln 3}{\pi} \pi} = F_1 e^{\ln 3} = 3 F_1$$

$$\sum M\big|_B = 0: \quad L F_{R1} + \frac{L}{2} F_1 - \frac{L}{2} F_2 = L F_{R1} + \frac{L}{2} F - \frac{L}{2} 3 F_1 = L F_{R1} - 2 \frac{L}{2} F_1 = 0$$

$$\Rightarrow \quad F_1 = F \quad F_2 = 3F$$

Die berechneten Werte F_1 und F_2 stellen die kleinsten möglichen Riemenkräfte dar, bei welchen der Riemen an der Rolle haftet bzw. mit welchen ein Gleichgewicht erreicht werden kann. Würde man eine kleinere Kraft F_1 wählen, so müsste der Quotient $F_2/F_1 > 3$ sein, um das von der Kraft F_{R1} erzeugte Moment ausgleichen zu können. Dann würde der Riemen aber nicht mehr an der Rolle haften. Wird eine größere Kraft F_1 verwendet, kann der Quotient $F_2/F_1 < 3$ sein, um das Moment der Kraft F_{R1} auszugleichen. Somit wäre man nicht unmittelbar am Grenzpunkt, an welchem der Riemen gerade noch haftet. Man könnte den Haftreibungskoeffizient μ_S reduzieren, ohne die Haftung zu verlieren. Wählt man z. B. $F_1 = 2F$, so ergibt das Momentengleichgewicht um den Punkt B die Kraft $F_2 = 4F$. Der Quotient F_2/F_1 würde zwei betragen. Man hätte eine Reserve gegen das „Verlieren der Haftung", oder es wäre ein geringerer Haftreibungskoeffizient zulässig.

Die abschließend gesuchte Hebelkraft F_H erhält man aus dem Momentengleichgewicht an der linken Rolle.

$$\sum M\big|_A = 0: \quad -2L F_H - \frac{L}{2} F_1 + \frac{L}{2} F_2 = 0 \quad \Rightarrow \quad F_H = \frac{F}{2}$$

Aufgabe 5.1
Zwischen den Rollen und den Balken bzw. dem Boden wirkt der Haftreibungskoeffizient $\mu = 1$.

Wie groß muss G in Abhängigkeit von F mindestens gewählt werden, damit das Bauteil in Ruhe bleibt (Lösung: $G = F/8$)?

Aufgabe 5.2
Zwischen Walze und Boden bzw. grauem Hebel ist der Haftreibungskoeffizient μ wirksam. Wie groß muss μ mindestens sein, damit das Bauteil im statischen Gleichgewicht bleibt (Lösung: $\mu = 0.5$)?

Aufgabe 5.3
Es sei $\tan \alpha = 0.75$. Das Kettenrad hat den Radius R_2 mit $R_1/R_2 = 4$. Zwischen Straße und Rad wirkt der Haftreibungskoeffizient $\mu = 1$. Wie groß darf F_{Kette} maximal werden, damit das Bauteil im Gleichgewicht bleibt? Wie groß sind dann die inneren Kräfte und Momente in der Schwinge (Lösung: $|N_{max}| = 0.8F$)?

Aufgabe 5.4

Die Lager A und B können nur Kräfte in y- und z-Richtung aufnehmen. Zwischen den Riemen und den Rädern wirkt der Haftreibungskoeffizient $\mu = \ln(4)/\pi$. Im letzten Drittel der Welle wird ein Torsionsmoment $M_t = 3LF$ übertragen. Gesucht sind die inneren Kräfte und Momente in der Welle (Lösung: $|M_{y\,max}| = 20LF$, $M_{z\,max} = 10LF$).

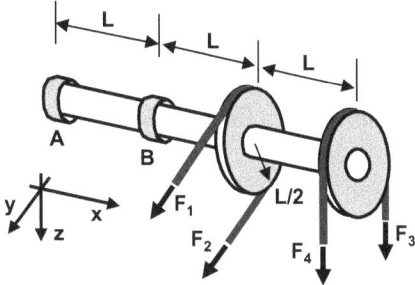

Aufgabe 5.5

Die Lager A und B können nur Kräfte in y- und z-Richtung aufnehmen. Zwischen Kette und Rolle wirkt der Haftreibungskoeffizient $\mu = \ln(9)/(2\pi)$. Wie groß muss G mindestens sein, damit das Bauteil im Gleichgewicht ist (Lösung: $G = 3F$)?

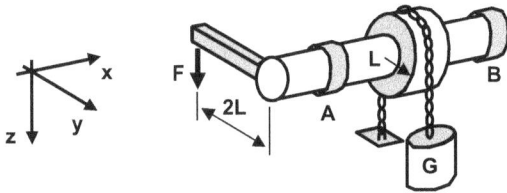

Aufgabe 5.6

Beim dargestellten Momentbegrenzer mit $M_1 = 400LF$ haben die Räder die Radien L oder $L/2$. Zwischen den Rädern wirkt der Haftreibungskoeffizient $\mu_R = 1$. Für die Riemenreibung ist der Koeffizient $\mu_S = 0.6253$ zu verwenden ($\tan\alpha = 7/24$). Das Bauteil soll im Gleichgewicht bleiben. Wie groß muss G mindestens sein? Wie groß ist dann M_2 (Lösung: $G = 100F$, $M_2 = 200LF$)?

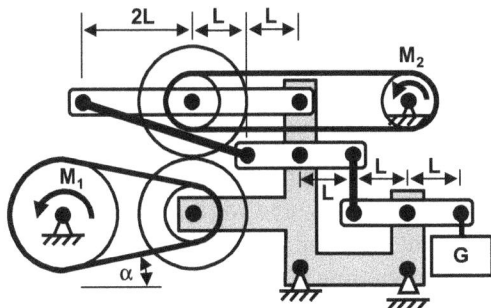

6 Spannungen und Dehnungen

Als Spannungen werden Kräfte bezeichnet, die auf die Flächen bezogen sind, an denen sie wirksam sind. Sie haben die Einheit [N/mm²]. Jedes Material hat eine charakteristische Spannung, bis zu welcher es einer Belastung standhalten kann bzw. es nicht versagt. Dehnungen beschreiben das Verhältnis einer bei einer Belastung auftretenden Verformung zu einer ursprünglichen, unbelasteten Länge. Somit besitzt die Dehnung keine Dimension [mm/mm]. Ein Materialgesetz beschreibt den Zusammenhang zwischen den Spannungen und Dehnungen und besitzt für jedes Material einen charakteristischen Verlauf.

6.1 Spannungen

Stellvertretend für alle Bauteile soll ein kreisrundes Rohr mit dem Außenradius R_a und dem Innenradius R_i betrachtet werden. Die beiden Radien können auch durch den mittleren Radius R_m und der Wandstärke s beschrieben werden. Man setzt voraus, dass die Wandstärke s viel kleiner als der mittlere Radius R_m ist und bezeichnet dadurch den Querschnitt des Bauteils als **dünnwandig**. Das Rohr unterliegt einer beliebigen Belastung, welche in Abbildung 6.1 nicht eingezeichnet ist.

$$R_m = \frac{R_a + R_i}{2} \quad \text{und} \quad s = R_a - R_i \quad \text{mit} \quad s \ll R_m$$

Die in Abbildung 6.1 gestrichelt dargestellte Linie, die den Abstand R_m vom Koordinatenursprung beschreibt, wird als **Profilmittellinie** bezeichnet. u stellt die Koordinate in Umfangsrichtung dar.

Das Rohr aus Abbildung 6.1 links wird senkrecht zur x-Achse geschnitten. Am linken Teil des Rohres entsteht, wie in Abbildung 6.1 Mitte oben dargestellt, ein positives Schnittufer, welches in kleine Teilflächen $dA_u = s\,du$ zerlegt werden kann. Der Einfluss des entfernten rechten Teils innerhalb einer Teilfläche dA_u auf den linken Teil wird durch die kleine Schnittkraft dF_S beschrieben. Aufgrund der Dünnwandigkeit kann angenommen werden, dass die radiale Komponente dieser Kraft vernachlässigbar klein ist. Daher wird die Kraft dF_S nur in die Komponenten dF_{Sx} in x-Richtung und dF_{Su} in u-Richtung zerlegt. Es entsteht ein ebener Kräftezustand in der xu-Ebene. Die beiden Kräfte werden durch den Inhalt der Fläche dA_u geteilt.

$$\sigma = \frac{dF_{Sx}}{dA_u} \quad \text{und} \quad \tau = \frac{dF_{Su}}{dA_u}$$

Die resultierenden Größen σ und τ werden Spannungen genannt. Wie in Abbildung 6.1 rechts dargestellt, wirkt σ senkrecht auf der Fläche dA_u und wird als **Normalspannung** bezeichnet. τ steht tangential zur Fläche dA_u und wird **Schubspannung** genannt. Die in der xu-Ebene liegenden Spannungen kennzeichnen einen ebenen Spannungszustand.

DOI 10.1515/9783110481235-006

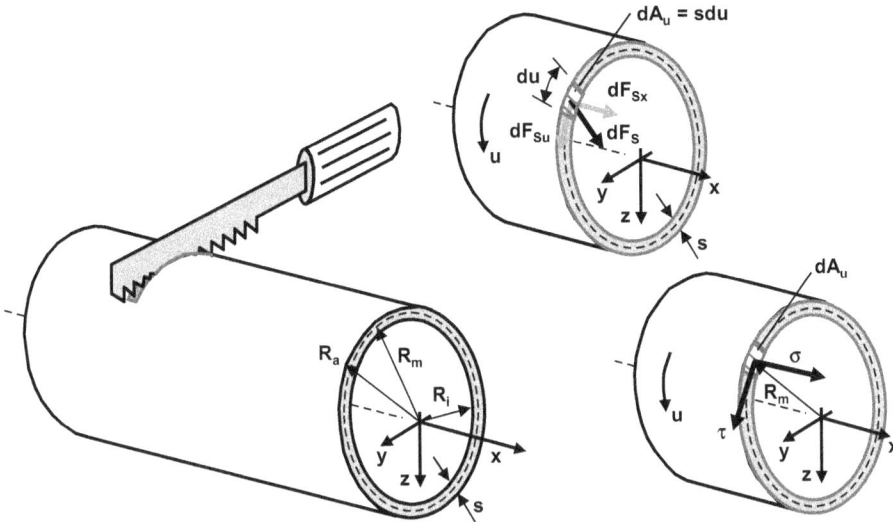

Abb. 6.1: Dünnwandiges Rohr mit freigeschnittenem positivem Schnittufer zur Betrachtung der Spannungen.

Die Spannungen in allen Teilflächen dA_u müssen so gewählt sein, dass das Bauteil im Gleichgewicht ist. Bildet man aus den Spannungen Teilkräfte, indem man die Spannungen wieder mit den Flächen dA_u multipliziert, kann man die resultierenden Kräfte und resultierenden Momente bezüglich der drei Koordinatenachsen bilden. Diese resultierenden Größen müssen solche Werte annehmen, dass das Bauteil im Gleichgewicht ist. Sie erfüllen somit die gleichen Bedingungen wie die inneren Kräfte und Momente und sind daher mit diesen identisch. Da die Teilflächen dA_u unendlich klein sind und ihre Anzahl unendlich groß ist, haben die einzelnen Summen unendlich viele Terme, wodurch sie durch Integrale über der Querschnittsfläche A dargestellt werden.

$$N = \int_A \sigma dA_u \qquad Q_z = \int_A \tau_z dA_u \qquad Q_y = \int_A \tau_y dA_u$$

$$M_t = \int_A R_m \tau dA_u \qquad M_y = \int_A z\sigma dA_u \qquad M_z = -\int_A y\sigma dA_u$$

Die Schubspannungen τ_y und τ_z sind die Komponenten der Schubspannung τ in y- und z-Richtung. Das negative Vorzeichen bei M_z muss eingeführt werden, damit die Vorzeichenregeln an den Schnittufern erfüllt werden.

Im weiteren Verlauf soll diese Vorgehensweise auf beliebige Querschnitte übertragen werden, deren Teilflächen mit dA bezeichnet werden. Der ebene Spannungszustand wird weiterhin vorausgesetzt.

$$N = \int_A \sigma dA \qquad Q_z = \int_A \tau_z dA \qquad Q_y = \int_A \tau_y dA$$

$$M_t = \int_A r_s \tau dA \qquad M_y = \int_A z\sigma dA \qquad M_z = -\int_A y\sigma dA$$

Die Schubspannung τ steht tangential zur Profilmittellinie. Der Radius r_s beschreibt gemäß Abbildung 6.2 den wirksamen Hebelarm der Kraft τdA. Bei einem kreisförmigen Querschnitt gilt $r_s = r$, beim Sonderfall dünnwandiges Kreisprofil $r_s = R_m$.

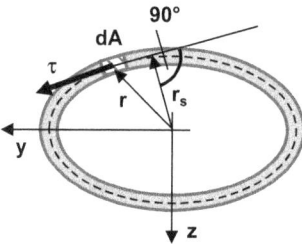

Abb. 6.2: Definition des Hebelarms von τdA an einem beliebigen Querschnitt.

Für weitere Untersuchungen der Spannungen wird aus dem bereits betrachteten Rohr, wie in Abbildung 6.3 dargestellt, ein kleines Rechteck mit der Kantenlänge dx in x-Richtung und du in Umfangsrichtung u herausgeschnitten.

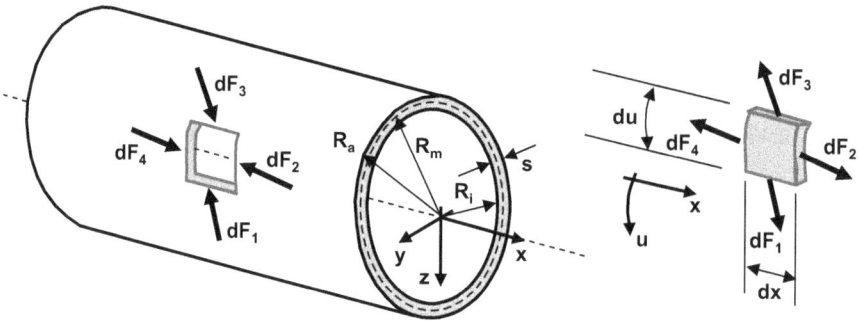

Abb. 6.3: Dünnwandiges Rohr mit freigeschnittenem kleinen Rechteck zur Betrachtung der Spannungen.

An den vier Schnittflächen werden jeweils die kleinen wirksamen Kräfte dF_1 bis dF_4 eingezeichnet.

Die beiden Schnittflächen 1 und 2 sind positive Schnittufer. Daher zeigen die Schnittkräfte dF_1 und dF_2 in die positiven Koordinatenrichtungen. Entsprechend sind die Flächen 3 und 4 negative Schnittufer, weshalb die Kräfte dF_3 und dF_4 in die negativen Koordinatenrichtungen zeigen. Die Dünnwandigkeit hat wieder zur Folge, dass die radialen Komponenten der Kräfte gegenüber den anderen beiden Komponenten vernachlässigbar klein sind.

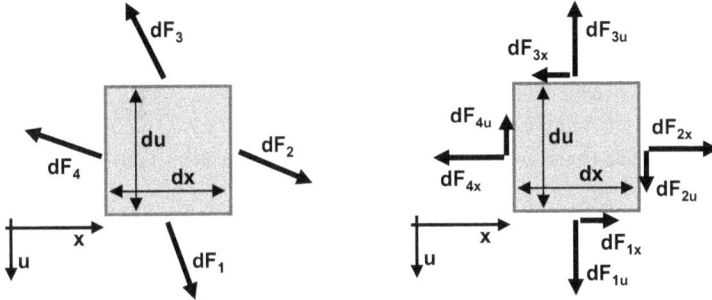

Abb. 6.4: Freigeschnittenes in die Ebene projiziertes Rechteck mit Schnittkräften.

Somit kann das zu betrachtende Rechteck wie in Abbildung 6.4 links in die xu-Ebene projiziert werden. Es entsteht ein ebener Kräftezustand. Das bedeutet auch, dass die daraus aufbauenden Betrachtungen auf jeden ebenen Spannungszustand übertragbar sind. Die Kräfte werden in ihre Komponenten in x- und u-Richtung zerlegt. Die Kraftkomponenten werden durch die Schnittflächen $dA_x = s\,dx$ und $dA_u = s\,du$, an denen sie angreifen, geteilt.

$$\sigma_{1,3} = \frac{dF_{1,3u}}{dA_x} \quad \text{und} \quad \tau_{1,3} = \frac{dF_{1,3x}}{dA_x}$$

$$\sigma_{2,4} = \frac{dF_{2,4x}}{dA_u} \quad \text{und} \quad \tau_{2,4} = \frac{dF_{2,4u}}{dA_u}$$

Die dabei resultierenden Spannungen stehen senkrecht oder tangential auf den Flächen. Die senkrecht stehenden werden als **Normalspannungen** σ und die tangential zeigenden als **Schubspannungen** τ bezeichnet.

Die Spannungen an den negativen Schnittufern werden, wie in Abbildung 6.5 dargestellt, umbenannt.

$$\sigma_4 = \sigma_x \quad \text{und} \quad \tau_4 = \tau_u$$

$$\sigma_3 = \sigma_u \quad \text{und} \quad \tau_3 = \tau_x$$

Entlang der kleinen Kantenlängen dx und du des Rechtecks können sich die Spannungen nicht stark ändern. Daher können, wie in Abbildung 6.5 Mitte gezeigt, die Spannungen an den positiven Schnittufern durch die Spannungen an den negativen Schnittufern plus kleine Veränderungen beschrieben werden.

$$\sigma_1 = \sigma_u + d\sigma_u \quad \text{und} \quad \tau_1 = \tau_x + d\tau_x$$

$$\sigma_2 = \sigma_x + d\sigma_x \quad \text{und} \quad \tau_2 = \tau_u + d\tau_u$$

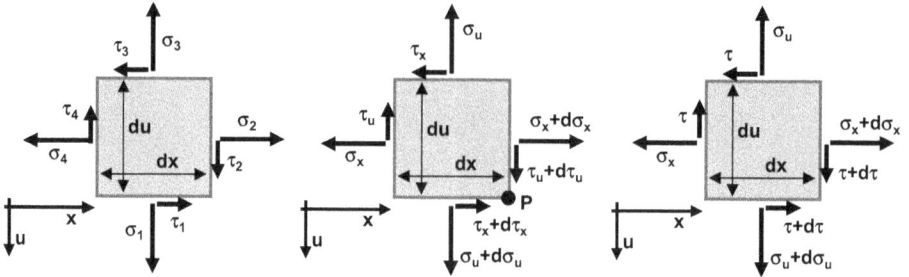

Abb. 6.5: Freigeschnittenes in die Ebene projiziertes Rechteck mit Normal- σ und Schubspannungen τ.

Bildet man das Momentengleichgewicht um die untere rechte Ecke P (vgl. Abbildung 6.5 Mitte) des Rechtecks, so kann man $\tau = \tau_x = \tau_u$ setzen.

$$\sum M|_P = 0: \quad \sigma_x s du \frac{du}{2} - (\sigma_x + d\sigma_x) s du \frac{du}{2} - \sigma_u s dx \frac{dx}{2} + (\sigma_u + d\sigma_u) s dx \frac{dx}{2}$$
$$+ \tau_x s dx du - \tau_u s du dx = 0$$

Die Terme mit σ_x und σ_u eliminieren sich gegenseitig. Die verbleibenden Normalspannungsterme sind eine Größenordnung kleiner als die Schubspannungsterme und werden vernachlässigt.

$$- d\sigma_x s du \frac{du}{2} + d\sigma_u s dx \frac{dx}{2} + \tau_x s dx du - \tau_u s du dx = \tau_x s dx du - \tau_u s du dx = 0$$

$$\Rightarrow \quad \tau = \tau_x = \tau_u$$

Es resultiert, wie in Abbildung 6.5 rechts eingezeichnet, die übliche Darstellung der Spannungen an einem ebenen kleinen Rechteck. Diese Spannungsverteilung und auch leicht modifiziert die folgenden beiden Bedingungen gelten auch bei variabler Wandstärke s (vgl. Anhang A8).

Bildet man die Kräftegleichgewichte in x- und u-Richtung, erhält man zwei weitere Bedingungen, die die Spannungen erfüllen müssen.

$$\sum F_x = 0: \quad -\sigma_x s du + (\sigma_x + d\sigma_x) s du - \tau s dx + (\tau + d\tau) s dx = 0 \quad \Rightarrow \quad \frac{d\sigma_x}{dx} = -\frac{d\tau}{du}$$
$$\sum F_u = 0: \quad -\sigma_u s dx + (\sigma_u + d\sigma_u) s dx - \tau s du + (\tau + d\tau) s du = 0 \quad \Rightarrow \quad \frac{d\sigma_u}{du} = -\frac{d\tau}{dx}$$

Wenn man das Rohr senkrecht zur x-Achse schneidet, entspricht die beim betrachteten Rechteck auftretende Normalspannung σ_x der Normalspannung σ. Die beiden Schubspannungen τ stimmen ebenso überein. Die beim Rechteck auftretende Normalspannung σ_u muss, wenn man nur einen Querschnitt senkrecht zur x-Achse betrachten möchte, vernachlässigbar klein sein.

6.2 Dehnungen

Infolge der Spannungen, die an einem Rechteck aus den Abbildungen 6.3 bis 6.5 wirksam sind, kann man beobachten, dass sich das Rechteck, wie in Abbildung 6.6 dargestellt, zu einem Parallelogramm verformt. Das bedeutet, die Positionen der Punkte ABCD werden zu den Lagen $A'B'C'D'$ verschoben. Dabei ändern sich die beiden Kantenlängen und der ursprüngliche rechte Winkel.

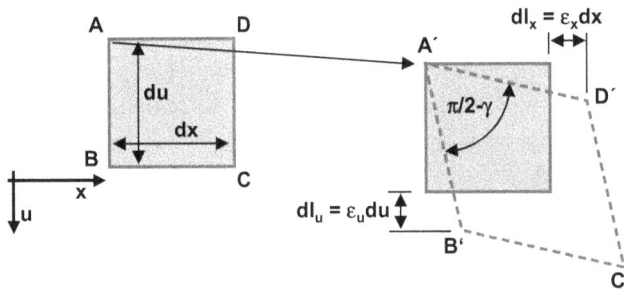

Abb. 6.6: Infolge der Spannungen verformtes Rechteck.

Die Dehnungen ε_x und ε_u geben an, um welchen Faktor sich die beiden Kanten dx und du in x- und u-Richtung verlängern. Wird vorausgesetzt, dass die Längenänderungen dl_x und dl_u klein gegenüber den Ausgangslängen dx und du sind, können die Dehnungen mit ausreichender Genauigkeit als Quotient der Verlängerung und der Ausgangslängen definiert werden.

$$\varepsilon_x = \frac{dl_x}{dx} \quad \text{und} \quad \varepsilon_u = \frac{dl_u}{du}$$

Die Winkelverzerrung γ gibt an, wie stark sich der ursprüngliche rechte Winkel $\pi/2$ des Rechtecks verformt. Setzt man voraus, dass die Dehnung ε_u zu vernachlässigen ist, kann man $\varepsilon = \varepsilon_x$ schreiben. Die Dehnung in der dritten Raumrichtung ist nicht gleich null, wird aber vernachlässigt.

6.3 Materialgesetz / Hookesches Gesetz

Wie am Anfang von Kapitel 6.1 werden häufig Bauteile betrachtet, bei denen die Normalspannung σ_u zu vernachlässigen und die Dehnung ε_u nicht von Interesse ist. Somit müssen nur die beiden Spannungen $\sigma = \sigma_x$ und τ und die Dehnungen $\varepsilon = \varepsilon_x$ und γ betrachtet werden. Sind die Spannungen unterhalb eines Grenzwertes, so besteht ein linearer Zusammenhang zwischen den Spannungen und Dehnungen. Dieser

Zusammenhang wird als **Hookesches Gesetz** bezeichnet.

$$\boxed{\sigma = E\varepsilon} \quad \text{und} \quad \boxed{\tau = G\gamma}$$

Die beiden Proportionalitätsfaktoren E und G sind Materialparameter und werden **Elastizitätsmodul** bzw. **E-Modul** und **Schubmodul** bzw. G-Modul genannt. Sie haben die Einheit einer Spannung [N/mm^2].

Das Hookesche Gesetz ist bis zur sogenannten Fließgrenze (Streckgrenze) gültig. Oberhalb dieser besteht ein nichtlinearer Zusammenhang zwischen Spannung und Dehnung. Mit dem in Abbildung 6.7 dargestellten Spannungs-Dehnungsdiagramm lässt sich dieser Zusammenhang beschreiben. Der Gültigkeitsbereich des Hookeschen Gesetzes ist auch der Bereich, in welchem sich das Material elastisch verhält. Das bedeutet, nach Rücknahme der Belastung geht das Bauteil in seine ursprüngliche Form zurück. Waren Spannungen wirksam, die oberhalb der Fließgrenze liegen, existiert auch nach der Entfernung der Bauteilbelastung eine bleibende plastische Verformung.

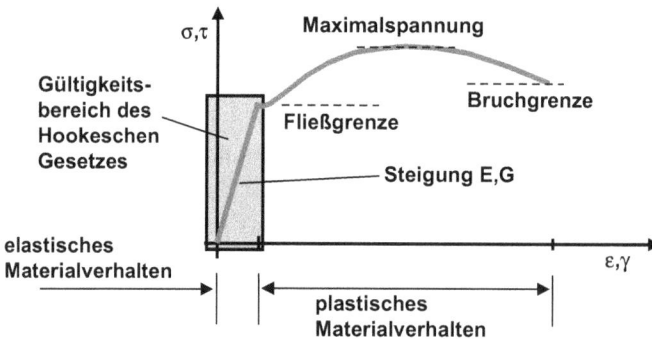

Abb. 6.7: Spannungs-Dehnungsdiagramm.

Beim Aufzeichnen des Diagramms für σ und ε wird eine Zugprobe vermessen, bei der die Querdehnung ε_u und die Dehnung in der dritten Raumrichtung vernachlässigt wird. Somit wird die Spannung immer mit dem Ausgangsquerschnitt der Zugprobe bestimmt. Dadurch kann die Bruchspannung, bei welcher die Zugprobe bricht bzw. das zu betrachtende Material vollständig versagt, kleiner als die Maximalspannung sein. Der Zugversuch ergibt häufig keine eindeutige Fließgrenze. Ersatzweise wird die Grenze bei einer Dehnung ε, die einer Längenänderung von 0.2 % entspricht, angenommen.

Das Hookesche Gesetz kann unter der Voraussetzung, dass in allen Raumrichtungen die gleichen Materialeigenschaften vorhanden sind (isotropes Material), auf einen allgemeinen ebenen Spannungszustand erweitert werden.

$$\varepsilon_x = \frac{1}{E}\left(\sigma_x - v\sigma_u\right) \quad \varepsilon_u = \frac{1}{E}\left(\sigma_u - v\sigma_x\right) \quad \gamma = \frac{\tau}{G}$$

	E-Modul	G-Modul	Fließgrenze	Bruchgrenze
Stahl	210000N/mm²	80000N/mm²	120-300N/mm²	300-1800N/mm²
Aluminium	70000N/mm²	25000N/mm²	50-250N/mm²	150-500N/mm²

Abb. 6.8: *E*-Modul, Schubmodul, Fließgrenze und Bruchspannung (Richtwerte).

Der Parameter v ist wie E und G ein Materialkoeffizient. Er wird als **Querkontraktionszahl** bezeichnet. Wird ein Stab in einer Raumrichtung auseinandergezogen, wird die Querschnittsfläche eingeschnürt. Die Querkontraktionszahl beschreibt das Verhältnis dieser Längenänderungen quer zum Stab und in Stabrichtung. Sie kann Werte zwischen $-1 < v \leq 0.5$ annehmen. Für Stahl und Aluminium kann man näherungsweise 0.3 verwenden. Die Parameter E, G und v sind nicht voneinander unabhängig.

$$G = \frac{E}{2\,(1 + v)}$$

6.4 Mohrscher Spannungskreis

Belastet man das Rohr aus Abbildung 6.1 lediglich mit einem Torsionsmoment und markiert wie in Abbildung 6.9 links zwei Rechtecke, so kann man beobachten, dass diese sich unterschiedlich verformen. Beim ursprünglich zur x-Achse parallelen Rechteck bleiben die Kantenlängen unverändert, der ursprüngliche rechte Winkel ändert sich. Das bedeutet, an diesem Rechteck können nur Schubspannungen wirksam sein. Das um 45° gedrehte Rechteck behält seine rechten Winkel. Allerdings ändern sich die Kantenlängen. Daher wirken an diesem Rechteck nur Normalspannungen. Die Spannungen werden immer an den unverformten Rechtecken eingezeichnet.

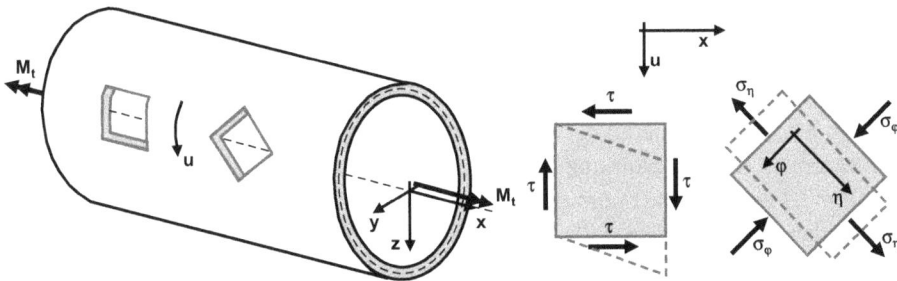

Abb. 6.9: Spannungsverteilung und Verformungen an freigeschnittenen Rechtecken.

Da bei jeder Position des Rechtecks das Torsionsmoment identisch ist und das Materialverhalten unabhängig von der Orientierung des Rechtecks sein muss, bedeutet dies, dass beide Spannungszustände gleichwertig sein müssen. Der eine kann mit Hilfe des Mohrschen Spannungskreises aus dem anderen ermittelt werden. Die Herleitung dieses Zusammenhangs wird im Anhang A2 vorgestellt.

Ausgehend wird das in Abbildung 6.10 links dargestellte Rechteck, dessen Kanten parallel zur x- und u-Achse sind, betrachtet. Die am Rechteck wirksamen Spannungen σ_x, σ_u und τ seien bekannt. Gesucht sind dann die Spannungen σ_η, σ_φ und $\tau_{\eta\varphi}$, die am Rechteck wirksam sind, wenn dieses um den Winkel α gedreht wird. Im Vergleich zu Abbildung 6.5 rechts können die mit $d\sigma_x$ und $d\sigma_u$ und $d\tau$ gekennzeichneten kleinen Spannungsänderungen unabhängig davon, ob sie gleich null sind, unberücksichtigt bleiben, da sie bei der Herleitung des Mohrschen Spannungskreises vernachlässigt werden.

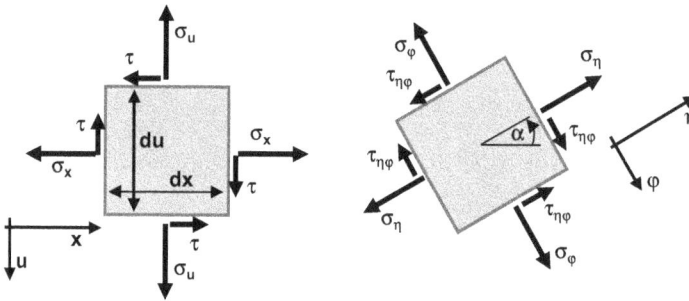

Abb. 6.10: Spannungsverteilung am Ausgangsrechteck und am um α gedrehten Rechteck.

Zur Bestimmung von σ_η, σ_φ und $\tau_{\eta\varphi}$ zeichnet man den in Abbildung 6.11 dargestellten Mohrschen Spannungskreis. Der Kreis hat in der σ_α, τ_α-Ebene den Mittelpunkt $((\sigma_x + \sigma_u)/2, 0)$ und den Radius $\sqrt{(\sigma_x - \sigma_u)^2/4 + \tau^2}$. Dieser Spannungszustand im xu-Koordinatensystem ($\alpha = 0$) ist durch den Punkt P gekennzeichnet, der die Koordinaten $\sigma_\alpha = \sigma_x$ und $\tau_\alpha = \tau$ annimmt. Möchte man die Spannungen σ_η und $\tau_{\eta\varphi}$ im um den Winkel α gedrehten Rechteck bestimmen, muss der Punkt P im Mohrschen Spannungskreis um den Winkel **2α** gedreht werden. Man erhält den Punkt P', für dessen beiden Koordinaten $\sigma_\eta = \sigma_\alpha$ und $\tau_{\eta\varphi} = \tau_\alpha$ gilt. Zur Bestimmung der noch unbekannten Normalspannung σ_φ dreht man den Punkt P' um 180° und erhält den Punkt P''. Dieser hat die Koordinate $\sigma_\varphi = \sigma_\alpha$.

Dreht man das Rechteck gemäß Abbildung 6.11 um die Winkel α_1 oder α_2, erhält man $\tau_{\eta\varphi} = 0$. Das bedeutet, bei dieser Orientierung des Rechtecks wirken nur Normalspannungen am Rechteck. Diese werden mit σ_1 und σ_2 bezeichnet und **Hauptspannungen** genannt, wobei immer $\sigma_1 > \sigma_2$ gewählt wird. Sie können auch rechnerisch aus

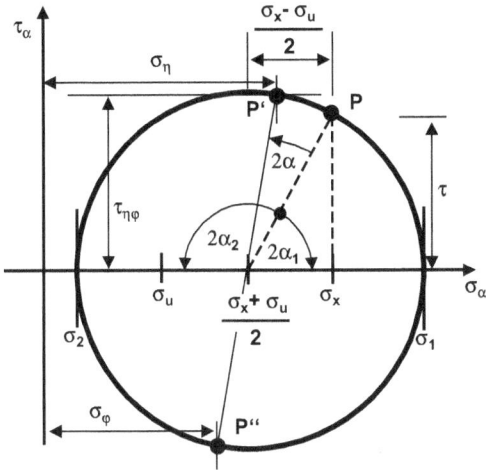

Abb. 6.11: Mohrscher Spannungskreis.

den gegebenen Spannungen σ_x, σ_u und τ bestimmt werden.

$$\sigma_{1,2} = \frac{\sigma_x + \sigma_u}{2} \pm \sqrt{\left(\frac{\sigma_x - \sigma_u}{2}\right)^2 + \tau^2} = \frac{1}{2}\left[(\sigma_x + \sigma_u) \pm \sqrt{(\sigma_x - \sigma_u)^2 + 4\tau^2}\right]$$

Die dabei resultierenden Koordinatenrichtungen η und φ werden Hauptachsen genannt. Dreht man das Rechteck nochmals um 45°, besitzt man die Orientierung des Rechtecks, bei welcher die maximale Schubspannung $\tau_{\max}$ auftritt.

$$\tau_{\max} = \sqrt{\left(\frac{\sigma_x - \sigma_u}{2}\right)^2 + \tau^2} = \frac{1}{2}\sqrt{(\sigma_x - \sigma_u)^2 + 4\tau^2}$$

Betrachtet man das zur x-Achse parallele Rechteck aus Abbildung 6.9 und geht davon aus, dass das Torsionsmoment M_t am Rechteck eine Schubspannung $\tau = \sigma_0$ erzeugt, so ergibt der Mohrsche Spannungskreis, dass am um 45° gedrehten Rechteck die beiden Hauptspannungen $\sigma_1 = \sigma_0$ und $\sigma_2 = -\sigma_0$ wirksam sind. Greifen am Ausgangsrechteck (Abbildung 6.12 links) nur Schubspannungen an, gilt für die Normalspannungen $\sigma_x = \sigma_u = 0$. Somit hat der in Abbildung 6.12 Mitte dargestellte Mohrsche Spannungskreis den Mittelpunkt $((\sigma_x + \sigma_u)/2, 0) = (0, 0)$. Für den Radius gilt $\sqrt{(\sigma_x - \sigma_u)^2/4 + \tau^2} = \sigma_0$. Der Punkt P, der den Spannungszustand am Ausgangsrechteck beschreibt, hat die Spannungskoordinaten $(\sigma_x, \tau) = (0, \sigma_0)$. Man muss am Kreis den Punkt P um den Winkel $2\alpha_1 = -90°$ drehen, damit der Punkt P' auf der σ_a-Achse liegt. Somit muss das Ausgangsrechteck wie in Abbildung 6.12 rechts dargestellt, um $\alpha_1 = -45°$ gedreht werden, damit am resultierenden Rechteck nur die Hauptspannungen wirksam sind.

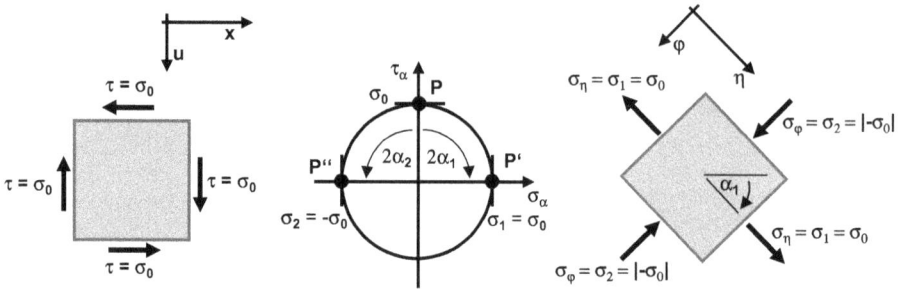

Abb. 6.12: Spannungsbetrachtung an einem dünnwandigen Rohr unter dem Einfluss eines Torsionsmomentes.

6.5 Festigkeitshypothesen und Vergleichsspannungen

Um die im eindimensionalen Zugversuch bestimmten Grenzspannungen (Fließgrenze, Maximalspannung, Bruchgrenze) auf den mehrdimensionalen Spannungszustand zu übertragen, oder um verschiedene Spannungszustände miteinander vergleichen zu können, werden empirische Festigkeitshypothesen verwendet, die aus dem mehrdimensionalen Spannungszustand eine eindimensionale Vergleichsspannung σ_V erzeugen. Die am häufigsten verwendete Vergleichsspannung ist die **Mises-Vergleichsspannung**, die auch Spannung gemäß der Gestaltänderungshypothese genannt wird. Die Herleitung erfolgt im Anhang A3.

$$\sigma_V = \sqrt{\sigma_x^2 + \sigma_u^2 - \sigma_x \sigma_u + 3\tau^2}$$

Kann man davon ausgehen, dass $\sigma_u = 0$ ist und setzt man $\sigma = \sigma_x$, so vereinfacht sich die Formel zur Bestimmung der Mises-Vergleichsspannung.

$$\boxed{\sigma_V = \sqrt{\sigma^2 + 3\tau^2}}$$

Eine weitere Festigkeitshypothese ist die **Normalspannungshypothese**.

$$\sigma_V = \sigma_1 = \frac{1}{2}\left[\sigma_x + \sigma_u + \sqrt{(\sigma_x - \sigma_u)^2 + 4\tau^2}\right]$$

Sie verwendet als Vergleichsspannung die erste Hauptspannung. Entsprechend wertet die **Schubspannungshypothese** die maximale Schubspannung τ_{max} aus dem Mohrschen Spannungskreis aus.

$$\sigma_V = 2\tau_{max} = \sqrt{(\sigma_x - \sigma_u)^2 + 4\tau^2}$$

Aufgaben zu Kapitel 6

Aufgabe 6.1

In einem Rechteckprofil mit der Höhe H und der Wandstärke s wirkt der eingezeichnete Normalspannungsverlauf ($\sigma_0 H s = 10\,\text{N}$, $H = 30\,\text{mm}$). Wie groß sind Normalkraft und Biegemoment (Lösung: $N = 10\,\text{N}$, $M = 100\,\text{Nmm}$)?

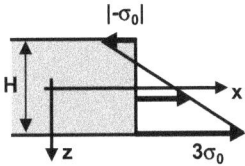

Aufgabe 6.2

Der Balken der Länge $3L$ wird bei $x = L$ geschnitten. Am positiven Schnittufer wird die Normalspannung durch $\sigma(z) = -48\sigma_0 z/L$ und die Schubspannung durch $\tau(z) = a(1 - (2z/L)^2)$ beschrieben. Wie groß ist die Kraft F und das Verhältnis σ_{max}/τ_{max} am Schnittufer (Lösung: $\sigma_{max}/\tau_{max} = 8$)?

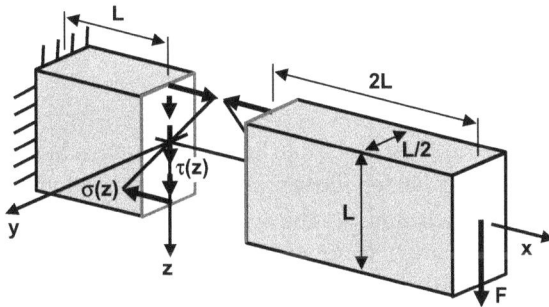

Aufgabe 6.3

Bei der Zugprobe ist nur der Bereich mit der Länge L elastisch. Der Rest kann infolge der Materialanhäufung als starr betrachtet werden. Infolge der Kraft F verlängert sich die Probe um 1 % und wird um 0.25 % eingeschnürt ($L = 100\,\text{mm}$, $H = 10\,\text{mm}$, $s = 2\,\text{mm}$ (Bauteiltiefe), $E = 10000\,\text{N/mm}^2$).

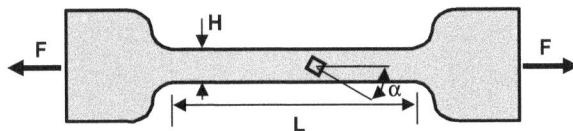

Welchen Betrag hat F? Um welchen Winkel α ist das kleine markierte Rechteck aus der Waagrechten gedreht, wenn die an ihm wirkenden Schubspannungen den Betrag $30\,\mathrm{N/mm^2}$ besitzen? Wie groß sind die Normalspannungen am gedrehten Rechteck und welche Vergleichsspannung nach Mises resultiert daraus (Lösung: $F = 2000\,\mathrm{N}$, $\alpha = 18.4°$, $\sigma_\eta = 90\,\mathrm{N/mm^2}$, $\sigma_\varphi = 10\,\mathrm{N/mm^2}$, $\sigma_V = 100\,\mathrm{N/mm^2}$)?

Aufgabe 6.4

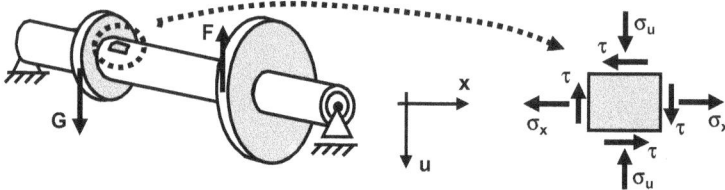

Die dargestellte dünnwandige Getriebewelle wird im Labor zu Prüfzwecken mit den Kräften F und G belastet. Am markierten Rechteck werden die angreifenden Spannungen $\sigma_x = 12\,\mathrm{N/mm^2}$, $\sigma_u = 4\,\mathrm{N/mm^2}$ und $\tau = 6\,\mathrm{N/mm^2}$ bestimmt. Die Dehnungen lauten $\varepsilon_x = 20/3 \cdot 10^{-3}$ und $\varepsilon_u = -10/3 \cdot 10^{-3}$. Wie groß ist die Querkontraktionszahl ν? Wie lautet die erste Hauptspannung? Um welchen Winkel α muss das Rechteck gedreht werden, damit an ihm die maximalen Schubspannungen wirken (Lösung: $\nu = 0.2$, $\sigma_1 = 100\,\mathrm{N/mm^2}$, $\alpha = 26.6°$)?

Aufgabe 6.5

Der ebene Spannungszustand an einem Punkt ist durch den links dargestellten Mohrschen Spannungskreis gekennzeichnet. Die beiden identischen Rechtecke sollen an diesem Punkt markiert werden. Das rechte ist um 45° aus der Waagrechten gedreht (E-Modul $E = 50\sigma_0$, Querkontraktionszahl $\nu = 0.5$). An den Seiten der beiden Rechtecke sind die wirksamen Spannungen zu vervollständigen. Um wie viel Grad muss das rechte Rechteck gedreht werden, damit der Betrag der maximalen Normalspannung doppelt so groß wie der Betrag der Schubspannung ist (Lösung: $\alpha = 26.6°$)?

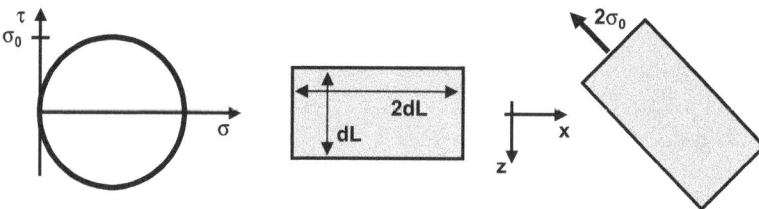

Aufgabe 6.6

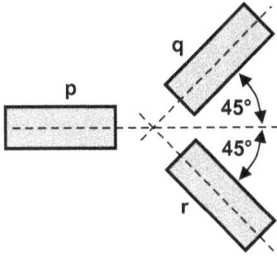

Der E-Modul beträgt $E = 200000\,\text{N/mm}^2$ und die Querkontraktionszahl $\nu = 0.3$. Mit den Dehnmessstreifen p, q und r werden die Dehnungen $\varepsilon_p = 2.5 \cdot 10^{-5}$, $\varepsilon_q = -4.3 \cdot 10^{-4}$ und $\varepsilon_r = 11.3 \cdot 10^{-4}$ gemessen. Wie groß sind die Hauptspannungen und die Vergleichsspannung nach Mises (Lösung $\sigma_V = 246\,\text{N/mm}^2$)?

7 Spannungs- und Verformungsberechnung am Balken

Die am Balken wirksamen Spannungen sollen bestimmt werden. Dabei wird vorausgesetzt, dass die Normalspannung σ_u und die Dehnung ε_u vernachlässigt werden können. Somit kann $\sigma = \sigma_x$ und $\varepsilon = \varepsilon_x$ verwendet werden. Das Hookesche Gesetz $\sigma = E\varepsilon$ und $\tau = Gy$ sei gültig. Die Spannungen sind so zu bestimmen, dass sie die Gleichgewichtsbedingungen erfüllen.

$$N = \int_A \sigma dA \qquad Q_z = \int_A \tau_z dA \qquad Q_y = \int_A \tau_y dA$$

$$M_t = \int_A r_s \tau dA \qquad M_y = \int_A z\sigma dA \qquad M_z = -\int_A y\sigma dA$$

Rechnerisch können die Spannungen und Verformungen infolge der inneren Kräfte und Momente unabhängig voneinander betrachtet und abschließend überlagert werden. Dazu werden die Größen an einem Zugstab, an Balken unter dem Einfluss der Biegemomente und an Torsionsstäben betrachtet.

7.1 Spannungen und Verformungen am Zugstab

Beim Zugstab in Abbildung 7.1 ist nur die Normalkraft ungleich null.

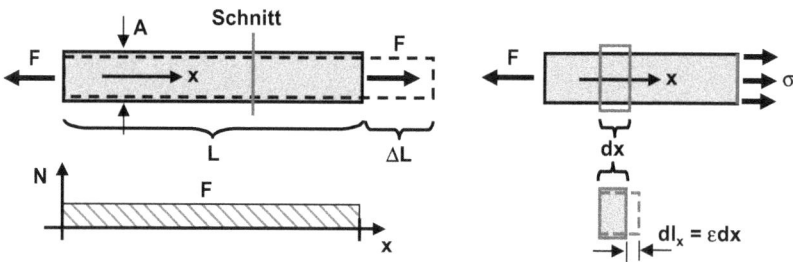

Abb. 7.1: Spannungsbetrachtung am Zugstab.

Man kann beobachten, dass der Querschnitt A gleichmäßig gedehnt wird. Somit existiert über dem Querschnitt eine konstante Dehnung ε. Da diese über das Hookesche Gesetz mit der Normalspannung σ gekoppelt ist, ist die Spannung ebenfalls über dem Querschnitt konstant. Die Einschnürung des Querschnittes A wird vernachlässigt.

$$N = \int_A \sigma dA = \sigma \int_A dA = \sigma A \quad \Rightarrow \quad \boxed{\sigma = \frac{N}{A}}$$

DOI 10.1515/9783110481235-007

Ist die Normalkraft größer null, wird der Stab auseinandergezogen und es resultieren positive Normalspannungen, die **Zugspannungen ($\sigma > 0$)** genannt werden. Andernfalls wird der Stab zusammengedrückt. Die resultierenden Spannungen sind kleiner null und werden **Druckspannungen ($\sigma < 0$)** genannt. Wählt man den Koordinatenursprung im Flächenmittelpunkt des Querschnittes, sind auch die weiteren Gleichgewichtsbedingungen erfüllt.

Die Gesamtlängenänderung des Stabes setzt sich gemäß Abbildung 7.1 rechts aus den Längenänderungen $dl_x = \varepsilon dx$ der einzelnen Abschnitte der Länge dx zusammen. Da die Normalspannung über der Stablänge konstant ist, muss auch die Dehnung über der Stablänge konstant sein.

$$\Delta L = \int_L dl_x = \int_L \varepsilon dx = \varepsilon \int_L dx = \varepsilon L \quad \Rightarrow \quad \boxed{\varepsilon = \frac{\Delta L}{L}}$$

7.2 Symmetrischer Biegebalken unter dem Einfluss eines Biegemoments (Symmetrische Biegung)

Ein symmetrischer Balken ist gemäß Abbildung 7.2 dadurch gekennzeichnet, dass er zur xz-Ebene symmetrisch ist. Es soll die Normalkraft und das Biegemoment M_z gleich null und das Biegemoment $M = M_y$ ungleich null sein. Betrachtet man einen zur x-Achse senkrechten Querschnitt mit den Punkten O, M und U, so wird vorausgesetzt, dass deren Absenkung w in z-Richtung identisch ist.

$$w_o = w_m = w_u \quad \Rightarrow \quad w = w(x)$$

Dadurch ist die Absenkung unabhängig von der z-Koordinate und nur eine Funktion von x.

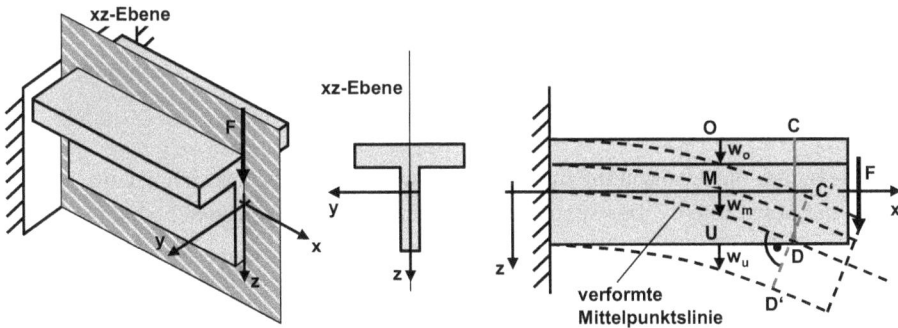

Abb. 7.2: Annahmen für einen symmetrischen Balken unter dem Einfluss eines Biegemomentes.

Außerdem wird angenommen, dass ein Querschnitt CD senkrecht zur x-Achse bei der Verformung (C′D′) eben bleibt und weiterhin senkrecht zur verformten Mittelpunktslinie steht. Dies setzt voraus, dass die Verformung infolge der Querkraft vernachlässigt wird (vgl. Kapitel 7.7).

Betrachtet man gemäß Abbildung 7.3 einen kleinen Balkenabschnitt der Länge dx, wird dieser an der Oberseite verlängert und an der Unterseite verkürzt. Auf Höhe der Mittelpunktslinie behält er seine ursprüngliche Länge.

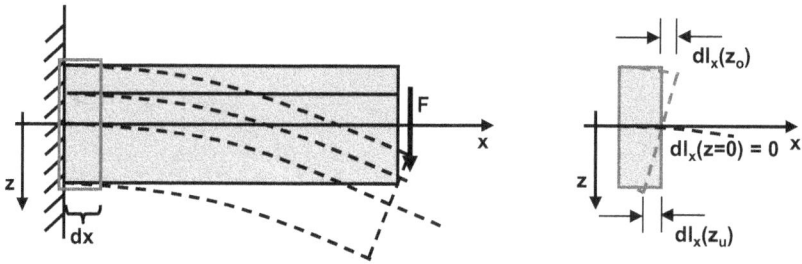

Abb. 7.3: Längenänderung eines kleinen Balkenabschnitts mit der Länge dx.

Da der Querschnitt eben bleibt, kann die Längenänderung $dl_x(z)$ durch eine lineare Funktion mit der Konstanten a_1 beschrieben werden.

$$dl_x(z) = a_1 z$$

Die Verlängerung entspricht einer positiven Längenänderung, die Verkürzung einer negativen. Für die lokale Dehnung $\varepsilon(z)$ folgt mit der Konstanten $a_2 = a_1/dx$ ebenso eine lineare Funktion.

$$\varepsilon(z) = \frac{dl_x(z)}{dx} = \frac{a_1 z}{dx} = a_2 z$$

Die Dehnung ist wiederum über das Hookesche Gesetz mit der Spannung $\sigma(z)$ verknüpft, die somit auch durch eine lineare Funktion zu beschreiben ist, die die Konstante $a_3 = E a_2$ beinhaltet.

$$\sigma(z) = E\varepsilon(z) = E a_2 z = a_3 z$$

Das bedeutet, die Bestimmung des Spannungsverlaufes reduziert sich auf die Berechnung der Konstante a_3. Der Spannungsansatz muss die Gleichgewichtsbedingungen für N und $M = M_y$ erfüllen.

$$0 = N = \int_A \sigma dA = \int_A a_3 z dA = a_3 \int_A z dA = -a_3 S_y$$

Die Konstante a_3 ist ungleich null. Die Normalkraft N kann nur gleich null sein, wenn das statische Moment S_y gleich null ist. In Kapitel 3 wurde gezeigt, dass das statische

Moment genau dann gleich null ist, wenn der Koordinatenursprung ($z = 0$) im Flächenmittelpunkt liegt. Das bedeutet auch, dass im Flächenmittelpunkt die Normalspannung $\sigma(z = 0) = 0$ ist. Daher wird beim hier betrachteten Balken die xy-Ebene als **neutrale Faser** bezeichnet. Setzt man den Spannungsansatz in die Gleichgewichtsbedingung für $M = M_y$ ein, kann die Konstante $a_3 = M/I_y$ ermittelt werden. Dabei wird I_y wie in Kapitel 3 als **Flächenträgheitsmoment** bzw. Flächenträgheitsmoment um die y-Achse bezeichnet.

$$M = \int_A z\sigma dA = \int_A za_3 z dA = a_3 \int_A z^2 dA = a_3 I_y$$

Setzt man I_y als bekannt voraus, erhält man die gesuchte Normalspannungsfunktion $\sigma(z)$.

$$\sigma(z) = a_3 z = \frac{M}{I_y} z \quad \Rightarrow \quad \boxed{\sigma(z) = \frac{M}{I_y} z}$$

!

Die Gleichgewichtsbedingung für M_z ergibt wie verlangt null. Bei symmetrischen Balken ist dies immer der Fall. Allgemein gilt die Spannungsfunktion für alle Belastungsfälle, bei denen die Gleichgewichtsbedingung für M_z null ergibt. In Kapitel 3 wurde gezeigt, dass das Flächenträgheitsmoment eines Rechtecks mit der Breite B und der Höhe H gleich $I_y = BH^3/12$ beträgt. Betrachtet man einen beliebigen Querschnitt A, der in n Rechtecke A_i mit den Breiten B_i und den Höhen H_i zerlegt werden kann, so muss für jedes Rechteck das Flächenträgheitsmoment I_{yi} bestimmt werden. Die Summe aller Teilflächenträgheitsmomente ergibt das Gesamtflächenträgheitsmoment I_y des Querschnittes A. Bei der Bestimmung der Teilflächenträgheitsmomente I_{yi} muss der **Steinersche Anteil** $z_i^2 A_i$ berücksichtigt werden, wobei z_i die z-Koordinate des Flächenmittelpunktes der Teilfläche $A_i = B_i H_i$ ist.

$$\boxed{I_y = \sum_{i=1}^{n} I_{yi} = \sum_{i=1}^{n} \frac{B_i H_i^3}{12} + z_i^2 A_i}$$

!

Gemäß Abbildung 7.4 betrachtet man für die Herleitung des Steinerschen Anteils die Teilfläche A_i mit der Breite B_i und der Höhe H_i. Auf Höhe des Flächenmittelpunktes z_i wird der Koordinatenursprung des Behelfskoordinatensystems z' gewählt.

$$I_{yi} = \int_{A_i} z^2 dA = \int_{A_i} \left(z' + z_i\right)^2 dA = \int_{A_i} \left(z'\right)^2 + 2z'z_i + z_i^2 dA$$

$$= \int_{A_i} \left(z'\right)^2 dA + 2z_i \int_{A_i} z' dA + z_i^2 \int_{A_i} dA$$

$$= \frac{B_i H_i^3}{12} - 2z_i S'_{yi} + z_i^2 A_i = \frac{B_i H_i^3}{12} - 2z_i \cdot 0 + z_i^2 A_i = \frac{B_i H_i^3}{12} + z_i^2 A_i$$

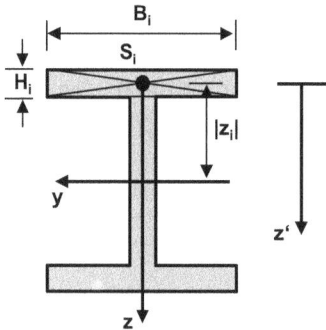

Abb. 7.4: Größen zur Bestimmung des Flächenträgheitsmomentes am Teilrechteck A_i.

Das statische Moment S'_{yi} bezüglich des z'-Koordinatensystems ist gleich null, da das statische Moment gleich null ist, wenn der Koordinatenursprung im Flächenmittelpunkt liegt.

Betrachtet man das T-Profil in Abbildung 7.5 links, so ist zu Beginn die Lage des Gesamtmittelpunktes nicht bekannt. Zu dessen Bestimmung wird das Behelfskoordinatensystem z' eingeführt.

exaktes Flächenträgheitsmoment   **dünnwandiges Flächenträgheitsmoment**

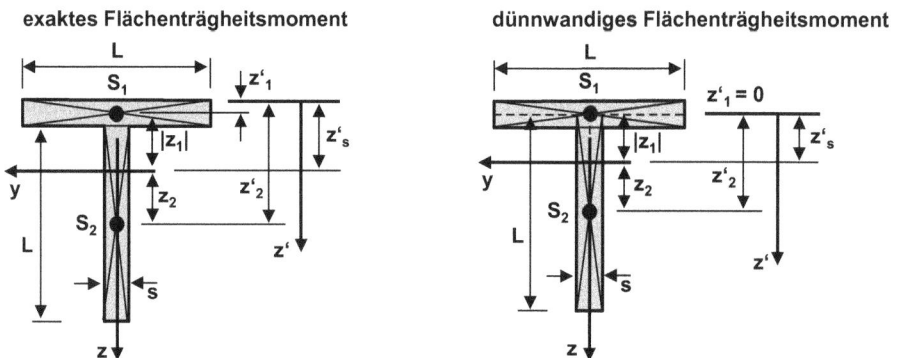

Abb. 7.5: Exakte und dünnwandige Berechnung des Flächenträgheitsmomentes.

Im z' Koordinatensystem hat der Flächenmittelpunkt der Teilfläche A_1 die z'_1- Koordinate $s/2$ und die Teilfläche A_2 die z'_2-Koordinate $s + L/2$. Daraus wird die Lage z'_S des Gesamtflächenmittelpunktes bestimmt.

$$z'_S = \frac{1}{A} \sum_{i=1}^{2} z'_i A_i = \frac{\frac{s}{2}Ls + \left(s + \frac{L}{2}\right)Ls}{2Ls} = \frac{3}{4}s + \frac{1}{4}L$$

Somit kann die Lage der Flächenmittelpunkte der beiden Teilflächen A_i bezüglich des yz-Koordinatensystems angegeben werden.

$$z_1 = z_1' - z_S' = \frac{s}{2} - \left(\frac{3}{4}s + \frac{1}{4}L\right) = -\frac{L+s}{4}$$
$$z_2 = z_2' - z_S' = \left(s + \frac{L}{2}\right) - \left(\frac{3}{4}s + \frac{1}{4}L\right) = \frac{L+s}{4}$$

Damit sind alle Größen zur Bestimmung des Flächenträgheitsmoments I_y bekannt.

$$I_y = \sum_{i=1}^{2} I_{yi} = \sum_{i=1}^{2} \frac{B_i H_i^3}{12} + z_i^2 A_i$$
$$= \frac{Ls^3}{12} + \left(-\frac{L+s}{4}\right)^2 Ls + \frac{sL^3}{12} + \left(\frac{L+s}{4}\right)^2 Ls = \frac{5}{24}L^3 s + \frac{1}{4}L^2 s^2 + \frac{5}{24}Ls^3$$

Setzt man voraus, dass $s \ll L$ gilt, so können der zweite und dritte Term vernachlässigt werden und für das Flächenträgheitsmoment folgt $I_y = 5/24 L^3 s$. Diese Bedingung wird wieder als Dünnwandigkeit bezeichnet. Setzt man diese von Beginn an voraus, kann man wie in Abbildung 7.5 rechts die gestrichelte Profilmittellinie bemaßen und dieser eine Wandstärke s zuweisen. Die Überdeckungen der Teilflächen können vernachlässigt werden. Weiter bleiben die Terme, die s in höherer Potenz beinhalten, bei der Berechnung unberücksichtigt. Für die Berechnung der Lage des Gesamtflächenmittelpunktes wird das Behelfskoordinatensystem z' so gewählt, dass der Ursprung auf Höhe der waagrechten Profilmittellinie liegt. Die z_1'- Koordinate nimmt den Wert null, die z_2'-Koordinate den Wert $L/2$ an. Dies ergibt die z'-Koordinate $z_S' = L/4$ des Flächenmittelpunktes.

$$z_S' = \frac{1}{A}\sum_{i=1}^{2} z_i' A_i = \frac{0 \cdot Ls + \frac{L}{2}Ls}{2Ls} = \frac{L}{4}$$
$$z_1 = z_1' - z_S' = -\frac{L}{4} \quad \text{und} \quad z_2 = z_2' - z_S' = \frac{L}{4}$$
$$I_y = \sum_{i=1}^{2} I_{yi} = \sum_{i=1}^{2} \frac{B_i H_i^3}{12} + z_i^2 A_i = \frac{Ls^3}{12} + \left(-\frac{L}{4}\right)^2 Ls + \frac{sL^3}{12} + \left(\frac{L}{4}\right)^2 Ls$$
$$= \frac{5}{24}L^3 s + \frac{1}{12}Ls^3 = \frac{5}{24}L^3 s$$

In Kapitel 3 wurde das Flächenträgheitsmoment eines Vollkreises zu $I_y = \pi/4 \cdot R^4$ bestimmt. Betrachtet man ein Hohlprofil (Abbildung 7.6 Mitte) mit dem Außenradius R_a und dem Innenradius R_i, ist das Flächenträgheitsmoment die Differenz beider Kreise. Ist das Hohlprofil dünnwandig (Abbildung 7.6 rechts) kann $R_a = R_m + s/2$ und $R_i = R_m - s/2$ verwendet und das Flächenträgheitsmoment durch den mittleren Radius R_m und die Wandstärke s angegeben werden. Dabei vernachlässigt man in der Formel für das kreisrunde Hohlprofil die Terme, die s in höherer Potenz beinhalten.

$$\boxed{I_y = \frac{\pi}{4}R^4 \quad I_y = \frac{\pi}{4}\left(R_a^4 - R_i^4\right) \quad I_y = \pi R_m^3 s}$$

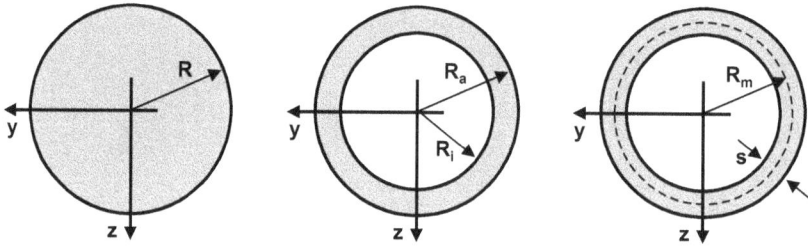

Abb. 7.6: Kreisrunde Profile zur Berechnung des Flächenträgheitsmomentes I_y.

Bei den bisherigen Spannungsbetrachtungen wurde der Einfluss der Querkraft vernachlässigt. Näherungsweise kann die Schubspannung τ infolge der Querkraft $Q = Q_z$ über dem Querschnitt als konstant vorausgesetzt und dadurch abgeschätzt werden. Die Querkraft Q_y muss gleich null sein.

$$Q = \int_A \tau \, dA = \tau \int_A dA = \tau A \quad \Rightarrow \quad \boxed{\tau = \frac{Q}{A}}$$

Der Vergleich der beiden Balken der Abbildung 7.7 zeigt den Einfluss des Flächenträgheitsmoments. Für das linke I-Profil erhält man eine Querschnittsfläche $A_I = 288\,\text{mm}^2$ und ein Flächenträgheitsmoment $I_{yI} = 37616\,\text{mm}^4$. Die entsprechenden Werte für das rechte Rechteckprofil lauten $A_R = 300\,\text{mm}^2$ und $I_{yR} = 22500\,\text{mm}^4$.

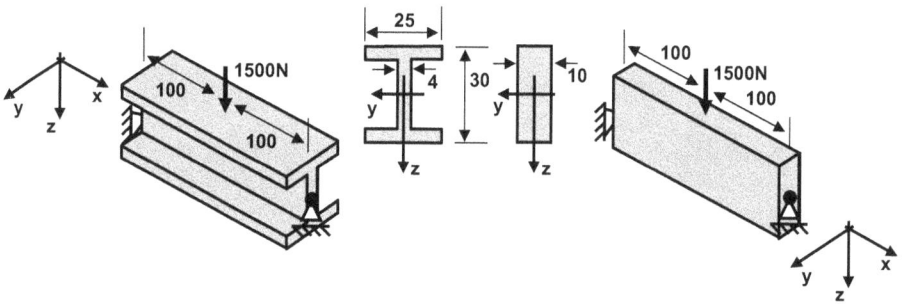

Abb. 7.7: Geometrie zweier Balken mit I- und Rechteckprofil zur Berechnung der maximalen Spannungen.

Der Querkraft- und der Biegemomentenverlauf sind unabhängig vom Querschnitt und somit für beide Balken identisch. In der linken Balkenhälfte ist $Q = 750\,\text{N}$, in der rechten $Q = -750\,\text{N}$. Dies ergibt ein Biegemoment, welches an den Enden gleich null ist und in der Balkenmitte bei $x = 100\,\text{mm}$ das Maximum $M_{\text{max}} = 75000\,\text{Nmm}$ erreicht. Sind die maximalen Spannungen gesucht, müssen die Normalspannungen σ in der Balkenmitte betrachtet werden. Für beide Balken erhält man eine Spannungsfunktion.

$$\sigma_I(z) = \frac{M_{max}}{I_{yI}} z = \frac{75000\,\text{Nmm}}{37616\,\text{mm}^4} z = 2\frac{\text{N}}{\text{mm}^3} z$$

$$\sigma_R(z) = \frac{M_{max}}{I_{yR}} z = \frac{75000\,\text{Nmm}}{22500\,\text{mm}^4} z = 3.\bar{3}\frac{\text{N}}{\text{mm}^3} z$$

Setzt man bei beiden Balken die z-Koordinate der Unterkante ($z = 15$ mm) ein, so erhält man die maximalen Zugspannungen $\sigma_{I,Z}$ und $\sigma_{R,Z}$.

$$\sigma_{I,Z} = \sigma_I(z = 15\,\text{mm}) = 2\frac{\text{N}}{\text{mm}^3} 15\,\text{mm} = 30\frac{\text{N}}{\text{mm}^2}$$

$$\sigma_{R,Z} = \sigma_R(z = 15\,\text{mm}) = 3.\bar{3}\frac{\text{N}}{\text{mm}^3} 15\,\text{mm} = 50\frac{\text{N}}{\text{mm}^2}$$

Entsprechend erhält man an der Oberkante ($z = -15$ mm) die maximalen Druckspannungen $\sigma_{I,D}$ und $\sigma_{R,D}$.

$$\sigma_{I,D} = \sigma_I(z = -15\,\text{mm}) = 2\frac{\text{N}}{\text{mm}^3}(-15\,\text{mm}) = -30\frac{\text{N}}{\text{mm}^2}$$

$$\sigma_{R,D} = \sigma_R(z = -15\,\text{mm}) = 3.\bar{3}\frac{\text{N}}{\text{mm}^3}(-15\,\text{mm}) = -50\frac{\text{N}}{\text{mm}^2}$$

Wie die Querkraft sind auch die Schubspannungen τ_I und τ_R in der linken Balkenhälfte positiv und in der rechten negativ.

$$\tau_I = \frac{Q}{A_I} = \frac{\pm750\,\text{N}}{288\,\text{mm}^2} = \pm2.6\frac{\text{N}}{\text{mm}^2} \quad \tau_R = \frac{Q}{A_R} = \frac{\pm750\,\text{N}}{300\,\text{mm}^2} = \pm2.5\frac{\text{N}}{\text{mm}^2}$$

In Abbildung 7.8 sind die resultierenden Normalspannungsverläufe in der Balkenmitte und die Verläufe der Querkraft in der linken Balkenhälfte für beide Balken angegeben.

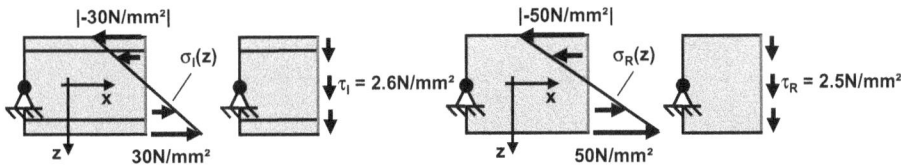

Abb. 7.8: Spannungsverläufe an den Balken aus Abbildung 7.7.

Betrachtet man die beiden maximalen Vergleichsspannungen nach Mises, zeigt sich, dass die Schubspannungen vernachlässigt werden können.

$$\sigma_{V,I} = \sqrt{\sigma_{I,Z}^2 + 3\tau_I^2} = 30.3\frac{\text{N}}{\text{mm}^2} \quad \text{und} \quad \sigma_{V,R} = \sqrt{\sigma_{R,Z}^2 + 3\tau_R^2} = 50.0\frac{\text{N}}{\text{mm}^2}$$

Neben den Spannungen ist auch, wie in Abbildung 7.9 dargestellt, die Absenkung $w(x)$ des Balkens in z-Richtung von Interesse. Die Funktion $w(x)$ wird als **Biegelinie** bezeichnet.

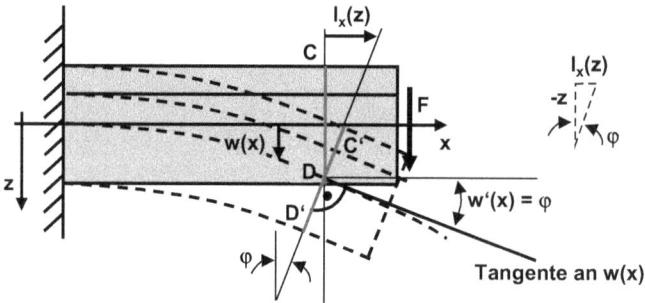

Abb. 7.9: Geometrie zur Herleitung der Biegelinie $w(x)$.

Es wird vorausgesetzt, dass die Steigung der Biegelinie $w'(x)$ klein ist. Der Querschnitt CD steht nach der Verformung (C′D′) weiterhin senkrecht auf der Mittelpunktslinie bzw. auf der Biegelinie $w(x)$ und schließt somit mit der Tangente an $w(x)$ einen rechten Winkel ein. Dadurch ist die Steigung der Tangente $w'(x)$ identisch mit dem Winkel φ, der die Neigung des Querschnitts CD im verformten Zustand beschreibt. Der Winkel φ ist im Dreieck enthalten, welches auch die Längenänderung $l_x(z)$ und die negative z-Koordinate als Katheten beinhaltet. Die negative z-Koordinate muss verwendet werden, da bei der dargestellten Geometrie ein negativer Wert für z eine positive Längenänderung ergibt. Da $w'(x)$ klein ist, gilt dies auch für φ. Daher kann $\tan(\varphi)$ durch φ ersetzt werden.

$$\frac{l_x(z)}{-z} = \tan\varphi = \varphi = w'(x) \quad \Rightarrow \quad l_x(z) = -zw'(x)$$

Mit der Bestimmungsgleichung für die Normalspannung $\sigma(z)$ und dem Hookeschen Gesetz kann die Funktion $w(x)$ bzw. deren zweite Ableitung $w''(x)$ mit dem Biegemoment M in Relation gebracht werden.

$$\sigma(z) = \frac{M}{I_y}z = E\varepsilon(z) = E\frac{dl_x(z)}{dx} = E\frac{d}{dx}(l_x(z))$$

$$= E\frac{d}{dx}\left(-zw'(x)\right) = -Ez\frac{dw'(x)}{dx} = -Ezw''(x)$$

Aufgelöst nach $w''(x)$, erhält man die gesuchte Differentialgleichung für die Biegelinie.

$$\Rightarrow \boxed{w''(x) = -\frac{M}{EI_y}}$$

Unter Berücksichtigung der jeweiligen Randbedingungen ergibt zweimaliges Integrieren die gesuchte Biegelinie $w(x)$. Das Produkt EI_y wird als **Biegesteifigkeit** bezeichnet.

Betrachtet man den Balken mit Rechteckprofil aus Abbildung 7.7, muss für die Integration der Momentenverlauf durch eine Funktion dargestellt werden. Da der Funktionsverlauf in der Mitte einen Knick hat, muss das Integrationsgebiet in zwei Hälften zerlegt werden. Die Absenkung $w(x)$ ist symmetrisch, somit muss nur die Biegelinie $w_L(x)$ der linken Hälfte berechnet werden.

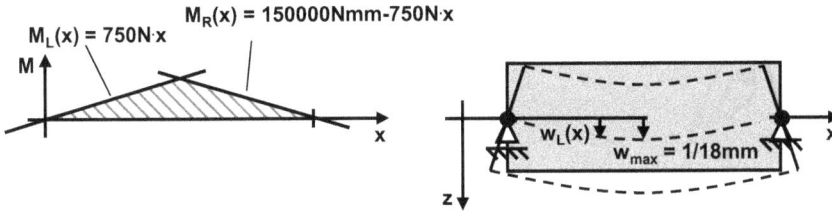

Abb. 7.10: Funktionsverlauf des Biegemoments und verformter Rechteckbalken.

$$w_L''(x) = -\frac{M_L(x)}{EI_{yR}} = -\frac{1}{EI_{yR}} 750\,\mathrm{N} \cdot x$$

$$w_L'(x) = -\frac{1}{EI_{yR}} 375\,\mathrm{N} \cdot x^2 + c_1$$

$$w_L(x) = -\frac{1}{EI_{yR}} 125\,\mathrm{N} \cdot x^3 + c_1 x + c_2$$

Für die Bestimmung der beiden Integrationskonstanten können die Randbedingungen $w_L(x = 0) = 0$ und $w_L'(x = 100\,\mathrm{mm}) = 0$ verwendet werden.

$$w_L\,(x = 0) = 0: \quad 0 = -\frac{1}{EI_{yR}} 125\,\mathrm{N} \cdot 0^3 + c_1 \cdot 0 + c_2 \quad \Rightarrow \quad c_2 = 0$$

$$w_L'\,(x = 100\,\mathrm{mm}) = 0: \quad 0 = -\frac{1}{EI_{yR}} 375\,\mathrm{N} \cdot (100\,\mathrm{mm})^2 + c_1$$

$$\Rightarrow \quad c_1 = \frac{1}{EI_{yR}} 3750000\,\mathrm{Nmm}^2$$

$$\Rightarrow \quad w_L(x) = \frac{1}{EI_{yR}} \left(3750000\,\mathrm{Nmm}^2 \cdot x - 125\,\mathrm{N} \cdot x^3 \right)$$

Mit der resultierenden Funktion der Biegelinie $w_L(x)$ kann die maximale Durchbiegung w_{max} in der Balkenmitte bestimmt werden. Für den Elastizitätsmodul des Balkens wird $E = 200000\,\mathrm{N/mm}^2$ verwendet. Dies ergibt eine Biegesteifigkeit $EI_{yR} = 4.5 \cdot 10^9\,\mathrm{Nmm}^2$.

$$w_L(x) = \frac{1}{4.5 \cdot 10^9\,\mathrm{Nmm}^2} \left(3750000\,\mathrm{Nmm}^2 \cdot x - 125\,\mathrm{N} \cdot x^3 \right)$$

$$= 8.\bar{3} \cdot 10^{-4} x - 2.\bar{7} \cdot 10^{-8} \frac{1}{\mathrm{mm}^2} x^3$$

$$w_{max} = w_L\,(x = 100\,\mathrm{mm}) = 8.\bar{3} \cdot 10^{-4} \cdot 100\,\mathrm{mm} - 2.\bar{7} \cdot 10^{-8} \frac{1}{\mathrm{mm}^2} (100\,\mathrm{mm})^3 = \frac{1}{18}\,\mathrm{mm}$$

Aufgaben zu Kapitel 7.1 und 7.2

Einführende Aufgabe:

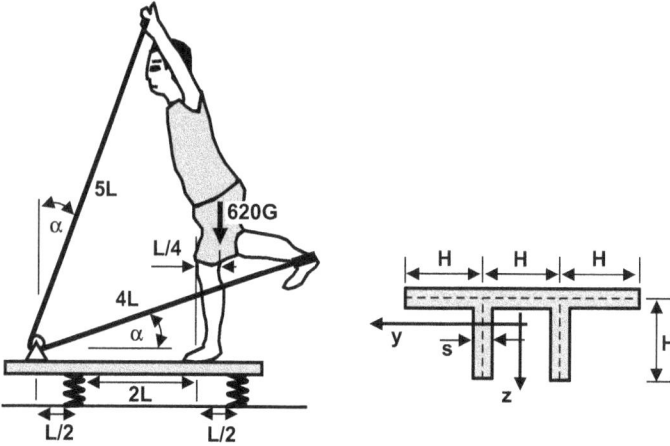

Der Mann hat die Gewichtskraft $620G$. Am Fußaufstandspunkt werden nur Kräfte übertragen. An den Federn wirken nur senkrechte Kräfte. Der graue Balken der Länge $3L$ hat den dargestellten dünnwandigen Querschnitt. Wie groß sind die maximale Zug- und Druckspannung infolge des Biegemoments? Welche maximale Normalspannung resultiert infolge der Normalkraft ($\tan \alpha = 7/24$, $L/H = 7$, $G/(Hs) = 0.01\,\text{N/mm}^2$)?

Lösung:

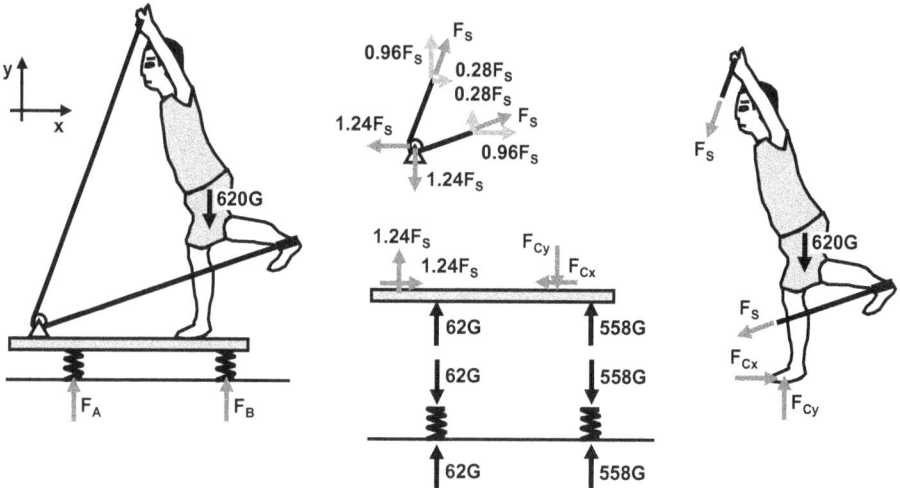

Für die Berechnung der Federkräfte F_A und F_B wird das Gesamtbauteil betrachtet.

$$\sum M\big|_A = 0: \quad 2.5LF_B - 2.25L \cdot 620G = 0 \quad \Rightarrow \quad F_B = 558G$$

$$\sum F_y = 0: \quad F_A - 620G + F_B = 0 \quad \Rightarrow \quad F_A = 62G$$

Neben den Federkräften wirken am grauen Balken am Punkt S die beiden Kräfte $1.24F_S$ und am Punkt C die Kräfte F_{Cx} und F_{Cy}.

$$\sum M\big|_S = 0: \quad 0.5L \cdot 62G - 2.5LF_{Cy} + 3L \cdot 558G = 0 \quad \Rightarrow \quad F_{Cy} = 682G$$

$$\sum F_y = 0: \quad 1.24F_S + 62G - F_{Cy} + 558G = 0 \quad \Rightarrow \quad F_S = 50G$$

$$\sum F_x = 0: \quad 1.24F_S - F_{Cx} = 0 \quad \Rightarrow \quad F_{Cx} = 62G$$

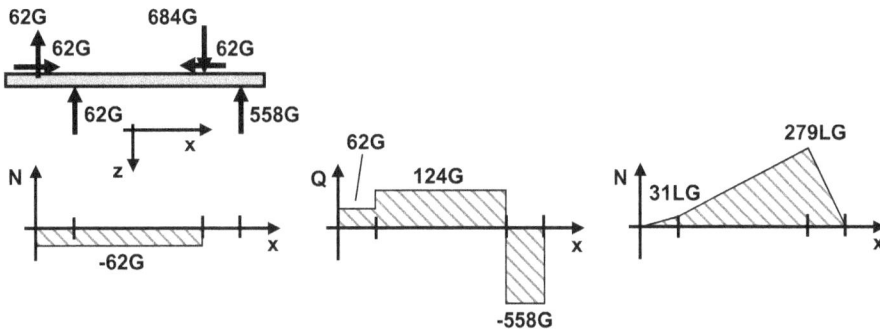

Es resultieren die dargestellten inneren Kräfte und Momente. Da bei $x = 2.5L$ das maximale Biegemoment $M_{max} = 279LG$ wirksam ist, sind an diesem Punkt auch die maximalen Zug- und Druckspannungen infolge des Biegemoments wirksam. Die maximale Normalspannung infolge der maximalen Normalkraft $N_{max} = -62G$ befindet sich im Intervall $0 < x < 2.5L$. Für die Spannungsberechnung fehlt noch die Querschnittsfläche A und das Flächenträgheitsmoment I_y.

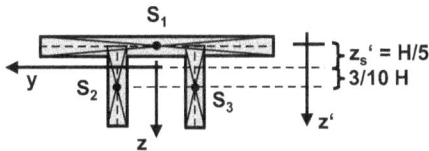

Für die Berechnung von A und I_y wird der Gesamtquerschnitt in 3 Rechtecke zerlegt. Das erste waagrechte Rechteck hat die Breite $B_1 = 3H$, die Höhe s und den Flächenmittelpunkt S_1. Entsprechend gilt für die beiden senkrechten Rechtecke $B_2 = B_3 = s$, $H_2 = H_3 = H$ und S_2 bzw. S_3.

$$A = \sum_{i=1}^{3} B_i H_i = 3Hs + sH + sH = 5Hs$$

Da der Koordinatenursprung ($y = z = 0$) im Gesamtflächenmittelpunkt liegt, muss dessen Lage bekannt sein. Es muss ein Behelfskoordinatensystem z' eingeführt werden, dessen Ursprung ($z' = 0$) im Allgemeinen beliebig gewählt werden kann. Hier wird der Ursprung auf Höhe des Flächenmittelpunkts S_1 gewählt. Ist die Lage des Gesamtflächenmittelpunktes im z'-Koordinatensystem bekannt, so ist auch die Lage des Koordinatenursprungs des yz-Koordinatensystems gegeben. Im geeignet gewählten z'-Koordinatensystem haben die Flächenmittelpunkte der drei Rechtecke die Koordinaten $z_1' = 0$, $z_2' = z_3' = H/2$.

$$z_S' = \frac{1}{A}\sum_{i=1}^{3} z_i' A_i = \frac{1}{5Hs}\left(0\cdot 3Hs + \frac{H}{2}Hs + \frac{H}{2}Hs\right) = \frac{H}{5}$$

Mit der bekannten Lage des Gesamtflächenmittelpunktes können die z-Koordinaten der Flächenmittelpunkte der drei Rechtecke zu $z_1 = -H/5$ und $z_2 = z_3 = H/2 - H/5 = 3H/10$ bestimmt werden.

$$I_y = \sum_{i=1}^{3} \frac{B_i H_i^3}{12} + z_i^2 A_i = 3Hs^3 + \left(-\frac{H}{5}\right)^2 3Hs + \frac{sH^3}{12} + \left(\frac{3}{10}H\right)^2 Hs + \frac{sH^3}{12} + \left(\frac{3}{10}H\right)^2 Hs$$

$$= \frac{7}{15}H^3 s + 3Hs^3$$

Infolge der Dünnwandigkeit ($s \ll H$) kann der zweite Term $3Hs^3$ vernachlässigt werden, und es folgt für das Flächenträgheitsmoment $I_y = 7/15H^3s$. Mit M_{max} und I_y kann die Funktion $\sigma(z)$ für die Normalspannung infolge des Biegemoments gebildet werden.

$$\sigma(z) = \frac{M_{max}}{I_y}z = \frac{279LG}{7/15H^3s}z = \frac{4185}{7}\frac{LG}{H^3s}z$$

Die Größen L, G, H und s sind positiv. Somit ist die Steigung der linearen Funktion positiv. Sucht man die maximale positive Zugspannung σ_Z, benötigt man deshalb den größten positiven z-Wert, der in die Funktion eingesetzt werden kann. Dies ist der z-Wert $z = 4H/5$ der Unterseite des Querschnitts.

$$\sigma_Z = \sigma\left(z = \frac{4}{5}H\right) = \frac{4185}{7}\frac{LG}{H^3s}\frac{4}{5}H = \frac{3348}{7}\frac{LG}{H^2s}$$
$$= \frac{3348}{7}\frac{(7H)G}{H^2s} = 3348\frac{G}{Hs} = 33.48\frac{N}{mm^2}$$

Für die maximale negative Druckspannung σ_D benötigt man den z-Wert, der den betragsmäßig größten negativen Funktionswert ergibt. Dies ist die z-Koordinate der Oberseite ($z = -H/5$).

$$\sigma_D = \sigma\left(z = -\frac{H}{5}\right) = \frac{4185}{7}\frac{LG}{H^3s}\left(-\frac{H}{5}\right) = -\frac{837}{7}\frac{LG}{H^2s}$$
$$= -\frac{837}{7}\frac{(7H)G}{H^2s} = -837\frac{G}{Hs} = -8.37\frac{N}{mm^2}$$

Die maximale Normalspannung σ_N infolge der Normalkraft ist über dem Querschnitt konstant.

$$\sigma_N = \frac{N_{max}}{A} = \frac{-62G}{5Hs} = -\frac{62}{5}\frac{G}{Hs} = -0.124\frac{N}{mm^2}$$

Die Verläufe der Normalspannungen über dem Querschnitt können wie folgt skizziert werden.

Normalspannungsverlauf infolge des Biegemoments:

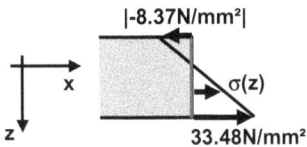

Normalspannungsverlauf infolge der Normalkraft:

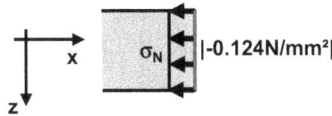

Die maximale Schubspannung infolge der Querkraft ist im Intervall $2.5L < x < 3L$. Mit $Q_{max} = -558G$ kann diese abgeschätzt werden.

$$\tau_Q = \frac{Q_{max}}{A} = \frac{-558G}{5Hs} = -\frac{558}{5}\frac{G}{Hs} = -1.116\frac{N}{mm^2}$$

Aufgabe 7.2.1

In der Presse wirken nur Kräfte in senkrechter Richtung. Der Querschnitt des Rahmens besteht aus einem quadratischen Profil mit der äußeren Kantenlänge $H = 50$ mm und der Wandstärke $s = 2$ mm. Wie groß sind die Beträge der maximalen Normalspannungen infolge Normalkraft und Biegemoment im senkrechten Balken der Länge $6L$ ($L = 100$ mm, $F = 250$ N) (Lösung: $\sigma_N = 1.95$ N/mm^2, $\sigma_B = 16.92$ N/mm^2)?

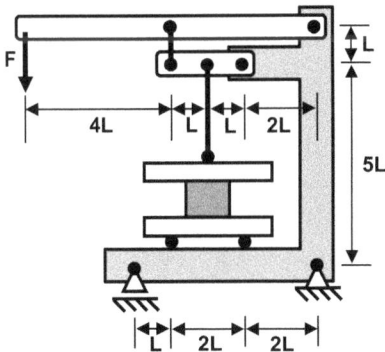

Aufgabe 7.2.2

Die Gondel eines Schleppliftes ist oben gelenkig gelagert. In der Gondel sitzen ein identisches Zwillingspaar und ein Mädchen mit der Gewichtskraft $2G$. Die Gewichtskraft der Gondel ist zu vernachlässigen.

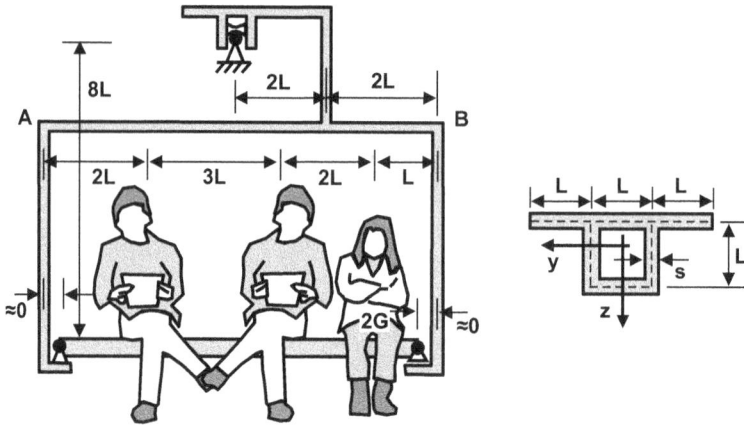

a) Wie groß muss die Gewichtskraft der Zwillinge in Abhängigkeit von G sein, damit das Bauteil im Gleichgewicht ist?

b) Der waagrechte Balken AB hat den rechts dargestellten Querschnitt. Gesucht sind die maximalen Zug- und Druckspannungen in diesem Balken. Welchen maximalen Betrag nimmt die Schubspannung an (Lösung: $\sigma_Z = 14G/(Ls)$, $\sigma_D = -28G/(Ls)$, $\tau_Q = 7/6 \cdot G/(Ls)$)?

Aufgabe 7.2.3

Ein Eisenbahnwagen ist mit zwei Kisten, die einen mittigen Schwerpunkt besitzen, beladen. Die Einflüsse der Kisten auf den Rahmen des Wagens sind durch **konstante Streckenlasten** zu berücksichtigen ($L = 500\,\text{mm}$, $G = 1000\,\text{N}$).

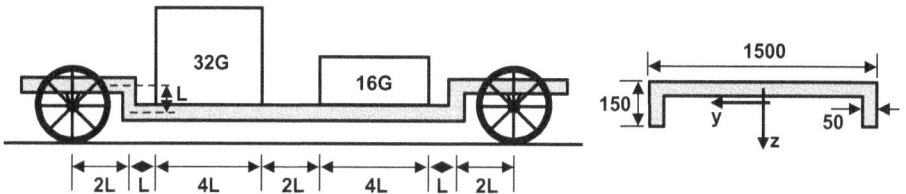

a) Wie groß sind die maximalen Zug- und Druckspannungen infolge des Biegemoments im grauen Rahmen (Lösung: $\sigma_Z = 99.9\,\text{N/mm}^2$, $\sigma_D = -29.1\,\text{N/mm}^2$)?

b) Um wie viel Prozent ändert sich die maximale Normalspannung, wenn die Kisten nicht durch die Streckenlasten, sondern durch zwei Einzelkräfte auf Höhe der jeweiligen Schwerpunkte berücksichtigt werden (Lösung: $\Delta\sigma = 6.7\,\%$)?

Aufgabe 7.2.4

Die Kabine des Gabelstaplers hat die Gewichtskraft $4G$, die in der Mitte der beiden Auflagepunkte angreift. Am rechten Ende der Gabel liegt das Transportgut mit der Gewichtskraft F. Der Rest hat keine Gewichtskraft. Zwischen Gabel und Rahmen kann nur ein Moment übertragen werden.

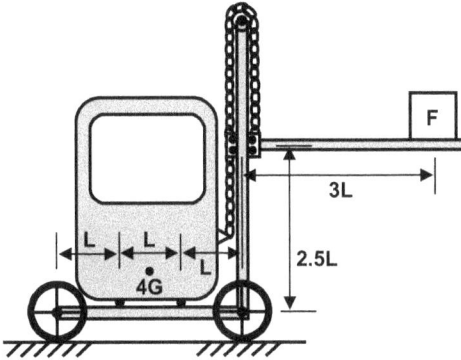

a) Wie groß darf F maximal werden, ohne dass der Gabelstapler kippt (Lösung: $F = 2G$)?

    Es gelte $F = G = 2000\,\text{N}$ und $L = 500\,\text{mm}$. Der graue L-förmige Rahmen besteht aus einem dünnwandigen rechteckigen Profil mit der Höhe $2H = 100\,\text{mm}$ und der Breite $H = 50\,\text{mm}$.

b) Wie groß muss die Wandstärke s gewählt werden, damit der Betrag der maximalen Normalspannung infolge des Biegemoments nicht größer als $40\,\text{N/mm}^2$ wird? Welchen Betrag hat dann die maximale Normalspannung infolge der Normalkraft (Lösung: $s = 9\,\text{mm}$, $\sigma_N = 40/27\,\text{N/mm}^2$)?

c) Um wie viel Prozent steigt die maximale Normalspannung infolge des Biegemoments an, wenn die Last um $1.5L$ senkrecht nach oben gehoben wird?

Aufgabe 7.2.5

Auf jedem Balkon stehen n Personen mit der Gesamtgewichtskraft nF ($F = 800\,\text{N}$). Die Summe der Gewichtskräfte der Personen ist als konstante Streckenlast, verteilt über die ganzen Balkone, zu berücksichtigen. Weitere Gewichtskräfte sind zu vernachlässigen.

a) Wie groß kann n maximal werden, wenn im oberen Balken die Querkraft maximal den Betrag 5000 N besitzen darf (Lösung: $n = 15$)?

b) Es sei $n = 15$. Der Querschnitt der Balkone ist ein Rechteck mit der Höhe H und der Tiefe $3L$. Wie groß muss H gewählt werden, wenn der Betrag der maximalen Normalspannungen infolge des Biegemoments im unteren Balkon 85 N/mm² betragen soll (Lösung: $H = 20\,\text{mm}$)?

Aufgabe 7.2.6

An den Kontaktstellen (C, D und E) Rad/Mensch (Gewichtskraft $21F$) werden nur senkrechte Kräfte übertragen. Die rechte Fußkraft am Punkt H ist gleich null. Der Rahmen besteht aus einem dünnwandigen kreisrunden Profil mit dem mittleren Radius R_m und der Wandstärke s $(LF/(\pi R_\text{m}^2 s) = 1\,\text{N/mm}^2)$. Wie groß ist die maximale Normalspannung im Balken DE (Lösung: $\sigma_\text{max} = 36\,\text{N/mm}^2$)?

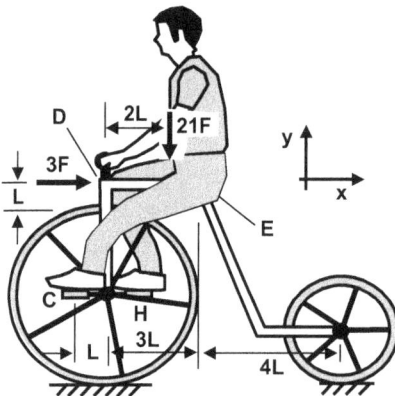

Aufgabe 7.2.7

Auf den Wolkenkratzer wirkt infolge des Windes eine bereichsweise konstante Streckenlast. Die Grundrisse der einzelnen Sektoren sind dünnwandig und quadratisch und haben die Wandstärke s und die Kantenlängen $c_1 H$, $c_2 H$ und $c_3 H$ ($c_3 < c_2 < c_1 = 1$). Die Konstanten c_2 und c_3 sind so zu wählen, dass in jedem Sektor die gleiche maximale Normalspannung wirksam ist (Lösung: $c_2 = 0.81$, $c_3 = 0.40$).

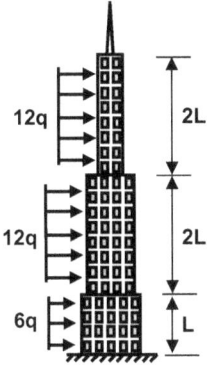

Aufgabe 7.2.8

Zwischen Roller und Fahrer können nur senkrechte Kräfte übertragen werden. Der graue Rahmen hat das dargestellte dünnwandige Profil ($L = 6H$, $H = 4s$, $G/H^2 = 13/432\,\text{N/mm}^2$).

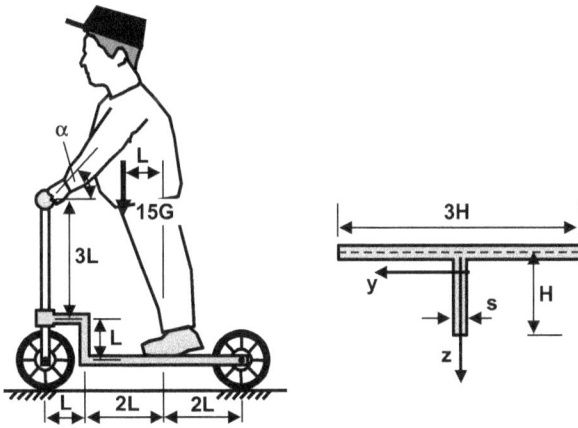

a) Gesucht sind die maximalen Zug- und Druckspannungen infolge des Biegemoments im waagrechten Balken der Länge $4L$ (Lösung: $\sigma_Z = 28\,\text{N/mm}^2$, $\sigma_D = -4\,\text{N/mm}^2$).

Zwischen Roller und Fahrer können nur Kräfte übertragen werden. Die Handkraft soll in Armrichtung zeigen, bzw. sie ist um den Winkel α aus der Waagrechten ausgelenkt ($\tan\alpha$ = 0.75). Das bedeutet, dass an der Schulter keine Momente übertragen werden.

b) Wie groß sind die maximalen Zugspannungen infolge des Biegemoments und der Normalkraft im waagrechten Balken aus a) (Lösung: σ_B = 28 N/mm², σ_N = 39/540 N/mm²)?

Aufgabe 7.2.9

Ein Aufsatz zum Mähen der Straßenränder soll untersucht werden. Der graue Schnitt-kopf hat die Gewichtskraft $520G$, alle anderen Gewichtskräfte sind zu vernachläs-sigen. Der dünnwandige Querschnitt des grauen diagonalen Balkens hat die Höhe $2H$, die Breite H und die Wandstärke s. Wie muss H gewählt werden, dass in die-sem Balken die maximale Normalspannung infolge des Biegemoments den Wert σ_B = 86.16 N/mm² einnimmt? Wie groß ist dann die maximale Normalspannung infolge der Normalkraft ($\tan\alpha$ = 1/5, $\tan\beta$ = 12/5, $\tan\gamma$ = 0.75, G = 10 N, L = 500 mm, s = 5 mm) (Lösung: H = 100 mm, σ_N = 7.18 N/mm²)?

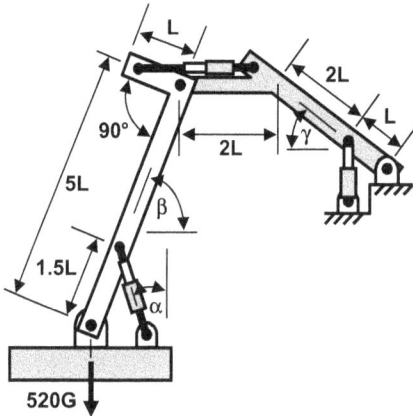

Aufgabe 7.2.10

Der nicht maßstabsgetreu dargestellte Kran soll untersucht werden. Der schräge Bal-ken mit der Länge $20L$ hat einen quadratischen dünnwandigen Querschnitt mit der Kantenlänge $3L$ und der Wandstärke s. Gesucht ist die Wandstärke s, wenn der Be-trag der maximalen Normalspannung infolge des Biegemoments σ_B = 21 N/mm² beträgt. Wie groß ist dann die maximale Normalspannung infolge der Normalkraft ($\tan\alpha$ = 4/3, $\tan\beta$ = 24/7, F/L = 60 N/mm) (Lösung: s = 6 mm, σ_N = −6.5 N/mm²)?

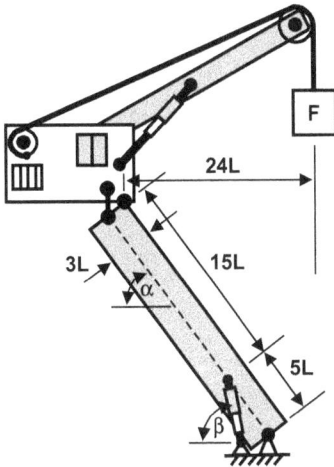

7.3 Torsionsstab

Bei der Torsion hat die Querschnittsform einen entscheidenden Einfluss. Daher betrachtet man die drei Querschnittsformen kreisrund, dünnwandig geschlossen und dünnwandig offen getrennt.

7.3.1 Torsion kreisrunder Stäbe

Betrachtet wird der in Abbildung 7.11 links dargestellte Stab mit kreisrundem Querschnitt. Er hat die Länge L und den Außenradius R und wird durch das über der Stablänge konstante Torsionsmoment M_t belastet. Es wird vorausgesetzt, dass der kreisrunde Querschnitt bei der Verformung erhalten bleibt. Gesucht sind die in Umfangsrichtung zeigenden Schubspannungen τ und der Verdrehwinkel φ, um welchen sich der Querschnitt mit dem Punkt B relativ zum Querschnitt mit dem Punkt A um die x-Achse verdreht. Dazu wird am unverformten Gesamtstab ein Rechteck markiert, welches die Kante AB beinhaltet und den Abstand r vom Kreismittelpunkt ($y = z = 0$) besitzt. Markiert man das Rechteck an der Oberfläche, gilt $r = R$. Infolge des Torsionsmoment M_t wird die Lage von B zu B' verschoben.

Vom Gesamtstab und dem markierten Rechteck wird ein kleiner Abschnitt mit der Länge dx betrachtet. Auf der Länge dx verdreht sich der Punkt C um den Winkel $d\varphi$. Projiziert man den Rechtecksabschnitt in die xu- Ebene (Abbildung 7.11 rechts oben), erkennt man, dass der Winkel y eine Änderung eines ursprünglichen rechten Winkels beschreibt und somit mit der in Kapitel 6.2 eingeführten Dehnung oder Winkelverzerrung y übereinstimmt. Am kleinen Stababschnitt können zwei rechtwinklige Dreiecke

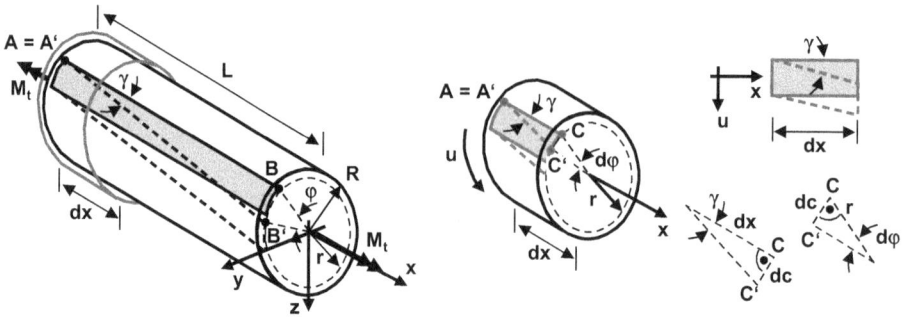

Abb. 7.11: Kreisrundes Rohr unter dem Einfluss eines Torsionsmomentes.

(Abbildung 7.11 rechts unten), mit den Winkeln y und $d\varphi$ betrachtet werden, die jeweils als Gegenkathete die Verbindungslinie CC′ besitzen, die die Länge dc hat.

$$\frac{dc}{dx} = \tan y = y \quad \text{und} \quad \frac{dc}{r} = \tan d\varphi = d\varphi$$

Mit Hilfe der beiden Beziehungen kann y in Abhängigkeit von $d\varphi$ dargestellt werden.

$$y = r\frac{d\varphi}{dx}$$

Die gesuchten Schubspannungen τ und die Winkelverzerrung y müssen die Gleichgewichtsbedingungen und das Hookesche Gesetz erfüllen. Da der Querschnitt kreisförmig ist, kann in der Gleichgewichtsbedingung für M_t aus Kapitel 6.1 $r_s = r$ gesetzt werden.

$$M_t = \int_A r\tau \, dA = \int_A rGy \, dA = \int_A rGr\frac{d\varphi}{dx} dA = G\frac{d\varphi}{dx}\int_A r^2 \, dA = G\frac{d\varphi}{dx}I_t \quad \Rightarrow \quad \frac{d\varphi}{dx} = \frac{M_t}{GI_t}$$

Dabei wird berücksichtigt, dass der Kreisquerschnitt bei der Verformung erhalten bleibt. Dadurch wird jeder beliebige Punkt C um den gleichen Winkel $d\varphi$ verdreht, wodurch dieser Winkel bei der Integration über der Querschnittsfläche A konstant ist. Das verbleibende Integral wird als **Torsionsflächenträgheitsmoment** I_t (vgl. Abbildung 7.12) bezeichnet.

$$I_t = \int_A r^2 \, dA = \int_0^R \int_0^{2\pi} r^2 r \, d\alpha dr = \int_0^R r^3 \left(\int_0^{2\pi} d\alpha\right) dr = \int_0^R r^3 \, [\alpha]_0^{2\pi} \, dr$$

$$= \int_0^R r^3 \, [2\pi] \, dr = 2\pi \int_0^R r^3 \, dr = 2\pi \left[\frac{r^4}{4}\right]_0^R = \frac{\pi}{2}R^4$$

Mit dem Quotient $d\varphi/dx$ können die Schubspannungen bestimmt werden.

$$\tau = Gy = Gr\frac{d\varphi}{dx} = Gr\frac{M_t}{GI_t} = \frac{M_t}{I_t}r \quad \Rightarrow \quad \boxed{\tau(r) = \frac{M_t}{I_t}r}$$

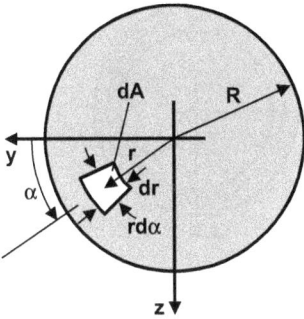

Abb. 7.12: Kreisrundes Vollprofil zur Bestimmung des Torsionsflächenträgheitsmoments I_t.

Die tangentialen Schubspannungen $\tau(r)$ sind, wie in Abbildung 7.13 dargestellt, im Flächenmittelpunkt gleich null und erreichen am Außenradius R ihr Maximum τ_{max}.

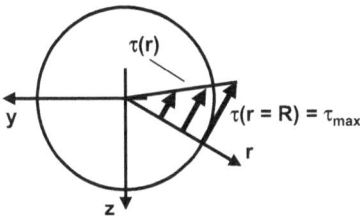

Abb. 7.13: Schubspannungen infolge Torsionsmoment am kreisrunden Vollprofil.

Für die Bestimmung der maximalen Schubspannung τ_{max} kann auch das **Torsionswiderstandsmoment** $W_t = I_t/R$ eingeführt werden.

$$\tau_{max} = \tau\,(r = R) = \frac{M_t}{I_t}R = \frac{M_t}{I_t/R} = \frac{M_t}{W_t} \quad \Rightarrow \quad \boxed{\tau_{max} = \frac{M_t}{W_t}} \quad \text{mit} \quad \boxed{W_t = \frac{I_t}{R}} \qquad \blacksquare$$

Der Gesamtverdrehwinkel φ ist die Summe aller Teilverdrehwinkel $d\varphi$ und kann durch ein Integral über der Stablänge L bestimmt werden.

$$\varphi = \int_L d\varphi = \int_L \frac{d\varphi}{dx}dx = \int_L \frac{M_t}{GI_t}dx = \frac{M_t}{GI_t}\int_L dx = \frac{M_t}{GI_t}L \quad \Rightarrow \quad \boxed{\varphi = \frac{M_t L}{GI_t}} \qquad \blacksquare$$

Das Produkt GI_t wird als **Torsionssteifigkeit** bezeichnet.

Für das Torsionsflächenträgheitsmoment eines Vollkreises gilt $I_t = \pi/2 \cdot R^4$. Betrachtet man ein Hohlprofil (Abbildung 7.14 Mitte) mit dem Außenradius R_a und dem Innenradius R_i, ist das Torsionsflächenträgheitsmoment die Differenz beider Kreise. Ist das Hohlprofil dünnwandig (Abbildung 7.14 rechts) kann $R_a = R_m + s/2$ und $R_i = R_m - s/2$ verwendet werden und das Torsionsflächenträgheitsmoment durch den mittleren Radius R_m und die Wandstärke s angegeben werden, wobei alle Terme, die s in höherer Potenz beinhalten, vernachlässigt werden.

$$\boxed{I_t = \frac{\pi}{2}R^4 \qquad I_t = \frac{\pi}{2}\left(R_a^4 - R_i^4\right) \qquad I_t = 2\pi R_m^3 s} \qquad \blacksquare$$

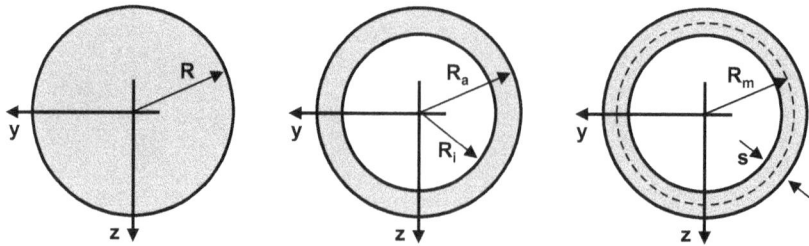

Abb. 7.14: Kreisrunde Profile zur Berechnung des Torsionsflächenträgheitsmoments I_t.

Betrachtet man den in Abbildung 7.15 dargestellten kreisrunden Torsionsstab, der mit dem Torsionsmoment $M_t = 100\,\text{Nm}$ belastet wird, so erhält man die maximale Schubspannung $\tau_{max} = 108\,\text{N/mm}^2$ und den Verdrehwinkel $\varphi = 0.067$. Dies entspricht 3.8°. Das Stabmaterial besitzt hierbei den Schubmodul $G = 80000\,\text{N/mm}^2$.

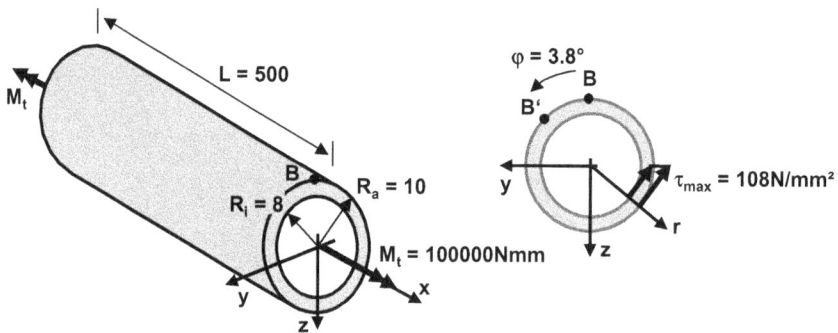

Abb. 7.15: Kreisrunder Hohlstab zur Bestimmung der Torsionsspannungen und des Verdrehwinkels.

$$\tau_{max} = \frac{M_t}{W_t} = \frac{M_t}{I_t/R_a} = \frac{M_t}{\frac{\pi}{2}\left(R_a^4 - R_i^4\right)}R_a = \frac{100000\,\text{Nmm}}{\frac{\pi}{2}\left((10\,\text{mm})^4 - (8\,\text{mm})^4\right)}10\,\text{mm} = 108\frac{\text{N}}{\text{mm}^2}$$

$$\varphi_{max} = \frac{M_t L}{G I_t} = \frac{M_t L}{G\frac{\pi}{2}\left(R_a^4 - R_i^4\right)} = \frac{100000\,\text{Nmm} \cdot 500\,\text{mm}}{80000\frac{\text{N}}{\text{mm}^2}\frac{\pi}{2}\left((10\,\text{mm})^4 - (8\,\text{mm})^4\right)} = 0.067$$

7.3.2 Torsion dünnwandiger geschlossener Stäbe

Der in Abbildung 7.16 links dargestellte dünnwandige geschlossene Torsionsstab (geschlossene Profilmittellinie) mit der Länge L und der variablen Wandstärke s unter dem Einfluss des konstanten Torsionsmomentes M_t soll untersucht werden. Wird der Stab geschnitten, werden an den Schnittflächen die Schubspannungen τ sichtbar. Diese haben den wirksamen Hebelarm r_s.

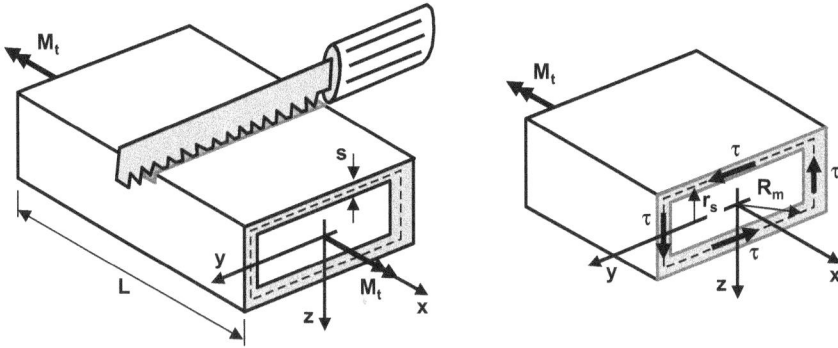

Abb. 7.16: Dünnwandiger geschlossener Stab unter dem Einfluss eines Torsionsmoments.

Zu ihrer Bestimmung wird angenommen, dass die Schubspannungen tangential zur Profilmittellinie zeigen und über der Wandstärke s konstant sind. Die Querschnitte können sich in x-Richtung frei verwölben. Dies bedeutet, dass in x-Richtung keine Normalspannungen wirksam sind. Werden sie aber in die yz-Ebene projiziert, bleiben die Querschnitte erhalten.

Unter Berücksichtigung dieser Annahmen können Formeln (vgl. Anhang A4) zur Bestimmung der Schubspannung τ und des Verdrehwinkels φ angegeben werden.

$$\boxed{\tau = \frac{M_t}{2A_m s}}$$

Für die Bestimmung der lokalen Schubspannung τ muss die lokale Wandstärke s verwendet werden. A_m stellt den Inhalt der von der Profilmittellinie eingeschlossenen Fläche dar.

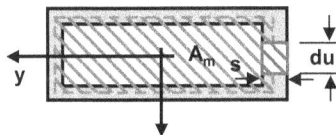

Abb. 7.17: Definition der Fläche A_m und der Längen zur Bestimmung des Quotienten du/s.

Am Ort der minimalen Wandstärke s_{min} erhält man die maximale Schubspannung τ_{max}.

$$\tau_{max} = \frac{M_t}{2A_m s_{min}} = \frac{M_t}{W_t} \quad \Rightarrow \quad \boxed{\tau_{max} = \frac{M_t}{W_t}} \quad \text{mit} \quad \boxed{W_t = 2A_m s_{min}}$$

Für das Torsionsflächenträgheitsmoment I_t muss ein Ringintegral ausgewertet werden. Dies bedeutet, dass einmal entlang der Profilmittellinie integriert wird, wobei

Start- und Endpunkt identisch sind.

$$\boxed{\varphi = \frac{M_t L}{G I_t}}$$

$$I_t = \frac{4 A_m^2}{\oint \frac{du}{s}}$$

Ist die Wandstärke s über der ganzen Länge der Profilmittellinie konstant (vgl. Abbildung 7.18), kann die Bestimmung des Torsionsflächenträgheitsmoments I_t vereinfacht werden. U_m ist die Länge der Profilmittellinie bzw. der Umfang von A_m.

$$I_t = \frac{4 A_m^2}{\oint \frac{du}{s}} = \frac{4 A_m^2}{\frac{1}{s}\oint du} = \frac{4 A_m^2 s}{\oint du} = \frac{4 A_m^2 s}{U_m} \quad \Rightarrow \quad \boxed{I_t = \frac{4 A_m^2 s}{U_m}}$$

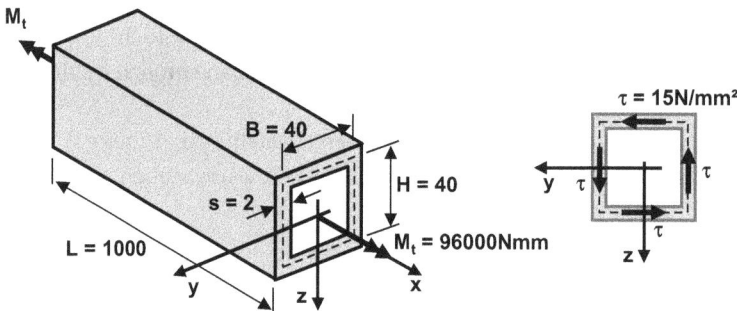

Abb. 7.18: Dünnwandiger geschlossener Torsionsstab mit konstanter Wandstärke.

An dem in Abbildung 7.18 dargestellten dünnwandigen geschlossenen Torsionsstab wirkt die Schubspannung $\tau = \tau_{max} = 15\,\text{N/mm}^2$. Bei einem Schubmodul von $G = 80000\,\text{N/mm}^2$ resultiert ein Verdrehwinkel $\varphi = 0.009375$. Dies entspricht $0.54°$.

$$\tau = \tau_{max} = \frac{M_t}{W_t} = \frac{M_t}{2 A_m s} = \frac{M_t}{2BHs} = \frac{96000\,\text{Nmm}}{2\,(40\,\text{mm})\,(40\,\text{mm})\,(2\,\text{mm})} = 15\,\frac{\text{N}}{\text{mm}^2}$$

$$\varphi = \frac{M_t L}{G I_t} = \frac{M_t L}{G \frac{4 A_m^2 s}{U_m}} = \frac{M_t L}{G \frac{4(BH)^2 s}{(2B+2H)}} = \frac{96000\,\text{Nmm}\cdot 1000\,\text{mm}}{80000\,\frac{\text{N}}{\text{mm}^2}\,\frac{4((40\,\text{mm})(40\,\text{mm}))^2(2\,\text{mm})}{(2(40\,\text{mm})+2(40\,\text{mm}))}} = 0.009375$$

7.3.3 Torsion dünnwandiger offener Stäbe

Die Querschnitte dünnwandiger offener Stäbe (Profilmittellinie nicht geschlossen) können aus n Rechtecken mit konstanter Wandstärke s_i und der Länge U_i in Profilmittellinienrichtung zusammengesetzt werden. Die einzelnen Rechtecke kann man als ineinandergeschachtelte dünnwandige geschlossene Profile betrachten. Basierend auf diesen Annahmen können die im Folgenden vorgestellten Berechnungsformeln (vgl. Anhang A5) hergeleitet werden. Da sie auf den Formeln für dünnwandige geschlossene Profile aufbauen, müssen die Annahmen von Kapitel 7.3.2 übernommen werden. Die Bemaßungen und die resultierenden Schubspannungen werden stellvertretend an dem in Abbildung 7.19 dargestellten U-Profil unter dem Einfluss des konstanten Torsionsmomentes M_t vorgestellt.

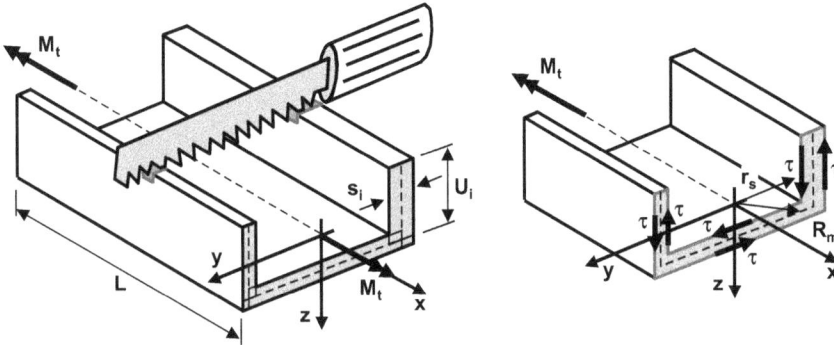

Abb. 7.19: Dünnwandiger offener Stab unter dem Einfluss eines Torsionsmoments.

Die Berechnungsformel für die maximale Schubspannung τ_{max} und den Verdrehwinkel φ sind identisch wie beim geschlossenen Profil.

$$\tau_{max} = \frac{M_t}{W_t} \qquad \varphi = \frac{M_t L}{G I_t}$$

Beim Torsionsflächenträgheitsmoment I_t und dem Torsionswiderstandsmoment W_t unterscheiden sich beide Profile. Für das offene Profil gilt:

$$I_t = \frac{1}{3} \sum_{i=1}^{n} s_i^3 U_i \qquad W_t = \frac{I_t}{s_{max}}$$

Auf der Profilmittellinie ist die Schubspannung gleich null. Nach außen nimmt sie linear zu und wirkt auf beiden Seiten der Profilmittellinie gegenläufig. Im Rechteck mit der maximalen Wandstärke s_{max} nimmt sie den maximalen Wert τ_{max} an.

Der in Abbildung 7.20 dargestellte dünnwandige offene Torsionsstab unterscheidet sich vom Stab aus Abbildung 7.18 dadurch, dass er an einer Seite parallel zur x-Achse aufgeschnitten ist. Die Höhe des Schlitzes sei näherungsweise gleich null.

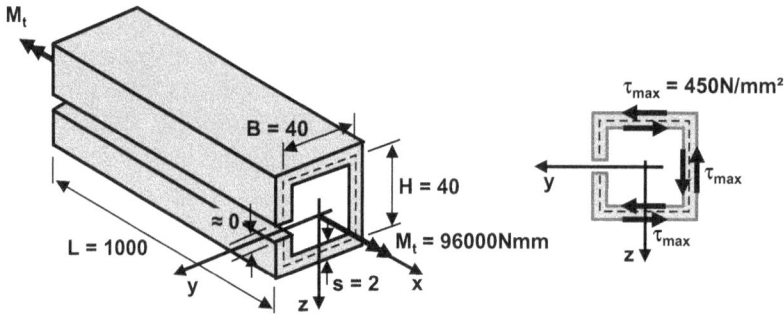

Abb. 7.20: Dünnwandiger offener Torsionsstab.

Die maximale Schubspannung beträgt $\tau_{max} = 450\,\text{N/mm}^2$. Der Schubmodul sei $G = 80000\,\text{N/mm}^2$. Es resultiert ein Verdrehwinkel $\varphi = 2.8125$. Dies entspricht $161.14°$.

$$\tau_{max} = \frac{M_t}{W_t} = \frac{M_t}{\frac{I_t}{s}} = \frac{M_t}{\frac{1/3 \cdot (2B+2H)s^3}{s}} = \frac{M_t}{\frac{(2B+2H)s^2}{3}} = \frac{96000\,\text{Nmm}}{\frac{(2(40\,\text{mm})+2(40\,\text{mm}))(2\,\text{mm})^2}{3}} = 450\frac{\text{N}}{\text{mm}^2}$$

$$\varphi = \frac{M_t L}{GI_t} = \frac{M_t L}{G\frac{(2B+2H)s^3}{3}} = \frac{96000\,\text{Nmm} \cdot 1000\,\text{mm}}{80000\frac{\text{N}}{\text{mm}^2}\frac{(2(40\,\text{mm})+2(40\,\text{mm}))(2\,\text{mm})^3}{3}} = 2.8125$$

7.4 Spannungsüberlagerung bei Zug-, Biege- und Torsionsstab bzw. Balken

Häufig treten in einem Bauteil Normalspannungen infolge der Normalkraft σ_N und des Biegemoments σ_B gleichzeitig auf. Sie werden unabhängig voneinander berechnet und abschließend überlagert. Gleiches gilt für die Schubspannungen τ_Q infolge der Querkraft und den Schubspannungen τ_T des Torsionsmomentes. Die Überlagerung wird als **Superpositionierung** bezeichnet. Sie ist bei linearer Rechnung immer möglich. Dies ist bei den in diesem Text gewählten Annahmen sowohl bei der Spannungs- als auch bei der Verformungsberechnung immer erfüllt. Meistens überwiegen die Spannungen σ_B und τ_T. Daher können die beiden anderen oft vernachlässigt werden. Außer einem Beispiel in Kapitel 7.7 soll im Folgenden τ_Q immer unberücksichtigt bleiben.

Für das in Abbildung 7.21 dargestellte Bauteil sind die maximalen Zug- und Druckspannungen, die maximale Schubspannung und die maximale Vergleichsspannung nach Mises gesucht. Das Bauteil hat einen dünnwandigen quadratischen Querschnitt. Es gelte $F/(Ls) = 1\,\text{N/mm}^2$.

In Abbildung 7.22 sind die resultierenden Lager- und Schnittgrößen dargestellt. Ebenso die resultierenden inneren Kräfte und Momente in den beiden Teilbalken des Bauteils. Die benötigte Querschnittsfläche beträgt $A = Ls$, das Flächenträgheitsmoment $I_y = L^3 s/96$ und das Torsionswiderstandsmoment $W_t = L^2 s/8$.

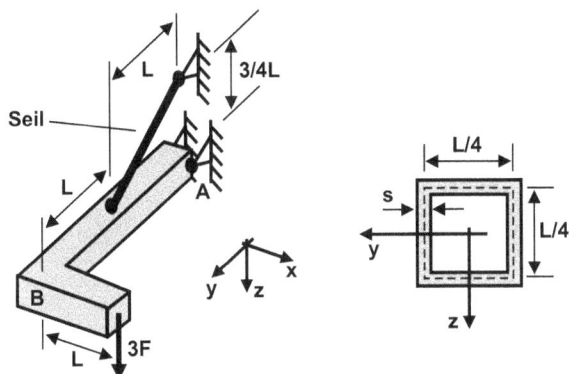

Abb. 7.21: Bauteil zur Betrachtung der Überlagerung von Spannungen infolge Normalkraft, Biegemoment und Torsionsmoment.

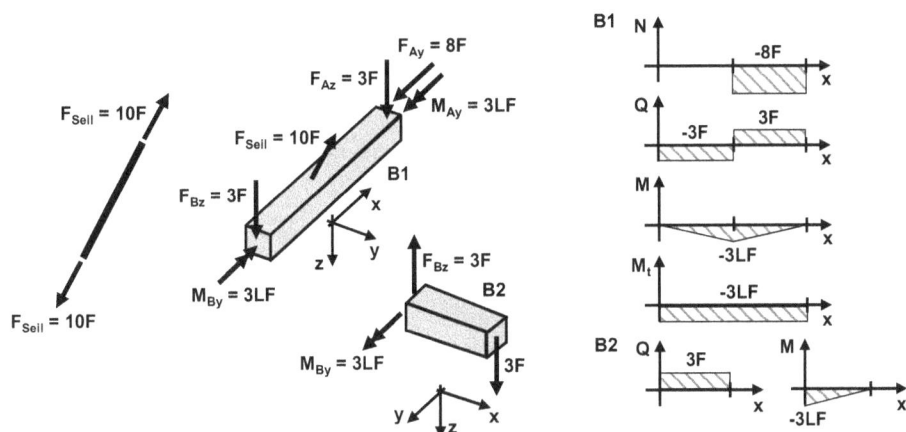

Abb. 7.22: Lager- und Schnittgrößen und innere Kräfte und Momente im Bauteil aus Abbildung 7.21.

Die maximalen Normalspannungen infolge des Biegemoments treten am Ort des maximalen Biegemoments auf. Dies ist in der Mitte von Balken B1 und am Anfang von B2.

$$\sigma_B\,(z) = \frac{M}{I_y}z = \frac{-3LF}{L^3 s/96}z = -288\,\frac{F}{L^2 s}z$$

Infolge der negativen Konstanten der Spannungsfunktion wirkt an der Querschnittsoberseite ($z = -L/8$) die maximale Zugspannung $\sigma_{B,Z}$ und an der Querschnittsunterseite ($z = L/8$) die maximale Druckspannung $\sigma_{D,Z}$ infolge des Biegemoments.

$$\sigma_{B,Z} = \sigma_B\left(z = -\frac{L}{8}\right) = -288\,\frac{F}{L^2 s}\left(-\frac{L}{8}\right) = 36\,\frac{F}{Ls} = 36\,\frac{N}{mm^2}$$

$$\sigma_{B,D} = \sigma_B\left(z = \frac{L}{8}\right) = -288\,\frac{F}{L^2 s}\frac{L}{8} = -36\,\frac{F}{Ls} = -36\,\frac{N}{mm^2}$$

In der zweiten Hälfte von B1 wirkt eine Normalkraft. Daraus resultiert in diesem Bereich eine Normalspannung σ_N infolge der Normalkraft.

$$\sigma_N = \frac{N}{A} = \frac{-8F}{Ls} = -8\frac{F}{Ls} = -8\frac{N}{mm^2}$$

Für die maximale Druckspannung σ_D werden die beiden negativen Druckspannungen $\sigma_{B,D}$ und σ_N addiert.

$$\sigma_D = \sigma_{B,D} + \sigma_N = -36\frac{F}{Ls} - 8\frac{F}{Ls} = -44\frac{F}{Ls} = -44\frac{N}{mm^2}$$

Bei der Bestimmung der maximalen Zugspannung σ_Z dürfen nicht $\sigma_{B,Z}$ und σ_N addiert werden. Es muss berücksichtigt werden, dass es Bereiche (z. B. Balken B1, kurz vor der Mitte) gibt, bei welchen nur die Zugspannung $\sigma_{B,Z}$ wirksam ist, die allein den größten positiven Wert ergibt.

$$\sigma_Z = \sigma_{B,Z} = 36\frac{F}{Ls} = 36\frac{N}{mm^2}$$

In Abbildung 7.23 ist der Normalspannungslauf kurz vor (7.23 links) und kurz nach der Balkenmitte (7.23 Mitte) von Balken B1 skizziert.

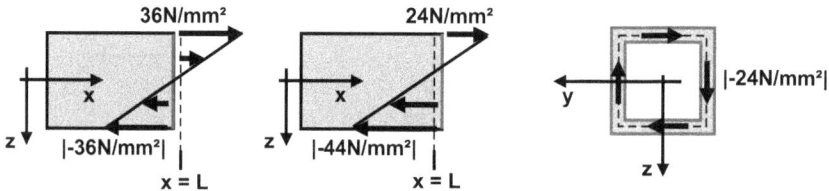

Abb. 7.23: Normalspannungsverlauf kurz vor und nach der Balkenmitte in B1 des Bauteils aus Abbildung 7.21 (links und Mitte), Schubspannungsverlauf infolge des Torsionsmoments in B1 (rechts).

Nur im Balken B1 ist ein Torsionsmoment vorhanden. Da das Torsionsmoment über der gesamten Balkenlänge konstant ist und ebenso die Wandstärke, erhält man im gesamten Balken, wie in Abbildung 7.23 rechts dargestellt, eine konstante Schubspannung τ_T infolge des Torsionsmoments.

$$\tau_T = \frac{M_t}{W_t} = \frac{-3LF}{L^2s/8} = -24\frac{F}{Ls} = -24\frac{N}{mm^2}$$

Für die maximale Vergleichsspannung σ_V nach Mises verwendet man die Normalspannung mit dem maximalen Betrag σ_D und die Schubspannung τ_T.

$$\sigma_V = \sqrt{\sigma^2 + 3\tau^2} = \sqrt{\sigma_D^2 + 3\tau_T^2} = \sqrt{\left(-44\frac{F}{Ls}\right)^2 + 3\left(-24\frac{F}{Ls}\right)^2}$$

$$= \frac{F}{Ls}\sqrt{3664} = 60.5\frac{N}{mm^2}$$

Aufgaben zu Kapitel 7.4

Aufgabe 7.4.1

Die graue Arbeitsplattform hat die Breite $B = 50H$ und die Höhe H ($\tan \alpha = 1.6$, $G = 1000\,\text{N}$, $L = 25H$). Wie groß ist H, wenn die maximale Normalspannung $\sigma_{\max} = 15.2\,\text{N/mm}^2$ beträgt (Lösung: $H = 20\,\text{mm}$)?

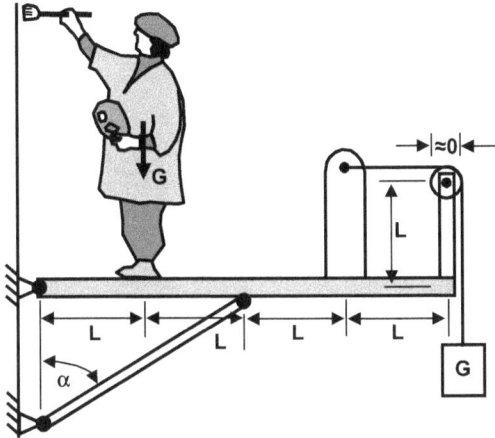

Aufgabe 7.4.2

An der Kreissäge übt das Sägeblatt nur eine waagrechte Kraft auf das Holzbrett aus. Das Blatt wird über eine Kette von einem Elektromotor angetrieben. Für das Freischneiden kann die Wirkung des Motors so berücksichtigt werden, dass das obere Zahnrad fest am Rahmen angebunden ist. Der Rahmen hat ein dünnwandiges rechteckiges Profil mit der Breite H, der Höhe $3H$ und der Wandstärke s. ($H = L/4$, $F/(Hs) = 10\,\text{N/mm}^2$) Gesucht sind die maximalen Zug- und Druckspannungen im Balken AB. Kurv vor und kurz nach dem Anbindungspunkt des Hydraulikzylinders ist der Verlauf der Normalspannungen über dem Querschnitt zu skizzieren ($\sigma_Z = 20\,\text{N/mm}^2$, $\sigma_D = -25\,\text{N/mm}^2$).

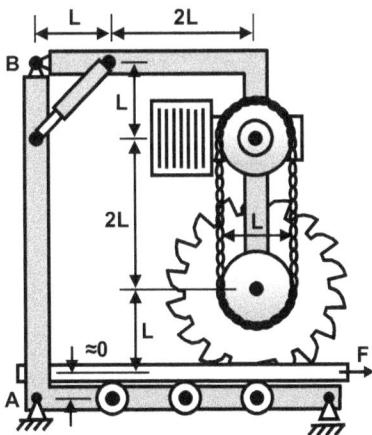

Aufgabe 7.4.3

Bei der Betrachtung einer Hebebühne ist nur die Gewichtskraft $16G$ des Korbes zu berücksichtigen ($G/L^2 = 1\,\text{N/mm}^2$). Der waagrechte Teleskoparm besteht aus den dargestellten quadratischen Profilen. Der Diagonalbalken hat ein dünnwandiges U-Profil. Wie groß sind die maximalen Normalspannungen im waagrechten Teleskoparm (Lösung $\sigma_{\max} = 110.8\,\text{N/mm}^2$)? Wie ist H gewählt, wenn im Diagonalbalken mit der Länge $60L$ die maximale Normalspannung $76.16\,\text{N/mm}^2$ beträgt (Lösung: $H = 5L$)?

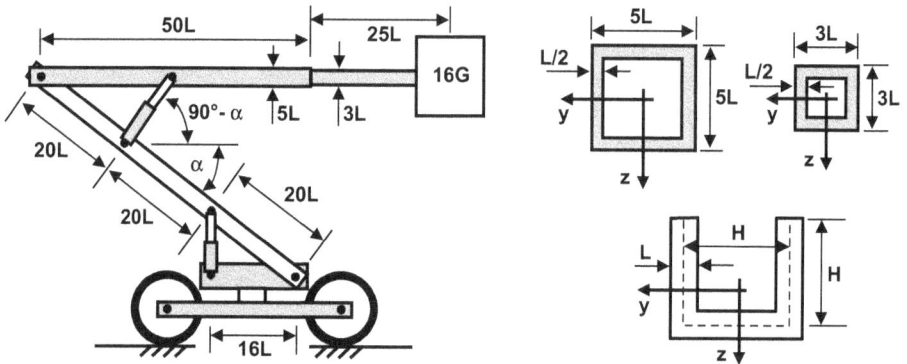

Aufgabe 7.4.4

Die dargestellte Zitronenpresse ist zu untersuchen. Zwischen Stempel und Zitrone können nur senkrechte Kräfte übertragen werden. Der graue Rahmen besteht aus einem dünnwandigen, quadratischen Profil mit der Kantenlänge H und der Wandstärke s ($\tan\alpha = 4/3$, $L = 1.5H$, $F/(Hs) = 8\,\text{N/mm}^2$).

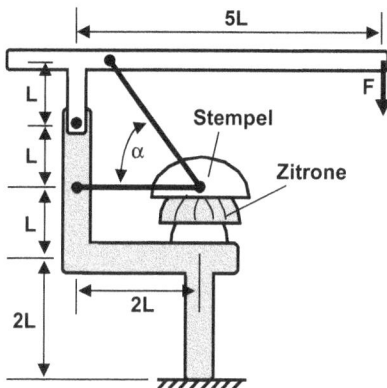

a) Gesucht sind die maximalen Zug- und Druckspannungen in den senkrechten Balken des grauen Rahmens (Lösung: $\sigma_Z = 33\,\text{N/mm}^2$, $\sigma_D = -29\,\text{N/mm}^2$). In der Mitte der Balken ist der Normalspannungsverlauf zu zeichnen.
b) Wie groß muss die Zugsteifigkeit EA in Abhängigkeit von F des waagrechten Zugstabes sein, wenn er sich um 1 % verlängert (Lösung: $EA = 300F$)?

Aufgabe 7.4.5

Auf einem Segment eines Transportsystems liegt ein Transportgut mit der Gewichtskraft $12G$. In waagrechter Richtung wirkt eine Widerstandskraft von $6G$. Das Gesamtbauteil ist im Gleichgewicht. Die Höhe des Transportgutes ist zu vernachlässigen. Die beiden Längen a und b haben das Verhältnis $b/a = 3$. Alle Rollen sind gleich groß. Der graue Rahmen besteht aus einem rechteckigen dünnwandigen Hohlprofil mit der Breite $H = 42\,\text{mm}$, der Höhe $2H$ und einer Wandstärke $s = 2\,\text{mm}$ ($G = 84\,\text{N}$, $L = 80\,\text{mm}$). Die maximalen Zug- und Druckspannungen im waagrechten Balken des grauen Rahmens sind zu bestimmen (Lösung: $\sigma_Z = 7\,\text{N/mm}^2$, $\sigma_D = -10\,\text{N/mm}^2$). Am Ort der maximalen Normalspannung im waagrechten Balken des grauen Rahmens ist der Spannungsverlauf zu zeichnen.

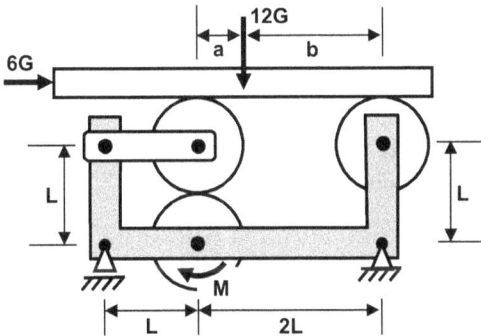

Aufgabe 7.4.6

Der graue L-förmige Hebel mit dem dargestellten dünnwandigen Querschnitt hat die Gewichtskraft F, die als Streckenlast zu berücksichtigen ist. An den beiden Kontaktflächen (Rad/Rad und Rad/Hebel) ist der Haftreibungskoeffizient $\mu = 2/3$ wirksam. Das Bauteil ist im Gleichgewicht ($G/(Ls) = 9\,\text{N/mm}^2$). Gesucht sind im waagrechten Balken die maximalen Zug- und Druckspannungen. Am Ort der maximalen Normalspannung ist der Verlauf über dem Querschnitt zu zeichnen (Lösung: $\sigma_Z = 84\,\text{N/mm}^2$, $\sigma_D = -141\,\text{N/mm}^2$).

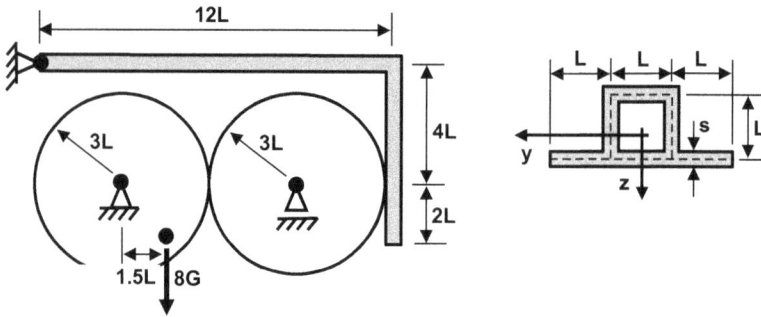

Aufgabe 7.4.7

Das Bauteil besteht entweder aus einem dünnwandigen kreisrunden Profil mit dem Radius R_m oder einem dünnwandigen quadratischen Profil mit der Kantenlänge H. Die Wandstärke beträgt jeweils s.

Welches Verhältnis R_m/H muss im Balken DB gewählt werden, damit bei beiden Varianten die gleiche maximale Vergleichsspannung σ_V nach Mises wirksam ist? Nur die Momente sind zu berücksichtigen (Lösung: $R_\mathrm{m}/H = 0.606$).

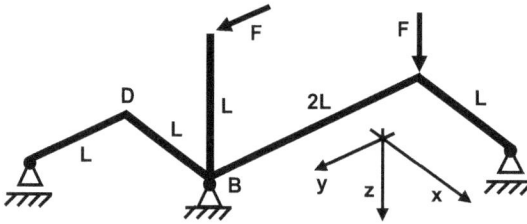

Aufgabe 7.4.8

Das Bauteil mit dem dünnwandigen offenen Profil ist zu untersuchen. Nur die Momente sind zu berücksichtigen. Es ist zu zeigen, dass im Balken CD die maximale Vergleichsspannung σ_V nach Mises ungefähr $1.5 \cdot \sqrt{3}\,\mathrm{N/mm^2}$ beträgt ($LF/(Hs^2) = 1\,\mathrm{N/mm^2}$).

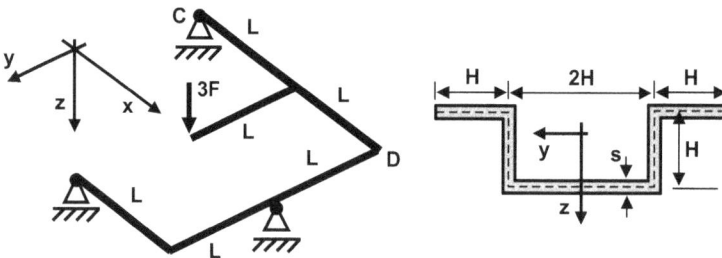

Aufgabe 7.4.9

Der Balken AD besteht aus einem rechteckigen dünnwandigen Profil mit der Höhe cH, der Breite H und der Wandstärke s. Der Parameter c ist so zu wählen, dass die maximale Normalspannung infolge des Biegemoments identisch mit der maximalen Schubspannung infolge des Torsionsmoments ist (Lösung: $c = 9$).

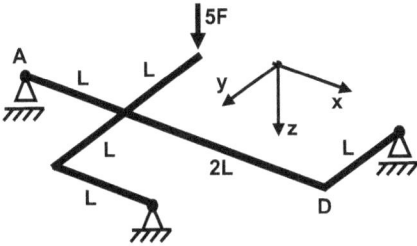

Aufgabe 7.4.10

Mit den eingezeichneten Momenten $M_{\text{Propeller}}$ und $M_{\text{Motor}} = 100\,\text{Nm}$ und den Lagerkräften ist das Bauteil im Gleichgewicht. Eine Kettenkraft ist gleich null, die Lager A und B erzeugen nur Kräfte in y- und z-Richtung. Nur die Momente sind zu berücksichtigen. Die linke Welle mit dem Radius $R_m = 10\,\text{mm}$ und der Wandstärke $s = 2\,\text{mm}$ ist dünnwandig. Zu bestimmen ist die maximale Vergleichsspannung σ_V nach Mises in der linken Welle ($R_1 = 100\,\text{mm}$, $R_2 = L = 200\,\text{mm}$) (Lösung: $\sigma_V = 159.2\,\text{N/mm}^2$).

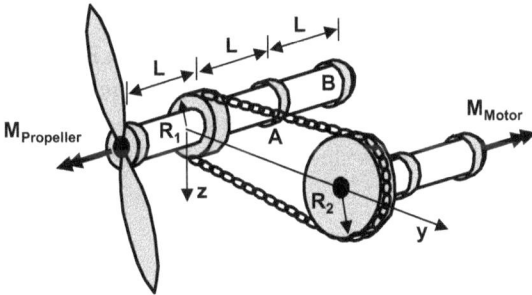

Aufgabe 7.4.11

Um die Schraube bei A zu öffnen, benötigt man an ihr ein positives Moment LF in x-Richtung. Der Schraubendreher hat ein kreisrundes Vollprofil mit dem Radius R. Es wirken nur senkrechte Kräfte und nur die inneren Momente sind zu berücksichtigen ($LF/R^3 = 20\,\text{N/mm}^2$).

a) An der Schraube ist kein weiteres Moment wirksam. Welche maximale Vergleichsspannung σ_V resultiert im Balken CD (Lösung: $\sigma_V = 22.1\,\text{N/mm}^2$)?

Die Hand E lässt den Schraubendreher los. Näherungsweise gilt am Punkt A für das Sechseck $W_t = 2I_y/(R\cos 30°)$. Für ein n-Eck gilt allgemein gemäß der Skizze für das Sechseck:

$$I_y(n) = \frac{n}{96} a^4 \frac{2 + \cos\alpha}{(1 - \cos\alpha)^2} \sin\alpha$$

b) Welche Vergleichsspannung σ_V erhält man dann am Punkt A beim Öffnen der Schraube? Gegen welchen Wert strebt $I_y(n)$ für großes n (Lösung: $\sigma_V = 55.4\,\text{N/mm}^2$, $I_y(n \to \infty) = \pi/4 \cdot R^4$)?

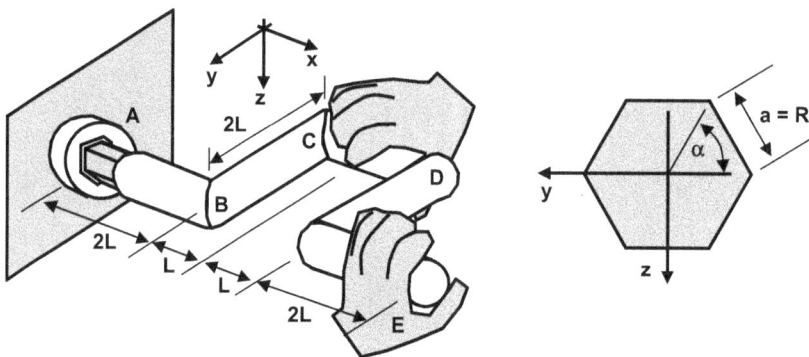

Aufgabe 7.4.12

Die kreisrunde Vollwelle des Handrührgeräts ist zwischen den Punkten A und D zu untersuchen. Sie ist an den Lagern B und C, die sich im nicht zu beachtenden gestrichelten Griff befinden, drehbar gelagert. Infolge des Teigwiderstands wirkt am Punkt D das Moment M_{Teig} ($L = 50\,\text{mm}$, $F = 10\,\text{N}$, $G = 25000\,\text{N/mm}^2$). Welchen Radius R muss die Vollwelle DA besitzen, damit die maximale Vergleichsspannung σ_V nach Mises $20\,\text{N/mm}^2$ beträgt? Um wie viel Grad verdreht sich die Welle zwischen den Punkten A und D um die eigene Achse? Nur die Momente sind zu berücksichtigen (Lösung: $R = 4.4\,\text{mm}$, $\varphi = 0.78°$).

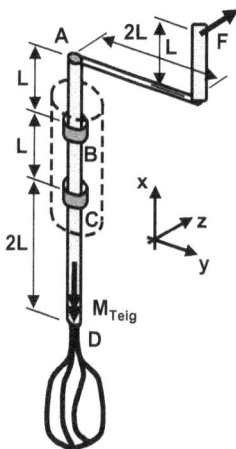

Aufgabe 7.4.13

Der zur yz-Ebene symmetrische Stabilisator besteht aus 7 Segmenten der Länge L. Auf ihn wirken von außen nur Kräfte. Beide Federkräfte seien näherungsweise identisch. Der Abschnitt AB mit der Länge $3L$ ist dünnwandig und kreisförmig. Welchen Wert hat R_m, wenn $LF/(\pi s \sigma_V) = 11.4708\,\text{mm}^2$ gilt? σ_V ist die maximale Vergleichsspannung im Balken AB, s die Wandstärke (Lösung: $R_m = 5\,\text{mm}$).

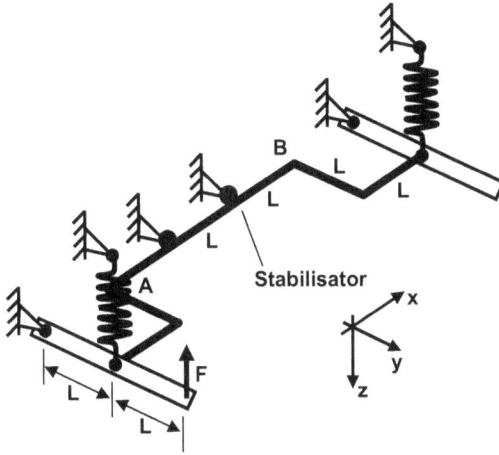

7.5 Verschiebungsberechnung mit der Energiemethode

Ist an einem Bauteil nur die Verschiebung eines Punktes in einer Richtung gesucht, so ist die Verschiebungsberechnung mit der Energiemethode geeignet. Z. B. kann an dem in Abbildung 7.24 dargestellten Bauteil, welches dem aus Abbildung 7.21 entspricht, die senkrechte Verschiebung u_C am Kraftangriffspunkt C bestimmt werden.

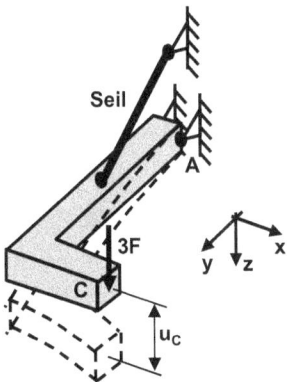

Abb. 7.24: Geometrie aus Abbildung 7.21 zur Bestimmung der Absenkung u_C mit Hilfe der Energiemethode.

Das Bauteil sei durch die Normalkraft N, die Querkraft $Q = Q_z$, das Biegemoment $M = M_y$ und das Torsionsmoment M_t belastet. Gesucht ist die Verschiebung u eines Bauteilpunktes in einer Richtung infolge der Bauteilbelastung. Dann gliedert sich die Anwendung der Energiemethode in drei Schritte, die im Folgenden (Herleitung im Anhang A6) vorgestellt wird:

> - Bestimmung der inneren Kräfte und Momente (N, Q, M, M_t) infolge der gegebenen Bauteilbelastung.
> - Alle gegebenen Bauteilbelastungen werden entfernt. Es resultiert ein gelagertes unbelastetes Bauteil. Am Punkt der gesuchten Verschiebung u wird eine Kraft „eins" (Einheitskraft) in Richtung der gesuchten Verschiebung angebracht. Die inneren Kräfte und Momente (N_E, Q_E, M_E, M_{tE}) infolge dieser Einheitskraft werden bestimmt.
> - Die Teilverschiebungen u_N infolge der Normalkraft, u_Q der Querkraft, u_B des Biegemoments und u_T des Torsionsmoments werden unabhängig voneinander mit den folgenden Formeln bestimmt:
>
> $$u_N = \int_c \frac{N N_E}{EA} dx \quad u_Q = \int_c \frac{Q Q_E}{GA} dx \quad u_B = \int_c \frac{M M_E}{EI_y} dx \quad u_T = \int_c \frac{M_t M_{tE}}{GI_t} dx$$
>
> Die Intervallslänge c ist die Summe der Längen der Teilbalken des Bauteils. Die Gesamtverschiebung u ist die Summe dieser Teilverschiebungen.
>
> $$u = u_N + u_Q + u_B + u_T$$

Häufig sind die Verschiebungen u_N und u_Q viel kleiner als die Verschiebungen u_B und u_T. Daher wird im Folgenden u_Q immer vernachlässigt, u_N wird nur unberücksichtigt, wenn es eingefordert wird. Das Produkt EA wird als **Zugsteifigkeit** bezeichnet. Die inneren Kräfte und Momente N_E, Q_E, M_E, M_{tE} sind keine physikalischen Kräfte und Momente, sondern Verhältnisse zweier Kräfte bzw. eines Moments und einer Kraft. Daher sind N_E und Q_E dimensionslos bzw. sie haben die Einheit [N/N]. M_E und M_{tE} haben beide die Einheit [Nmm/N = mm]. Ist an einem Bauteil keine Verschiebung, sondern eine Verdrehung gesucht, muss entsprechend mit einem Einheitsmoment gearbeitet werden. Für das Lösen der Integrale können die in den Abbildungen 7.25 und 7.26 aufgeführten Integrationstafeln verwendet werden. In diesen werden nur die Biege- und Torsionsmomente aufgeführt, die Vorgehensweise lässt sich aber auch auf die Normal- und Querkraft übertragen.

Anmerkung (Allgemeine Anmerkungen zur Anwendung der Integrationstafeln).
- Wenn M bzw. $M_t = M_1$ ist, folgt M_E bzw. $M_{tE} = M_2$. Aber es ist auch zulässig, dass M bzw. $M_t = M_2$ und M_E bzw. $M_{tE} = M_1$ ist. Z. B. ist Dreieck mit Viereck identisch zu Viereck mit Dreieck. Daher ist nur die erstgenannte Variante aufgeführt.
- Die Integralwerte sind symmetrisch. Das bedeutet, die Schaubilder können an einer senkrechten Achse bei $c/2$ gespiegelt werden.

Dreieck mit	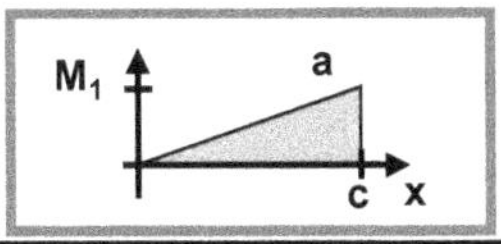 M_1 mit a, c, x	
1.) Rechteck	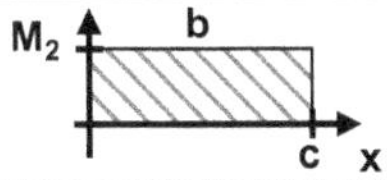 M_2 mit b, c, x	$\int_c M_1 M_2 dx = \dfrac{abc}{2}$
2.) Dreieck, gleiche Seite	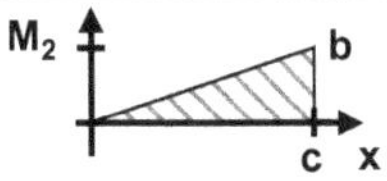 M_2 mit b, c, x	$\int_c M_1 M_2 dx = \dfrac{abc}{3}$
3.) Dreieck, Gegenseite	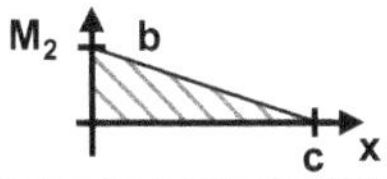 M_2 mit b, c, x	$\int_c M_1 M_2 dx = \dfrac{abc}{6}$
4.) Trapez	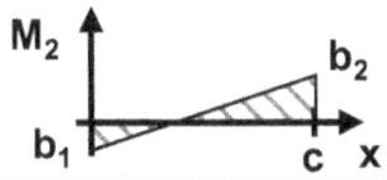 M_2 mit b_2, b_1, c, x	$\int_c M_1 M_2 dx = \dfrac{ac(b_1 + 2b_2)}{6}$
5.) Trapez, Sonderfall von 4.), $b_1 = -b$, $b_2 = b$	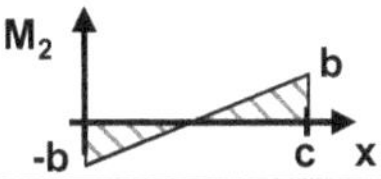 M_2 mit b, $-b$, c, x	$\int_c M_1 M_2 dx = \dfrac{abc}{6}$
6.) Dach	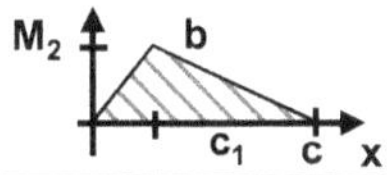 M_2 mit b, c_1, c, x	$\int_c M_1 M_2 dx = \dfrac{ab(c + c_1)}{6}$
7.) Dach, Sonderfall von 6.), $c_1 = c/2$	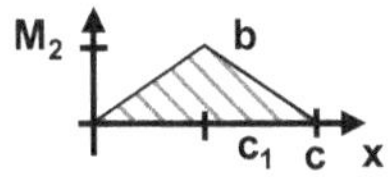 M_2 mit b, c_1, c, x	$\int_c M_1 M_2 dx = \dfrac{abc}{4}$

Abb. 7.25: Integrationstafeln Teil 1 zur Berechnung der Integrale bei Anwendung der Energiemethode.

- Die Funktionsgrößen a, a_1, a_2, b, b_1 und b_2 können positive und negative Werte besitzen.

Anmerkung (Anmerkung zu 4.) Dreieck mit Trapez).
- Das Trapez hat dort den Funktionswert b_2, wo das Dreieck den Funktionswert a besitzt.

Anmerkung (Anmerkung zu 6.) Dreieck mit Dach).
- Die Länge c_1 beschreibt den Abstand zwischen den x-Positionen, an denen das Dreieck den Wert a und das Dach den Wert b besitzt.

Rechteck mit	M_1 — a, c, x	
8.) Rechteck	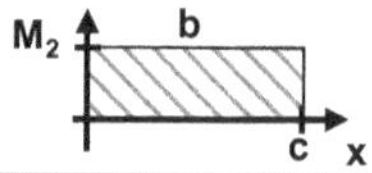 M_2 — b, c, x	$\int_c M_1 M_2 dx = abc$
9.) Trapez	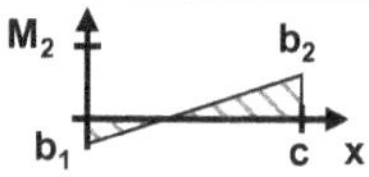 M_2 — b_2, b_1, c, x	$\int_c M_1 M_2 dx = \dfrac{ac(b_1 + b_2)}{2}$
10.) Dach	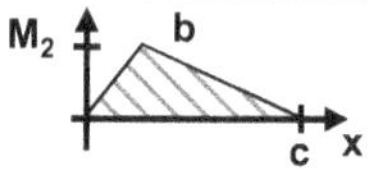 M_2 — b, c, x	$\int_c M_1 M_2 dx = \dfrac{abc}{2}$
Trapez mit	M_1 — a_2, a_1, c, x	$\int_c M_1 M_2 dx$
11.) Trapez	M_2 — b_1, b_2, c, x	$= \dfrac{c(a_1(2b_1 + b_2) + a_2(b_1 + 2b_2))}{6}$
12.) Trapez, Sonderfall von 11.), $b_1 = -b$, $b_2 = b$	 M_2 — b, $-b$, c, x	$\int_c M_1 M_2 dx = \dfrac{bc(a_2 - a_1)}{6}$
Dach mit	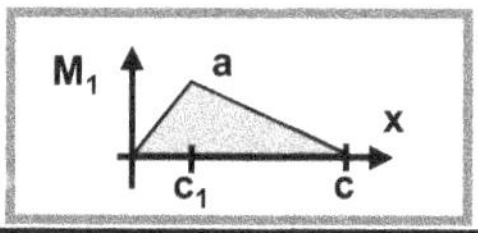 M_1 — a, c_1, c, x	
13.) Dach, beide Dachspitzen haben die gleiche x-Position c_1	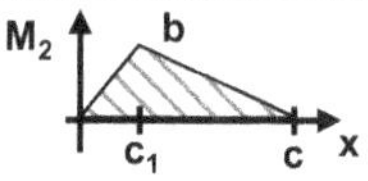 M_2 — b, c_1, c, x	$\int_c M_1 M_2 dx = \dfrac{abc}{3}$

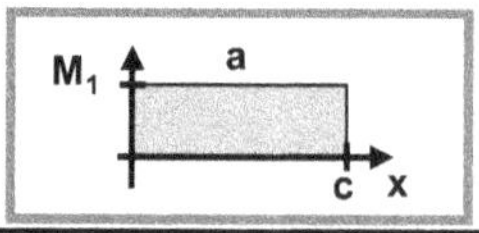

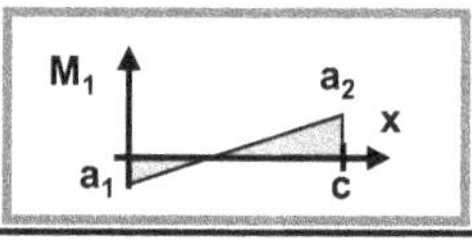

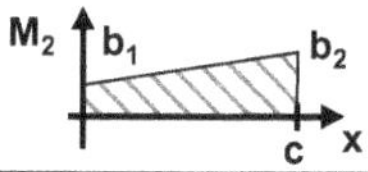

Abb. 7.26: Integrationstafeln Teil 2 zur Berechnung der Integrale bei Anwendung der Energiemethode.

Anmerkung (Anmerkung zu 11.) Trapez mit Trapez).

– Das zweite Trapez hat den Funktionswert b_2 an der x-Position, an der das erste Trapez den Funktionswert a_2 besitzt.

– Alle anderen Formeln sind Vereinfachungen dieser Formel.

> Findet man für zwei Funktionsverläufe keinen passenden Eintrag in den Integrationstafeln, so muss die Integrationslänge c in geeignete Intervalle zerlegt werden.

Betrachtet man die Aufgabenstellung aus Abbildung 7.24, muss am Punkt C eine Kraft „eins" in positiver z-Richtung am Bauteil angebracht werden. Die inneren Kräfte und Momente infolge der Kraft $3F$ können der Abbildung 7.22 entnommen werden, die Schaubilder infolge der Einheitskraft sind in Abbildung 7.27 dargestellt. Zusätzlich zur Spannungsberechnung ($A = Ls$, $I_y = L^3s/96$) wird das Torsionsflächenträgheitsmoment $I_t = L^3s/64$ benötigt. Die Länge des Balkens B1 ist $c_{B1} = 2L$, entsprechend die des zweiten Balkens B2 $c_{B2} = L$. Weiter sei $F/(Es) = 0.1\,\text{mm}$ und $G = E/2$. Da die Verlängerung des Seils mitberücksichtigt werden soll, gilt für seine Zugsteifigkeit $EA_{\text{Seil}} = ELs/10$.

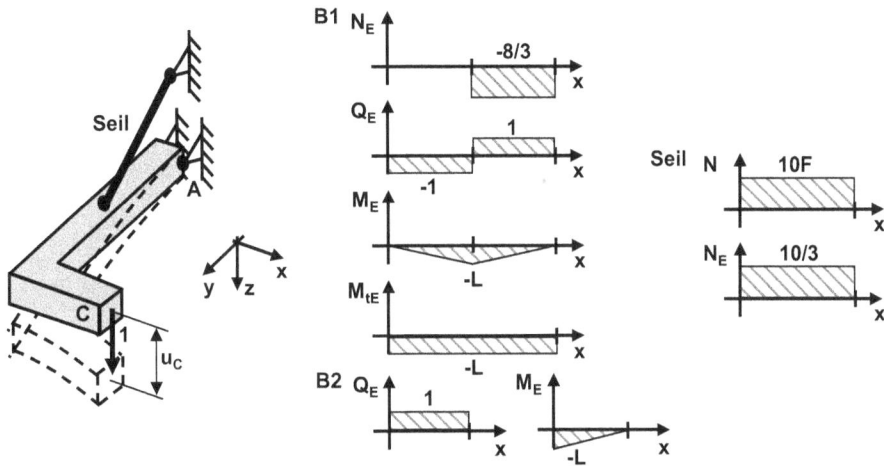

Abb. 7.27: Innere Kräfte und Momente infolge der Einheitskraft am Bauteil aus Abbildung 7.21 bzw. 7.24.

Für die Absenkung u_B müssen die Biegemomente in den Balken B1 und B2 ausgewertet werden. Die konstante Biegesteifigkeit EI_y kann vor das Integral gezogen werden. Der Integralwert des Balkens B1 kann mit dem Integrationstafeleintrag 13 (vgl. Abbildung 7.26) berechnet werden. Bei Balken B2 kann der Eintrag 2 verwendet werden.

$$u_B = \int_c \frac{MM_E}{EI_y}\,dx = \frac{1}{EI_y}\int_c MM_E\,dx = \frac{1}{EI_y}\left(\int_{c_{B1}} MM_E\,dx + \int_{c_{B2}} MM_E\,dx\right)$$

$$= \frac{1}{EI_y}\left(\frac{(-3LF)(-L)\,2L}{3} + \frac{(-3LF)(-L)\,L}{3}\right) = 3\frac{FL^3}{EI_y} = 3\frac{FL^3}{E\frac{L^3s}{96}} = 288\frac{F}{Es} = 28.8\,\text{mm}$$

Nur das Torsionsmoment im Balken B1 trägt zur Absenkung u_T bei. Der resultierende Integralwert wird mit dem Eintrag 8 der Integrationstafeln bestimmt.

$$u_T = \int_c \frac{M_t M_{tE}}{GI_t} dx = \frac{1}{GI_t} \int_{c_{B1}} M_t M_{tE} dx = \frac{1}{GI_t} \left((-3LF)(-L)2L \right) = 6 \frac{FL^3}{GI_t}$$

$$= 6 \frac{FL^3}{\frac{E}{2} \frac{L^3 s}{64}} = 768 \frac{F}{Es} = 76.8 \, \text{mm}$$

Der Balken B1 wird in der zweiten Hälfte infolge der Normalkraft verkürzt. Die resultierende Absenkung u_N des Punktes C kann über den Eintrag 8 der Integrationstafeln berechnet werden.

$$u_{N,B1} = \int_c \frac{N N_E}{EA} dx = \frac{1}{EA} \int_{c_{B1}/2} N N_E dx = \frac{1}{EA} \left((-8F)\left(-\frac{8}{3}\right) L \right)$$

$$= \frac{64}{3} \frac{FL}{EA} = \frac{64}{3} \frac{FL}{ELs} = \frac{64}{3} \frac{F}{Es} = 2.1\bar{3} \, \text{mm}$$

Das Seil wird durch die Seilkraft, die einer positiven Normalkraft entspricht, verlängert. Durch diese Verlängerung senkt sich der Punkt C ebenso ab. Diese Absenkung $u_{N,\text{Seil}}$ kann wiederum mit dem Eintrag 8 bestimmt werden. Hierfür wird die Seillänge $L_{\text{Seil}} = 5/4L$ benötigt.

$$u_{N,\text{Seil}} = \int_c \frac{N N_E}{EA_{\text{Seil}}} dx = \frac{1}{EA_{\text{Seil}}} \int_{L_{\text{Seil}}} N N_E dx = \frac{1}{EA_{\text{Seil}}} \left((10F)\left(\frac{10}{3}\right)\left(\frac{5}{4}L\right) \right)$$

$$= \frac{125}{3} \frac{FL}{EA_{\text{Seil}}} = \frac{125}{3} \frac{FL}{\frac{ELs}{10}} = \frac{1250}{3} \frac{F}{Es} = 41.\bar{6} \, \text{mm}$$

Die Gesamtabsenkung u_C ist die Summe der Teilverschiebungen.

$$u_C = u_B + u_T + u_N + u_{N,\text{Seil}} = 288 \frac{F}{Es} + 768 \frac{F}{Es} + \frac{64}{3} \frac{F}{Es} + \frac{1250}{3} \frac{F}{Es} = 1494 \frac{F}{Es} = 149.4 \, \text{mm}$$

Im vorausgegangenen Beispiel kann man erkennen, dass die Schaubilder für N_E, Q_E, M_E und M_{tE} nicht unabhängig von den Schaubildern N, Q, M und M_t sind. Die erstgenannten Schaubilder erhält man, indem man jeden Funktionswert der Schaubilder für N, Q, M und M_t durch den Faktor $3F$ teilt. Allgemein gilt:

> **!** Wird ein Bauteil nur durch **eine** Kraft F_C belastet, und sucht man die Verschiebung u_C des Kraftangriffspunktes C in Richtung der Kraft, so erhält man die Schaubilder für N_E, Q_E, M_E und M_{tE} aus den Schaubildern für N, Q, M und M_t, indem dort alle Funktionswerte durch den Betrag F_C geteilt werden.

Aufgaben zu Kapitel 7.5

Aufgabe 7.5.1
Die waagrechte und senkrechte Verschiebung des Kraftangriffspunktes infolge des Biegemoments und der Verlängerung des Seiles, welches die Länge $3L$ und die Zugsteifigkeit $EA = 62F$ besitzt, ist gesucht. Die Balken haben die Biegesteifigkeit $EI_y = 1891/18 FL^2$ (tan $\alpha = 3/4$) (Lösung: $u = L/31$, $v = 92L/1891$).

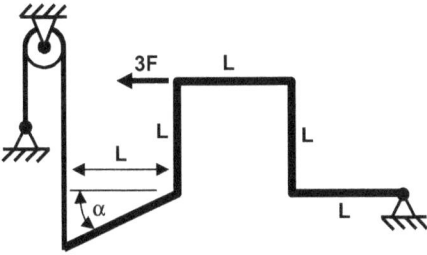

Aufgabe 7.5.2
Die senkrechte Absenkung des Kraftangriffspunktes ist zu bestimmen. Nur die inneren Momente sind zu berücksichtigen. Die Biegesteifigkeit beträgt $EI_y = 46FL^2$, die Torsionssteifigkeit $GI_t = 36/23 \cdot EI_y$ (Lösung: $u = L/2$).

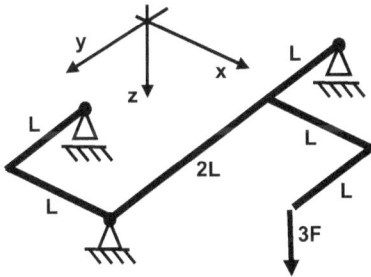

Aufgabe 7.5.3
Bei einer Kraft $F = 3000\,\text{N}$ biegt sich der Balken in der Mitte um $u = 25\,\text{mm}$ durch und das Material versagt an der Unterseite. Es ist bekannt, dass das Versagen bei einer Normalspannung von σ_{max} auftritt ($L = 250\,\text{mm}$, $H = 25\,\text{mm}$, $E = 10000\,\text{N/mm}^2$, $\sigma_{max} = 180\,\text{N/mm}^2$). Gesucht sind das Flächenträgheitsmoment I_y und der Abstand b des Flächenmittelpunktes von der Oberkante (Lösung: $b = 10\,\text{mm}$).

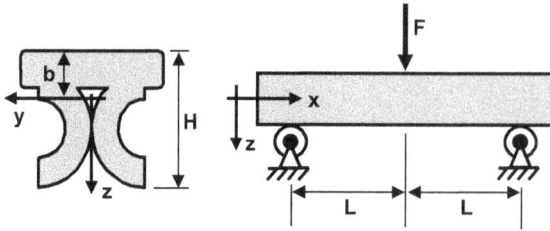

Aufgabe 7.5.4

An der grauen Halterung zur Warenpräsentation hängen zwei Schachteln, die beide einen mittigen Schwerpunkt und die Gewichtskräfte $2G$ und G besitzen. Die Schachteln haben an zwei Punkten Kontakt zur Halterung, wobei jeweils senkrechte Kräfte nur oben übertragen werden. An der Oberseite der Halterung ist eine symmetrische Lampe mit der Gewichtskraft G befestigt. Weitere Gewichtskräfte sind nicht zu berücksichtigen. Die Halterung besitzt den dargestellten dünnwandigen Querschnitt. Wie weit senkt sich der Anbindungspunkt der Lampe an die Halterung infolge des Biegemoments ab ($G = 50\,\mathrm{N}$, $E = 81120\,\mathrm{N/mm^2}$, $L/H = 13$, $s = 5\,\mathrm{mm}$) (Lösung: $u = 20\,\mathrm{mm}$)?

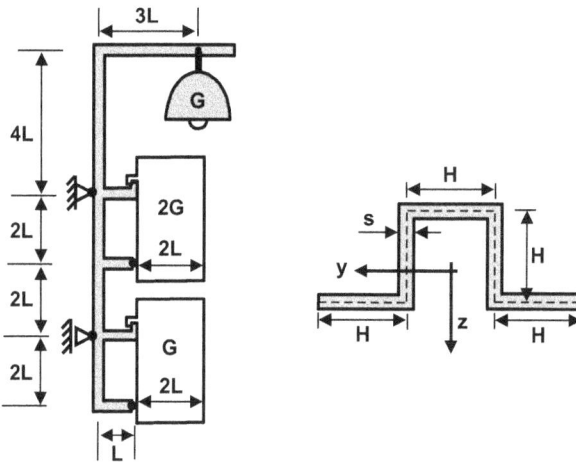

Aufgabe 7.5.5

Ein vereinfachtes Da Vinci Katapult mit einem Geschoss, welches die Gewichtskraft G besitzt, wird betrachtet. Am senkrechten grauen Balken gilt $EI_y/L^2 = 720G$. Beim Spannen verschiebt sich seine obere Spitze um $2L$ nach rechts. Das Zahnrad, die Seiltrommel und der Katapultarm sind fest miteinander verbunden und sind wie die restlichen Bauteile **unendlich steif**. Zwischen dem Zahnrad und dem senkrechten Bremsbalken wirkt der Haftreibungskoeffizient $\mu = 0.2$. Welche Kraft F ist notwendig, um das Geschoss auszulösen ($\cos \alpha = 10/11$) (Lösung: $F = 2.5\,G$)?

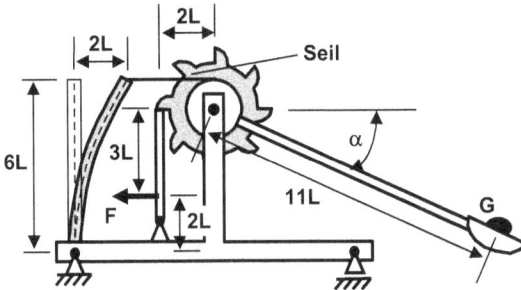

7.5.1 Superpositionierung bei der Verschiebungsberechnung

Wird ein Bauteil, wie in Abbildung 7.28 links dargestellt, mit zwei oder mehr Kräften belastet und ist die Verschiebung u_B gesucht, so ist es sinnvoll, die Gesamtbelastung in einzelne Lastfälle zu zerlegen, diese unabhängig zu berechnen und abschließend die Ergebnisse zu überlagern. Dies nennt man wie bei der Spannungsberechnung Superpositionierung.

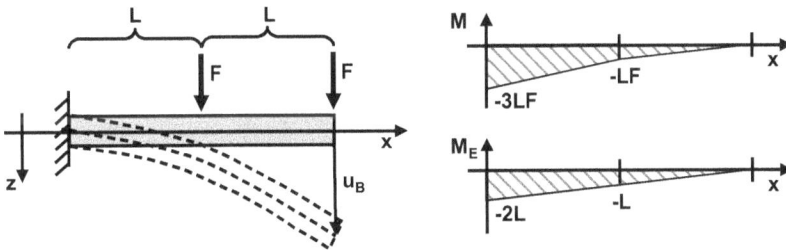

Abb. 7.28: Verschiebungsberechnung an einem Bauteil mit 2 Kräften.

Berücksichtigt man beide Kräfte F gleichzeitig, resultiert der in Abbildung 7.28 rechts oben dargestellte Momentenverlauf. Für die Bestimmung von u_B muss am rechten Ende des Balkens eine senkrechte Einheitskraft angebracht werden. Es ergibt sich der Momentenverlauf M_E aus Abbildung 7.28 rechts unten. Mit der Biegesteifigkeit EI_y kann die gesuchte Verschiebung u_B mit den Einträgen 11 und 2 aus den Tabellen aus

Abbildung 7.25 und 7.26 bestimmt werden.

$$u_B = \frac{1}{EI_y}\left(\frac{L\left(-3LF\left(2\left(-2L\right)+\left(-L\right)\right)-LF\left(-2L+2\left(-L\right)\right)\right)}{6}+\frac{-LF\left(-L\right)L}{3}\right)$$

$$= \frac{FL^3}{EI_y}\left(\frac{19}{6}+\frac{1}{3}\right)=\frac{7}{2}\frac{FL^3}{EI_y}$$

Zur Anwendung der Superpositionierung wird die Berechnung in 2 Lastfälle zerlegt. Im ersten Lastfall, welcher in Abbildung 7.29 dargestellt ist, wirkt die linke Kraft F, die zur Absenkung u_{B1} führt.

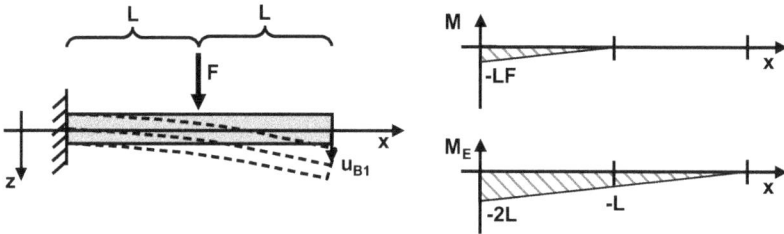

Abb. 7.29: Verschiebungsberechnung des Lastfalles 1.

$$u_{B1} = \frac{1}{EI_y}\left(\frac{-LFL\left(-L+2\left(-2L\right)\right)}{6}\right)=\frac{5}{6}\frac{FL^3}{EI_y}$$

Dazu wird der Eintrag 4 aus der Tabelle aus Abbildung 7.25 ausgewertet. Im zweiten Lastfall aus Abbildung 7.30 wirkt die rechte Kraft F. Es resultiert die Verschiebung u_{B2}.

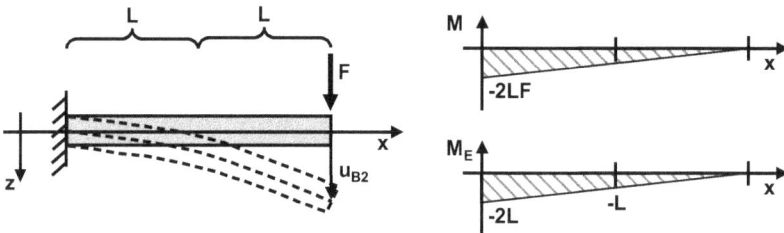

Abb. 7.30: Verschiebungsberechnung des Lastfalles 2.

$$u_{B2} = \frac{1}{EI_y}\left(\frac{-2LF\left(-2L\right)2L}{3}\right)=\frac{8}{3}\frac{FL^3}{EI_y}$$

Angewendet wird der Eintrag 2 aus der Tabelle aus Abbildung 7.25. Die Gesamtverschiebung u_B ist der Summe der beiden Teilverschiebungen u_{B1} und u_{B2}.

$$u_B = u_{B1}+u_{B2} = \frac{5}{6}\frac{FL^3}{EI_y}+\frac{8}{3}\frac{FL^3}{EI_y}=\left(\frac{5+16}{6}\right)\frac{FL^3}{EI_y}=\frac{7}{2}\frac{FL^3}{EI_y}$$

7.5.2 Energiemethode zur Untersuchung statisch überbestimmter Bauteile

Im ersten Schritt soll die Energiemethode zur Bestimmung der Lagerkräfte und -momente eines statisch überbestimmt gelagerten Bauteils verwendet werden. Dazu kann die Geometrie aus Abbildung 7.31 betrachtet werden. Die Biegesteifigkeit EI_y sei gegeben. Das Produkt GA sei unendlich, wodurch der Einfluss der Querkraft zu vernachlässigen ist. Die Kräftebilanz in x-Richtung ergibt $F_{Ax} = 0$. Die Lagerkräfte F_{Az} und F_B und das Lagermoment M_A können nicht aus den Gleichgewichtsbedingungen bestimmt werden, da die beiden verbleibenden Gleichgewichtsbedingungen nicht ausreichen.

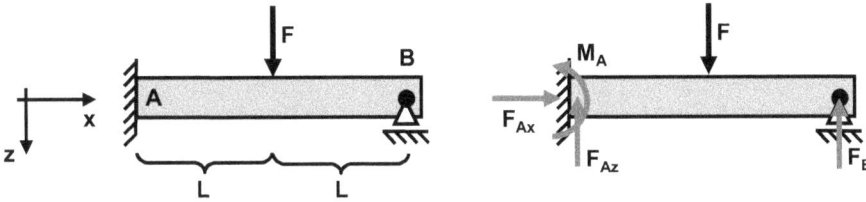

Abb. 7.31: Statisch überbestimmt gelagertes Bauteil.

Die senkrechte Verschiebung u_B des Punktes B infolge des Biegemoments wird in Abhängigkeit von F und F_B bestimmt. Da infolge des Lagers bekannt ist, dass diese Verschiebung gleich null sein muss, kann die fehlende Gleichung erstellt werden. Dazu wird F_B neben F als bekannt vorausgesetzt. Die Lagerkraft F_{Az} und das Lagermoment M_A werden in Abhängigkeit von F und F_B bestimmt und die Schaubilder, wie in Abbildung 7.32 dargestellt, gezeichnet.

$$\sum F_z = 0: \quad -F_{Az} + F - F_B = 0 \quad \Rightarrow \quad F_{Az} = F - F_B$$
$$\sum M\big|_A = 0: \quad M_A - LF + 2LF_B = 0 \quad \Rightarrow \quad M_A = LF - 2LF_B$$

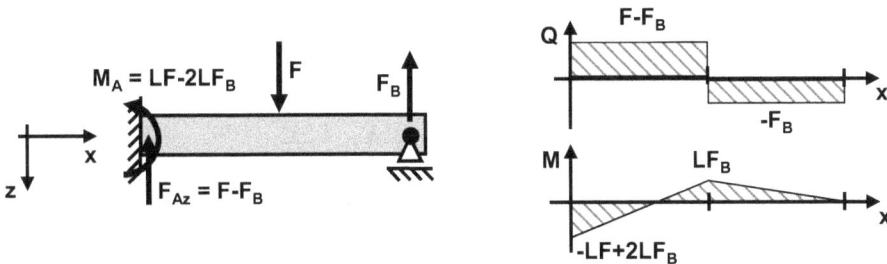

Abb. 7.32: Lagergrößen und innere Kräfte und Momente des Bauteils aus Abbildung 7.31.

Anschließend wird die senkrechte Verschiebung u_B infolge der Kräfte F und F_B bestimmt. Dazu entfernt man die beiden Kräfte F und F_B vom Bauteil und bringt am Punkt B eine senkrechte Einheitskraft an. Es resultieren die Lagerkraft $F_{AzE} = 1$, das Lagermoment $M_{AE} = 2L$ und die in Abbildung 7.33 dargestellten inneren Kräfte und Momente infolge der Einheitskraft.

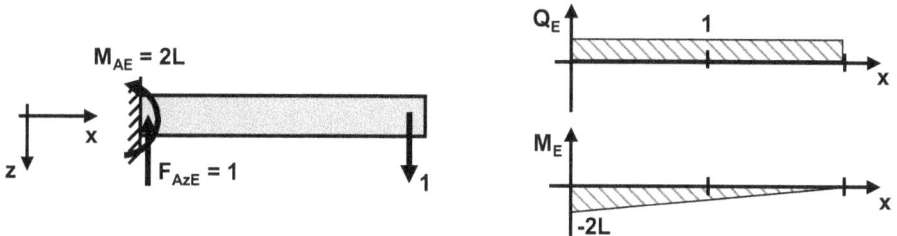

Abb. 7.33: Lagergrößen und innere Kräfte und Momente infolge der Einheitskraft am Bauteils aus Abbildung 7.31.

Zur Bestimmung des Integrals in der ersten Balkenhälfte wird der Tabelleneintrag 11 der Integrationstafeln aus Abbildung 7.26 verwendet. Für die zweite Balkenhälfte verwendet man Eintrag 2 aus Abbildung 7.25. Die resultierende Verschiebung muss infolge des Lagers B gleich null sein.

$$u_B = \frac{1}{EI_y} \left(\frac{L \left((-LF + 2LF_B)(2(-2L) - L) + LF_B(-2L + 2(-L)) \right)}{6} + \frac{LF_B(-L)L}{3} \right)$$

$$= \frac{L^3}{EI_y} \left(\frac{5F - 14F_B}{6} - \frac{F_B}{3} \right) = \frac{L^3}{EI_y} \left(\frac{5F - 14F_B - 2F_B}{6} \right) = \frac{L^3}{6EI_y} (5F - 16F_B) = 0$$

Da der Vorfaktor ungleich null ist, muss der Klammerausdruck $5F - 16F_B = 0$ sein. Dies ergibt die gesuchte Lagerkraft $F_B = 5/16F$. Die weiteren zu bestimmenden Größen am linken Lager A nehmen die Werte $F_{Az} = 11/16F$ und $M_A = 3/8LF$ an.

Die Berechnung kann vereinfacht werden, wenn wie in Abbildung 7.34 dargestellt, zwei Lastfälle eingeführt werden. Im ersten Lastfall wird die Verschiebung u_{B1} des Punktes B infolge der gegebenen Kraft F bestimmt. Der zweite Lastfall ermittelt die Verschiebung u_{B2} infolge der gesuchten Lagerkraft F_B.

$$u_{B1} = \frac{1}{EI_y} \left(\frac{-LFL((2(-2L) - L))}{6} \right) = \frac{5}{6} \frac{FL^3}{EI_y}$$

$$u_{B2} = \frac{1}{EI_y} \left(\frac{2LF_B(-2L)2L}{3} \right) = -\frac{8}{3} \frac{F_B L^3}{EI_y} = -\frac{16}{6} \frac{F_B L^3}{EI_y}$$

Die Gesamtverschiebung u_B, die auf Grund des Lagers bei B gleich null sein muss, ist wieder die Summe der beiden Teilverschiebungen u_{B1} und u_{B2}.

$$u_B = u_{B1} + u_{B2} = \frac{5}{6} \frac{FL^3}{EI_y} - \frac{16}{6} \frac{F_B L^3}{EI_y} = \frac{L^3}{6EI_y} (5F - 16F_B) = 0 \quad \Rightarrow \quad F_B = \frac{5}{16} F$$

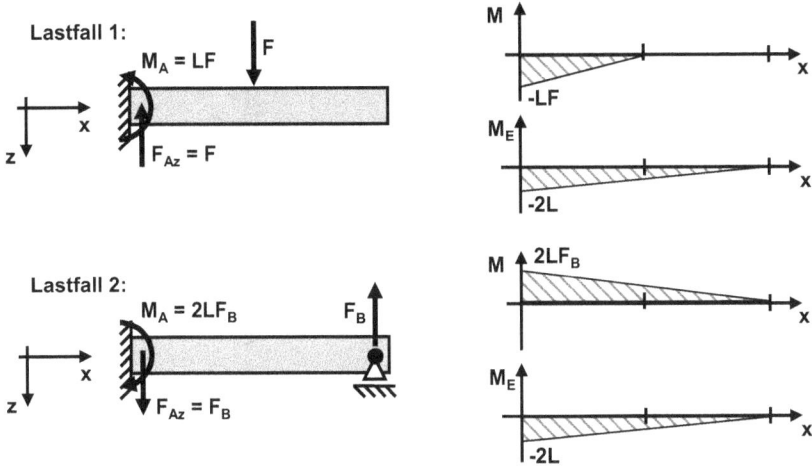

Abb. 7.34: Zerlegung der Lagerkraftberechnung aus Abbildung 7.31 in 2 Lastfälle.

Die Vorgehensweise zur Bestimmung der Lagergrößen statisch überbestimmt gelagerter Bauteile kann auf allgemein statisch überbestimmte Bauteile übertragen werden. Dazu betrachtet man z. B. die Geometrie aus Abbildung 7.35 links. Ohne den diagonalen Zugstab wäre das Bauteil statisch bestimmt. Mit ihm reichen die Gleichgewichtsbedingungen nicht aus, um die Schnittkräfte und -momente zu bestimmen. Die Biegesteifigkeit EI_y sei gegeben, die Zugsteifigkeit EA und das Produkt GA seien unendlich, wodurch Normalkraft und Querkraft keinen Einfluss haben.

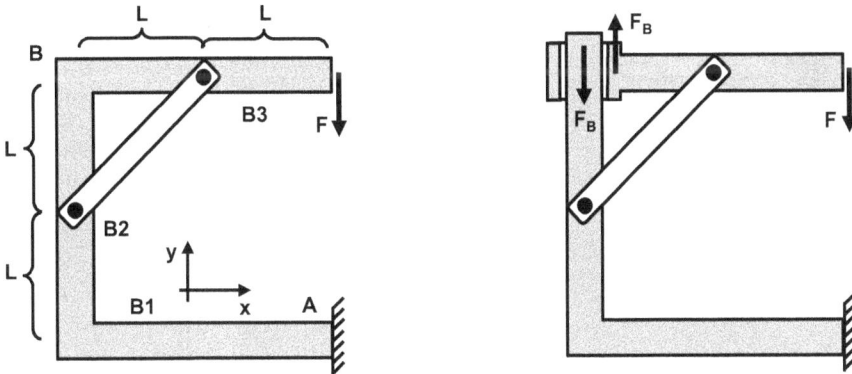

Abb. 7.35: Statisch überbestimmte Geometrie.

Man ersetzt die feste Verbindung am Punkt B durch eine Führung, die waagrechte Kräfte und ein Moment übertragen kann. Da die ursprüngliche feste Verbindung auch senkrechte Kräfte übertragen kann, wird dies durch die zwei senkrechten Kräfte F_B

berücksichtigt, die jeweils an einem Balken wirksam sind. Es resultiert ein statisch bestimmtes Bauteil, welches durch die Kraft F und die beiden noch unbekannten Kräfte F_B belastet ist. Die Gesamtbelastung kann in zwei Lastfälle zerlegt werden, die unabhängig voneinander betrachtet werden können. Im ersten Lastfall, bei dem nur die Kraft F wirksam ist, resultieren die in Abbildung 7.36 dargestellten Biegemomente.

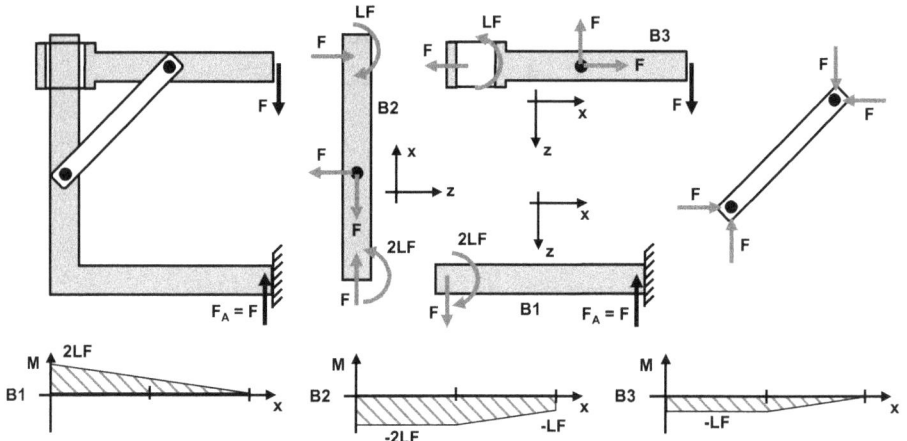

Abb. 7.36: Lastfall 1 der Geometrie aus Abbildung 7.35.

Im zweiten Lastfall sind nur die beiden Kräfte F_B wirksam. Es ergeben sich die in Abbildung 7.37 dargestellten Biegemomente.

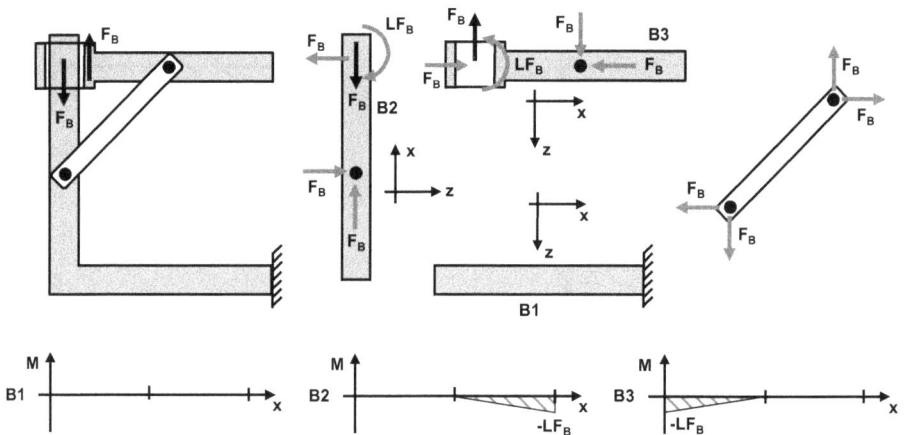

Abb. 7.37: Lastfall 2 der Geometrie aus Abbildung 7.35.

Die senkrechte Verschiebung u_{B2} des Punktes B am Balken B2 in negativer y-Richtung wird bestimmt. Sie setzt sich aus der Verschiebung $u_{B2,1}$ infolge des ersten und $u_{B2,2}$ des zweiten Lastfalls zusammen. Anschließend wird die Verschiebung u_{B3} des Punktes B am Balken B3 in positiver y-Richtung berechnet. Analog ist u_{B3} eine Summe der Verschiebungen $u_{B3,1}$ und $u_{B3,2}$ infolge der beiden Lastfälle.

Mit der Einheitskraft am Balken B2 folgen die in Abbildung 7.38 gezeigten Biegemomente.

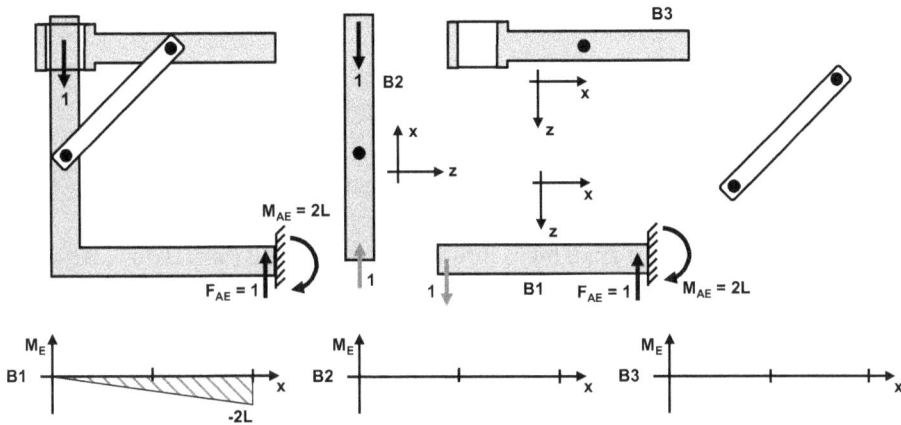

Abb. 7.38: Biegemomente infolge der Einheitskraft am Punkt B am Balken B2.

$$u_{B2,1} = \frac{1}{EI_y} \left(\frac{2LF(-2L)\,2L}{6} + 0 + 0 \right) = -\frac{4}{3}\frac{FL^3}{EI_y}$$

$$u_{B2,2} = \frac{1}{EI_y} (0 + 0 + 0) = 0$$

$$\Rightarrow \quad u_{B2} = u_{B2,1} + u_{B2,2} = -\frac{4}{3}\frac{FL^3}{EI_y} + 0 = \frac{L^3}{EI_y}\left(-\frac{4}{3}F \right)$$

Mit der Einheitskraft am Balken B3 folgen die in Abbildung 7.39 gezeigten Biegemomente.

$$u_{B3,1} = \frac{1}{EI_y} \left(\frac{2LF2L2L}{6} + \frac{-LL(-2LF + 2(-LF))}{6} + \frac{-L(-LF)L}{2} \right) = \frac{5}{2}\frac{FL^3}{EI_y}$$

$$u_{B3,2} = \frac{1}{EI_y} \left(0 + \frac{-LF_B(-L)L}{3} + \frac{-LF_B(-L)L}{3} \right) = \frac{2}{3}\frac{F_B L^3}{EI_y}$$

$$\Rightarrow \quad u_{B3} = u_{B3,1} + u_{B3,2} = \frac{5}{2}\frac{FL^3}{EI_y} + \frac{2}{3}\frac{F_B L^3}{EI_y} = \frac{L^3}{EI_y}\left(\frac{5}{2}F + \frac{2}{3}F_B \right)$$

Da am Punkt B eigentlich eine feste Verbindung vorhanden ist, müssen beide Verschiebungen betragsmäßig identisch sein. Da sie bzw. die verwendeten Einheitskräfte

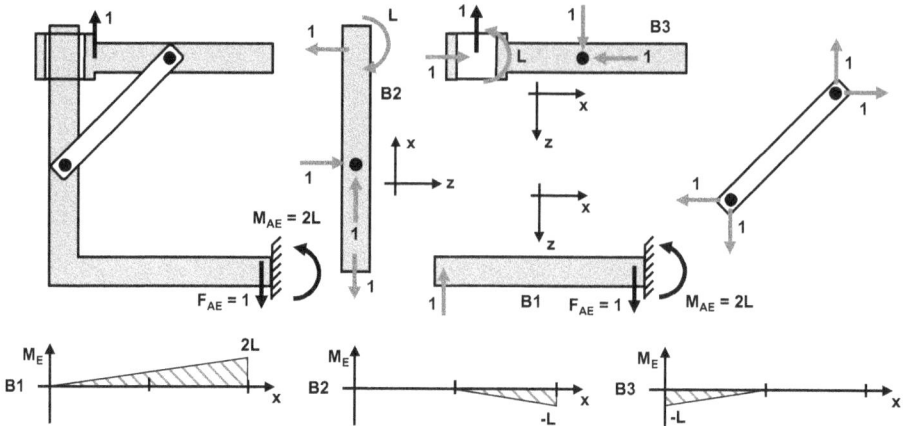

Abb. 7.39: Biegemomente infolge der Einheitskraft am Punkt B am Balken B3.

entgegengesetzt orientiert sind, muss ihre Summe gleich null sein. Daraus resultiert die notwendige Gleichung zur Bestimmung der Schnittkraft F_B.

$$0 = u_{B2} + u_{B3} = \frac{L^3}{EI_y}\left(-\frac{4}{3}F\right) + \frac{L^3}{EI_y}\left(\frac{5}{2}F + \frac{2}{3}F_B\right) = \frac{L^3}{EI_y}\left(\frac{7}{6}F + \frac{2}{3}F_B\right)$$

$$\Rightarrow \quad 0 = \frac{7}{6}F + \frac{2}{3}F_B \Rightarrow \quad F_B = -\frac{7}{4}F$$

Der Wert für F_B kann in die Schaubilder von 7.37 des zweiten Lastfalls eingesetzt werden. Die Summe der Schaubilder für beide Lastfälle ergibt die in Abbildung 7.40 dargestellten tatsächlichen Verläufe der Biegemomente.

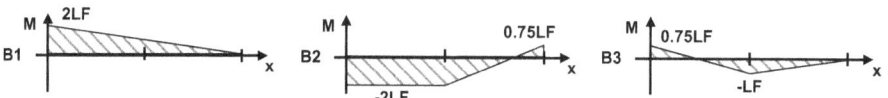

Abb. 7.40: Biegemomente im Bauteil von Abbildung 7.35 links.

Infolge der Linearität der Aufgabe müssen die Verschiebungen u_{B2} und u_{B3} nicht einzeln bestimmt werden. Die aus der Einheitskraft resultierenden und in Abbildung 7.41 dargestellten Schaubilder erhält man auch, wenn man die Schaubilder aus Abbildung 7.37 durch den Betrag F_B teilt.

Abb. 7.41: Biegemomente infolge der beiden Einheitskräfte aus den Abbildungen 7.38 und 7.39 zur Bestimmung von F_B.

Die Schaubilder aus Abbildung 7.41 können direkt mit den Schaubildern der beiden Lastfälle verknüpft werden.

$$u_{B2^*} = \frac{1}{EI_y}\left(0 + \frac{-LL\,(-2L+2\,(-L))}{6} + \frac{-L\,(-LF)\,L}{2}\right) = \frac{7}{6}\frac{FL^3}{EI_y}$$

$$u_{B3^*} = \frac{1}{EI_y}\left(0 + \frac{-L\,(-LF_B)\,L}{3} + \frac{-L\,(-LF_B)\,L}{3}\right) = \frac{2}{3}\frac{F_BL^3}{EI_y}$$

$$\Rightarrow \quad 0 = u_{B2^*} + u_{B3^*} = \frac{7}{6}\frac{FL^3}{EI_y} + \frac{2}{3}\frac{F_BL^3}{EI_y} = \frac{L^3}{EI_y}\left(\frac{7}{6}F + \frac{2}{3}F_B\right)$$

Aufgaben zu Kapitel 7.5.2

Aufgabe 7.5.2.1

Über die beiden Rollen verläuft ein Seil, mit welchem das Gewicht G gehalten wird. Um die Belastung des Balkens zu reduzieren, wird der Balken in der Mitte von einer Kette gehalten. Für die Berechnung sind nur das Biegemoment im Balken mit der Biegesteifigkeit $EI_y = 25GL^2$ und die Normalkraft in der Kette, die die Zugsteifigkeit $EA = 125/23 \cdot EI_y/L^2$ besitzt, zu berücksichtigen. Wie stark senkt sich das rechte Ende des Balkens ab (Lösung: $u_R = L/10$)?

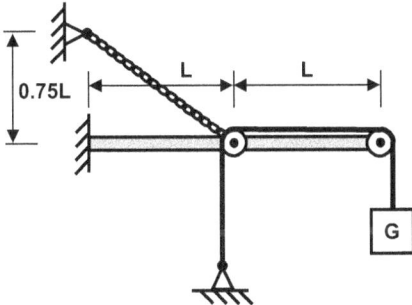

Aufgabe 7.5.2.2

Die Zugsteifigkeiten des Bauteils seien unendlich groß, ebenso die Biegesteifigkeit in der weißen Treppe. Die Biegesteifigkeit des grauen Rahmens sei EI_y. Wie groß ist die Normalkraft im senkrechten Balken des grauen Rahmens (Lösung: $N = -3.168F$)? Wie groß ist der prozentuale Fehler, wenn man bei der linken Verbindung Rahmen/Treppe statt einer festen Verbindung ein „2-wertiges" Gelenk verwendet (Lösung: Fehler 13.6 %)?

Anmerkung. Bei der Berechnung der inneren Kräfte und Momente infolge der Einheitskraft können an den Rädern auch Kräfte, die senkrecht nach unten zeigen, wirken! Je nach Vorgehensweise ist dies zu berücksichtigen.

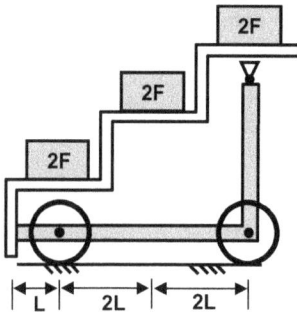

7.6 Biegebalken unter dem Einfluss zweier Biegemomente und unsymmetrischer Balken (Schiefe Biegung)

Betrachtet man nicht wie in Kapitel 7.2 einen zur xz-Ebene symmetrischen Balken, sondern einen Balken, der zur xy-Ebene symmetrisch ist und setzt voraus, dass M_y gleich null und M_z ungleich null ist, so können die in Kapitel 7.2 gemachten Überlegungen auf die neue Situation übertragen werden. Man benötigt einen Spannungsansatz $\sigma(y) = b_3 y$, welcher zu einer Spannungsfunktion führt, die das Flächenträgheitsmoment I_z um die z-Achse beinhaltet. Der Koordinatenursprung ($y = 0$) muss wieder im Flächenmittelpunkt liegen.

$$\sigma(y) = -\frac{M_z}{I_z}y \quad \text{mit} \quad I_z = \int_A y^2 \, dA$$

Die Gleichgewichtsbedingung für M_y ergibt den Wert null. Sind wie bei der Bestimmung des Flächenträgheitsmoments I_y die Breiten B_i die Abmessungen in y-Richtung und die Höhen H_i die Abmessungen in z-Richtung, so erhält man das Flächenträgheitsmoment I_z, indem im Vergleich zu I_y die waagrechten und senkrechten Längen getauscht werden. y_i beschreibt die y-Koordinaten der Flächenmittelpunkte der Teilflächen A_i.

$$\boxed{I_z = \sum_{i=1}^{n} I_{zi} = \sum_{i=1}^{n} \frac{H_i B_i^3}{12} + y_i^2 A_i}$$

Dazu kann der dünnwandige quadratische Querschnitt aus Abbildung 7.42 betrachtet werden.

Der Gesamtquerschnitt wird in vier Teilflächen zerlegt. Die senkrechten Flächen A_1 und A_3 haben die Breite $B_{1,3} = s$ und die Höhen $H_{1,3} = L$. Entsprechend gelten für die beiden waagrechten Flächen A_2 und A_4 die Abmessungen $B_{2,4} = 2L$ und $H_{2,4} = s$.

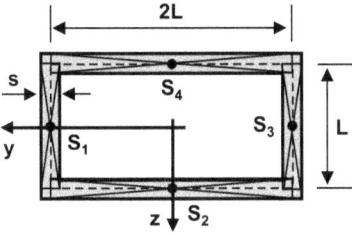

Abb. 7.42: Dünnwandiges Profil zur Bestimmung der Flächenträgheitsmomente I_y und I_z.

Für die y- und z-Koordinaten der Flächenmittelpunkte der Teilflächen gilt $z_1 = 0$, $y_1 = L$, $z_2 = L/2$, $y_2 = 0$, $z_3 = 0$, $y_3 = -L$, $z_4 = -L/2$, $y_4 = 0$.

$$I_y = \sum_{i=1}^{4} I_{yi} = \sum_{i=1}^{4} \frac{B_i H_i^3}{12} + z_i^2 A_i = 2\left(\frac{sL^3}{12} + 0^2 \cdot Ls\right) + 2\left(\frac{2Ls^3}{12} + \left(\frac{L}{2}\right)^2 2Ls\right) = \frac{7}{6}L^3 s$$

$$I_z = \sum_{i=1}^{4} I_{zi} = \sum_{i=1}^{4} \frac{H_i B_i^3}{12} + y_i^2 A_i = 2\left(\frac{Ls^3}{12} + L^2 Ls\right) + 2\left(\frac{s(2L)^3}{12} + 0^2 \cdot 2Ls\right) = \frac{10}{3}L^3 s$$

Parallel zur Verschiebung $w(x)$ in z-Richtung kann für die Verschiebung $v(x)$ in y-Richtung eine entsprechende Differentialgleichung hergeleitet werden.

$$v''(x) = \frac{M_z}{EI_z}$$!

Überlagert man die beiden Normalspannungen infolge der Biegemomente M_y und M_z erhält man die Normalspannungsfunktion $\sigma(y, z)$ für Balken unter dem Einfluss zweier Biegemomente. Dabei ist zunächst zu beachten, dass die Balken sowohl zur xy- als auch zur xz-Ebene symmetrisch sind.

$$\sigma(y, z) = -\frac{M_z}{I_z}y + \frac{M_y}{I_y}z$$!

Die Gleichung der neutralen Faser ($\sigma(y, z) = 0$) kann durch eine Geradengleichung in der yz-Ebene beschrieben werden.

$$0 = \sigma(y, z) = -\frac{M_z}{I_z}y + \frac{M_y}{I_y}z \quad \Rightarrow \quad z = \frac{M_z I_y}{M_y I_z}y$$

Auch bei der Anwendung der Energiemethode kann der Einfluss beider Biegemomente zur Berechnung von u_B überlagert werden.

$$u_B = \int_c \frac{M_y M_{yE}}{EI_y} + \frac{M_z M_{zE}}{EI_z} dx$$!

Dabei ist zu beachten, dass die Einheitskraft in Richtung der gesuchten Verschiebung u_B zeigt und die Momente M_{yE} und M_{zE} die aus dieser Einheitskraft resultierenden Biegemomente darstellen.

Beim I-Profil aus Abbildung 7.7 soll, wie in Abbildung 7.43 dargestellt, zusätzlich zu Abbildung 7.7 eine waagrechte Kraft 840 N in der Balkenmitte in positiver y-Richtung wirksam sein.

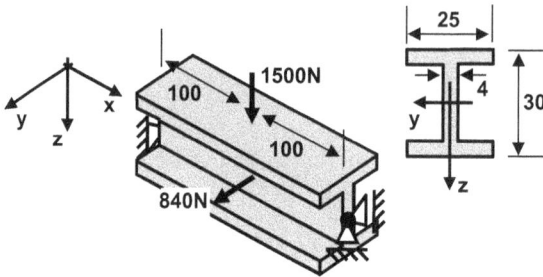

Abb. 7.43: Balken mit I-Profil unter dem Einfluss von zwei Biegemomenten.

Die Flächenträgheitsmomente ergeben sich zu $I_{yI} = 37616\,\text{mm}^4$ und $I_{zI} = 10534\,\text{mm}^4$. In der Balkenmitte erhält man unverändert $M_{y,\text{max}} = 75000\,\text{Nmm}$. Auch M_z erreicht in der Mitte seinen größten Betrag $M_{z,\text{max}} = -42000\,\text{Nmm}$. Die angegebene Spannungsfunktion ist daher in der Balkenmitte gültig.

$$
\begin{aligned}
\sigma_I(y,z) &= -\frac{M_{z,\text{max}}}{I_{zI}}y + \frac{M_{y,\text{max}}}{I_{yI}}z \\
&= -\frac{-42000\,\text{Nmm}}{10534\,\text{mm}^4}y + \frac{75000\,\text{Nmm}}{37616\,\text{mm}^4}z = 4\frac{\text{N}}{\text{mm}^3}y + 2\frac{\text{N}}{\text{mm}^3}z
\end{aligned}
$$

Zur grafischen Darstellung der Spannungen werden gemäß Abbildung 7.44 die Spannungen an den vier Punkten A ($y = 12.5\,\text{mm}$, $z = 15\,\text{mm}$), B ($y = -12.5\,\text{mm}$, $z = 15\,\text{mm}$), C ($y = -12.5\,\text{mm}$, $z = -15\,\text{mm}$) und D ($y = 12.5\,\text{mm}$, $z = -15\,\text{mm}$) bestimmt.

$$
\begin{aligned}
\sigma_A &= \sigma_I(y = 12.5\,\text{mm}, z = 15\,\text{mm}) \\
&= 4\frac{\text{N}}{\text{mm}^3}12.5\,\text{mm} + 2\frac{\text{N}}{\text{mm}^3}15\,\text{mm} = 80\frac{\text{N}}{\text{mm}^2} \\
\sigma_B &= \sigma_I(y = -12.5\,\text{mm}, z = 15\,\text{mm}) \\
&= 4\frac{\text{N}}{\text{mm}^3}(-12.5\,\text{mm}) + 2\frac{\text{N}}{\text{mm}^3}15\,\text{mm} = -20\frac{\text{N}}{\text{mm}^2} \\
\sigma_C &= \sigma_I(y = -12.5\,\text{mm}, z = -15\,\text{mm}) \\
&= 4\frac{\text{N}}{\text{mm}^3}(-12.5\,\text{mm}) + 2\frac{\text{N}}{\text{mm}^3}(-15\,\text{mm}) = -80\frac{\text{N}}{\text{mm}^2} \\
\sigma_D &= \sigma_I(y = 12.5\,\text{mm}, z = -15\,\text{mm}) \\
&= 4\frac{\text{N}}{\text{mm}^3}12.5\,\text{mm} + 2\frac{\text{N}}{\text{mm}^3}(-15\,\text{mm}) = 20\frac{\text{N}}{\text{mm}^2}
\end{aligned}
$$

Indem die Spannungsgleichung gleich null gesetzt wird, erhält man die Gleichung der neutralen Faser.

$$
0 = \sigma_I(y,z) = 4\frac{\text{N}}{\text{mm}^3}y + 2\frac{\text{N}}{\text{mm}^3}z \quad \Rightarrow \quad z = -2y
$$

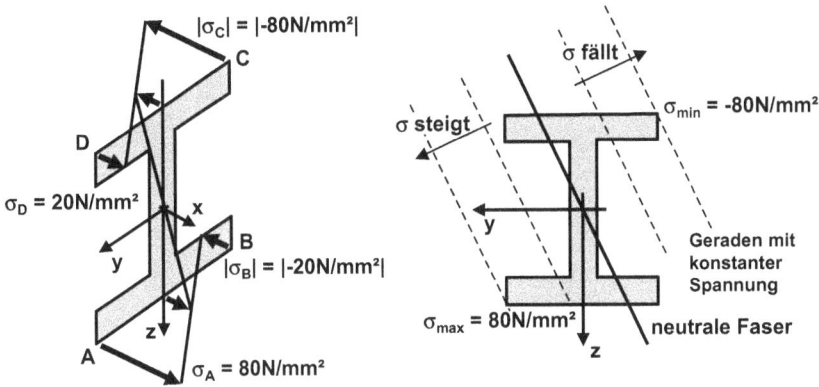

Abb. 7.44: Normalspannungsverlauf in der Balkenmitte des Bauteils aus Abbildung 7.43.

Die Parallelen zur neutralen Faser kennzeichnen Geraden konstanter Normalspannung.

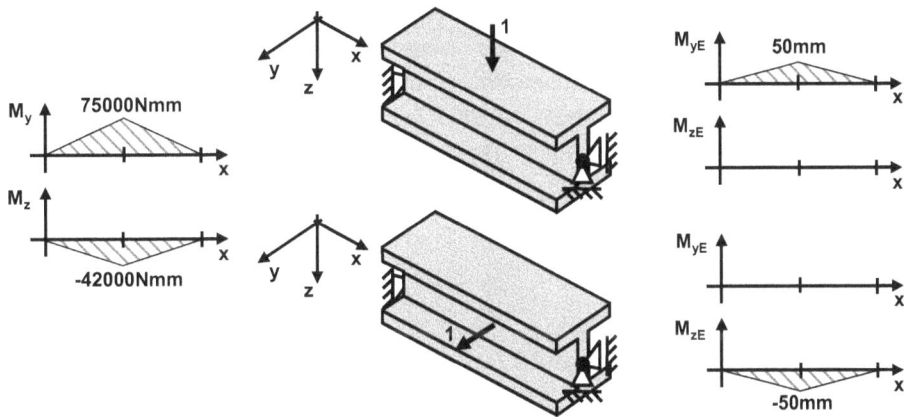

Abb. 7.45: Einheitskräfte und Momentenverläufe am Bauteil aus Abbildung 7.43 zur Verschiebungsberechnung mit der Energiemethode.

Für die Untersuchung der Verschiebung der Balkenmitte ist in Abbildung 7.45 links nochmals der Verlauf der beiden Biegemomente M_y und M_z infolge der Kräfte 1500 N und 840 N dargestellt. Die Verschiebung wird mit der Energiemethode ermittelt. Der E-Modul beträgt 200000 N/mm^2.

Für die Verschiebung w der Balkenmitte in z-Richtung wird dort eine senkrechte Einheitskraft angebracht. Es resultieren die in Abbildung 7.45 rechts oben dargestellten Verläufe für M_{yE} und M_{zE}.

$$w = u_B = \int_c \frac{M_y M_{yE}}{EI_y} + \frac{M_z M_{zE}}{EI_z} dx = \frac{75000\,\text{Nmm} \cdot 50\,\text{mm} \cdot 200\,\text{mm}}{200000\frac{N}{mm^2} \cdot 37616\,\text{mm}^4 \cdot 3} + 0 = 0.033\,\text{mm}$$

Analog wird für die Verschiebung v in y-Richtung eine Einheitskraft in positiver y-Richtung verwendet. Die in Abbildung 7.45 rechts unten dargestellten Verläufe für M_{yE} und M_{zE} müssen ausgewertet werden.

$$v = u_B = \int_c \frac{M_y M_{yE}}{EI_y} + \frac{M_z M_{zE}}{EI_z} dx = 0 + \frac{-42000\,\text{Nmm} \cdot (-50\,\text{mm}) \cdot 200\,\text{mm}}{200000\frac{N}{mm^2} \cdot 10534\,\text{mm}^4 \cdot 3}$$

$$= 0.066\,\text{mm}$$

Betrachtet man wie in Abbildung 7.46 ein kreisrundes Profil, so ist es häufig sinnvoller, die Spannungsberechnung in einem um den Winkel α gedrehten $y'z'$-Koordinatensystem durchzuführen. Bei der dargestellten Geometrie sind die maximalen Zug- und Druckspannungen gesucht. Weiter gelte $LF/(\pi R_m^2 s) = 10\,\text{N/mm}^2$. In der Balkenmitte erhält man die maximalen Biegemomente $M_{y,\text{max}} = 4LF$ und $M_{z,\text{max}} = -3LF$. Diese sind in Abbildung 7.46 Mitte am positiven Schnittufer eingezeichnet. Sie werden zu einem Moment $M_{\text{ges}} = 5LF$ zusammengefasst. Da ein Kreis bezüglich jedem Koordinatensystem das gleiche Flächenträgheitsmoment $I_y = I_{y'} = I_z = I_{z'}$ besitzt, kann das Koordinatensystem $y'z'$ gewählt werden, bezüglich welchem das Gesamtmoment M_{ges} in die positive y'-Richtung zeigt. Dadurch wird die schiefe Biegung in eine symmetrische überführt.

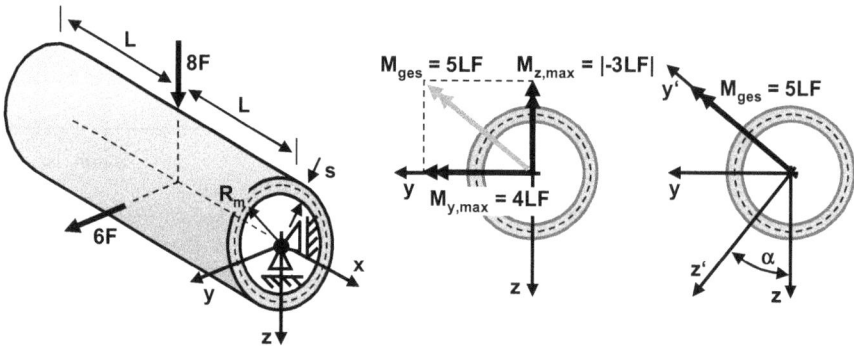

Abb. 7.46: Kreisrunder Balken unter dem Einfluss zweier Biegemomente.

Mit dem Gesamtmoment kann die Spannungsfunktion für das kreisrunde dünnwandige Profil angegeben werden und daraus die maximalen Zug- und Druckspannungen bestimmt werden.

$$\sigma\left(z'\right) = \frac{M_{\text{ges}}}{I_{y'}}z' = \frac{5LF}{\pi R_{\text{m}}^3 s}z'$$

$$\sigma_Z = \sigma\left(z' = R_{\text{m}}\right) = \frac{5LF}{\pi R_{\text{m}}^3 s}R_{\text{m}} = 5\frac{LF}{\pi R_{\text{m}}^2 s} = 50\frac{\text{N}}{\text{mm}^2}$$

$$\sigma_D = \sigma\left(z' = -R_{\text{m}}\right) = \frac{5LF}{\pi R_{\text{m}}^3 s}\left(-R_{\text{m}}\right) = -5\frac{LF}{\pi R_{\text{m}}^2 s} = -50\frac{\text{N}}{\text{mm}^2}$$

Betrachtet man wie in Abbildung 7.47 einen Balken, der weder zur xy-Ebene noch zur xz-Ebene symmetrisch ist, so verletzt man die bisher berücksichtigten Symmetriebedingungen und kann die Spannungen infolge der beiden Biegemomente M_y und M_z nicht unabhängig bestimmen und anschließend überlagern.

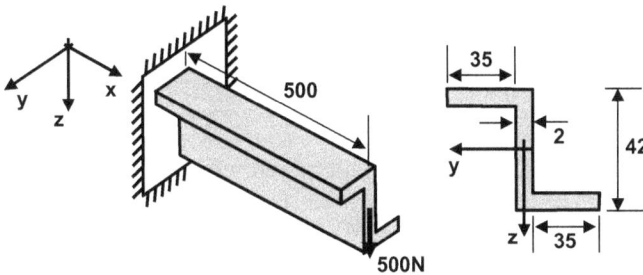

Abb. 7.47: Balken, der weder zur xy- noch zur xz-Ebene symmetrisch ist.

Da ein ebener Querschnitt bei der Verformung weiterhin eben bleiben soll, kann wieder ein linearer Spannungsansatz $\sigma(y, z)$ für die Normalspannung infolge der Biegemomente verwendet werden. Die Normalkraft sei gleich null und der Einfluss der Querkraft soll weiterhin vernachlässigt werden.

$$\sigma\left(y, z\right) = ay + bz$$

Die Gleichgewichtsbedingung für die Normalkraft ergibt, dass der Flächenmittelpunkt weiterhin im Koordinatenursprung ($y = z = 0$) liegen muss, da nur dann die beiden in der folgenden Gleichung auftretenden Integrale gleich null sein können (vgl. statisches Moment).

$$0 = N = \int_A \sigma dA = \int_A (ay + bz)dA = \int_A aydA + \int_A bzdA = a\int_A ydA + b\int_A zdA$$

Setzt man den Spannungsansatz in die Gleichgewichtsbedingungen für M_y und M_z ein, folgen zwei Bestimmungsgleichungen für die Konstanten a und b. Die Terme beinhalten die Flächenträgheitsmomente I_y und I_z. Der Wert der beiden zusätzlich auftretenden Integrale wird als **Deviationsmoment** I_{yz} bezeichnet.

$$M_y = \int_A z\sigma dA = \int_A z\,(ay + bz)dA = \int_A zay\,dA + \int_A zbz\,dA$$

$$= a\int_A zy\,dA + b\int_A z^2\,dA = aI_{yz} + bI_y$$

$$M_z = -\int_A y\sigma dA = -\int_A y\,(ay + bz)dA = -\int_A ay^2\,dA - \int_A ybz\,dA$$

$$= -a\int_A y^2\,dA - b\int_A yz\,dA = -aI_z - bI_{yz}$$

Die beiden Bestimmungsgleichungen können nach a und b aufgelöst und in den Spannungsansatz $\sigma(y, z) = ay + bz$ eingesetzt werden.

$$\sigma(y, z) = ay + bz = -\frac{1}{I_z}\frac{M_z + \frac{I_{yz}}{I_y}M_y}{1 - \frac{I_{yz}^2}{I_yI_z}}y + \frac{1}{I_y}\frac{M_y + \frac{I_{yz}}{I_z}M_z}{1 - \frac{I_{yz}^2}{I_yI_z}}z$$

Zur einfacheren Anwendung wird die Formel in 4 Teilformeln zerlegt.

$$p = 1 - \frac{I_{yz}^2}{I_yI_z} \qquad M_z^* = \frac{M_z + \frac{I_{yz}}{I_y}M_y}{p} \qquad M_y^* = \frac{M_y + \frac{I_{yz}}{I_z}M_z}{p}$$

$$\Rightarrow \quad \sigma(y, z) = -\frac{M_z^*}{I_z}y + \frac{M_y^*}{I_y}z$$

Für die Biegelinien $w(x)$ und $v(x)$ erhält man jeweils eine Differentialgleichung (siehe Anhang A7). Ebenso kann für die Energiemethode (vgl. Anhang A6) die entsprechende Bestimmungsgleichung angegeben werden.

$$w''(x) = -\frac{M_y^*}{EI_y} \qquad v''(x) = \frac{M_z^*}{EI_z} \qquad u_B = \int_c \frac{M_y^*M_{yE}}{EI_y} + \frac{M_z^*M_{zE}}{EI_z}dx$$

Ist das Deviationsmoment I_{yz} gleich null, folgt $p = 1$ und $M_y^* = M_y$ bzw. $M_z^* = M_z$. Ist dies erfüllt, sind die aufgeführten Berechnungsgleichungen identisch mit denen, bei welchen der Balken zu beiden Ebenen symmetrisch ist (vgl. Balken aus Abbildung 7.43). Dies bedeutet auch, dass ein Querschnitt, der zu beiden Ebenen symmetrisch ist, das Deviationsmoment $I_{yz} = 0$ besitzen muss. Somit hat auch das Deviationsmoment eines Rechtecks den Wert null.

Für die Bestimmung des Deviationsmoments I_{yz} eines allgemeinen Querschnitts zerlegt man diesen in n Rechtecke A_i mit der Breite B_i und der Höhe H_i. In jedem Flächenmittelpunkt y_i, z_i der Rechtecke definiert man gemäß Abbildung 7.48 ein Behelfskoordinatensystem $y_i' z_i'$.

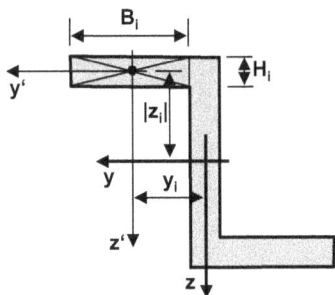

Abb. 7.48: Querschnitt zur Bestimmung des Deviationsmoments I_{yz}.

$$I_{yz} = \int_A yz\,dA = \sum_{i=1}^{n} \int_{A_i} yz\,dA = \sum_{i=1}^{n} \int_{A_i} \left(y_i' + y_i\right)\left(z_i' + z_i\right) dA$$

$$= \sum_{i=1}^{n} \int_{A_i} y_i'z_i' + y_i'z_i + y_i z_i' + y_i z_i\,dA$$

$$= \sum_{i=1}^{n} \int_{A_i} y_i'z_i'\,dA + \int_{A_i} y_i'z_i\,dA + \int_{A_i} y_i z_i'\,dA + \int_{A_i} y_i z_i\,dA$$

$$= \sum_{i=1}^{n} \int_{A_i} y_i'z_i'\,dA + z_i \int_{A_i} y_i'\,dA + y_i \int_{A_i} z_i'\,dA + y_i z_i \int_{A_i} dA$$

$$= \sum_{i=1}^{n} 0 + 0 + 0 + y_i z_i A_i = \sum_{i=1}^{n} y_i z_i A_i$$

Da der Gesamtquerschnitt in Rechtecke zerlegt ist, beschreibt das erste Integral innerhalb der Summe das Deviationsmoment eines Rechteckes bezüglich seines Flächenmittelpunktes, welches gleich null ist. Verwendet man beliebige Teilflächen, verschwindet dieses Integral nicht. Liegt der lokale Koordinatenursprung im Flächenmittelpunkt der Teilflächen, sind wie bei früheren Betrachtungen (vgl. statisches Moment) die Integrale zwei und drei gleich null. Somit muss bei einer Zerlegung des Querschnittes in Rechtecke nur das vierte Integral, der **Steinersche Anteil**, berücksichtigt werden. An der resultierenden Formel erkennt man, dass der Querschnitt lediglich zu einer Ebene symmetrisch sein muss, damit das Deviationsmoment I_{yz} gleich null ist.

Zur Untersuchung des Balkens aus Abbildung 7.47 wird die Querschnittsfläche gemäß Abbildung 7.49 in drei Teilflächen zerlegt.

Mit den Breiten $B_1 = 35\,\text{mm}$, $B_2 = 2\,\text{mm}$, $B_3 = 35\,\text{mm}$, den Höhen $H_1 = 2\,\text{mm}$, $H_2 = 42\,\text{mm}$, $H_3 = 2\,\text{mm}$ und den Koordinaten $y_1 = 18.5\,\text{mm}$, $z_1 = -20\,\text{mm}$, $y_2 = z_2 = 0$, $y_3 = -18.5\,\text{mm}$, $z_3 = 20\,\text{mm}$ der Flächenmittelpunkte erhält man die Flächen-

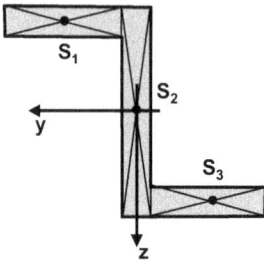

Abb. 7.49: Zerlegung des Querschnittes aus Abbildung 7.47 in drei Teilflächen.

trägheitsmomente $I_y = 68395\,\text{mm}^4$ und $I_z = 62235\,\text{mm}^4$.

$$I_{yz} = \sum_{i=1}^{3} y_i z_i A_i = 18.5\,\text{mm} \cdot (-20\,\text{mm}) \cdot 70\,\text{mm}^2 + 0 + (-18.5\,\text{mm}) \cdot 20\,\text{mm} \cdot 70\,\text{mm}^2$$

$$= -51800\,\text{mm}^4$$

Sucht man im Balken aus Abbildung 7.47 die maximalen Normalspannungen, so muss der Lagerungspunkt untersucht werden, da an dieser Stelle das Biegemoment mit $M_y = -250000\,\text{Nmm}$ seinen maximalen Betrag annimmt, während M_z über der gesamten Balkenlänge gleich null ist (vgl. Abbildung 7.51 links oben).

$$p = 1 - \frac{I_{yz}^2}{I_y I_z} = 1 - \frac{(-51800\,\text{mm}^4)^2}{68395\,\text{mm}^4 \cdot 62235\,\text{mm}^4} = 0.369$$

$$M_z^* = \frac{M_z + \frac{I_{yz}}{I_y}M_y}{p} = \frac{0 + \frac{-51800\,\text{mm}^4}{68395\,\text{mm}^4}(-250000\,\text{Nmm})}{0.369} = 513120\,\text{Nmm}$$

$$M_y^* = \frac{M_y + \frac{I_{yz}}{I_z}M_z}{p} = \frac{-250000\,\text{Nmm} + \frac{-51800\,\text{mm}^4}{62235\,\text{mm}^4}0}{0.369} = -677507\,\text{Nmm}$$

$$\sigma(y,z) = -\frac{M_z^*}{I_z}y + \frac{M_y^*}{I_y}z = -\frac{513120\,\text{Nmm}}{62235\,\text{mm}^4}y + \frac{-677507\,\text{Nmm}}{68395\,\text{mm}^4}z$$

$$= -8.24\frac{\text{N}}{\text{mm}^3}y - 9.91\frac{\text{N}}{\text{mm}^3}z$$

Die Spannungen werden gemäß Abbildung 7.50 an den vier Punkten A ($y = 1\,\text{mm}$, $z = 21\,\text{mm}$), B ($y = -36\,\text{mm}$, $z = 21\,\text{mm}$), C ($y = -1\,\text{mm}$, $z = -21\,\text{mm}$) und D ($y = 36\,\text{mm}$, $z = -21\,\text{mm}$) bestimmt, um den Verlauf grafisch darstellen zu können.

$$\sigma_A = \sigma(y = 1\,\text{mm}, z = 21\,\text{mm}) = -8.24\frac{\text{N}}{\text{mm}^3}1\,\text{mm} - 9.91\frac{\text{N}}{\text{mm}^3}21\,\text{mm}$$

$$= -216\frac{\text{N}}{\text{mm}^2}$$

$$\sigma_B = \sigma(y = -36\,\text{mm}, z = 21\,\text{mm}) = -8.24\frac{\text{N}}{\text{mm}^3}(-36\,\text{mm}) - 9.91\frac{\text{N}}{\text{mm}^3}21\,\text{mm}$$

$$= 89\frac{\text{N}}{\text{mm}^2}$$

$$\sigma_C = \sigma\,(y = -1\,\text{mm},\, z = -21\,\text{mm}) = -8.24\,\frac{\text{N}}{\text{mm}^3}\,(-1\,\text{mm}) - 9.91\,\frac{\text{N}}{\text{mm}^3}\,(-21\,\text{mm})$$

$$= 216\,\frac{\text{N}}{\text{mm}^2}$$

$$\sigma_D = \sigma\,(y = 36\,\text{mm},\, z = -21\,\text{mm}) = -8.24\,\frac{\text{N}}{\text{mm}^3}\,36\,\text{mm} - 9.91\,\frac{\text{N}}{\text{mm}^3}\,(-21\,\text{mm})$$

$$= -89\,\frac{\text{N}}{\text{mm}^2}$$

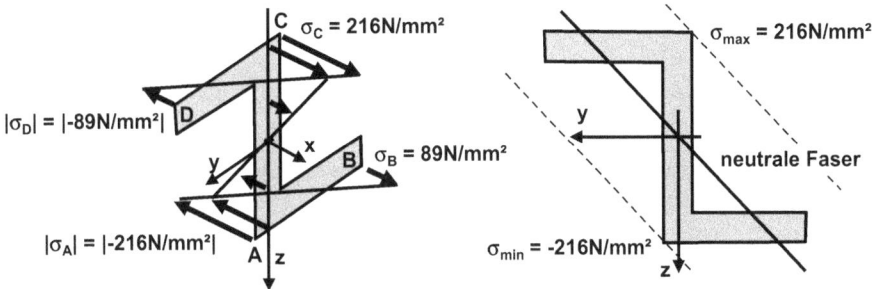

Abb. 7.50: Normalspannungsverlauf am Balkenanfang des Balkens aus Abbildung 7.47.

Die Geradengleichung der neutralen Faser erhält man, wenn man die Spannungsgleichung gleich null setzt.

$$0 = \sigma\,(y, z) = -8.24\,\frac{\text{N}}{\text{mm}^3}y - 9.91\,\frac{\text{N}}{\text{mm}^3}z \quad \Rightarrow \quad z = -0.83y$$

Für die Bestimmung der Verschiebung des Kraftangriffspunktes ist in Abbildung 7.51 links der Verlauf von M_y, M_z, M_y^* und M_z^* dargestellt.

Die beiden Momentenverläufe M_y^* und M_z^* sind Linearkombinationen von M_y und M_z und übernehmen daher deren Polynomordnung (linear bzw. Polynom erster Ordnung). Die Verschiebung wird mit der Energiemethode ermittelt, wobei der E-Modul $70000\,\text{N/mm}^2$ beträgt.

Eine senkrechte Einheitskraft wird am Kraftangriffspunkt angebracht, um die Verschiebung w in z-Richtung zu bestimmen. Es resultieren die in Abbildung 7.51 rechts oben dargestellten Verläufe für M_{yE} und M_{zE}.

$$w = u_B = \int_C \frac{M_y^* M_{yE}}{EI_y} + \frac{M_z^* M_{zE}}{EI_z}\,dx = \frac{-677507\,\text{Nmm} \cdot (-500\,\text{mm}) \cdot 500\,\text{mm}}{70000\,\frac{\text{N}}{\text{mm}^2} \cdot 68395\,\text{mm}^4 \cdot 3} + 0$$

$$= 11.79\,\text{mm}$$

Entsprechend wird eine waagrechte Einheitskraft in positive y-Richtung am Kraftangriffspunkt angebracht, um die Verschiebung v in y-Richtung zu bestimmen. Es resul-

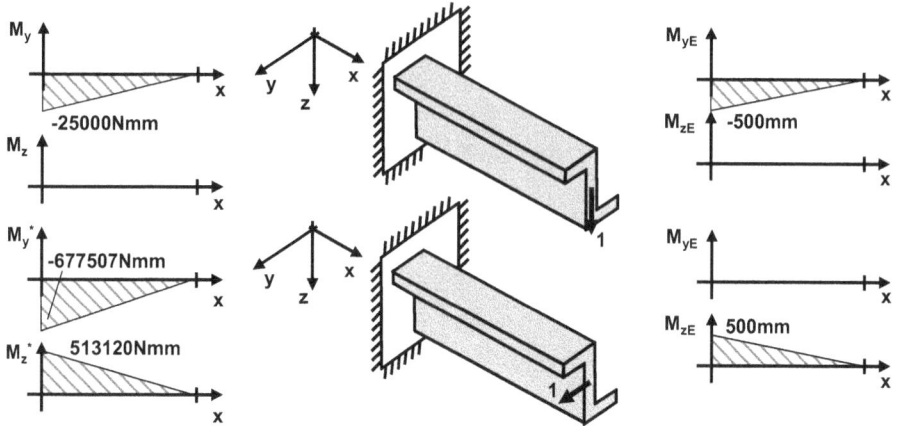

Abb. 7.51: Einheitskräfte und Momentenverläufe am Bauteil aus Abbildung 7.47 zur Verschiebungsberechnung des Kraftangriffspunktes.

tieren die in Abbildung 7.51 rechts unten dargestellten Verläufe für M_{yE} und M_{zE}.

$$v = u_B = \int_c \frac{M_y^* M_{yE}}{EI_y} + \frac{M_z^* M_{zE}}{EI_z} dx = 0 + \frac{513120\,\text{Nmm} \cdot 500\,\text{mm} \cdot 500\,\text{mm}}{70000\,\frac{\text{N}}{\text{mm}^2} \cdot 62235\,\text{mm}^4 \cdot 3} = 9.82\,\text{mm}$$

Aufgaben zu Kapitel 7.6

Aufgabe 7.6.1

Der Rahmen ist aus einem quadratischen dünnwandigen Profil mit der Kantenlänge H und der Wandstärke s aufgebaut und wird von einem Seil gehalten. Die Abmessungen der reibungsfreien Rolle sind zu vernachlässigen. Die Lager A, B, C und D haben die gleiche y-Position. Das Lager D liegt über dem Lager B (tan α = 4/3, L = 1000 mm, H = 50 mm, F = 200 N, E = 200000 N/mm^2, G = $E/3$, s = 1 mm, $EA_{\text{Seil}} = 10^7/3$ N). Zu bestimmen ist die senkrechte Absenkung des Kraftangriffspunktes infolge der Momente und der Verlängerung des Seils. Wie groß ist die maximale Vergleichsspannung σ_V nach Mises infolge der Momente im Querbalken B1 (Lösung: u = 17.25 mm, σ_V = 82.61 N/mm^2)?

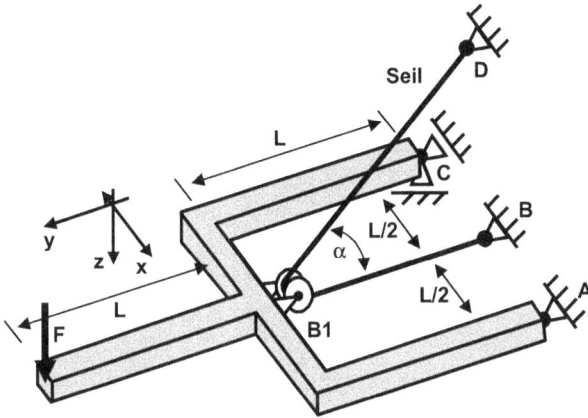

Aufgabe 7.6.2

An den Lagern A und B können die Kräfte F_{Ax}, F_{Ay}, F_{Az}, F_{Bx} und F_{Bz} erzeugt werden. Zusätzlich wird das Bauteil durch eine Kette gehalten, die über eine reibungsfreie Rolle geführt ist. Der Angriffspunkt der Kraft $175F$ liegt exakt unterhalb der Rolle. Der Querschnitt des Bauteils besteht aus einem dünnwandigen Quadrat mit der Kantenlänge H und der Wandstärke s. Gesucht ist im Balken AB am Ort der maximalen Normalspannung der Verlauf der Normalspannungen über dem Querschnitt und die Absenkung des Kraftangriffspunktes. Nur die Momente sind zu berücksichtigen ($LF/(H^2 s) = 1\,\text{N/mm}^2$, $G = E/3$, $EH^3 s/(FL^3) = 1146121/(70\,\text{mm})$) (Lösung: $\sigma_{max} = 444\,\text{N/mm}^2$, $u = 10\,\text{mm}$).

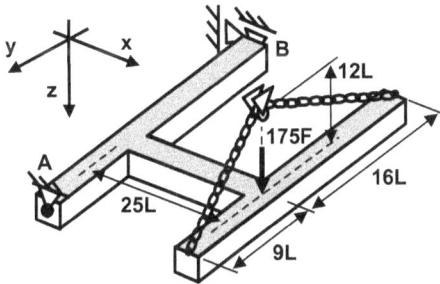

Aufgabe 7.6.3

Ein Wasserrad mit der Gewichtskraft $3F$ treibt einen Generator an. Mit dem nicht eingezeichneten Wasser wird am Punkt C eine senkrechte Kraft F auf das Rad ausgeübt. Weitere Gewichtskräfte müssen nicht berücksichtigt werden. Die Welle ist dünnwandig mit dem mittleren Radius $R_m = L/2$ und der Wandstärke s. Zwischen Riemen und Welle wirkt der Haftreibungskoeffizient $\mu = \ln(3)/\pi$. Wie groß ist die maximale Vergleichsspannung σ_V nach Mises in der Welle ($F/(Ls)$ = 16.3767 N/mm²)? Nur die Momente sind zu berücksichtigen (Lösung: σ_V = 100 N/mm²).

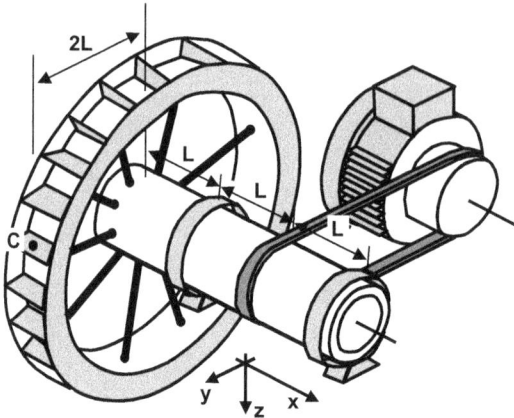

Aufgabe 7.6.4

Am Punkt B übt der Mann eine Kraft $3F$ in negativer y-Richtung aus. Mit der anderen Hand können am Punkt A nur Kräfte erzeugt werden. Am Punkt C wirken Kräfte und ein senkrechtes Reibmoment auf den Bohrer. Zwischen dem Reibmoment M_R und der Normalkraft F_N gilt bei C: $M_R = LF_N$. Der Bohrer besteht aus einem kreisrunden dünn-wandigen Profil mit dem Radius R_m und der Wandstärke s. Nur die Momente sind zu berücksichtigen (F = 100 N, L = 100 mm, s = 2 mm). Wie groß muss R_m gewählt werden, wenn die maximale Vergleichsspannung im Balken DE σ_V = 200/πN/mm² betragen soll (Lösung: R_m = 10 mm)?

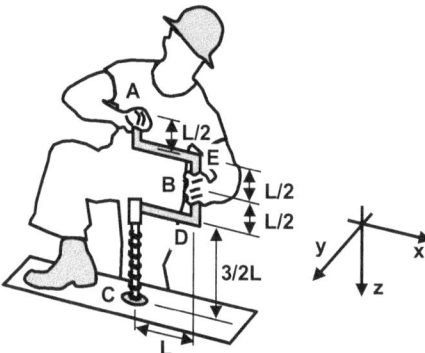

Aufgabe 7.6.5
Für die Berechnung kann die Kurbelwelle als durchgehend betrachtet werden. Die Mittelpunkte der Welle und der beiden Zahnräder Z_1 und Z_2 haben die gleichen z-Koordinaten. Ebenso der Punkt P, der in y-Richtung 40 mm vom Mittelpunkt der Welle verschoben ist. Der Punkt Q liegt 96 mm oberhalb der Welle. Die Zahnräder haben die Radien R_1 = 25 mm (Z_1) und R_2 = 37.5 mm (Z_2). Sie übertragen am Außenradius nur senkrechte Kräfte. Mit dem Moment M = 18 Nm, der senkrechten Druckkraft F_D, der Stützkraft F_S und den Kräften an den Lagern A und B ist das Bauteil im Gleichgewicht, wobei F_D und F_S auf den Kolben wirken. Gesucht ist die maximale Vergleichsspannung σ_V nach Mises in der Welle, wenn ihr Außenradius R_a = 12 mm und ihr Innenradius R_i = 10 mm beträgt. Es sind nur die Momente zu berücksichtigen (Lösung: σ_V = 16.7 N/mm^2).

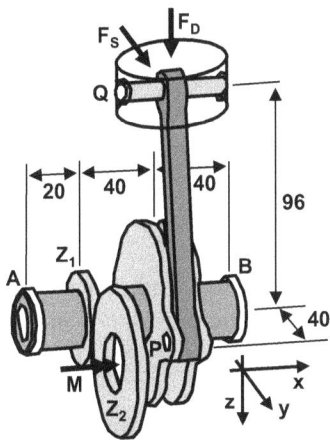

Aufgabe 7.6.6
Ein Fahrradanhänger ist zu untersuchen. Der Teilarm AB ist ein dünnwandiges, nach innen geöffnetes U-Profil mit den Kantenlängen U und der Wandstärke s ($U = L/25$, $s = U/5$, L = 500 mm, F = 40 N). Gesucht ist die maximale Vergleichsspannung σ_V nach Mises im Teilarm AB infolge der inneren Momente (Lösung: σ_V = 179.8 N/mm^2).

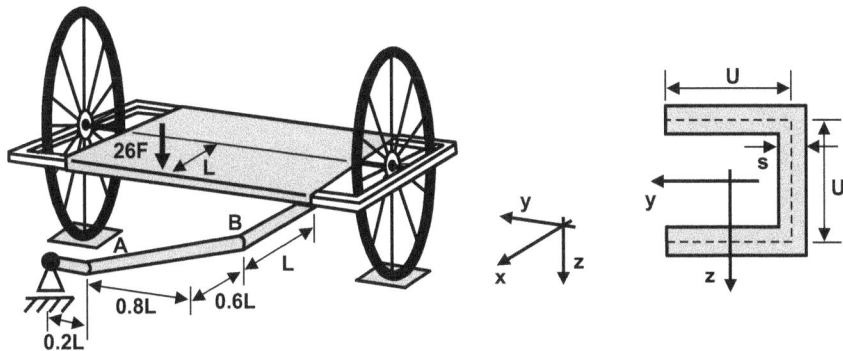

Aufgabe 7.6.7

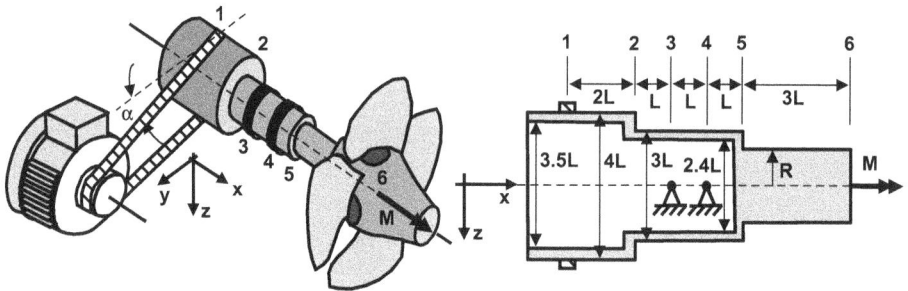

Auf das Laufrad der Turbine wirkt das Moment $M = 800LF$. Turbinenwelle und Generatorwelle liegen auf der gleichen z-Höhe. Für den Riemenwinkel gilt $\tan \alpha = 7/24$. Zwischen Riemen und Welle wirkt der Haftreibungskoeffizient $\mu = 0.4339$. Der Radius R ist so zu wählen, dass zwischen den Querschnitten 2 und 5 bzw. 5 und 6 die gleichen maximalen Vergleichsspannungen σ_V nach Mises auftreten. Zu berücksichtigen sind nur die Momente (Lösung: $R = 0.9L$).

Aufgabe 7.6.8
Es gibt keine Kräfte in x-Richtung. Am Rad E wirkt zwischen Rad und Riemen der Haftreibungskoeffizient $\mu = \ln(16)/\pi$. Die Welle AD, die an den Punkten A und C gelagert ist, hat ein kreisrundes Vollprofil mit dem Radius R ($\sin \alpha = 0.6$, $LF/R^3 = 0.6597\,\text{N/mm}^2$, $L^2/(ER) = 1.7858\,\text{mm}^3/\text{N}$).
a) Wie groß sind die Riemenkräfte und der minimal zulässige Haftreibungskoeffizient am Rad B (Lösung: $\mu_B = 1.04$)?
b) Welchen Betrag hat die maximale Vergleichsspannung σ_V nach Mises in der Welle AD (Lösung $\sigma_V = 10\,\text{N/mm}^2$)?
c) Um wie viel Prozent könnte man den Radius der Welle im Bereich AB reduzieren, wenn dort die maximale Vergleichsspannung $\sigma_V = 10\,\text{N/mm}^2$ wirksam sein soll (Lösung: $\Delta R = 30\,\%$)?
d) Wie groß ist ohne die Modifikation von c) die Verschiebung v des Rades D in y-Richtung (Lösung: $v = 3\,\text{mm}$)?

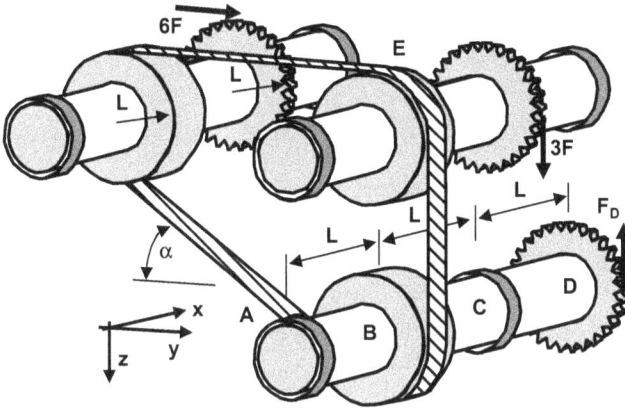

7.7 Schubspannung infolge der Querkraft $Q = Q_z$

Zerschneidet man den in Abbildung 7.52 links dargestellten dünnwandigen Balken ($s \ll H$) an den beiden Positionen 1 und 2, sind an den beiden Schnittstellen die rechts eingezeichneten Spannungen wirksam.

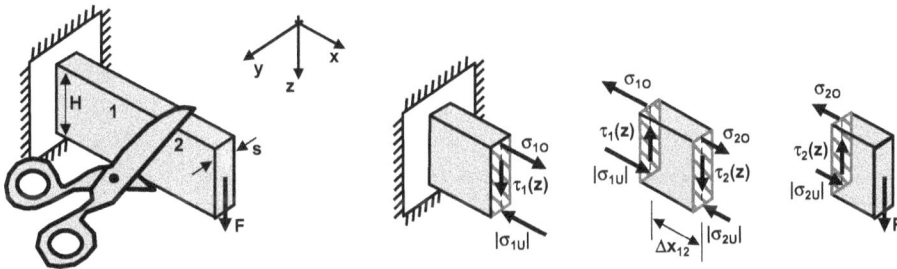

Abb. 7.52: Dünnwandiger, an zwei Stellen geschnittener Balken mit wirksamen Spannungen.

An der Balkenoberseite erhält man die Zugspannungen σ_{10} und σ_{20}, an der Unterseite die Druckspannungen σ_{1U} und σ_{2U}. Tangential wirken in den Schnittflächen die Schubspannungen $\tau_1(z)$ und $\tau_2(z)$, die infolge der Dünnwandigkeit unabhängig von y sind und die näher betrachtet werden sollen. Wie in Kapitel 6.1 gezeigt, sind die Normalspannungen σ und die Schubspannungen τ nicht voneinander unabhängig.

$$\frac{d\sigma_x}{dx} = -\frac{d\tau}{du} \quad \text{(Kapitel 6.1)} \quad \Rightarrow \quad \frac{d\sigma}{dx} = -\frac{d\tau}{dz} \quad \text{(mit } \sigma = \sigma_x \text{ und } z = u\text{)}$$

In positiver x-Richtung reduziert sich der Betrag des inneren Biegemoments und somit auch die Beträge der Normalspannungen.

$$\frac{\sigma_{2O} - \sigma_{1O}}{\Delta x_{12}} < 0 \quad (\sigma_{1O} > \sigma_{2O}, \text{ beide positiv}) \quad \Rightarrow \quad \frac{d\sigma}{dx} < 0 \quad \Rightarrow \quad \frac{d\tau}{dz} > 0$$

$$\frac{\sigma_{2U} - \sigma_{1U}}{\Delta x_{12}} > 0 \quad (\sigma_{1U} < \sigma_{2U}, \text{ beide negativ}) \quad \Rightarrow \quad \frac{d\sigma}{dx} > 0 \quad \Rightarrow \quad \frac{d\tau}{dz} < 0$$

Daraus folgt, dass die Schubspannung τ in der oberen Balkenhälfte in z-Richtung zunimmt und in der unteren Hälfte reduziert wird. Dies bedeutet, dass die Schubspannung τ nicht, wie bei den bisherigen Betrachtungen angenommen, über dem Querschnitt konstant ist.

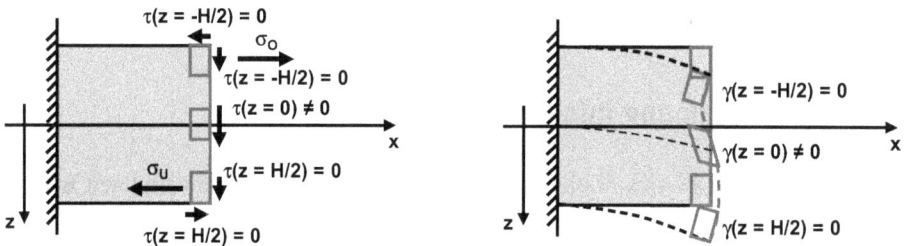

Abb. 7.53: Spannungen und Verformungen am Querschnitt 1 des Balken aus Abbildung 7.52.

In Abbildung 7.53 links sind in einer Schnittebene drei kleine Rechtecke markiert und die jeweils wirksamen Spannungen eingezeichnet. Da an der Ober- und Unterseite nichts frei- bzw. weggeschnitten wird, müssen die waagrechten Schubspannungen $\tau(z = -H/2)$ und $\tau(z = H/2)$ gleich null sein. Wie in Kapitel 6.1 gezeigt, sind die senkrechten Schubspannungen τ identisch mit den waagrechten. Daraus folgt, dass für den Balken aus Abbildung 7.52 eine Spannungsfunktion $\tau(z)$ gesucht ist, die folgende drei Kriterien erfüllt:

$$\tau\left(z = -\frac{H}{2}\right) = \tau\left(z = \frac{H}{2}\right) = 0 \quad \frac{d\tau\,(z < 0)}{dz} > 0 \quad \frac{d\tau\,(z > 0)}{dz} < 0$$

Bedingung zwei und drei ergeben, dass die Schubspannungsfunktion $\tau(z)$ für $z = 0$ den Maximalwert erreicht. Da die Schubspannung über das Hookesche Gesetz ($\tau = G\gamma$) mit der Winkelverzerrung γ verknüpft ist, ist diese an Ober- und Unterseite ebenso gleich null und hat in der Balkenmitte ein Maximum. Daher kann ein ursprünglich ebener Querschnitt nicht, wie bisher angenommen, bei der Verformung eben bleiben. Tatsächlich krümmt er sich wie in Abbildung 7.53 rechts dargestellt, s-förmig.

Die Änderung $d\tau$ der Schubspannung innerhalb eines kleinen Ausschnitts dA ist Ausgang zur Bestimmung der lokalen Schubspannung $\tau(z)$.

$$\frac{d\tau}{dz} = -\frac{d\sigma}{dx} = -\frac{d\left(\frac{M}{I_y}z\right)}{dx} = -\frac{dM}{dx}\frac{z}{I_y} = -Q\frac{z}{I_y}$$

$$\Rightarrow \quad d\tau = -Q\frac{z}{I_y}dz = -Q\frac{z}{I_y s}s\,dz = -Q\frac{z}{I_y s}dA$$

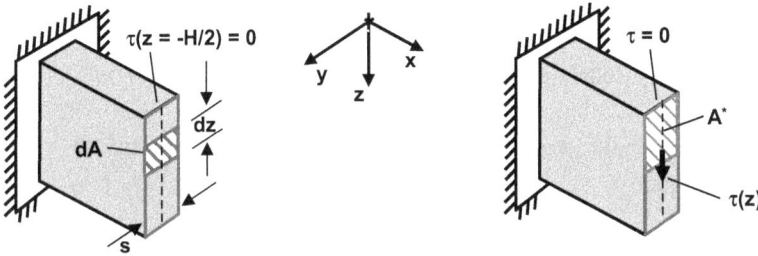

Abb. 7.54: Integrationsgebiete im Balkenquerschnitt zur Bestimmung der Schubspannung infolge Querkraft.

Beginnt man an der Oberkante ($z = -H/2$) des Balkens, an welcher die Schubspannung gleich null ist, und addiert alle Änderungen $d\tau$ innerhalb der Teilflächen dA, die zu durchlaufen sind, bis man die Stelle erreicht, an welcher die Schubspannung gesucht ist, auf, so erhält man die gesuchte lokale Schubspannung $\tau(z)$. Dies entspricht gemäß Abbildung 7.54 einer Integration über der Fläche A^*.

$$\tau(z) = \int\limits_{\tau(z=-H/2)=0}^{\tau(z)} d\tau = \int\limits_{A^*} -Q\frac{z}{I_y s}dA = -\frac{Q}{I_y s}\int\limits_{A^*} z\,dA = -\frac{Q}{I_y s}z_{s^*}A^* = \frac{Q}{I_y s}S_y^*$$

Dabei ist z_{s^*} die z-Koordinate des Flächenmittelpunktes von A^* und S_y^* das in Kapitel 3 eingeführte statische Moment der Fläche A^*.

$$\boxed{\tau(z) = \frac{Q}{I_y s}S_y^*} \quad \boxed{S_y^* = -z_{s^*}A^*}$$

Möchte man an vier Positionen des Querschnitts des Balkens aus Abbildung 7.52 die Schubspannungen $\tau(z_i)$, $i = 1, 2, 3, 4$ bestimmen, so müssen für die notwendigen statischen Momente S_{yi}^* gemäß Abbildung 7.55 die dazugehörenden Flächen A_i^* und die z-Koordinaten z_{si*} ihrer Flächenmittelpunkte ermittelt werden.

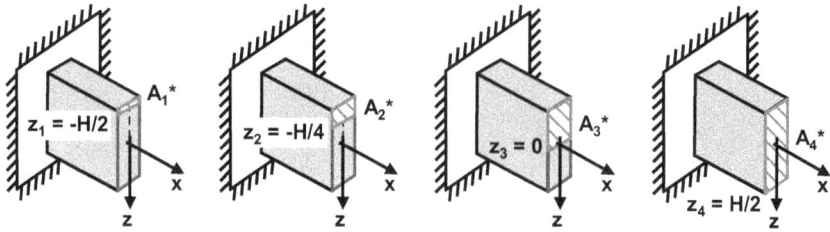

Abb. 7.55: Flächen A_i* zur Bestimmung der Schubspannungen an den Punkten z_1 bis z_4.

Für die Querkraft und das Flächenträgheitsmoment gilt $Q = F$ und $I_y = H^3 s/12$.

$$z_1 = -\frac{H}{2}: \quad A_1^* = 0 \cdot s = 0, \quad z_{s1^*} = -\frac{H}{2} \quad \Rightarrow \quad S_{y1}^* = 0 \quad \Rightarrow \quad \tau_1 = 0$$

$$z_2 = -\frac{H}{4}: \quad A_2^* = \frac{Hs}{4}, \quad z_{s2^*} = -\frac{3}{8}H \quad \Rightarrow \quad S_{y2}^* = \frac{3}{32}H^2 s \quad \Rightarrow \quad \tau_2 = \frac{9}{8}\frac{F}{Hs}$$

$$z_3 = 0: \quad A_3^* = \frac{Hs}{2}, \quad z_{s3^*} = -\frac{H}{4} \quad \Rightarrow \quad S_{y3}^* = \frac{H^2 s}{8} \quad \Rightarrow \quad \tau_3 = \frac{12}{8}\frac{F}{Hs}$$

$$z_4 = \frac{H}{2}: \quad A_4^* = Hs, \quad z_{s4^*} = 0 \quad \Rightarrow \quad S_{y4}^* = 0 \quad \Rightarrow \quad \tau_4 = 0$$

Die Ergebnisse an den Punkten 1 bis 4 lassen sich zu einer quadratischen Spannungs-funktion, die auf Höhe des Flächenmittelpunktes ($z = 0$) ihr Maximum besitzt, zu-sammenfassen. Für die maximale Schubspannung gilt $\tau_{max} = 3/2\tau_{mittel}$ mit $\tau_{mittel} = Q/A = F/(Hs)$.

$$\tau(z) = \frac{3}{2}\frac{F}{Hs}\left(1 - \left(\frac{2z}{H}\right)^2\right) \quad \tau_{max} = \tau(z=0) = \frac{3}{2}\frac{F}{Hs} = \frac{3}{2}\tau_{mittel}$$

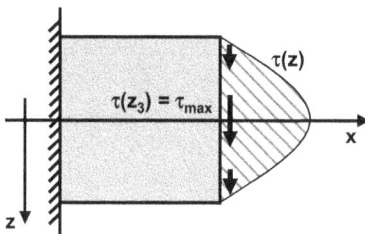

Abb. 7.56: Schubspannungsverlauf in einem Quer-schnitt des Balkens aus Abbildung 7.52.

Betrachtet man, wie in Abbildung 7.57 einen allgemeinen dünnwandigen Querschnitt, der aus senkrechten und waagrechten Rechtecken aufgebaut ist, so kann die beim senkrechten Querschnitt eingeführte Vorgehensweise übertragen werden. Waren beim senkrechten Rechteckprofil die Schubspannungen an der Ober- und Unterseite gleich null, so sind diese bei einem beliebigen Querschnitt immer dort gleich null, wo

die Profilmittellinie einen Anfang bzw. ein Ende besitzt. Während sich in den senkrechten Rechtecken die Schubspannungen quadratisch ändern, werden sie in den
waagrechten Rechtecken durch lineare Funktionen beschrieben. Betrachtet man zwei
Punkte eines senkrechten Querschnitts, so unterscheiden sich diese durch A^* und der
z-Koordinate des Flächenmittelpunktes von A^*. Daher ändert sich dort das statische
Moment S_y^* und somit auch die Schubspannung τ quadratisch. Bei Punkten innerhalb
einer waagrechten Fläche bleibt die z-Koordinate des Flächenmittelpunktes von A^*
unverändert, nur A^* ändert sich. Dadurch ändert sich das statische Moment S_y^* und
somit auch die Schubspannung τ linear.

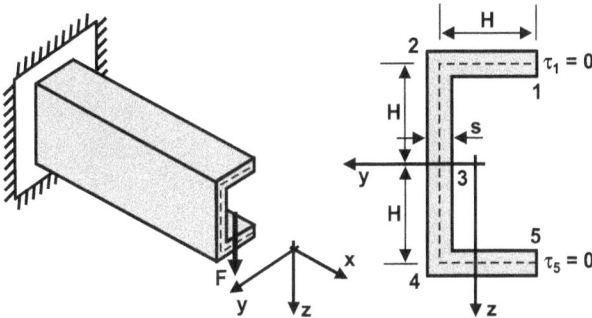

Abb. 7.57: Balken mit U-Profil zur Schubspannungsberechnung infolge der Querkraft.

Die Querkraft beträgt $Q = F$, das Flächenträgheitsmoment hat den Wert $I_y = 8/3H^3s$.
Am Punkt 1 in Abbildung 7.57 beginnt die Profilmittellinie, daher gilt $\tau_1 = 0$. Zwischen
den Punkten 1 und 2 ändert sich die Schubspannung linear. Daher ist es ausreichend,
im oberen waagrechten Rechteck die Schubspannung nur am Punkt 2 zu bestimmen.
Im senkrechten Rechteck ändert sich die Schubspannung quadratisch und erreicht
am Punkt 3 das Maximum, welches wiederum zu bestimmen ist. Die Werte der unteren
Hälfte sind symmetrisch zu den Werten der oberen Hälfte.
Für den Punkt 2 gilt $A_2^* = Hs$ und $z_{s2*} = -H$ (vgl. Abbildung 7.58 links).

$$S_{y2}^* = -z_{s2*} A_2^* = H^2 s \quad \Rightarrow \quad \tau_2 = \tau_4 = \frac{Q}{I_y s} S_{y2}^* = \frac{3}{8} \frac{F}{Hs}$$

Zur Bestimmung des statischen Moments S_{y3}^* zerlegt man die Fläche A_3^* wie in Abbil-
dung 7.58 Mitte dargestellt, in ein waagrechtes Rechteck $A_{31}^* = A_2^* = Hs$ mit $z_{s31*} = z_{s2*} = -H$ und in ein senkrechtes Rechteck $A_{32}^* = Hs$ mit $z_{s32*} = -H/2$ und berück-

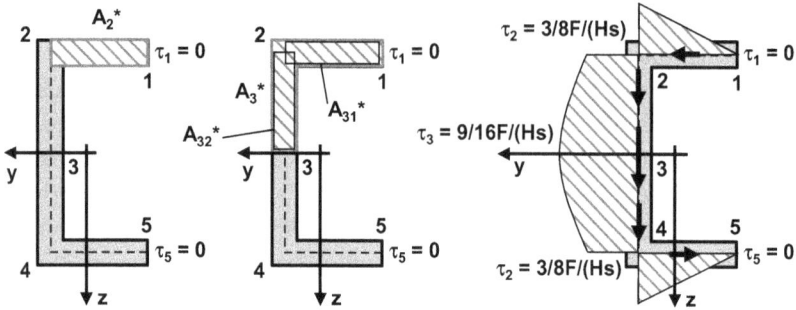

Abb. 7.58: Flächen A_i* und Schubspannungsverlauf im Querschnitt des Balkens aus Abbildung 7.57.

sichtigt die Formel zur Bestimmung des Gesamtflächenmittelpunktes.

$$S_{y3}^* = -z_{s3} \cdot A_3^* = -\frac{z_{s31} \cdot A_{31}^* + z_{s32} \cdot A_{32}^*}{A_3^*} A_3^*$$

$$= -z_{s31} \cdot A_{31}^* - z_{s32} \cdot A_{32}^* = S_{y2}^* - \left(-\frac{H}{2}\right) Hs = \frac{3}{2} H^2 s$$

$$\Rightarrow \quad \tau_3 = \frac{Q}{I_y s} S_{y3}^* = \frac{9}{16} \frac{F}{Hs}$$

Das statische Moment S_{y3}^* am Punkt 3 setzt sich aus dem statischen Moment S_{y2}^* am Punkt 2 und dem Zuwachs zwischen Punkt 2 und 3 zusammen. Die resultierenden waagrechten Schubspannungen in Abbildung 7.58 rechts ergeben die gegebene Querkraft $Q_y = 0$. Integriert man die senkrechten Schubspannungen über dem Querschnitt, erhält man die Querkraft $Q = Q_z = F$.

Sucht man wie in Abbildung 7.59 links und Mitte die Schubspannungen infolge Querkraft in einem Balken mit rechteckigem Querschnitt, so kann der Rechteckquerschnitt durch zwei U-Profile aufgebaut werden. In der waagrechten Mitte ($y = 0$, Punkte 1 und 5) sind die Schubspannungen gleich null. Mit der Querkraft $Q = F$ und dem Flächenträgheitsmoment $I_y = 2/3 H^3 s$ erhält man an den Punkten 1 bis 8 die in Abbildung 7.59 rechts dargestellten Schubspannungen.

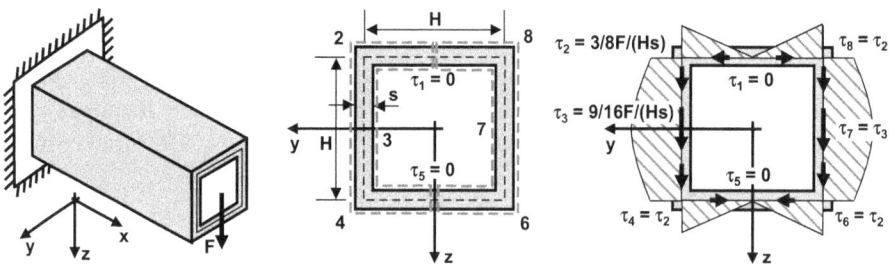

Abb. 7.59: Schubspannungen infolge der Querkraft Q in einem Balken mit Rechteckprofil.

Betrachtet man die Schubspannungen im rechten Teil des Balkens B1 (BA) aus Abbildung 7.21, so wirken in diesem Abschnitt das Torsionsmoment $M_t = -3LF$ und die Querkraft $Q = 3F$. Infolge des Torsionsmomentes folgt die Schubspannung $\tau_T = -24\,\text{N/mm}^2$ (vgl. Abbildung 7.23 rechts und 7.60 links). Für die Bestimmung der Schubspannung τ_Q infolge der Querkraft benötigt man das statische Moment in der Mitte der waagrechten Teilflächen ($S_{y1} = 0$), in den vier Eckpunkten ($S_{y2} = L^2 s/64$) und in den Mitten der senkrechten Teilflächen ($S_{y3} = 3L^2 s/128$) des Balkenquerschnittes. Daraus resultieren mit $F/(Ls) = 1\,\text{N/mm}^2$ die in Abbildung 7.60 Mitte dargestellten Schubspannungen $\tau_{Q1} = 0$, $\tau_{Q2} = 4.5\,\text{N/mm}^2$ und $\tau_{Q3} = 6.75\,\text{N/mm}^2$.

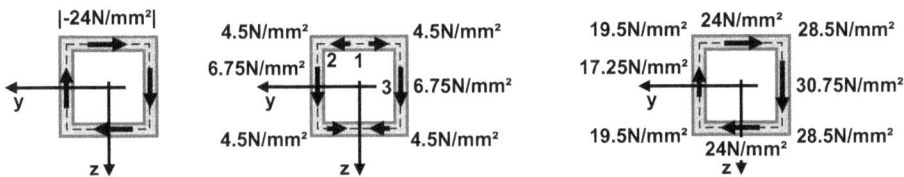

Abb. 7.60: Schubspannungen im rechten Teil des Balkens B1 aus Abbildung 7.21 links: Schubspannungen infolge des Torsionsmoments, Mitte: Schubspannungen infolge der Querkraft, rechts: Gesamtschubspannungen.

Die Überlagerung beider Schubspannungen ist in Abbildung 7.60 rechts dargestellt. Im linken Teil des Balkens B1 ($Q = -3F$) müssten die Schubspannungen infolge Querkraft entgegengesetzt eingezeichnet werden. Die Beträge würden sich nicht ändern. Für die Berechnung der maximalen Vergleichsspannung σ_V nach Mises im Bauteil muss der Punkt eines Querschnittes betrachtet werden, bei welchem die Kombination von Normalspannung und Schubspannung einen maximalen Wert ergibt. Dieser befindet sich unmittelbar nach der Mitte im rechten Teil des Balkens B1 an der unteren rechten Ecken des Querschnittes ($\sigma = -44\,\text{N/mm}^2$ (vgl. Abbildung 7.23 Mitte), $\tau_T + \tau_{Q2} = -28.5\,\text{N/mm}^2$). Dort erhält man die maximale Vergleichsspannung $\sigma_V = 66.1\,\text{N/mm}^2$.

$$\sigma_V = \sqrt{\sigma^2 + 3\tau^2} = \sqrt{\sigma_{\text{Druck}}^2 + 3\left(\tau_T + \tau_{Q2}\right)^2} = \sqrt{\left(-44\,\frac{\text{N}}{\text{mm}^2}\right)^2 + 3\left(-28.5\,\frac{\text{N}}{\text{mm}^2}\right)^2}$$

$$= 66.1\,\frac{\text{N}}{\text{mm}^2}$$

Die Formeln zur Bestimmung der Schubspannung infolge Querkraft wurden unter der Annahme einer konstanten Wandstärke s eingeführt. Durch die Berücksichtigung der Flächen A^* sind sie auch bei **variabler Wandstärke** s gültig. Es ist nur darauf zu achten, dass die lokale Wandstärke s berücksichtigt wird (vgl. Anhang A8).

Analog zum Rechteckprofil kann ein I-Profil, wie in Abbildung 7.61 dargestellt, in zwei offene U-Profile zerlegt werden. Dabei resultieren vier Punkte (1, 2, 8 und 9), an denen die Schubspannungen gleich null sind. Die Punkte 3 und 7 befinden sich im waagrechten Bereich der Profilmittellinie, die Punkte 4 und 6 liegen am Anfang bzw. am Ende des senkrechten Abschnitts der Profilmittellinie. Mit der Querkraft $Q = F$ und dem Flächenträgheitsmoment $I_y = 7/12H^3s$ ergeben sich die dargestellten Schubspannungen. Dabei ist zu beachten, dass im senkrechten Steg die Wandstärke der U-Profile lediglich $s/2$ beträgt.

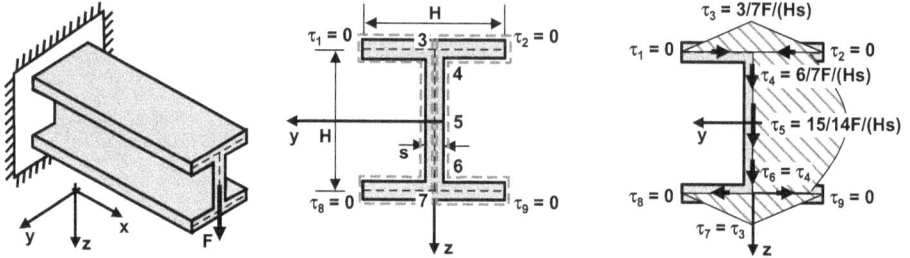

Abb. 7.61: Schubspannungen infolge der Querkraft Q in einem Balken mit I-Profil.

Bei einem dünnwandigen Kreisquerschnitt mit konstanter Wandstärke s muss die Änderung der Schubspannungen in Umfangsrichtung u betrachtet werden.

$$\frac{d\sigma_x}{dx} = -\frac{d\tau}{du} \quad \text{(Kapitel 6.1)} \quad \Rightarrow \quad \frac{d\sigma}{dx} = -\frac{d\tau}{du} \quad \text{(mit } \sigma = \sigma_x\text{)}$$

Die lokale Schubspannung wird gemäß Abbildung 7.62 in Abhängigkeit von α beschrieben. Die Änderung $d\tau$ der Schubspannung innerhalb einer kleinen Länge $du = R_m d\alpha$ ist Ausgang zur Bestimmung der lokalen Schubspannung $\tau(\alpha)$. Das Flächenträgheitsmoment beträgt $I_y = \pi R_m^3 s$ und die z-Koordinate kann durch $z = R_m \sin \alpha$ dargestellt werden.

$$\frac{d\tau}{du} = -\frac{d\sigma}{dx} = -\frac{d\left(\frac{M}{I_y}z\right)}{dx} = -\frac{dM}{dx}\frac{z}{I_y} = -Q\frac{R_m \sin \alpha}{\pi R_m^3 s} = -\frac{Q}{\pi R_m^2 s}\sin \alpha$$

$$\Rightarrow \quad d\tau = -\frac{Q}{\pi R_m^2 s}\sin \alpha \cdot du = -\frac{Q}{\pi R_m^2 s}\sin \alpha \cdot R_m d\alpha = -\frac{Q}{\pi R_m s}\sin \alpha \cdot d\alpha$$

Wie beim Rechteckprofil müssen in der waagrechten Mitte ($y = 0$, $\alpha = \pm\pi/2$) die Schubspannungen gleich null sein.

$$\tau(\alpha) = \int_{\tau(\alpha=-\frac{\pi}{2})=0}^{\tau(\alpha)} d\tau = \int_{-\frac{\pi}{2}}^{\alpha} -\frac{Q}{\pi R_m s}\sin \alpha \cdot d\alpha = \frac{Q}{\pi R_m s}\int_{-\frac{\pi}{2}}^{\alpha} -\sin \alpha \cdot d\alpha = \frac{Q}{\pi R_m s}\left[\cos \alpha\right]_{-\frac{\pi}{2}}^{\alpha}$$

$$= \frac{Q}{\pi R_m s}\cos \alpha$$

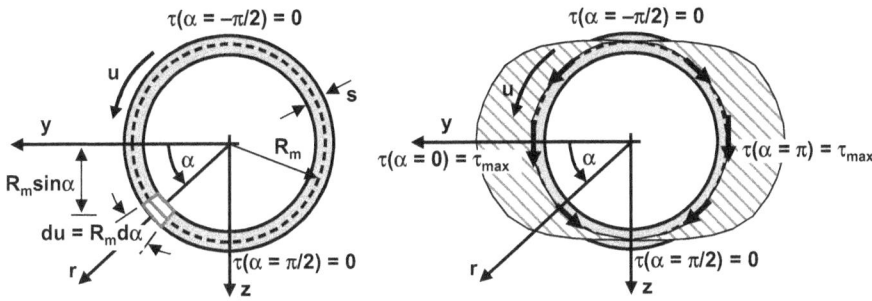

Abb. 7.62: Schubspannungen infolge der Querkraft Q bei einem dünnwandigen Kreisprofil.

Die dünnwandige Querschnittsfläche beträgt $A = 2\pi R_\mathrm{m} s$. Sie setzt sich aus dem Produkt der Länge $2\pi R_\mathrm{m}$ der Profilmittellinie mit der Wandstärke s zusammen. Damit ergibt sich, dass beim dünnwandigen Kreisprofil für die maximale Schubspannung $\tau_\mathrm{max} = 2\tau_\mathrm{mittel} = 2Q/A$ gilt.

$$\tau(\alpha) = \frac{2Q}{2\pi R_\mathrm{m} s}\cos\alpha = \frac{2Q}{A}\cos\alpha \quad \tau_\mathrm{max} = \tau(\alpha = 0) = \tau(\alpha = \pi) = \frac{2Q}{A}$$

Aufgaben zu Kapitel 7.7

Aufgabe 7.7.1
Der Klappmechanismus eines Bettrostes soll untersucht werden. Die Abmessungen der gleichmäßig angebrachten Latten, an denen die Belastungen $156G$ wirksam sind, sind zu vernachlässigen. Der Abschnitt AB hat den dargestellten Querschnitt $(G/(Hs) = 25/216\,\mathrm{N/mm^2})$. Mit dem Kosinussatz sind die Winkel α und β zu bestimmen. Der Verlauf der Schubspannungen im Abschnitt AB ist gesucht. Wie groß ist der prozentuale Fehler, wenn man statt der maximalen die mittlere Schubspannung verwendet (Lösung: $\tau_\mathrm{max} = 10\,\mathrm{N/mm^2}$, Fehler $\Delta\tau = 44.4\,\%$)?

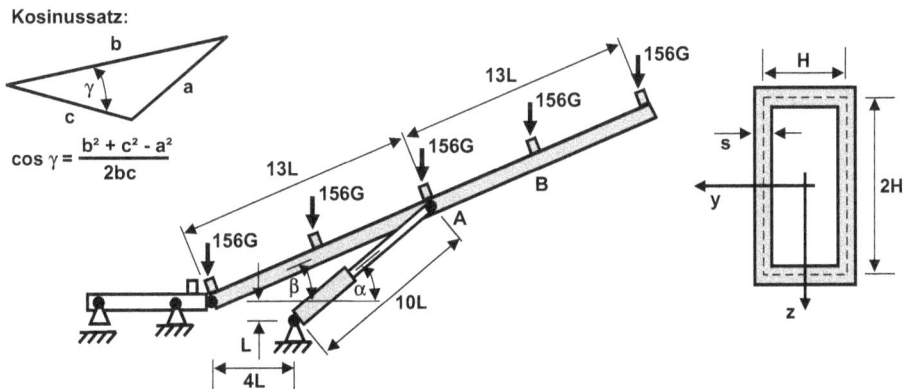

Aufgabe 7.7.2

Die beiden identischen linken Rollen mit dem Radius $2L$ der Nudelmaschine haben die Gewichtskraft G. Alles andere hat eine zu vernachlässigende Gewichtskraft. Die Reibung zwischen den Rollen und dem Riemen soll mit $\mu_R = \ln(3)/\pi$ berücksichtigt werden. Um den Teig auszuziehen, muss die Widerstandskraft $F_{Teig} = 13F$ überwunden werden. Die Kurbel, an der die Kraft F_H angreift, hat den dargestellten Querschnitt. Zwischen den Punkten 1 und 2 vergrößert sich das statische Moment um den Betrag $\Delta S_{y12} = R_m^2 s$. Wie groß sind die Beträge der maximalen und der mittleren Schubspannung in der Kurbel ($F/(R_m s) = (4+\pi)\,\text{N/mm}^2$) (Lösung: $\tau_{max} = 10\,\text{N/mm}^2$, $\tau_{mittel} = 3.47\,\text{N/mm}^2$)?

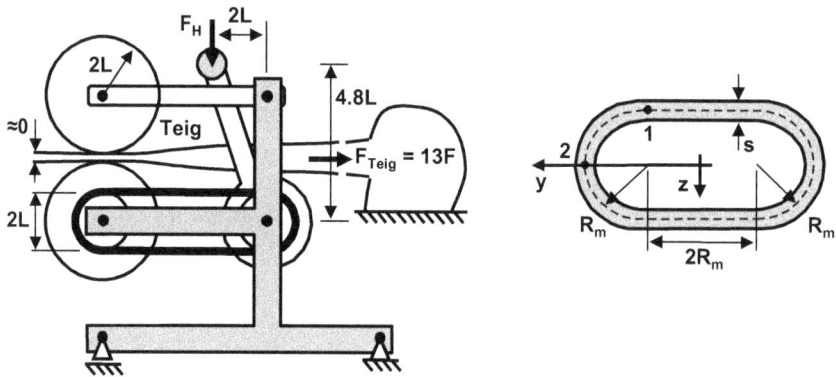

8 Eulerscher Knickstab

Bei dem in Abbildung 8.1 dargestellten Balken mit der Biegesteifigkeit EI_y soll die z-Koordinate a des Kraftangriffspunktes von F klein, aber ungleich null sein. Wenn F einen bestimmten Wert überschreitet, kann man beobachten, dass der Balken in z-Richtung ausweicht bzw. ausknickt. Mit den bisherigen Betrachtungen kann dieses Ausknicken nicht beschrieben werden. Der Grund liegt darin, dass die Gleichgewichtsbedingungen am unverformten Bauteil (vgl. Kapitel 1) bestimmt wurden. Dies stellt eine häufig ausreichende Vereinfachung dar.

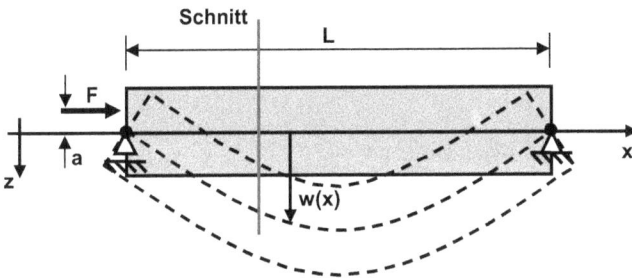

Abb. 8.1: Knickender Balken durch Kraft in Balkenrichtung.

Möchte man allerdings das Ausknicken bzw. die Verschiebung $w(x)$ beschreiben, darf diese Vereinfachung nicht angewandt werden. Die Gleichgewichtsbedingungen müssen am verformten Bauteil ausgewertet werden. Dazu wird der Balken gemäß Abbildung 8.2 quer zur x-Achse geschnitten und die notwendigen Schnittgrößen bestimmt.

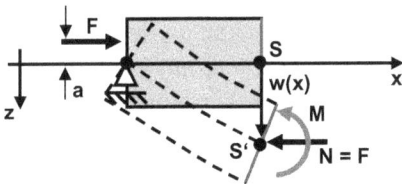

Abb. 8.2: Schnittgrößen am ausgeknickten Balken.

$$\sum M\big|_{S'} = 0: \quad M - (w(x) + a)F = 0 \quad \Rightarrow \quad M = (w(x) + a)F$$

Das Biegemoment M ist von der Auslenkung $w(x)$ abhängig. Es kann in die Differentialgleichung für die Biegelinie eingesetzt werden, bei welcher die Vereinfachung $k^2 = F/(EI_y)$ verwendet wird.

$$w''(x) = -\frac{M}{EI_y} = -\frac{1}{EI_y}(w(x) + a)F = -\frac{F}{EI_y}w(x) - \frac{F}{EI_y}a = -k^2w(x) - k^2a$$

$$\Rightarrow \quad w''(x) + k^2w(x) = -k^2a$$

DOI 10.1515/9783110481235-008

Die allgemeine Lösung dieser inhomogenen Differentialgleichung beinhaltet zwei Integrationskonstanten c_1 und c_2.

$$w(x) = c_1 \sin(kx) + c_2 \cos(kx) - a$$

Diese können mit den Randbedingungen $w(x = 0) = 0$ und $w(x = L) = 0$ bestimmt werden.

$$w(x = 0) = 0: \quad 0 = c_1 \sin(k \cdot 0) + c_2 \cos(k \cdot 0) - a \quad \Rightarrow \quad c_2 = a$$

$$w(x = L) = 0: \quad 0 = c_1 \sin(kL) + c_2 \cos(kL) - a \quad \Rightarrow \quad c_1 = a \frac{1 - \cos(kL)}{\sin(kL)}$$

Man erkennt, dass wenn $\sin(kL)$ gegen null strebt, die Integrationskonstante c_1 und somit auch die Auslenkung $w(x)$ unendlich groß werden. Damit $\sin(kL)$ gleich null wird, muss kL ein Vielfaches von π sein.

$$n\pi = kL = \sqrt{\frac{F}{EI_y}} L \quad \text{bzw.} \quad n^2\pi^2 = \frac{F}{EI_y} L^2 \quad \text{mit} \quad n = 0, 1, 2, 3, \ldots$$

$n = 0$ ergibt keine physikalisch sinnvolle Lösung. Für $n = 1$ erhält man die kleinste kritische Kraft F_{kritisch}, bei welcher c_1 gegen unendlich strebt bzw. der Balken ausknickt.

$$\pi^2 = \frac{F_{\text{kritisch}}}{EI_y} L^2 \quad \Rightarrow \quad \boxed{F_{\text{kritisch}} = \pi^2 \frac{EI_y}{L^2}}$$

Aufgaben zu Kapitel 8

Aufgabe 8.1

Der Stab AB besitzt einen kreisrunden Vollquerschnitt. Wie groß muss der Radius R_{AB} gewählt werden, dass der Stab weder knickt noch die Normalspannung den Grenzwert $\sigma_{\max} = 10\,\text{N/mm}^2$ überschreitet ($\tan\alpha = 3/4$, $\tan\beta = 12/5$, $F = 125\pi/104\,\text{N}$, $L^2/E = 0.625\pi^2\,\text{mm}^4/\text{N}$)? Der Stab CD hat einen kreisrunden Vollquerschnitt mit dem Radius $R_{CD} = 0.25832\,\text{mm}^{0.5} \cdot L^{0.5}$ und dem Elastizitätsmodul $E = 100000\,\text{N/mm}^2$. Wie lang darf er maximal sein, um nicht zu knicken (Lösung: $R_{AB} = 5\,\text{mm}$, $L_{CD} = 1.25L$)?

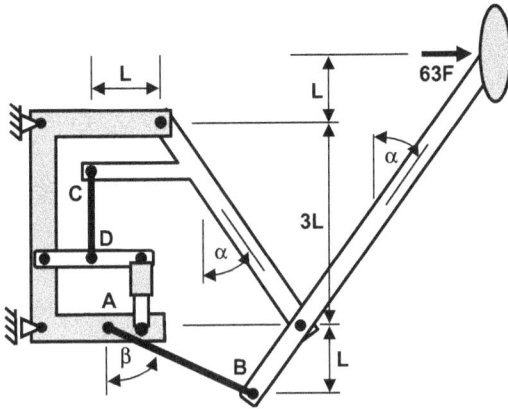

Aufgabe 8.2

Indem der Mann den Bremsklotz am Punkt C auf das Rad drückt, wird der Wagen mit der Gesamtgewichtskraft G im Gleichgewicht gehalten. Zwischen Rad und Bremsklotz wirkt der Haftreibungskoeffizient $\mu = 1$. Wie groß muss der Radius R des Stabes AB gewählt werden, damit dieser nicht knickt ($\tan \alpha = 3/4$, $GL^2/E = 625\pi \, \text{mm}^4$) (Lösung: $R = 10 \, \text{mm}$)?

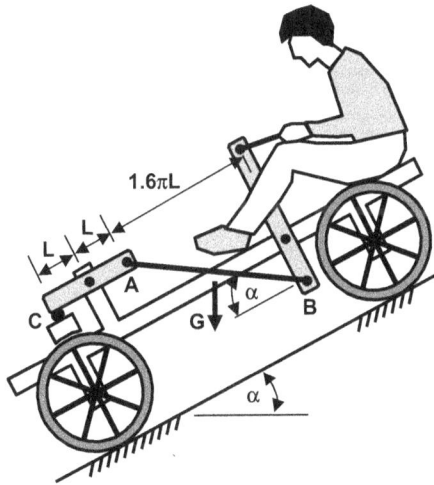

Anhang A

Anhang A1: Berechnung des Moments

In Kapitel 2 wird die Berechnung des Moments mit Hilfe des Kreuzproduktes definiert.

$$\vec{M} = \begin{pmatrix} M_x \\ M_y \\ M_z \end{pmatrix} = \vec{r} \times \vec{F} = \begin{pmatrix} r_x \\ r_y \\ r_z \end{pmatrix} \times \begin{pmatrix} F_x \\ F_y \\ F_z \end{pmatrix} = \begin{pmatrix} r_y F_z - r_z F_y \\ r_z F_x - r_x F_z \\ r_x F_y - r_y F_x \end{pmatrix}$$

Um die Berechnung des Betrages M des Momentes mittels BF, wobei B die Länge des Hebelarmes ist, zu begründen, wird gemäß Abbildung A1.1 links die Projektion des Punktes P_1 auf einen Vektor a betrachtet. Die Vektoren b und c stellen die Abstandsvektoren zwischen P_0 und P_1 bzw. P_0 und P_1' dar.

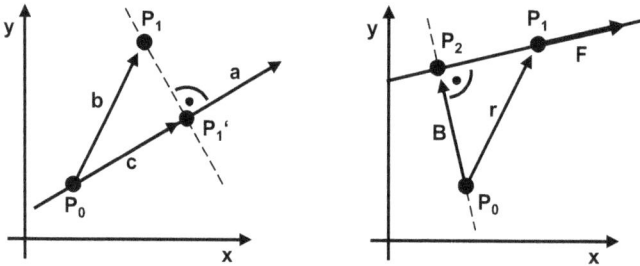

Abb. A1.1: Projektion eines Punktes auf einen Vektor und Übertragung auf Momentenberechnung.

Die Mathematik ermöglicht mit Hilfe des Skalarproduktes die Bestimmung der Koordinaten von P_1' bzw. des Abstandsvektors c.

$$\vec{c} = \frac{\left(\vec{b} \cdot \vec{a}\right)}{\left|\vec{a}\right|^2} \vec{a} = \frac{(b_x a_x + b_y a_y + b_z a_z)}{a^2} \vec{a}$$

Überträgt man dies auf die in Abbildung A1.1 rechts dargestellte Situation, so kann der Vektor des Hebelarmes B durch den Abstandsvektor r und die Kraft F beschrieben werden.

$$\vec{B} = \begin{pmatrix} B_x \\ B_y \\ B_z \end{pmatrix} = \vec{r} - \frac{\left(\vec{r} \cdot \vec{F}\right)}{F^2} \vec{F} = \begin{pmatrix} r_x \\ r_y \\ r_z \end{pmatrix} - \frac{r_x F_x + r_y F_y + r_z F_z}{F^2} \begin{pmatrix} F_x \\ F_y \\ F_z \end{pmatrix} = \begin{pmatrix} r_x \\ r_y \\ r_z \end{pmatrix} - \frac{p}{F^2} \begin{pmatrix} F_x \\ F_y \\ F_z \end{pmatrix}$$

mit $p = r_x F_x + r_y F_y + r_z F_z$

DOI 10.1515/9783110481235-001

Für die Quadrate der Beträge des Hebelarmes B und der Kraft F folgt:

$$B^2 = \left|\vec{B}\right|^2 = B_x^2 + B_y^2 + B_z^2 = \left(r_x - \frac{p}{F^2}F_x\right)^2 + \left(r_y - \frac{p}{F^2}F_y\right)^2 + \left(r_z - \frac{p}{F^2}F_z\right)^2$$

$$F^2 = \left|\vec{F}\right|^2 = F_x^2 + F_y^2 + F_z^2$$

Mit den Bestimmungsgleichungen für B^2 und F^2 kann deren Produkt bestimmt werden.

$$B^2 F^2 = \left(\left(r_x - \frac{p}{F^2}F_x\right)^2 + \left(r_y - \frac{p}{F^2}F_y\right)^2 + \left(r_z - \frac{p}{F^2}F_z\right)^2\right)F^2$$

$$= \left(r_x F - \frac{p}{F}F_x\right)^2 + \left(r_y F - \frac{p}{F}F_y\right)^2 + \left(r_z F - \frac{p}{F}F_z\right)^2$$

$$= \left(r_x^2 + r_y^2 + r_z^2\right)F^2 - 2p\left(r_x F_x + r_y F_y + r_z F_z\right) + \frac{p^2}{F^2}\left(F_x^2 + F_y^2 + F_z^2\right)$$

$$= \left(r_x^2 + r_y^2 + r_z^2\right)F^2 - 2p \cdot p + \frac{p^2}{F^2}F^2$$

$$= \left(r_x^2 + r_y^2 + r_z^2\right)F^2 - p^2$$

$$= \left(r_x^2 + r_y^2 + r_z^2\right)\left(F_x^2 + F_y^2 + F_z^2\right) - \left(r_x F_x + r_y F_y + r_z F_z\right)^2$$

$$= r_x^2 F_y^2 + r_x^2 F_z^2 + r_y^2 F_x^2 + r_y^2 F_z^2 + r_z^2 F_x^2 + r_z^2 F_y^2 - 2r_x r_y F_x F_y - 2r_x r_z F_x F_z - 2r_y r_z F_y F_z$$

$$= r_x^2 F_y^2 - 2r_x r_y F_x F_y + r_y^2 F_x^2 + r_x^2 F_z^2 - 2r_x r_z F_x F_z + r_z^2 F_x^2 + r_y^2 F_z^2 - 2r_y r_z F_y F_z + r_z^2 F_y^2$$

$$= \left(r_x F_y - r_y F_x\right)^2 + \left(r_x F_z - r_z F_x\right)^2 + \left(r_y F_z - r_z F_y\right)^2$$

Verwendet man das anfänglich eingeführte Kreuzprodukt für die Berechnung des Momentes, so können die drei zuletzt dargestellten Summanden durch M_z^2, M_y^2 und M_x^2 ersetzt werden.

$$B^2 F^2 = \left(r_x F_y - r_y F_x\right)^2 + \left(r_x F_z - r_z F_x\right)^2 + \left(r_y F_z - r_z F_y\right)^2$$

$$= M_z^2 + \left(-M_y\right)^2 + M_x^2 = M_z^2 + M_y^2 + M_x^2 = M^2 \quad \Rightarrow \quad BF = M$$

Anhang A2: Mohrscher Spannungskreis

Für die Herleitung der Bestimmungsgleichungen des Mohrschen Spannungskreises wird wie in Abbildung A2.1 an einem dünnwandigen Querschnitt ein kleines Dreieck freigeschnitten. Die Dünnwandigkeit ergibt einen ebenen Spannungszustand und den daraus resultierenden Mohrschen Spannungskreis.

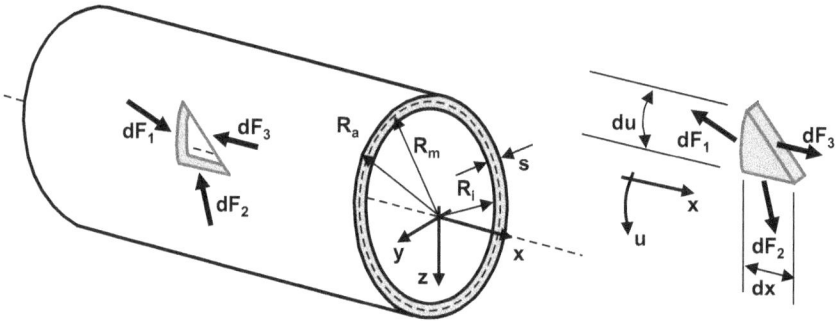

Abb. A2.1: Freigeschnittenes Dreieck an einem dünnwandigen Querschnitt.

Das Dreieck wird in die xu-Ebene projiziert und ein $\eta\varphi$-Koordinatensystem eingeführt. Die Schnittkräfte zerlegt man in Komponenten senkrecht und parallel zu den Schnittflächen und teilt sie durch den Flächeninhalt der Schnittflächen. Das in Abbildung A2.2 dargestellte Schnittbild resultiert.

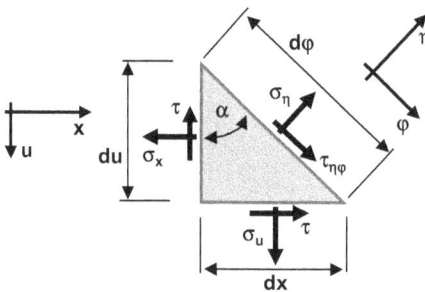

Abb. A2.2: Spannungen am freigeschnittenen Dreieck aus A2.1.

Zwischen den Dreiecksseiten gelten die Beziehungen $dx = \sin\alpha \cdot d\varphi$ und $du = \cos\alpha \cdot d\varphi$. Die Spannungen werden mit ihren Angriffsflächen multipliziert und die resultierenden Kräfte von σ_η und $\tau_{\eta\varphi}$ in waagrechte und senkrechte Komponenten zerlegt.

$$\sum F_x = 0: \quad 0 = -\sigma_x s du + \tau s dx + \sigma_\eta s d\varphi \cos\alpha + \tau_{\eta\varphi} s d\varphi \sin\alpha$$
$$\Rightarrow \quad 0 = -\sigma_x \cos\alpha + \tau \sin\alpha + \sigma_\eta \cos\alpha + \tau_{\eta\varphi} \sin\alpha$$
$$\sum F_u = 0: \quad 0 = \sigma_u s dx - \tau s du - \sigma_\eta s d\varphi \sin\alpha + \tau_{\eta\varphi} s d\varphi \cos\alpha$$
$$\Rightarrow \quad 0 = \sigma_u \sin\alpha - \tau \cos\alpha - \sigma_\eta \sin\alpha + \tau_{\eta\varphi} \cos\alpha$$

Die erste Kräftebilanz wird mit $\cos\alpha$, die zweite mit $\sin\alpha$ multipliziert. Die Differenz beider resultierenden Gleichungen wird gebildet und die Additionstheoreme $\sin^2\alpha + \cos^2\alpha = 1$, $\sin(2\alpha) = 2\sin\alpha\cos\alpha$ und $\cos(2\alpha) = \cos^2\alpha - \sin^2\alpha$ verwendet.

$$0 = -\sigma_x \cos^2\alpha + \tau\sin\alpha\cos\alpha + \sigma_\eta\cos^2\alpha + \tau_{\eta\varphi}\sin\alpha\cos\alpha$$
$$- \left(\sigma_u \sin^2\alpha - \tau\cos\alpha\sin\alpha - \sigma_\eta\sin^2\alpha + \tau_{\eta\varphi}\cos\alpha\sin\alpha\right)$$

$$\Rightarrow \qquad \sigma_\eta = \sigma_x \cos^2\alpha + \sigma_u \sin^2\alpha - 2\tau\sin\alpha\cos\alpha$$

$$= \sigma_x \cos^2\alpha + \sigma_u \sin^2\alpha - \tau\sin(2\alpha)$$

$$= \frac{\sigma_x}{2}\cos^2\alpha + \frac{\sigma_x}{2}\sin^2\alpha + \frac{\sigma_x}{2}\cos^2\alpha - \frac{\sigma_x}{2}\sin^2\alpha$$
$$+ \frac{\sigma_u}{2}\sin^2\alpha + \frac{\sigma_u}{2}\cos^2\alpha + \frac{\sigma_u}{2}\sin^2\alpha - \frac{\sigma_u}{2}\cos^2\alpha - \tau\sin(2\alpha)$$

$$= \frac{\sigma_x + \sigma_u}{2} + \frac{\sigma_x - \sigma_u}{2}\left(\cos^2\alpha - \sin^2\alpha\right) - \tau\sin(2\alpha)$$

$$= \frac{\sigma_x + \sigma_u}{2} + \frac{\sigma_x - \sigma_u}{2}\cos(2\alpha) - \tau\sin(2\alpha)$$

$$\Rightarrow \qquad \sigma_\eta - \frac{\sigma_x + \sigma_u}{2} = \frac{\sigma_x - \sigma_u}{2}\cos(2\alpha) - \tau\sin(2\alpha)$$

Analog wird die erste Kräftebilanz mit $\sin\alpha$ und die zweite mit $\cos\alpha$ multipliziert und die beiden resultierenden Gleichungen addiert.

$$0 = -\sigma_x \cos\alpha\sin\alpha + \tau\sin^2\alpha + \sigma_\eta\cos\alpha\sin\alpha + \tau_{\eta\varphi}\sin^2\alpha$$
$$+ \sigma_u \sin\alpha\cos\alpha - \tau\cos^2\alpha - \sigma_\eta\sin\alpha\cos\alpha + \tau_{\eta\varphi}\cos^2\alpha$$

$$\Rightarrow \qquad \tau_{\eta\varphi} = \sigma_x \sin\alpha\cos\alpha - \sigma_u \sin\alpha\cos\alpha + \tau\left(\cos^2\alpha - \sin^2\alpha\right)$$

$$= \frac{\sigma_x}{2}\sin(2\alpha) - \frac{\sigma_u}{2}\sin(2\alpha) + \tau\cos(2\alpha)$$

$$\Rightarrow \qquad \tau_{\eta\varphi} = \frac{\sigma_x - \sigma_u}{2}\sin(2\alpha) + \tau\cos(2\alpha)$$

Die beiden Bestimmungsgleichungen für σ_η und $\tau_{\eta\varphi}$ werden quadriert und anschließend addiert.

$$\left(\sigma_\eta - \frac{\sigma_x + \sigma_u}{2}\right)^2 + \tau_{\eta\varphi}^2 = \left(\frac{\sigma_x - \sigma_u}{2}\cos(2\alpha) - \tau\sin(2\alpha)\right)^2$$
$$+ \left(\frac{\sigma_x - \sigma_u}{2}\sin(2\alpha) + \tau\cos(2\alpha)\right)^2$$

$$\Rightarrow \qquad \left(\sigma_\eta - \frac{\sigma_x + \sigma_u}{2}\right)^2 + \tau_{\eta\varphi}^2 = \left(\frac{\sigma_x - \sigma_u}{2}\right)^2 + \tau^2$$

Mit $\sigma_\alpha = \sigma_\eta$ und $\tau_\alpha = \tau_{\eta\varphi}$ definiert die Gleichung in der $\sigma_\alpha\tau_\alpha$-Ebene den Mohrschen Spannungskreis mit dem Mittelpunkt $((\sigma_x + \sigma_u)/2, 0)$ und dem Radius $\sqrt{(\sigma_x - \sigma_u)^2/4 + \tau^2}$.

Anhang A3: Vergleichsspannung σ_V nach Mises

In einem kleinen Teilvolumen dV wird bei der Verformung die sogenannte Verformungsenergie dW_I gespeichert. Betrachtet man einen kleinen Ausschnitt eines dünnwandigen Querschnitts mit dem Volumen $dV = sdA$, so kann der Energiebetrag als Produkt von Spannungen, Dehnungen und dem Volumen angegeben werden (vgl. Anhang A6).

$$dW_I = \frac{1}{2}(\sigma_x \varepsilon_x + \sigma_u \varepsilon_u + \tau\gamma)\, sdA$$

Häufig bezieht man diese Energie dW_I auf das Volumen dV.

$$U = \frac{dW_I}{dV} = \frac{1}{2}(\sigma_x \varepsilon_x + \sigma_u \varepsilon_u + \tau\gamma)$$

Der ebene Spannungszustand wird dadurch berücksichtigt, dass die Normalspannungskomponente σ_r in der dritten Raumrichtung unberücksichtigt bleibt bzw. gleich null gesetzt wird. Dies bedeutet jedoch nicht, dass in der dritten Raumrichtung keine Dehnung ε_r auftritt. Gemäß der dreidimensionalen Erweiterung des Hookeschen Gesetzes ist ε_r von σ_x und σ_u abhängig und muss berücksichtigt werden.

$$\varepsilon_r = \frac{1}{E}(\sigma_r - \nu\sigma_x - \nu\sigma_u) = \frac{1}{E}(-\nu\sigma_x - \nu\sigma_u)$$

Eine mittlere Spannung σ_m und eine mittlere Dehnung ε_m werden eingeführt.

$$\sigma_m = \frac{1}{3}(\sigma_x + \sigma_u) \quad \varepsilon_m = \frac{1}{3}(\varepsilon_x + \varepsilon_u + \varepsilon_r)$$

Die mittlere Spannung entspricht bei Fluiden dem hydrostatischen Druck. Der Vorfaktor 1/3 zieht in Betracht, dass im Allgemeinen drei Normalspannungen zu berücksichtigen sind. Mit diesen mittleren Größen können sogenannte deviatorische Spannungs- und Dehnungsgrößen definiert werden.

$$
\begin{aligned}
s_x &= \sigma_x - \sigma_m & s_u &= \sigma_u - \sigma_m \\
s_r &= \sigma_r - \sigma_m = -\sigma_m & s_{xu} &= \tau \\
e_x &= \varepsilon_x - \varepsilon_m & e_u &= \varepsilon_u - \varepsilon_m \\
e_r &= \varepsilon_r - \varepsilon_m & e_{xu} &= \gamma/2
\end{aligned}
$$

Mit diesen Werten wird die auf das Volumen bezogene Energie U durch zwei Terme dargestellt, wobei der erste Term nur von den Größen σ_m und ε_m und der zweite nur von den deviatorischen Größen $s_x, s_u, s_r, s_{xu}, e_x, e_u, e_r, e_{xu}$ abhängig ist.

$$U = \frac{1}{2}\,(\sigma_x\varepsilon_x + \sigma_u\varepsilon_u + \tau\gamma + 3\sigma_m\varepsilon_m + s_xe_x + s_ue_u + s_re_r + 2s_{xu}e_{xu}$$

$$- 3\sigma_m\varepsilon_m - (\sigma_x - \sigma_m)\,(\varepsilon_x - \varepsilon_m) - (\sigma_u - \sigma_m)\,(\varepsilon_u - \varepsilon_m) - (-\sigma_m)\,(\varepsilon_r - \varepsilon_m) - 2\tau\gamma/2)$$

$$= \frac{3}{2}\sigma_m\varepsilon_m + \frac{1}{2}\,(s_xe_x + s_ue_u + s_re_r + 2s_{xu}e_{xu}) + \frac{1}{2}\,(\sigma_x\varepsilon_x + \sigma_u\varepsilon_u + \tau\gamma$$

$$- 3\sigma_m\varepsilon_m - \sigma_x\varepsilon_x + \sigma_x\varepsilon_m + \sigma_m\varepsilon_x$$

$$- \sigma_m\varepsilon_m - \sigma_u\varepsilon_u + \sigma_u\varepsilon_m + \sigma_m\varepsilon_u - \sigma_m\varepsilon_m + \sigma_m\varepsilon_r - \sigma_m\varepsilon_m - \tau\gamma)$$

$$= \frac{3}{2}\sigma_m\varepsilon_m + \frac{1}{2}\,(s_xe_x + s_ue_u + s_re_r + 2s_{xu}e_{xu}) = U_V + U_G$$

Der erste Summand wird als Volumenänderungsanteil U_V und der zweite als Gestaltänderungsanteil U_G der auf das Volumen bezogenen Energie U bezeichnet.

Die Gestaltänderungshypothese, aus welcher die Mises Vergleichsspannung resultiert, geht davon aus, dass die Belastung des Materials nur vom Gestaltänderungsanteil U_G abhängig ist. Zu ihrer Herleitung muss der darin vorkommende Term e_x mit Hilfe des verallgemeinerten Hookeschen Gesetzes (vgl. Kapitel 6.3) umgeformt werden.

$$e_x = \varepsilon_x - \frac{\varepsilon_x + \varepsilon_u + \varepsilon_r}{3} = \frac{2}{3}\varepsilon_x - \frac{1}{3}\varepsilon_u - \frac{1}{3}\varepsilon_r = \frac{2}{3E}\,(\sigma_x - v\sigma_u)$$

$$- \frac{1}{3E}\,(-v\sigma_x + \sigma_u) - \frac{1}{3E}\,(-v\sigma_x - v\sigma_u)$$

$$= \frac{1}{E}\left(\sigma_x - \frac{\sigma_x}{3} + v\sigma_x - v\frac{\sigma_x}{3} - \frac{\sigma_u}{3} - v\frac{\sigma_u}{3}\right) = \frac{1+v}{E}\,(\sigma_x - \sigma_m) = \frac{1}{2G}\,(\sigma_x - \sigma_m) = \frac{s_x}{2G}$$

Die weiteren deviatorischen Dehnungen können analog dargestellt werden.

$$e_u = \frac{s_u}{2G} \quad e_r = \frac{s_r}{2G} \quad e_{xu} = \frac{s_{xu}}{2G}$$

Der Gestaltänderungsanteil U_G kann damit in Abhängigkeit von σ_x, σ_u und τ beschrieben werden.

$$U_G = \frac{1}{2}\,(s_xe_x + s_ue_u + s_re_r + 2s_{xu}e_{xu}) = \frac{1}{4G}\,(s_xs_x + s_us_u + s_rs_r + 2s_{xu}s_{xu})$$

$$= \frac{1}{4G}\left((\sigma_x - \sigma_m)^2 + (\sigma_u - \sigma_m)^2 + (-\sigma_m)^2 + 2\tau^2\right) = \frac{1}{6G}\left(\sigma_x^2 - \sigma_x\sigma_u + \sigma_u^2 + 3\tau^2\right)$$

Bei einem eindimensionalen Spannungszustand, wie z. B. beim Zugversuch, bei welchem nur die Spannung σ_x ungleich null ist, kann diese gleich der gesuchten Vergleichsspannung σ_V gesetzt werden.

$$\sigma_V = \sigma_x$$

Die deviatorischen Spannungsterme ergeben sich dann für den eindimensionalen Spannungszustand in Abhängigkeit von σ_V.

$$s_x = \sigma_x - \sigma_m = \sigma_x - \frac{1}{3}\sigma_x = \sigma_V - \frac{1}{3}\sigma_V = \frac{2}{3}\sigma_V \quad s_{xu} = 0$$

$$s_u = \sigma_u - \sigma_m = -\sigma_m = -\frac{1}{3}\sigma_x = -\frac{1}{3}\sigma_V \qquad s_r = -\sigma_m = -\frac{1}{3}\sigma_x = -\frac{1}{3}\sigma_V$$

Setzt man die eindimensionalen deviatorischen Spannungsterme in die Gleichung für U_G ein, kann U_G für die eindimensionale Belastung in Abhängigkeit von σ_V angegeben werden.

$$U_G = \frac{1}{4G}\left(s_x s_x + s_u s_u + s_r s_r + 2 s_{xu} s_{xu}\right)$$

$$= \frac{1}{4G}\left(\left(\frac{2}{3}\sigma_V\right)^2 + \left(-\frac{1}{3}\sigma_V\right)^2 + \left(-\frac{1}{3}\sigma_V\right)^2 + 2\cdot 0^2\right) = \frac{\sigma_V^2}{6G}$$

Die für den eindimensionalen und den ebenen Spannungszustand gefundenen Energien U_G werden gleichgesetzt. Somit erhält man die gesuchte Vergleichsspannung nach Mises für den ebenen Spannungszustand.

$$\sigma_V = \sqrt{\sigma_x^2 - \sigma_x \sigma_u + \sigma_u^2 + 3\tau^2}$$

Anhang A4: Torsion dünnwandig geschlossener Querschnitte

Für die Herleitung der Bestimmungsgleichungen für die Schubspannung τ und des Verdrehwinkels φ infolge des Torsionsmoments wird, wie in Abbildung A4.1 dargestellt, ein kleines Rechteck freigeschnitten, welches in Umfangsrichtung u eine variable Wandstärke s besitzt. Laut Annahmen (vgl. Kapitel 7.3.2) sollen keine Normalspannungen wirksam sein. Somit sind an den vier Schnittflächen nur die vier in Abbildung A4.1 dargestellten Schubspannungen wirksam. Die Schubspannungen τ_A und τ_B werden bei der Betrachtung des Rechteckes nicht ausgewertet und werden daher nur allgemein bezeichnet.

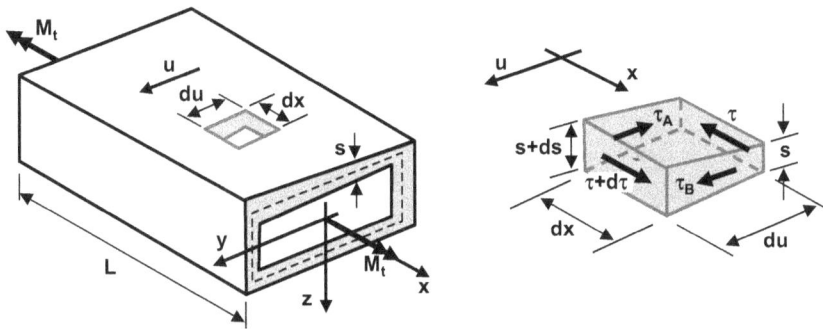

Abb. A4.1: Freigeschnittenes Rechteck an einem dünnwandigen geschlossenen Torsionsstab.

Mit der Kräftebilanz in x-Richtung kann gezeigt werden, dass der sogenannte **Schubfluss** $q = \tau s$ in Umfangsrichtung konstant ist, da seine Änderung dq gleich null ist.

$$\sum F_x = 0: \quad 0 = (\tau + d\tau)(s + ds)\,dx - \tau s\,dx$$

$$= d\tau s\,dx + \tau ds\,dx + d\tau ds\,dx = d\tau s\,dx + \tau ds\,dx$$

$$\Rightarrow \quad 0 = d\tau s + \tau ds = d(\tau s) = dq$$

Für die weiteren Untersuchungen wird gemäß Abbildung A4.2 ein Querschnitt des Torsionsstabs aus Abbildung A4.1 betrachtet.

Die zu erfüllende Gleichgewichtsbedingung aus Kapitel 6.1 ermöglicht, die Schubspannungen τ zu bestimmen.

$$M_t = \int_A r_s \tau\,dA = \oint r_s \tau s\,du = \oint r_s q\,du = q \oint r_s\,du = q \oint 2\,dA_m = 2q \oint dA_m$$

$$= 2q A_m = 2\tau s A_m$$

$$\Rightarrow \quad \tau = \frac{M_t}{2 A_m s}$$

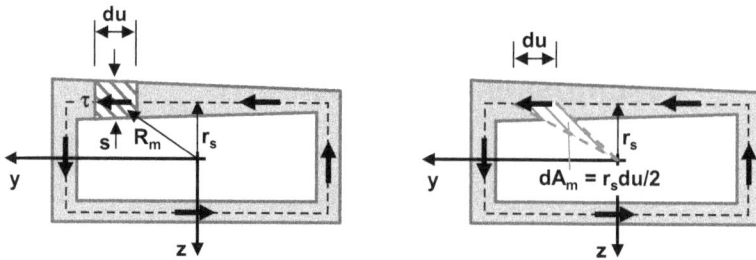

Abb. A4.2: Querschnitt mit Schubspannungen des Balkens aus Abbildung A4.1.

Dabei wird berücksichtigt, dass du die Grundseite und r_s die Höhe des Dreieckes dA_m beschreiben, dessen Inhalt, wie in Abbildung A4.2 rechts dargestellt, mittels $dA_m = r_s du/2$ berechnet werden kann. Die Summe aller Teilflächen dA_m ergibt die in Kapitel 7.3.2 eingeführte Fläche A_m.

Für die Bestimmung des Verdrehwinkels φ wird in Abbildung A4.3 ein kleiner Abschnitt mit der Länge dx des Balkens von Abbildung A4.1 betrachtet.

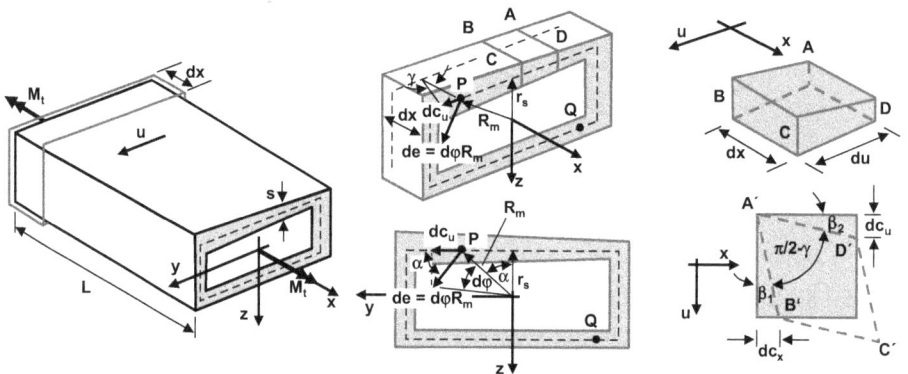

Abb. A4.3: Größen zur Bestimmung des Verdrehwinkels $d\varphi$ an einem kleinen Abschnitt des Balkens aus Abbildung A4.1.

Auf dem Querschnitt des Abschnittes wird gemäß Abbildung A4.3 Mitte der Punkt P markiert. Infolge der Verdrehung des Abschnittes um den Winkel $d\varphi$ wird der Punkt um $de = R_m \tan(d\varphi) = R_m d\varphi$ verschoben. Für den Verschiebungsanteil dc_u von de in Umfangsrechnung gilt $dc_u/de = \cos\alpha$. Der Winkel α kann auch durch $\cos\alpha = r_s/R_m$ bestimmt werden.

Zusätzlich wird ein kleines Rechteck ABCD freigeschnitten. Bei der Verformung entsteht, wie in Abbildung A4.3 rechts dargestellt, ein Parallelogramm A'B'C'D'. Da keine Normalspannungen vorhanden sind, bleiben die Längen der Kanten unverändert, nur die rechten Winkel werden zerstört. Für die beiden Verzerrungswinkel β_1

und β_2 gilt $dc_x/du = \tan\beta_1 = \beta_1$ und $dc_u/dx = \tan\beta_2 = \beta_2$. Die Summe der beiden ergibt die vorhandene Winkelverzerrung $\gamma = \beta_1 + \beta_2 = dc_x/du + dc_u/dx$.

$$\gamma = \frac{dc_x}{du} + \frac{dc_u}{dx} = \frac{dc_x}{du} + \frac{de \cdot \cos\alpha}{dx} = \frac{dc_x}{du} + \frac{R_m d\varphi \frac{r_s}{R_m}}{dx} = \frac{dc_x}{du} + \frac{d\varphi}{dx}r_s$$

Die Winkelverzerrung γ wird zweimal über den Umfang des Querschnittes integriert. Bei der ersten Integration wird γ durch den eben hergeleiteten Zusammenhang dargestellt, bei der zweiten durch das Hookesche Gesetz. Da bei der Integration über dem Umfang der Startpunkt die gleiche Verschiebung dc_x wie der Endpunkt besitzt, muss das Integral über dc_x/du gleich null sein. Außerdem bleibt laut der Annahme von Kapitel 7.3.2 der Querschnitt bei der Verformung erhalten, wodurch $d\varphi/dx$ über dem Querschnitt konstant ist.

$$\oint \gamma du = \oint \frac{dc_x}{du} + \frac{d\varphi}{dx}r_s du = \oint \frac{dc_x}{du}du + \oint \frac{d\varphi}{dx}r_s du = 0 + \frac{d\varphi}{dx}\oint r_s du = \frac{d\varphi}{dx}\oint r_s du$$
$$= \frac{d\varphi}{dx}2A_m$$

$$\oint \gamma du = \oint \frac{\tau}{G}du = \oint \frac{q}{Gs}du = \frac{q}{G}\oint \frac{du}{s} = \frac{\tau s}{G}\oint \frac{du}{s} = \frac{\frac{M_t}{2A_m s}s}{G}\oint \frac{du}{s} = \frac{M_t}{2A_m G}\oint \frac{du}{s}$$

Die beiden resultierenden Gleichungen werden gleichgesetzt.

$$\frac{d\varphi}{dx}2A_m = \frac{M_t}{2A_m G}\oint \frac{du}{s} \quad \Rightarrow \quad \frac{d\varphi}{dx} = \frac{M_t}{4A_m^2 G}\oint \frac{du}{s} = \frac{M_t}{G\frac{4A_m^2}{\oint \frac{du}{s}}} = \frac{M_t}{GI_t}$$

Die Gesamtverdrehung φ erhält man, indem man alle Teilverdrehungen $d\varphi$ aufaddiert.

$$\varphi = \int_L d\varphi = \int_L \frac{d\varphi}{dx}dx = \int_L \frac{M_t}{GI_t}dx = \frac{M_t}{GI_t}\int_L dx = \frac{M_t}{GI_t}L = \frac{M_t L}{GI_t}$$

Dass das Integral über dem Gesamtumfang von dc_x/du gleich null ist, bedeutet nicht, dass dc_x auch über dem Querschnitt gleich null ist.

$$\frac{dc_x}{du} = \gamma - \frac{d\varphi}{dx}r_s = \frac{\tau}{G} - \frac{d\varphi}{dx}r_s = \frac{\frac{M_t}{2A_m s}}{G} - \frac{M_t}{GI_t}r_s = \frac{M_t}{2GA_m s} - \frac{M_t}{GI_t}r_s = \frac{M_t}{G}\left(\frac{1}{2A_m s} - \frac{r_s}{I_t}\right)$$

Wählt man im Querschnitt von Abbildung A4.3 den Punkt P als Startpunkt mit der Verschiebung c_{xP} in x-Richtung, so kann die Verschiebung c_{xQ} des Punktes Q bestimmt werden.

$$c_{xQ} = \int_P^Q \frac{dc_x}{du}du + c_{xP} = \int_P^Q \frac{M_t}{G}\left(\frac{1}{2A_m s} - \frac{r_s}{I_t}\right)du + c_{xP}$$
$$= \frac{M_t}{G}\left(\int_P^Q \frac{1}{2A_m s}du - \int_P^Q \frac{r_s}{I_t}du\right) + c_{xP} = \frac{M_t}{G}\left(\frac{1}{2A_m}\int_P^Q \frac{du}{s} - \frac{1}{I_t}\int_P^Q r_s du\right) + c_{xP}$$

Die Beispielgeometrie aus Abbildung A4.4 mit der Höhe H, der Breite B und der konstanten Wandstärke s hat die Fläche $A_m = BH$ und das Torsionsflächenträgheitsmoment $I_t = 2B^2H^2s/(B+H)$. Im Punkt P wählt man die Verschiebung $c_{xP} = 0$.

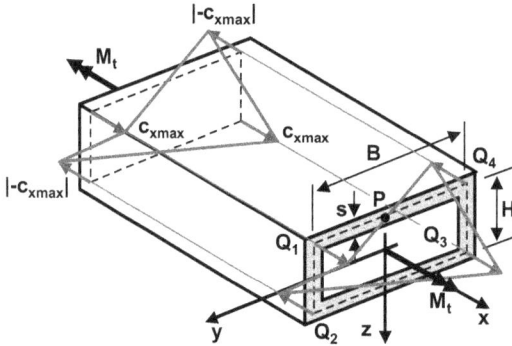

Abb. A4.4: Bestimmung der Verschiebung c_x infolge des Torsionsmoments.

Mit diesem Startpunkt können die Verschiebungen an den Punkten Q_1 und Q_2 bestimmt werden. Im Intervall von P nach Q_1 ist $r_s = H/2$ konstant und kann daher vor das Integral gezogen werden. Die beiden verbleibenden identischen Integrale haben den Wert $B/2$. Entsprechend ist im Intervall von Q_1 nach Q_2 $r_s = B/2$ und der Wert der Integrale H.

$$c_{xQ_1} = \frac{M_t}{G}\left(\frac{1}{2A_ms}\int_P^{Q_1}du - \frac{1}{I_t}\int_P^{Q_1}r_s\,du\right) = \frac{M_t}{G}\left(\frac{1}{2BHs}\frac{B}{2} - \frac{B+H}{2B^2H^2s}\frac{H}{2}\frac{B}{2}\right)$$

$$= \frac{M_t}{G}\frac{B-H}{8HBs} = c_{x\,max}$$

$$c_{xQ_2} = \frac{M_t}{G}\left(\frac{1}{2A_ms}\int_{Q_1}^{Q_2}du - \frac{1}{I_t}\int_{Q_1}^{Q_2}r_s\,du\right) + c_{xQ_1} = \frac{M_t}{G}\left(\frac{1}{2BHs}H - \frac{B+H}{2B^2H^2s}\frac{B}{2}H\right) + c_{xQ_1}$$

$$= \frac{M_t}{G}\frac{H-B}{8HBs} = -c_{x\,max}$$

Analog folgt für $c_{xQ3} = c_{x\,max}$ und $c_{xQ4} = -c_{x\,max}$. In Abbildung A4.4 ist der Fall $B > H$ dargestellt, wodurch $c_{x\,max} > 0$ folgt. Man erkennt zusätzlich, dass bei einem quadratischen Querschnitt mit $B = H$ keine Verschiebung in x-Richtung auftritt. Gleiches kann man bei einem dünnwandigen Kreisquerschnitt mit $A_m = \pi R_m^2$, $r_s = R_m$, $I_t = 2\pi R_m^3 s$ und $c_{xP} = 0$ beobachten.

$$c_{xQ} = \frac{M_t}{G}\left(\frac{1}{2A_ms}\int_P^Q du - \frac{1}{I_t}\int_P^Q r_s\,du\right) = \frac{M_t}{G}\left(\frac{1}{2\pi R_m^2 s}\int_P^Q du - \frac{1}{2\pi R_m^3 s}\int_P^Q R_m\,du\right)$$

$$= \frac{M_t}{G}\left(\frac{1}{2\pi R_m^2 s}\int_P^Q du - \frac{R_m}{2\pi R_m^3 s}\int_P^Q du\right) = 0$$

Anhang A5: Torsion dünnwandig offener Querschnitte

Für die Bestimmung der Schubspannung τ und des Verdrehwinkels φ infolge des Torsionsmoments wird, wie in Abbildung A5.1 links dargestellt, der Querschnitt in n Rechtecke mit der Länge U_i und der konstanten Wandstärke s_i zerteilt. Einzelne Rechtecke können wiederum, wie in Abbildung A5.1 rechts angedeutet, aus unendlich vielen, ineinander verschachtelten, geschlossenen, dünnwandigen Rechtecken aufgebaut werden. Von der Profilmittellinie ausgehend haben diese Rechtecke die Länge bzw. die Breite U_i, die Höhe $2r$ und die Wandstärke dr.

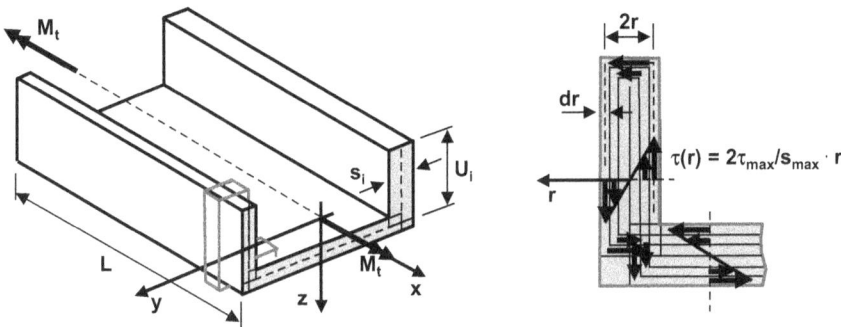

Abb. A5.1: Freigeschnittener Teilbereich an einem dünnwandigen offenen Torsionsstab.

Innerhalb eines dünnwandigen geschlossenen Profils ist die konstante Schubspannung $\tau(r)$ wirksam. Für diese Spannungsfunktion wird ein linearer Ansatz verwendet.

$$\tau(r) = 2\frac{\tau_{max}}{s_{max}}r$$

Innerhalb dieses dünnwandigen geschlossenen Rechtecks ist das Teilmoment $dM_{t,i}$ wirksam. Ebenso kann für jedes dieser Rechtecke ein Torsionsflächenträgheitsmoment $dI_{t,i}$ ermittelt werden. Bei der Berechnung des Umfangs U_m wird die Bedingung für die Dünnwandigkeit $2r \ll U_i$ ausgenutzt.

$$dM_{t,i} = 2A_m dr\tau(r) = 2(U_i 2r)\,dr2\frac{\tau_{max}}{s_{max}}r = 8U_i\frac{\tau_{max}}{s_{max}}r^2\,dr$$

$$dI_{t,i} = \frac{4A_m^2 dr}{U_m} = \frac{4(U_i 2r)^2\,dr}{2U_i + 2\cdot 2r} = \frac{4(U_i 2r)^2\,dr}{2U_i} = 8U_i r^2\,dr$$

Addiert man alle Teilgrößen $dM_{t,i}$ und $dI_{t,i}$ der dünnwandigen geschlossenen Profile eines Teilrechteckes i des Gesamtprofils mit der konstanten Wandstärke s_i auf, so erhält man die zum Teilrechteck gehörenden Werte $M_{t,i}$ und $I_{t,i}$.

$$M_{t,i} = \int_0^{s_i/2} dM_{t,i} = \int_0^{s_i/2} 8U_i \frac{\tau_{max}}{s_{max}} r^2 dr = 8U_i \frac{\tau_{max}}{s_{max}} \int_0^{s_i/2} r^2 dr = 8U_i \frac{\tau_{max}}{s_{max}} \left[\frac{r^3}{3} \right]_0^{s_i/2}$$

$$= \frac{1}{3} U_i \frac{\tau_{max}}{s_{max}} s_i^3$$

$$I_{t,i} = \int_0^{s_i/2} dI_{t,i} = \int_0^{s_i/2} 8U_i r^2 dr = 8U_i \int_0^{s_i/2} r^2 dr = 8U_i \left[\frac{r^3}{3} \right]_0^{s_i/2} = \frac{1}{3} U_i s_i^3$$

Die Summe der Werte aller Teilrechtecke ergibt das Gesamttorsionsflächenträgheitsmoment I_t und das Gesamttorsionsmoment M_t. Da die Herleitung der Berechnungsformeln auf dünnwandige geschlossene Querschnitte aufbaut, kann der Verdrehwinkel mit der von den geschlossenen Querschnitten bekannten Formel bestimmt werden.

$$I_t = \sum_{i=1}^n I_{t,i} = \sum_{i=1}^n \frac{1}{3} U_i s_i^3 = \frac{1}{3} \sum_{i=1}^n U_i s_i^3$$

$$\varphi = \frac{M_t L}{G I_t}$$

$$M_t = \sum_{i=1}^n M_{t,i} = \sum_{i=1}^n \frac{1}{3} U_i \frac{\tau_{max}}{s_{max}} s_i^3 = \frac{\tau_{max}}{s_{max}} \frac{1}{3} \sum_{i=1}^n U_i s_i^3 = \frac{\tau_{max}}{s_{max}} I_t = \tau_{max} \frac{I_t}{s_{max}} = \tau_{max} W_t$$

$$\Rightarrow \tau_{max} = \frac{M_t}{W_t} \quad \text{mit} \quad W_t = \frac{I_t}{s_{max}}$$

Kann der Querschnitt, wie bei einem Kreisprofil, nicht in eine endliche Anzahl von Rechtecken mit konstanter Wandstärke zerlegt werden, ist es ausreichend, den Querschnitt in beliebig verlaufende Teilflächen mit konstanter Wandstärke zu zerlegen. Dies ist zulässig, da die Längen U_i linear in die Berechnungsformeln eingehen. Versteckt zerlegt man den Querschnitt in unendlich viele kleine Teilflächen, die dann gegen ein Rechteck streben. Die Längen U_i sind dann die Längen der Teilflächen entlang der Profilmittellinie. Z. B. könnte das Kreisprofil aus Abbildung A5.2 als eine Teilfläche mit der Länge $U_1 = 2\pi R_m$ und der Wandstärke s betrachtet werden.

Mit Hilfe des kreisrunden offenen Querschnitts mit der Wandstärke s aus Abbildung A5.2 links wird gezeigt, wie die Verschiebung c_x in x-Richtung abgeschätzt werden kann.

Der Querschnitt wird in einzelne dünnwandige geschlossene Flächen zerlegt. Zur Abschätzung der Verschiebung wird die Teilfläche mit der Wandstärke dr betrachtet, die in Abbildung A5.2 rechts die schraffierte Fläche $A_m = 2\pi R_m 2r = 4\pi R_m r$ besitzt. Deren Umfang ist $U_m = 2(2\pi R_m + 2r) \approx 4\pi R_m$. Das entsprechende Torsionsflächenträgheitsmoment nimmt dann den Wert $dI_t = 4A_m^2 dr/U_m = 16\pi R_m r^2 dr$ an. Das an der Teilfläche wirksame Torsionsmoment lautet $dM_t = 8 \cdot 2\pi R_m \tau_{max}/s_{max} r^2 dr$ (vgl. $dM_{t,i}$ der vorigen Seite). Für den Radius kann näherungsweise $r_s = R_m$ gesetzt werden. Es

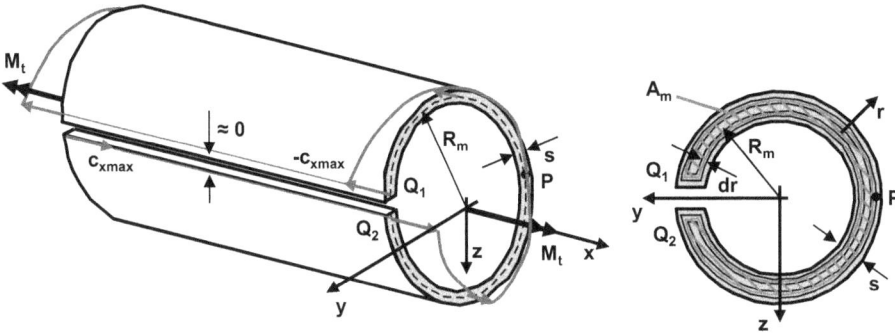

Abb. A5.2: Bestimmung der Verschiebung c_x infolge des Torsionsmoments.

wird vorausgesetzt, dass am Startpunkt P, der an der Aussenkante der Teilfläche liegt, die Verschiebung $c_{xP} = 0$ anzutreffen ist. Die Punkte Q_1 und Q_2 liegen ebenso auf dieser Teilfläche im Bereich des Spalts.

$$c_{xQ_{1,2}} = \frac{dM_t}{G}\left(\frac{1}{2A_m dr}\int_P^{Q_{1,2}} du - \frac{1}{dI_t}\int_P^{Q_{1,2}} r_s du\right)$$

$$= \frac{dM_t}{G}\left(\frac{1}{8\pi R_m r dr}\int_P^{Q_{1,2}} du - \frac{1}{16\pi R_m r^2 dr}\int_P^{Q_{1,2}} R_m du\right)$$

$$= \frac{16\pi R_m \frac{\tau_{max}}{s_{max}} r^2 dr}{G}\left(\frac{1}{8\pi R_m r dr}\int_P^{Q_{1,2}} du - \frac{1}{16\pi r^2 dr}\int_P^{Q_{1,2}} du\right)$$

$$= \frac{1}{G}\frac{\tau_{max}}{s_{max}}(2r - R_m)\int_P^{Q_{1,2}} du$$

Wegen der Dünnwandigkeit gilt $2r \ll R_m$. Dadurch kann der Term $2r$ vernachlässigt werden. Die Wandstärke ist konstant, daher gilt $s = s_{max}$. Das Torsionswiderstandsmoment des offenen Gesamtquerschnitts beträgt $W_t = I_t/s = 1/3 \cdot 2\pi R_m s^3/s = 2/3\pi R_m s^2$.

$$c_{xQ_{1,2}} = -\frac{1}{G}\frac{\tau_{max}}{s}R_m\int_P^{Q_{1,2}} du = -\frac{1}{G}\frac{\frac{M_t}{W_t}}{s}R_m\int_P^{Q_{1,2}} du = -\frac{1}{G}\frac{\frac{M_t}{2/3\pi R_m s^2}}{s}R_m\int_P^{Q_{1,2}} du$$

$$= -\frac{3}{2\pi G}\frac{M_t}{s^3}\int_P^{Q_{1,2}} du$$

Um von P zu Q_1 zu gelangen, muss in positive Umfangsrichtung integriert werden, entsprechend bei Q_2 in negative Richtung. Der Integrationsweg verläuft entlang eines

Halbkreises mit dem Radius R_m. Entsprechend sind die Beträge der Integrale von P nach Q_1 oder Q_2 jeweils πR_m.

$$c_{xQ_1} = -\frac{3}{2\pi G}\frac{M_t}{s^3}\int_P^{Q_1} du = -\frac{3}{2\pi G}\frac{M_t}{s^3}\pi R_m = -\frac{3M_t R_m}{2Gs^3} = -c_{x\,max}$$

$$c_{xQ_2} = -\frac{3}{2\pi G}\frac{M_t}{s^3}\int_P^{Q_2} du = -\frac{3}{2\pi G}\frac{M_t}{s^3}(-\pi R_m) = \frac{3M_t R_m}{2Gs^3} = c_{x\,max}$$

Anhang A6: Energiemethode zur Verschiebungsberechnung

Es wird, wie in Abbildung A6.1 dargestellt, ein Bauteil betrachtet, welches durch n Kräfte F_i belastet ist. Die daraus resultierenden Verschiebungen der Kraftangriffspunkte werden mit u_i bezeichnet.

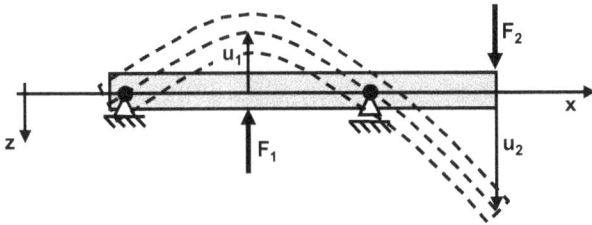

Abb. A6.1: Mit $n = 2$ Kräften belastetes Bauteil zur Verschiebungsberechnung.

Aus den vorausgegangenen Betrachtungen (vgl. z. B. Kapitel 7.1, 7.2 und 7.3) kann geschlossen werden, dass zwischen den Verschiebungen u_i und den Kräften F_j ein linearer Zusammenhang besteht. So ergibt z. B. die Auswertung der Differentialgleichung der Biegelinie, dass die Querverschiebung proportional zum inneren Biegemoment ist. Dieses ist wiederum proportional zu den Kräften. Die Koeffizienten K_{ij}, die diesen linearen Zusammenhang beschreiben, können als Einflussfaktoren bezeichnet werden.

$$u_i = \sum_{j=1}^{n} K_{ij} F_j$$

Bei der statischen Betrachtung werden die Kräfte nicht schlagartig aufgebracht. Beginnend mit einem Betrag null werden die Kräfte, um dynamische Effekte zu minimieren, langsam (quasi-statisch) erhöht. Setzt man voraus, dass alle Kräfte $F_i(t) = F_i \cdot t/T$ linear im Zeitraum T auf den Maximalwert F_i erhöht werden, so ist die äußere Arbeit $W_{\mathrm{A}i}$ das Integral der Leistung ($F_i(t) \cdot du_i(t)/dt$) über den Zeitraum T.

$$W_{\mathrm{A}i} = \int_0^T F_i(t)\,\dot{u}_i(t)dt = \int_0^T F_i(t)\frac{d}{dt}\left(\sum_{j=1}^{n} K_{ij}F_j(t)\right)dt = \int_0^T F_i\frac{t}{T}\frac{d}{dt}\left(\sum_{j=1}^{n} K_{ij}F_j\frac{t}{T}\right)dt$$

$$= \int_0^T F_i\frac{t}{T}\sum_{j=1}^{n} K_{ij}F_j\frac{1}{T}dt = \frac{F_i\sum_{j=1}^{n} K_{ij}F_j}{T^2}\int_0^T t\,dt = \frac{F_i u_i}{T^2}\left[\frac{t^2}{2}\right]_0^T = \frac{1}{2}F_i u_i$$

Die durch alle n Kräfte F_i aufgebrachte Arbeit wird als äußere Energie W_A bezeichnet.

$$W_A = \sum_{i=1}^{n} W_{Ai} = \frac{1}{2} \sum_{i=1}^{n} F_i u_i = \frac{1}{2} \sum_{i=1}^{n} F_i \sum_{j=1}^{n} K_{ij} F_j = \frac{1}{2} \sum_{i=1}^{n} \sum_{j=1}^{n} F_i K_{ij} F_j$$

Betrachtet man nur die beiden Kräfte F_i und F_j, soll gemäß Abbildung A6.2 links zuerst die Kraft F_i (Schritt 1) und anschließend die Kraft F_j (Schritt 2) aufgebracht werden.

$$W_{Ai+j,1} = \frac{1}{2} F_i u_{i,1} = \frac{1}{2} F_i K_{ii} F_i$$

$$W_{Ai+j,2} = W_{Ai+j,1} + F_i u_{i,2} + \frac{1}{2} F_j u_{j,2} = \frac{1}{2} F_i K_{ii} F_i + F_i K_{ij} F_j + \frac{1}{2} F_j K_{jj} F_j$$

Da beim Schritt 2 die Kraft F_i unverändert bleibt, besitzt der mittlere Term $F_i K_{ij} F_j$ der Formel zur Bestimmung von $W_{Ai+j,2}$ keinen Vorfaktor 1/2.

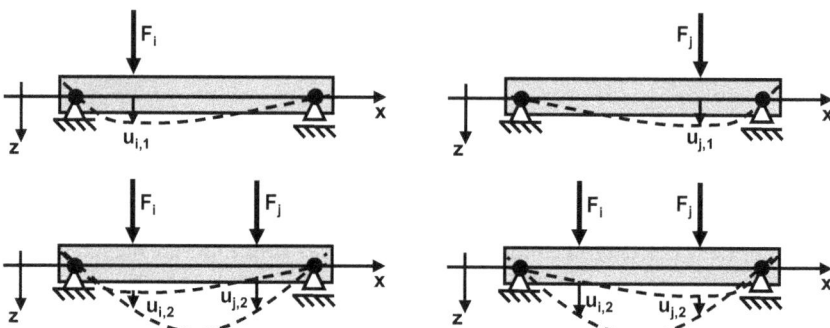

Abb. A6.2: Verformungen bei zeitlich versetzter Kraftaufbringung.

Man kann die Vorgehensweise vertauschen und bringt wie in Abbildung A6.2 rechts zuerst die Kraft F_j (Schritt 1) und dann die Kraft F_i (Schritt 2) auf.

$$W_{Aj+i,1} = \frac{1}{2} F_j u_{j,1} = \frac{1}{2} F_j K_{jj} F_j$$

$$W_{Aj+i,2} = W_{Aj+i,1} + F_j u_{j,2} + \frac{1}{2} F_i u_{i,2} = \frac{1}{2} F_j K_{jj} F_j + F_j K_{ji} F_i + \frac{1}{2} F_i K_{ii} F_i$$

Beide Vorgehensweisen ergeben den gleichen Verformungszustand. Daher muss $W_{Ai+j,2} = W_{Aj+i,2}$ bzw. $K_{ij} = K_{ji}$ sein. Dies ist als Vertauschungssatz von Maxwell bekannt.

Die Ableitung der äußeren Energie nach der Kraft F_k ergibt die Verschiebung u_k. Dies wird als Satz von Castigliano bezeichnet.

$$\frac{\partial W_A}{\partial F_k} = \frac{\partial}{\partial F_k}\left(\frac{1}{2}\sum_{i=1}^{n}\sum_{j=1}^{n}F_i K_{ij}F_j\right) = \frac{\partial}{\partial F_k}\left(\frac{1}{2}\sum_{i=1}^{n}F_i\sum_{j=1}^{n}K_{ij}F_j\right)$$

$$= \frac{1}{2}\sum_{i=1}^{n}\left(\frac{\partial F_i}{\partial F_k}\sum_{j=1}^{n}K_{ij}F_j + F_i\sum_{j=1}^{n}K_{ij}\frac{\partial F_j}{\partial F_k}\right) = \frac{1}{2}\sum_{i=1}^{n}\left(\frac{\partial F_i}{\partial F_k}u_i + F_i K_{ik}\right)$$

$$= \frac{1}{2}\sum_{i=1}^{n}\frac{\partial F_i}{\partial F_k}u_i + \frac{1}{2}\sum_{i=1}^{n}K_{ki}F_i = \frac{1}{2}u_k + \frac{1}{2}u_k = u_k$$

Die nach der quasi-statischen Verformung im Bauteil gespeicherte innere Energie W_I kann aus Anhang A3 übernommen werden und auf allgemeine Volumen V übertragen werden. Bei den betrachteten Balken mit den Längen c und den Querschnitten A soll die Spannung σ_u und die Dehnung ε_u quer zur x-Achse vernachlässigt werden. Somit kann σ_x zu σ und ε_x zu ε abgekürzt werden. Der Vorfaktor 1/2 kann durch analoge Betrachtungen wie bei der äußeren Arbeit begründet werden.

$$W_I = \int_V dW_I = \frac{1}{2}\int_V (\sigma_x \varepsilon_x + \sigma_u \varepsilon_u + \tau\gamma)dV = \frac{1}{2}\int_c\int_A (\sigma\varepsilon + \tau\gamma)dAdx$$

$$= \frac{1}{2}\int_c\int_A \left(\frac{\sigma^2}{E} + \frac{\tau^2}{G}\right)dAdx$$

Die betrachteten linear-elastischen Vorgänge sind dadurch gekennzeichnet, dass die von außen aufgebrachte Energie W_A der nach der Verformung im Bauteil gespeicherten inneren Energie W_I entspricht.

$$W_A = W_I$$

Bringt man am Bauteil an der Stelle, an der man die Verschiebung u_k sucht, in Richtung der gesuchten Verschiebung eine zusätzliche Kraft F_k an, die abschließend gegen null strebt, so kann man die Verschiebung u_k dieses Punktes berechnen.

$$u_k = \frac{\partial W_A}{\partial F_k} = \frac{\partial W_I}{\partial F_k} = \frac{\partial}{\partial F_k}\left(\frac{1}{2}\int_c\int_A \left(\frac{\sigma^2}{E} + \frac{\tau^2}{G}\right)dAdx\right)$$

Bei einem ebenen symmetrischen Balken mit der Länge c, bei dem die Verschiebung u_B infolge des Biegemoments bestimmt werden soll, nimmt die Schubspannung den Wert $\tau = 0$ an. Infolge der n Kräfte F_i resultiert ein Biegemoment M. Durch die zusätzliche Kraft F_k folgt ein zusätzliches Biegemoment M_k, welches linear von der Kraft F_k abhängt.

$$M_k = F_k M_E$$

Die Funktion M_E muss die Dimension [mm] besitzen. Sie erhält man dadurch, dass man an der Stelle, an der die Kraft F_k wirksam ist, in Richtung der Kraft einen Vektor vom Betrag eins anbringt und dann die Regeln zur Bestimmung der inneren Biegemomente anwendet. Auf Grund der Superpositionierung kann das Moment M_k zum Moment M addiert werden und die Summe zur Bestimmung der Normalspannung $\sigma = (M + M_k)/I_y \cdot z$ verwendet werden.

$$u_k(F_k) = \frac{\partial}{\partial F_k} \left(\frac{1}{2} \int_c \int_A \frac{\sigma^2}{E} dA dx \right)$$

$$= \frac{1}{2} \frac{\partial}{\partial F_k} \left(\int_c \int_A \frac{1}{E} \left(\frac{M + F_k M_E}{I_y} z \right)^2 dA dx \right)$$

$$= \frac{1}{2} \frac{\partial}{\partial F_k} \left(\int_c \frac{(M + F_k M_E)^2}{E I_y^2} \int_A z^2 dA dx \right)$$

$$= \frac{1}{2} \int_c \frac{\partial}{\partial F_k} \left(\frac{(M + F_k M_E)^2}{E I_y^2} I_y \right) dx = \frac{1}{2} \int_c \frac{1}{E I_y} \frac{\partial}{\partial F_k} \left(M^2 + 2 F_k M M_E + F_k^2 M_E^2 \right) dx$$

$$= \frac{1}{2} \int_c \frac{1}{E I_y} \left(0 + 2 M M_E + 2 F_k M_E^2 \right) dx = \int_c \frac{M M_E + F_k M_E^2}{E I_y} dx$$

Strebt die Kraft F_k gegen null, entspricht die Berechnungssituation der ursprünglichen Geometrie.

$$u_B = u_k(F_k = 0) = \int_c \frac{M M_E}{E I_y} dx$$

Für einen beliebigen Balken wählt man den entsprechenden Spannungsansatz (vgl. Kapitel 7.6).

$$\sigma(y, z) = -\frac{M_z + F_k M_{zE} + (M_y + F_k M_{yE}) \frac{I_{yz}}{I_y}}{I_z \left(1 - \frac{I_{yz}^2}{I_y I_z}\right)} y + \frac{M_y + F_k M_{yE} + (M_z + F_k M_{zE}) \frac{I_{yz}}{I_z}}{I_y \left(1 - \frac{I_{yz}^2}{I_y I_z}\right)} z$$

$$= -ay + bz$$

Der Spannungsansatz $\sigma(y, z) = -ay + bz$ wird in die Bestimmungsformel für $u_k(F_k)$ eingesetzt.

$$u_k(F_k) = \frac{\partial}{\partial F_k} \left(\frac{1}{2} \int_c \int_A \frac{\sigma^2}{E} dA dx \right) = \frac{1}{2} \frac{\partial}{\partial F_k} \left(\int_c \int_A \frac{1}{E} (-ay + bz)^2 dA dx \right)$$

$$= \frac{1}{2} \frac{\partial}{\partial F_k} \left(\int_c \int_A \frac{1}{E} \left(a^2 y^2 - 2abyz + b^2 z^2 \right) dA dx \right)$$

$$= \frac{1}{2} \frac{\partial}{\partial F_k} \left(\int_c \frac{a^2}{E} \int_A y^2 dA - \frac{2ab}{E} \int_A yz dA + \frac{b^2}{E} \int_A z^2 dA dx \right)$$

$$= \frac{1}{2} \frac{\partial}{\partial F_k} \left(\int_c \frac{a^2 I_z}{E} - \frac{2ab I_{yz}}{E} + \frac{b^2 I_y}{E} dx \right)$$

$$= \frac{1}{2} \int_c \frac{I_z}{E} \frac{\partial (a^2)}{\partial F_k} - \frac{2I_{yz}}{E} \frac{\partial (ab)}{\partial F_k} + \frac{I_y}{E} \frac{\partial (b^2)}{\partial F_k} dx$$

$$= \frac{1}{2} \int_c \frac{I_z}{E} 2a \frac{\partial a}{\partial F_k} - \frac{2I_{yz}}{E} \left(\frac{\partial a}{\partial F_k} b + a \frac{\partial b}{\partial F_k} \right) + \frac{I_y}{E} 2b \frac{\partial b}{\partial F_k} dx$$

$$= \int_c \frac{I_z}{E} a \frac{\partial a}{\partial F_k} - \frac{I_{yz}}{E} \left(\frac{\partial a}{\partial F_k} b + a \frac{\partial b}{\partial F_k} \right) + \frac{I_y}{E} b \frac{\partial b}{\partial F_k} dx$$

Für die Verschiebung infolge der Biegemomente gilt $u_B = u_k(F_k = 0)$. Somit benötigt man a und b sowie deren Ableitungen nach F_k für $F_k = 0$. Die Abkürzung $p = 1 - I_{yz}^2/(I_y I_z)$ wird analog zu Kapitel 7.6 verwendet.

$$a(F_k = 0) = \frac{M_z + M_y \frac{I_{yz}}{I_y}}{I_z p} = \frac{M_z^*}{I_z} \qquad \frac{\partial a(F_k = 0)}{\partial F_k} = \frac{M_{zE} + M_{yE} \frac{I_{yz}}{I_y}}{I_z p}$$

$$b(F_k = 0) = \frac{M_y + M_z \frac{I_{yz}}{I_z}}{I_y p} = \frac{M_y^*}{I_y} \qquad \frac{\partial b(F_k = 0)}{\partial F_k} = \frac{M_{yE} + M_{zE} \frac{I_{yz}}{I_z}}{I_y p}$$

Die Terme werden in $u_k(F_k = 0)$ eingesetzt.

$$u_B = u_k(F_k = 0) = \int_c \frac{I_z}{E} \frac{M_z^*}{I_z} \frac{M_{zE} + M_{yE} \frac{I_{yz}}{I_y}}{I_z p}$$

$$- \frac{I_{yz}}{E} \left(\frac{M_{zE} + M_{yE} \frac{I_{yz}}{I_y}}{I_z p} \frac{M_y^*}{I_y} + \frac{M_z^*}{I_z} \frac{M_{yE} + M_{zE} \frac{I_{yz}}{I_z}}{I_y p} \right) + \frac{I_y}{E} \frac{M_y^*}{I_y} \frac{M_{yE} + M_{zE} \frac{I_{yz}}{I_z}}{I_y p} dx$$

$$= \int_c \frac{M_z^* M_{zE}}{EI_z} + \frac{M_y^* M_{yE}}{EI_y} dx$$

Analog zur Vorgehensweise beim Biegebalken kann die Verschiebung u_N infolge der Normalkraft bestimmt werden. Für die Normalspannung muss der angepasste Ansatz $\sigma = (N + N_k)/A$ verwendet werden. Dabei ist $N_k = F_k N_E$ der Normalkraftverlauf infolge der zusätzlichen Kraft F_k.

$$u_k(F_k) = \frac{\partial}{\partial F_k} \left(\frac{1}{2} \int_c \int_A \frac{\sigma^2}{E} dA dx \right) = \frac{1}{2} \frac{\partial}{\partial F_k} \left(\int_c \int_A \frac{1}{E} \left(\frac{N + F_k N_E}{A} \right)^2 dA dx \right)$$

$$= \frac{1}{2} \frac{\partial}{\partial F_k} \left(\int_c \frac{N^2 + 2F_k N N_E + F_k^2 N_E^2}{EA^2} \int_A dA dx \right)$$

$$= \frac{1}{2} \int_c \frac{1}{EA} \frac{\partial}{\partial F_k} \left(N^2 + 2F_k N N_E + F_k^2 N_E^2 \right) dx = \frac{1}{2} \int_c \frac{1}{EA} \left(0 + 2N N_E + 2F_k N_E^2 \right) dx$$

$$= \int_c \frac{N N_E + F_k N_E^2}{EA} dx$$

Strebt die Kraft F_k gegen null, folgt die Verschiebung u_N infolge der Normalkraft.

$$u_N = u_k (F_k = 0) = \int_c \frac{NN_E}{EA} dx$$

Die Verschiebung u_Q infolge der Querkraft kann analog zur Verschiebung infolge der Normalkraft behandelt werden. Die Spannung σ muss durch die Schubspannung τ, der E-Modul durch den Schubmodul und N durch die Querkraft Q ersetzt werden.

$$u_Q = u_k (F_k = 0) = \int_c \frac{QQ_E}{GA} dx$$

Bei einem Torsionsstab mit der Länge c ist die Verschiebung u_T infolge des Torsionsmoments gesucht. Die Normalspannung hat den Wert $\sigma = 0$. Da die Schubspannungsberechnung von der Querschnittsform abhängig ist, muss der Querschnitt berücksichtigt werden. Für ein kreisrundes Profil gilt $\tau = (M_t + M_{tk})/I_t r$, wobei $M_{tk} = F_k M_{tE}$ das Torsionsmoment durch die zusätzliche Kraft F_k ist.

$$u_k (F_k) = \frac{\partial}{\partial F_k} \left(\frac{1}{2} \int_c \int_A \frac{\tau^2}{G} dA dx \right) = \frac{1}{2} \frac{\partial}{\partial F_k} \left(\int_c \int_A \frac{1}{G} \left(\frac{M_t + F_k M_{tE}}{I_t} r \right)^2 dA dx \right)$$

$$= \frac{1}{2} \frac{\partial}{\partial F_k} \left(\int_c \frac{(M_t + F_k M_{tE})^2}{G I_t^2} \int_A r^2 dA dx \right)$$

$$= \frac{1}{2} \int_c \frac{\partial}{\partial F_k} \left(\frac{(M_t + F_k M_{tE})^2}{G I_t^2} I_t \right) dx$$

$$= \frac{1}{2} \int_c \frac{1}{G I_t} \frac{\partial}{\partial F_k} \left(M_t^2 + 2 F_k M_t M_{tE} + F_k^2 M_{tE}^2 \right) dx$$

$$= \frac{1}{2} \int_c \frac{1}{G I_t} \left(0 + 2 M_t M_{tE} + 2 F_k M_{tE}^2 \right) dx = \int_c \frac{M_t M_{tE} + F_k M_{tE}^2}{G I_t} dx$$

Beim dünnwandigen geschlossenen Profil verwendet man $\tau = (M_t + M_{tk})/(2 A_m s)$.

$$u_k (F_k) = \frac{\partial}{\partial F_k} \left(\frac{1}{2} \int_c \int_A \frac{\tau^2}{G} dA dx \right) = \frac{1}{2} \frac{\partial}{\partial F_k} \left(\int_c \int_A \frac{1}{G} \left(\frac{M_t + F_k M_{tE}}{2 A_m s} \right)^2 dA dx \right)$$

$$= \frac{1}{2} \frac{\partial}{\partial F_k} \left(\int_c \frac{(M_t + F_k M_{tE})^2}{G \cdot 4 A_m^2} \int_A \frac{1}{s^2} dA dx \right)$$

$$= \frac{1}{2} \frac{\partial}{\partial F_k} \left(\int_c \frac{(M_t + F_k M_{tE})^2}{G \cdot 4 A_m^2} \oint \frac{1}{s^2} s \, du \, dx \right)$$

$$= \frac{1}{2}\frac{\partial}{\partial F_k}\left(\int_c \frac{(M_t + F_k M_{tE})^2}{G \cdot 4A_m^2} \oint \frac{du}{s}dx\right) = \frac{1}{2}\frac{\partial}{\partial F_k}\left(\int_c \frac{(M_t + F_k M_{tE})^2}{G\frac{4A_m^2}{\oint \frac{du}{s}}}dx\right)$$

$$= \frac{1}{2}\int_c \frac{\partial}{\partial F_k}\left(\frac{(M_t + F_k M_{tE})^2}{GI_t}\right)dx = \frac{1}{2}\int_c \frac{1}{GI_t}\frac{\partial}{\partial F_k}\left(M_t^2 + 2F_k M_t M_{tE} + F_k^2 M_{tE}^2\right)dx$$

$$= \int_c \frac{M_t M_{tE} + F_k M_{tE}^2}{GI_t}dx$$

Die Formel für die Schubspannungsberechnung infolge des Torsionsmoments bei dünnwandigen offenen Profilen beruht auf der Berechnung bei geschlossenen dünnwandigen Profilen. Daher gelten für beide Profile die gleichen Formeln zur Bestimmung von $u_k(F_k)$. Strebt die Kraft F_k gegen null, folgt die Verschiebung u_T infolge des Torsionsmoments.

$$u_T = u_k\,(F_k = 0) = \int_c \frac{M_t M_{tE}}{GI_t}dx$$

Anhang A7: Differentialgleichungen der Biegelinie bei schiefer Biegung

In Kapitel 7.2 wird die Biegelinie eines Balkens für die symmetrische Biegung hergeleitet. Die Tangente von $w(x)$ steht, wie in Abbildung A7.1 dargestellt, senkrecht zum betrachteten Querschnitt. Der Winkel φ entspricht daher $w'(x)$. Analog kann eine Biegelinie $v(x)$ betrachtet werden, bei der $y = v'(x)$ gilt.

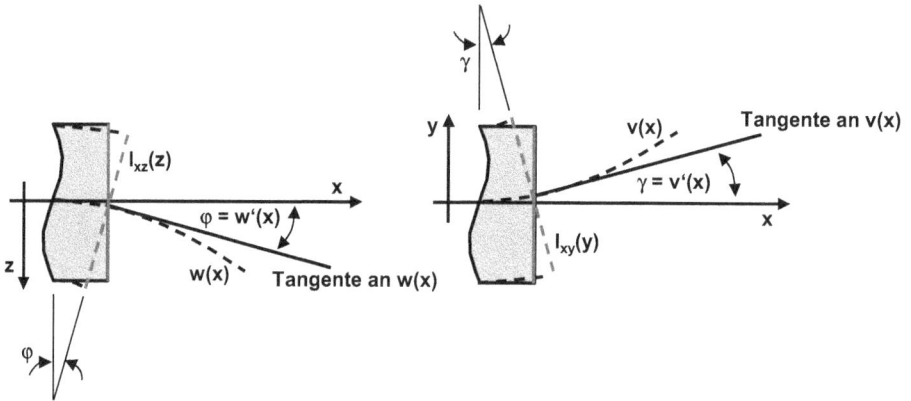

Abb. A7.1: Geometrien zur Herleitung der Biegelinie $w(x)$ und $v(x)$ bei schiefer Biegung.

Die Gesamtverschiebung $l_x(y, z)$ in einem Querschnitt kann als Überlagerung der Verschiebungen $l_{xz}(z)$, die aus der Verbiegung in z-Richtung resultiert, und der Verschiebungen $l_{xy}(y)$, die sich aus der Verschiebung in y-Richtung ergibt, betrachtet werden.

$$l_x(y, z) = l_{xz}(z) + l_{xy}(y) = -z \tan \varphi - y \tan \gamma = -z\varphi - y\gamma = -zw'(x) - yv'(x)$$
$$= -w'(x)z - v'(x)y$$

Mit der lokalen Längenänderung $l_x(y, z)$ kann die örtliche Normalspannung $\sigma(y, z)$ beschrieben werden.

$$\sigma(y, z) = E\varepsilon(y, z) = E\frac{dl_x(y, z)}{dx} = E\frac{d}{dx}\left(-w'(x)z - v'(x)y\right) = -E\left(w''(x)z + v''(x)y\right)$$

Dieser Spannungsansatz wird in die Gleichgewichtsbedingungen für M_y und M_z eingesetzt.

$$M_y = \int_A z\sigma dA = \int_A z\left(-E\left(w''(x)z + v''(x)y\right)\right)dA = -Ew''(x)\int_A z^2 dA - Ev''(x)\int_A yz\,dA$$

$$= -Ew''(x)I_y - Ev''(x)I_{yz}$$

$$M_z = -\int_A y\sigma dA = -\int_A y\left(-E\left(w''(x)z + v''(x)y\right)\right)dA$$

$$= Ew''(x)\int_A yz\,dA + Ev''(x)\int_A y^2 dA = Ew''(x)I_{yz} + Ev''(x)I_z$$

Aufgelöst nach $w''(x)$ und $v''(x)$ erhält man die gesuchten Differentialgleichungen der Biegelinien.

$$w''(x) = -\frac{1}{EI_y}\frac{M_y + M_z\frac{I_{yz}}{I_z}}{1 - \frac{I_{yz}^2}{I_y I_z}} = -\frac{M_y^*}{EI_y} \qquad v''(x) = \frac{1}{EI_z}\frac{M_z + M_y\frac{I_{yz}}{I_y}}{1 - \frac{I_{yz}^2}{I_y I_z}} = \frac{M_z^*}{EI_z}$$

Anhang A8: Schubspannung infolge der Querkraft $Q = Q_z$ bei nicht konstanter Wandstärke

In Kapitel 7.7 wird an einem Balken mit einem dünnwandigen Rechteckquerschnitt die Bestimmungsgleichung für die lokale Schubspannung $\tau(z)$ infolge der Querkraft Q hergeleitet. Die resultierenden Gleichungen sind auch für variable Wandstärken gültig. Um dies zu zeigen, werden die in Kapitel 6.1 durchgeführten Betrachtungen gemäß Abbildung A8.1 links auf ein Rechteck mit sich in u-Richtung ändernder Wandstärke erweitert.

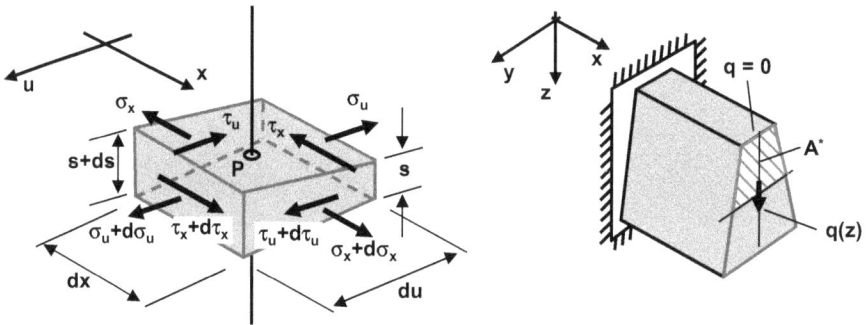

Abb. A8.1: Geometrien zur Herleitung der Schubspannung infolge Querkraft bei veränderlicher Wandstärke.

Um zu zeigen, dass $\tau_x = \tau_u$ gilt, bildet man das Momentengleichgewicht um die durch den Punkt P gehende senkrechte Achse.

$$\sum M|_P = 0: \quad -(\tau_x + d\tau_x)(s + ds)\,dx\frac{du}{2} - \tau_x s\,dx\frac{du}{2}$$
$$+ (\tau_u + d\tau_u)\left(\frac{s + ds + s}{2}\right)du\frac{dx}{2} + \tau_u\left(\frac{s + ds + s}{2}\right)du\frac{dx}{2} = 0$$

In jedem Term kann $du \cdot dx/2$ gestrichen werden.

$$-(\tau_x + d\tau_x)(s + ds) - \tau_x s + (\tau_u + d\tau_u)\left(\frac{s + ds + s}{2}\right) + \tau_u\left(\frac{s + ds + s}{2}\right) = 0$$

$$\Rightarrow \quad -2\tau_x s - \tau_x ds - d\tau_x s - d\tau_x ds + 2\tau_u s + \tau_u ds + d\tau_u s + d\tau_u\frac{ds}{2} = 0$$

Die Terme $-2\tau_x s$ und $2\tau_u s$ sind eine oder zwei Größenordnungen größer als die restlichen Terme. Die kleineren können vernachlässigt werden.

$$-2\tau_x s + 2\tau_u s = 0 \quad \Rightarrow \quad \tau = \tau_x = \tau_u$$

Bildet man das Kräftegleichgewicht in x-Richtung, erhält man eine weitere notwendige Bedingung, bei der $\tau = \tau_x = \tau_u$ berücksichtigt ist. Dabei verwendet man den Schubfluss $q = \tau s$.

$$\sum F_x = 0: \qquad -\sigma_x \frac{s + ds + s}{2} du + (\sigma_x + d\sigma_x) \frac{s + ds + s}{2} du$$

$$+ (\tau + d\tau)(s + ds)\, dx - \tau s\, dx = 0$$

$$\Rightarrow \quad d\sigma_x s\, du + d\sigma_x \frac{ds}{2} du + \tau ds\, dx + d\tau s\, dx + d\tau ds\, dx = 0$$

Die Terme, die „3 kleine Größen" beinhalten, können vernachlässigt werden.

$$d\sigma_x s\, du + \tau ds\, dx + d\tau s\, dx = d\sigma_x s\, du + d(\tau s)\, dx = d\sigma_x s\, du + dq\, dx = 0$$

$$\Rightarrow \qquad\qquad \frac{d\sigma_x}{dx} = -\frac{dq}{s\, du}$$

Ersetzt man u durch z, kann man die Änderung dq des Schubflusses innerhalb eines kleinen Ausschnitts $dA = (s + ds + s)/2\, dz = s\, dz$ eines dünnwandigen Rechteckquerschnitts zur Bestimmung des lokalen Schubflusses $q(z)$ verwenden.

$$\frac{dq}{dz} = -s\frac{d\sigma}{dx} = -s\frac{d\left(\frac{M}{I_y}z\right)}{dx} = -s\frac{dM}{dx}\frac{z}{I_y} = -Qs\frac{z}{I_y} \quad \Rightarrow \quad dq = -Q\frac{z}{I_y}s\, dz = -Q\frac{z}{I_y}dA$$

Beginnt man an der Oberkante des Balkens, an welcher die Schubspannung und somit auch der Schubfluss gleich null ist und addiert alle Änderungen dq innerhalb der Teilflächen dA, die zu durchlaufen sind, bis man die Stelle erreicht, an welcher der Schubfluss gesucht ist, auf, so erhält man den gesuchten lokalen Schubfluss $q(z)$. Dies entspricht gemäß Abbildung A8.1 rechts einer Integration über die Fläche A^*.

$$q(z) = \int_{q=0}^{q(z)} dq = \int_{A^*} -Q\frac{z}{I_y}dA = -\frac{Q}{I_y}\int_{A^*} z\, dA = -\frac{Q}{I_y}z_{s^*}A^* = \frac{Q}{I_y}S_y^*$$

Um die lokale Schubspannung $\tau(z)$ zu erhalten, muss der Schubfluss q durch die lokale Wandstärke s geteilt werden.

$$\tau(z) = \frac{q(z)}{s} = \frac{Q}{I_y s}S_y^*$$

Anhang B

Anhang B2: Lösungen der Aufgaben des Kapitels 2

Lösung Aufgabe 2.1

Zerlegung der Kraft F_1 ($F_{1z} = 0$):

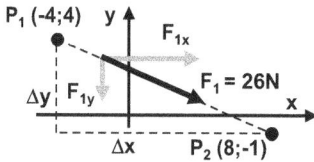

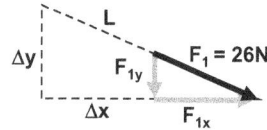

$$\Delta x = P_{2x} - P_{1x} = 8 - (-4) = 12 \qquad \Delta y = |P_{2y} - P_{1y}| = |-1 - 4| = 5$$

$$\Rightarrow \quad L = \sqrt{\Delta x^2 + \Delta y^2} = \sqrt{12^2 + 5^2} = \sqrt{169} = 13$$

$$\frac{F_{1x}}{F_1} = \frac{\Delta x}{L} = \frac{12}{13} \quad \Rightarrow \quad F_{1x} = \frac{12}{13}F_1 = 24\,\text{N}$$

$$\frac{F_{1y}}{F_1} = \frac{\Delta y}{L} = \frac{5}{13} \quad \Rightarrow \quad F_{1y} = \frac{5}{13}F_1 = 10\,\text{N}$$

Zerlegung der Kraft F_2 ($F_{2z} = 0$):

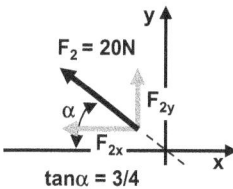

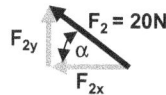

$$\frac{F_{2x}}{F_2} = \cos\alpha \quad \Rightarrow \quad F_{2x} = F_2 \cos\alpha = 0.8F_2 = 16\,\text{N}$$

$$\frac{F_{2y}}{F_2} = \sin\alpha \quad \Rightarrow \quad F_{2y} = F_2 \sin\alpha = 0.6F_2 = 12\,\text{N}$$

DOI 10.1515/9783110481235-002

Zerlegung der Kraft F_3:

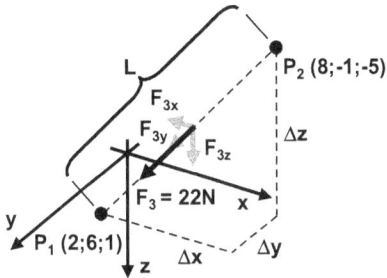

$$\vec{F}_3 = \begin{pmatrix} F_{3x} \\ F_{3y} \\ F_{3z} \end{pmatrix} = \frac{1}{\sqrt{\Delta x^2 + \Delta y^2 + \Delta z^2}} \begin{pmatrix} \Delta x \\ \Delta y \\ \Delta z \end{pmatrix} F_3 = \frac{1}{\sqrt{(-6)^2 + 7^2 + 6^2}} \begin{pmatrix} 2 - 8 \\ 6 - (-1) \\ 1 - (-5) \end{pmatrix} 22\,\text{N} = \begin{pmatrix} -12 \\ 14 \\ 12 \end{pmatrix} \text{N}$$

Die Vorzeichen bei F_1 und F_2 werden aus der Skizze übernommen, F_3 wird wie berechnet berücksichtigt.

$$F_{Rx} = F_{1x} - F_{2x} + F_{3x} + F_{4x} = 24 - 16 - 12 + 0 = -4\,\text{N}$$

$$F_{Ry} = -F_{1y} + F_{2y} + F_{3y} + F_{4y} = -10 + 12 + 14 + 0 = 16\,\text{N}$$

$$F_{Rz} = F_{1z} + F_{2z} + F_{3z} + F_{4z} = 0 + 0 + 12 + F_{4z} = 12\,\text{N} + F_{4z}$$

$$F_R = \sqrt{F_{Rx}^2 + F_{Ry}^2 + F_{Rz}^2} = \sqrt{(-4\,\text{N})^2 + (16\,\text{N})^2 + (12\,\text{N} + F_{4z})^2}$$

$$= \sqrt{416\,\text{N}^2 + 24\,\text{N} \cdot F_{4z} + F_{4z}^2} = 21\,\text{N}$$

$$\Rightarrow \quad 416\,\text{N}^2 + 24\,\text{N} \cdot F_{4z} + F_{4z}^2 = 441\,\text{N}^2 \quad \Rightarrow \quad F_{4z}^2 + 24\,\text{N} \cdot F_{4z} - 25\,\text{N}^2 = 0$$

$$\Rightarrow \quad F_{4z,1} = 1\,\text{N} \quad F_{4z,2} = -25\,\text{N}$$

$$\Rightarrow \quad F_{Rz,1} = 12\,\text{N} + F_{4z,1} = 12\,\text{N} + 1\,\text{N} = 13\,\text{N}$$

$$F_{Rz,2} = 12\,\text{N} + F_{4z,2} = 12\,\text{N} - 25\,\text{N} = -13\,\text{N}$$

Für $F_{4z} = F_{4z,2} = -25\,\text{N}$ zeigt $F_{Rz} = F_{Rz,2} = -13\,\text{N}$ in negative z-Richtung.

Lösung Aufgabe 2.2

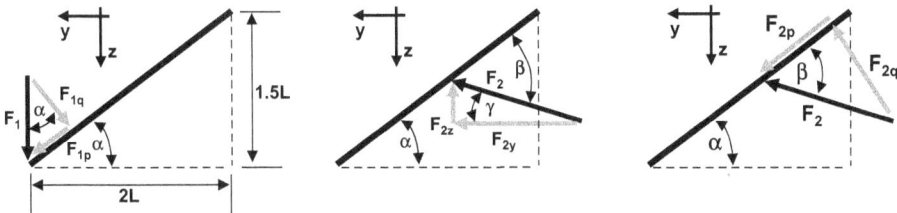

a)

$$\tan \alpha = \frac{1.5L}{2L} = 0.75 \quad \Rightarrow \quad \alpha = 36.87°, \sin \alpha = 0.6, \cos \alpha = 0.8$$

$$F_{1p} = F_1 \sin \alpha = 50 \cdot 0.6 = 30 \, \text{N}$$

$$F_{1q} = F_1 \cos \alpha = 50 \cdot 0.8 = 40 \, \text{N}$$

b)

$$\cos \gamma = \frac{F_{2y}}{F_2} = \frac{12/13 F_2}{F_2} = \frac{12}{13} \quad \Rightarrow \quad \gamma = 22.62°, \sin \gamma = \frac{5}{13}, \tan \gamma = \frac{5}{12}$$

$$\beta = \alpha + \gamma = 36.87° + 22.62° = 59.49°$$

$$F_{2z} = F_{2y} \tan \gamma = \frac{12}{13} F_2 \frac{5}{12} = \frac{5}{13} F_2 = F_2 \sin \gamma$$

c)

$$F_{2p} = F_2 \cos \beta = 0.51 F_2$$

$$F_{2q} = F_2 \sin \beta = 0.86 F_2$$

d)

$$F_{1p} + F_{2p} = 30 + 0.51 F_2 = 81 \quad \Rightarrow \quad F_2 = 100 \, \text{N}$$

Lösung Aufgabe 2.3

Moment M_1 der Kraft F_1 bezüglich des Koordinatenursprungs:

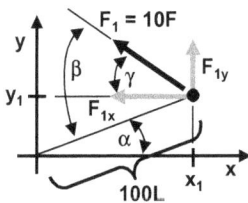

$$x_1 = 100L \cos \alpha = 100L \cdot 0.96 = 96L \qquad y_1 = 100L \sin \alpha = 100L \cdot 0.28 = 28L$$

$$\gamma = \beta - \alpha = 36.87° \quad \Rightarrow \qquad \sin \gamma = 0.6, \quad \cos \gamma = 0.8, \quad \tan \gamma = 0.75$$

$$F_{1x} = F_1 \cos \gamma = 10F \cdot 0.8 = 8F \qquad F_{1y} = F_1 \sin \gamma = 10F \cdot 0.6 = 6F$$

$$M_1 = y_1 F_{1x} + x_1 F_{1y} = 28L \cdot 8F + 96L \cdot 6F = 800LF$$

Moment M_2 der Kraft F_2 bezüglich des Koordinatenursprungs:

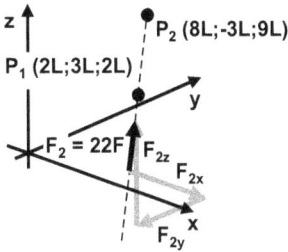

$$\Delta x = 8L - 2L = 6L, \quad \Delta y = -3L - 3L = -6L, \quad \Delta z = 9L - 2L = 7L$$

$$\Rightarrow \quad L^* = \sqrt{\Delta x^2 + \Delta y^2 + \Delta z^2} = 11L$$

$$\vec{F}_2 = \begin{pmatrix} F_{2x} \\ F_{2y} \\ F_{2z} \end{pmatrix} = \frac{1}{L^*} \begin{pmatrix} \Delta x \\ \Delta y \\ \Delta z \end{pmatrix} F_2 = \frac{1}{11L} \begin{pmatrix} 6L \\ -6L \\ 7L \end{pmatrix} 22F = \begin{pmatrix} 12F \\ -12F \\ 14F \end{pmatrix}$$

Dreidimensionale Betrachtung:

$$\vec{M}_2 = \begin{pmatrix} M_{2x} \\ M_{2y} \\ M_{2z} \end{pmatrix} = \vec{P}_1 \times \vec{F}_2 = \begin{pmatrix} P_{1x} \\ P_{1y} \\ P_{1z} \end{pmatrix} \times \begin{pmatrix} F_{2x} \\ F_{2y} \\ F_{2z} \end{pmatrix} = \begin{pmatrix} 2L \\ 3L \\ 2L \end{pmatrix} \times \begin{pmatrix} 12F \\ -12F \\ 14F \end{pmatrix}$$

$$= \begin{pmatrix} 3L \cdot 14F - 2L(-12F) \\ 2L \cdot 12F - 2L \cdot 14F \\ 2L(-12F) - 3L \cdot 12F \end{pmatrix} = \begin{pmatrix} 66LF \\ -4LF \\ -60LF \end{pmatrix}$$

Gesamtmoment:

$$M_2 = \sqrt{M_{2x}^2 + M_{2y}^2 + M_{2z}^2} = \sqrt{7972}LF$$

Projektion in xy-, xz- und yz-Ebenen. Es werden nur die positiven Beträge der Kraftkomponenten berücksichtigt. Das Vorzeichen der resultierenden Momentkomponenten ergibt sich aus dem Drehsinn der Kraftkomponenten:

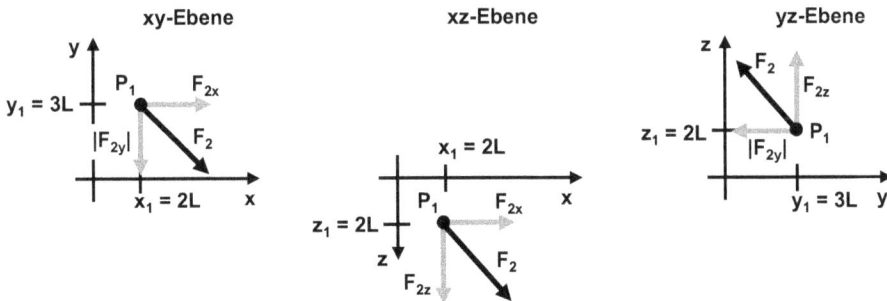

$$M_{2z} = -y_1 F_{2x} - x_1 |F_{2y}| = -3L \cdot 12F - 2L \cdot |-12F| = -60LF$$

$$M_{2y} = z_1 F_{2x} - x_1 F_{2z} = 2L \cdot 12F - 2L \cdot 14F = -4LF$$

$$M_{2x} = z_1 |F_{2y}| + y_1 F_{2z} = 2L \cdot |-12F| + 3L \cdot 14F = 66LF$$

Lösung Aufgabe 2.4

Projektion in die xy-Ebene. Ein Kreis mit Kreuz ($10F$) kennzeichnet eine Kraft, die in die Ebene zeigt, ein Kreis mit schwarzem Punkt ($10F$) kennzeichnet eine Kraft, die aus der Ebene zeigt.

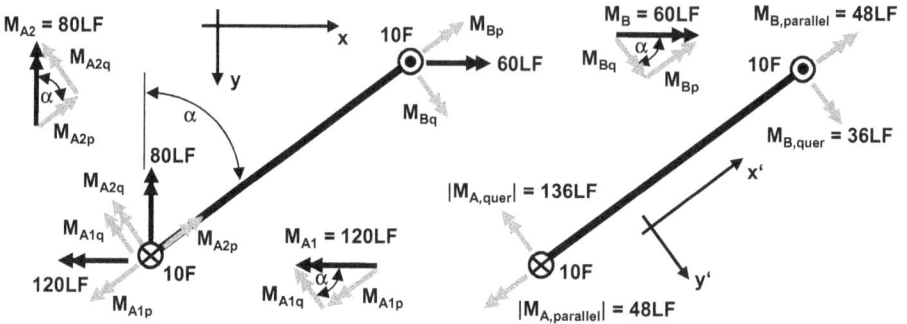

$$\tan\alpha = \frac{4}{3}$$

$$\Rightarrow \quad \sin\alpha = 0.8, \cos\alpha = 0.6$$

$$M_{A1p} = M_{A1}\sin\alpha = 120LF \cdot 0.8 = 96LF$$

$$M_{A1q} = M_{A1}\cos\alpha = 120LF \cdot 0.6 = 72LF$$

$$M_{A2p} = M_{A2}\cos\alpha = 80LF \cdot 0.6 = 48LF$$

$$M_{A2q} = M_{A2}\sin\alpha = 80LF \cdot 0.8 = 64LF$$

$$\Rightarrow \quad M_{A,\text{parallel}} = -M_{A1p} + M_{A2p} = -96LF + 48LF = -48LF$$

$$M_{A,\text{quer}} = -M_{A1q} - M_{A2q} = -72LF - 64LF = -136LF$$

$$M_{B,\text{parallel}} = M_{Bp} = M_B\sin\alpha = 60LF \cdot 0.8 = 48LF$$

$$M_{B,\text{quer}} = M_{Bq} = M_B\cos\alpha = 60LF \cdot 0.6 = 36LF$$

Lösung Aufgabe 2.5

B1:

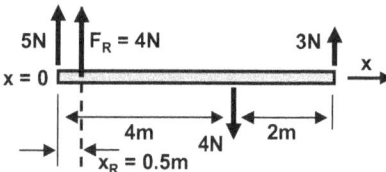

$$F_R = 5 - 4 + 3 = 4\,\text{N} \qquad x_{R,B1} = x_R = \frac{1}{F_R}(0 \cdot 5 - 4 \cdot 4 + 6 \cdot 3) = 0.5\,\text{m}$$

B2:

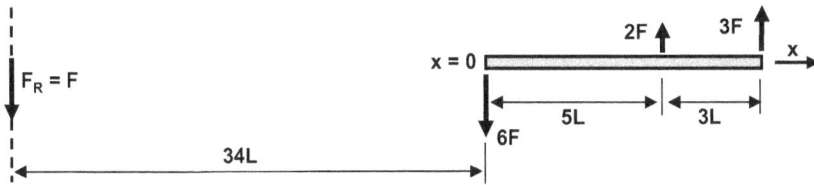

$$F_R = -6F + 2F + 3F = -F \qquad x_{R,B2} = x_R = \frac{1}{F_R}(0 \cdot 6F + 5L \cdot 2F + 8L \cdot 3F) = -34L$$

B3:

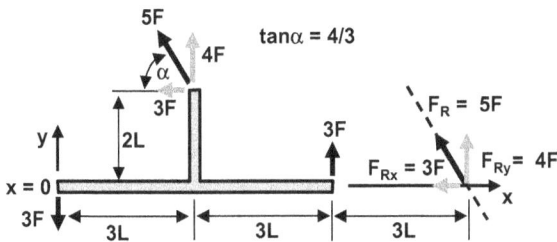

$$F_{Rx} = -3F \qquad F_{Ry} = -3F + 4F + 3F = 4F$$

$$x_{R,B3} = x_R = \frac{1}{F_{Ry}}(0 \cdot 3F + 2L \cdot 3F + 3L \cdot 4F + 6L \cdot 3F) = 9L$$

B4:

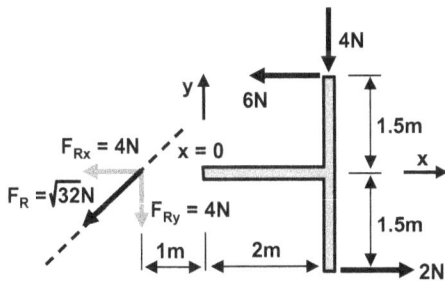

$$F_{Rx} = -6 + 2 = -4\,\text{N} \qquad F_{Ry} = -4\,\text{N}$$

$$x_{R,B4} = x_R = \frac{1}{F_{Ry}}(1.5 \cdot 6 - 2 \cdot 4 + 1.5 \cdot 2) = -1\,\text{m}$$

Lösung Aufgabe 2.6

B1:

$$\Rightarrow \quad q(x) = q_0 \left(1 - \frac{x}{L}\right)$$

$$F_R = \int_0^L q(x)dx = \int_0^L q_0 \left(1 - \frac{x}{L}\right)dx = q_0 \left[x - \frac{x^2}{2L}\right]_0^L = \frac{q_0 L}{2}$$

$$x_R = \frac{1}{F_R} \int_0^L xq(x)dx = \frac{1}{F_R} \int_0^L xq_0 \left(1 - \frac{x}{L}\right)dx = \frac{q_0}{F_R} \left[\frac{x^2}{2} - \frac{x^3}{3L}\right]_0^L = \frac{q_0 L^2}{6F_R} = \frac{L}{3}$$

B2:

Ansatz für q(x): $\quad q(x) = ax^3 + bx^2 + cx + d \quad q'(x) = 3ax^2 + 2bx + c$

1. Randbedingung: $\quad 0 = q(x = 0) = a \cdot 0^3 + b \cdot 0^2 + c \cdot 0 + d \quad \Rightarrow \quad d = 0$

2. Randbedingung: $\quad q_0 = q\left(x = \frac{L}{3}\right) = a\left(\frac{L}{3}\right)^3 + b\left(\frac{L}{3}\right)^2 + c\left(\frac{L}{3}\right)$

3. Randbedingung: $\quad 0 = q(x = L) = aL^3 + bL^2 + cL$

4. Randbedingung: $\quad 0 = q'\left(x = \frac{L}{3}\right) = 3a\left(\frac{L}{3}\right)^2 + 2b\left(\frac{L}{3}\right) + c$

$$\Rightarrow \quad q(x) = 27q_0 \left(\frac{x^3}{4L^3} - \frac{x^2}{2L^2} + \frac{x}{4L}\right)$$

$$F_R = \int_0^L q(x)dx = \int_0^L 27q_0 \left(\frac{x^3}{4L^3} - \frac{x^2}{2L^2} + \frac{x}{4L}\right)dx$$

$$= 27q_0 \left[\frac{x^4}{16L^3} - \frac{x^3}{6L^2} + \frac{x^2}{8L}\right]_0^L = \frac{9}{16}q_0 L$$

$$x_R = \frac{1}{F_R} \int_0^L xq(x)dx = \frac{1}{F_R} \int_0^L x \cdot 27q_0 \left(\frac{x^3}{4L^3} - \frac{x^2}{2L^2} + \frac{x}{4L}\right)dx$$

$$= \frac{27q_0}{F_R} \left[\frac{x^5}{20L^3} - \frac{x^4}{8L^2} + \frac{x^3}{12L}\right]_0^L = \frac{2}{5}L$$

Anhang B3: Lösungen der Aufgaben des Kapitels 3

Lösung Aufgabe 3.1

B1:

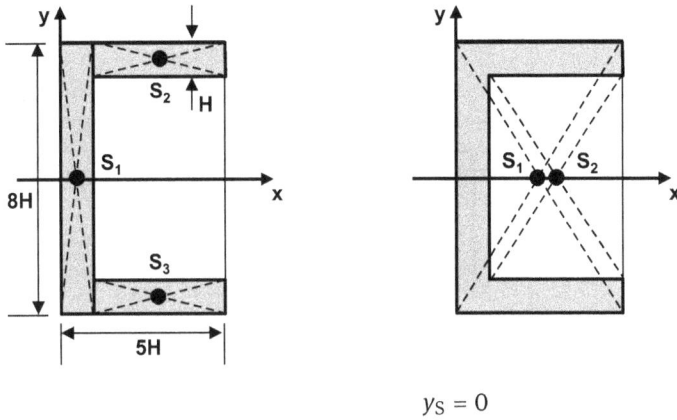

$$y_S = 0$$

1. linke Variante zur Bestimmung von x_S:

$$A_1 = 8H^2, \quad x_1 = \frac{H}{2}, \quad A_2 = A_3 = 4H^2, \quad x_2 = x_3 = 3H$$

$$\Rightarrow \quad x_S = \frac{1}{A} \sum_{i=1}^{3} x_i A_i = \frac{1}{A_1 + A_2 + A_3} (x_1 A_1 + x_2 A_2 + x_3 A_3) = \frac{7}{4} H$$

2. rechte Variante zur Bestimmung von x_S:

$$A_1 = 40H^2, \quad x_1 = 2.5H, \quad A_2 = 24H^2, \quad x_2 = 3H$$

$$\Rightarrow \quad x_S = \frac{1}{A} \sum_{i=1}^{2} x_i A_i = \frac{1}{A_1 - A_2} (x_1 A_1 - x_2 A_2) = \frac{7}{4} H$$

B2:

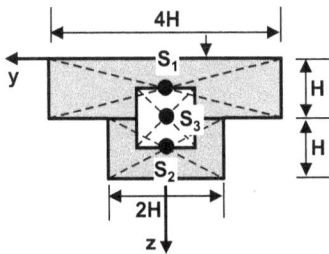

$$y_S = 0, \quad A_1 = 4H^2, \quad z_1 = \frac{H}{2}, \quad A_2 = 2H^2, \quad z_2 = \frac{3}{2}H, \quad A_3 = H^2, \quad z_3 = H$$

$$\Rightarrow \quad z_S = \frac{1}{A}\sum_{i=1}^{3} z_i A_i = \frac{1}{A_1 + A_2 - A_3}(z_1 A_1 + z_2 A_2 - z_3 A_3) = \frac{4}{5}H$$

Lösung Aufgabe 3.2

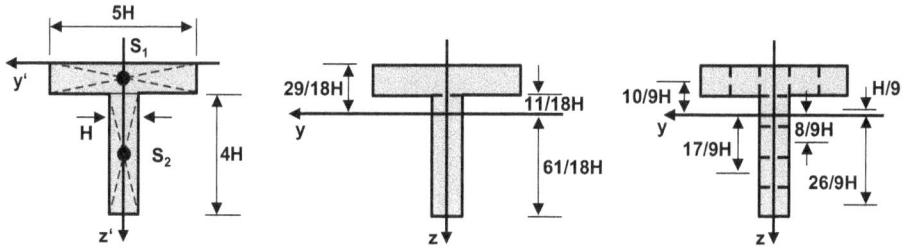

a) Bild links, Berechnung des Flächenmittelpunktes ($y_S' = 0$):

$$A_1 = 5H^2, \quad z_1' = H/2, \quad A_2 = 4H^2, \quad z_2' = 3H$$

$$\Rightarrow \quad z_S' = \frac{1}{A}\sum_{i=1}^{2} z_i' A_i = \frac{1}{A_1 + A_2}(z_1' A_1 + z_2' A_2) = \frac{29}{18}H$$

b) Bild Mitte, Berechnung des Flächenträgheitsmoments mittels Integration:

$$I_y = \int_A z^2\, dA = \int_{A_1} z^2\, dA + \int_{A_2} z^2\, dA = \int_{-\frac{29}{18}H}^{-\frac{11}{18}H}\int_{-\frac{5}{2}H}^{\frac{5}{2}H} z^2\, dy\, dz + \int_{-\frac{11}{18}H}^{\frac{61}{18}H}\int_{-\frac{1}{2}H}^{\frac{1}{2}H} z^2\, dy\, dz$$

$$= 5H\left[\frac{z^3}{3}\right]_{-\frac{29}{18}H}^{-\frac{11}{18}H} + H\left[\frac{z^3}{3}\right]_{-\frac{11}{18}H}^{\frac{61}{18}H} = \frac{707}{36}H^4$$

Bild rechts, näherungsweise Berechnung des Flächenträgheitsmoments:

$$A_1 = \ldots = A_9 = H^2$$

$$z_1 = \ldots = z_5 = -\frac{10}{9}H$$

$$z_6 = -\frac{1}{9}H, \quad z_7 = \frac{8}{9}H, \quad z_8 = \frac{17}{9}H, \quad z_9 = \frac{26}{9}H$$

$$\Rightarrow \quad I_y = \sum_{i=1}^{9} z_i^2 A_i = 5\cdot\left(-\frac{10}{9}H\right)^2 H^2$$

$$+ \left(-\frac{1}{9}H\right)^2 H^2 + \left(\frac{8}{9}H\right)^2 H^2 + \left(\frac{17}{9}H\right)^2 H^2 + \left(\frac{26}{9}H\right)^2 H^2 = \frac{510}{27}H^4$$

$707/36\,H^4$ entsprechen 100 %, $510/27\,H^4$ sind davon 96 %. Dies ergibt einen Fehler von 4 %.

Anhang B4.1–3: Lösungen der Aufgaben der Kapitel 4.1 bis 4.3

Lösung Aufgabe 4.1.1

B1:

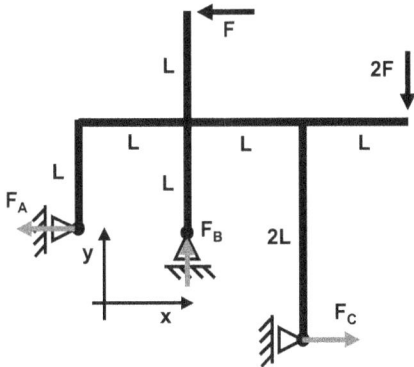

$$\sum F_y = 0: \qquad\qquad F_B - 2F = 0 \quad \Rightarrow \quad F_B = 2F$$

$$\sum M|_A = 0: \quad LF_B + LF_C - 3L \cdot 2F + 2LF = 0 \quad \Rightarrow \quad F_C = 2F$$

$$\sum F_x = 0: \qquad\qquad -F_A + F_C - F = 0 \quad \Rightarrow \quad F_A = F$$

B2:

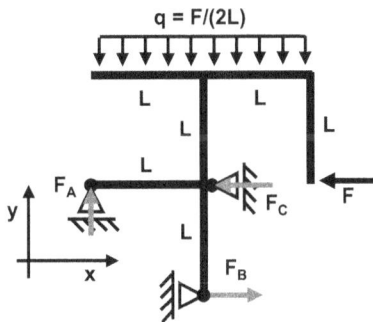

$$F_{\text{Ersatz}} = q \cdot 2L = \frac{F}{2L} 2L = F$$

$$\sum F_y = 0: \quad F_A - F_{\text{Ersatz}} = 0 \quad \Rightarrow \quad F_A = F$$

$$\sum M|_C = 0: \quad -LF_A + LF_B = 0 \quad \Rightarrow \quad F_B = F$$

$$\sum F_x = 0: \quad F_B - F_C - F = 0 \quad \Rightarrow \quad F_C = 0$$

B3:

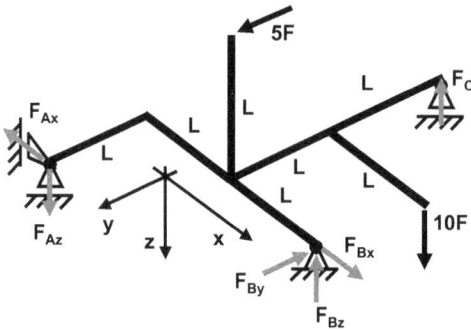

$$\sum M_z|_B = 0: \qquad LF_{Ax} - L \cdot 5F = 0 \quad \Rightarrow \quad F_{Ax} = 5F$$

$$\sum F_x = 0: \qquad -F_{Ax} + F_{Bx} = 0 \quad \Rightarrow \quad F_{Bx} = 5F$$

$$\sum F_y = 0: \qquad -F_{By} + 5F = 0 \quad \Rightarrow \quad F_{By} = 5F$$

$$\sum M_x|_B = 0: \quad LF_{Az} + 2LF_C - L \cdot 10F + L \cdot 5F = 0 \quad \Rightarrow \quad F_{Az} + 2F_C = 5F$$

$$\sum M_y|_B = 0: \qquad 2LF_{Az} - LF_C = 0 \quad \Rightarrow \quad 2F_{Az} - F_C = 0$$

$$\Rightarrow \quad F_{Az} = F \quad F_C = 2F$$

$$\sum F_z = 0: \qquad F_{Az} - F_{Bz} - F_C + 10F = 0 \quad \Rightarrow \quad F_{Bz} = 9F$$

B4:

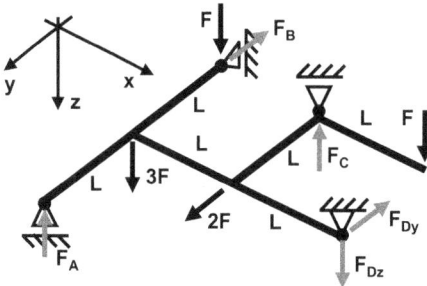

$$\sum M_x|_A = 0: \quad 2LF_C - LF_{Dz} - L \cdot 3F - 2LF - 2LF = 0 \quad \Rightarrow \quad 2F_C - F_{Dz} = 7F$$

$$\sum M_y|_A = 0: \qquad LF_C - 2LF_{Dz} - 2LF = 0 \quad \Rightarrow \quad F_C - 2F_{Dz} = 2F$$

$$\Rightarrow \quad F_{Dz} = F \quad F_C = 4F$$

$$\sum F_z = 0: \qquad -F_A - F_C + F_{Dz} + 3F + F + F = 0 \quad \Rightarrow \quad F_A = 2F$$

$$\sum M_z|_B = 0: \qquad -2LF_{Dy} + L \cdot 2F = 0 \quad \Rightarrow \quad F_{Dy} = F$$

$$\sum F_y = 0: \qquad -F_B - F_{Dy} + 2F = 0 \quad \Rightarrow \quad F_B = F$$

Die Kraft F_{Dx} ist die einzige Kraft in x-Richtung und somit gleich null. Daher ist sie nicht eingezeichnet.

Lösung Aufgabe 4.2.1

B1:

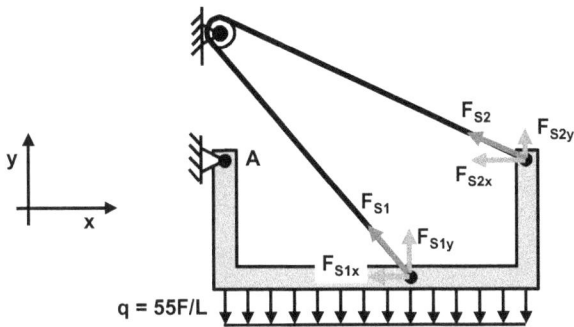

$$F_{S1} = F_{S2} = F_S$$

$$\sum M|_A = 0: \; -10LF_{S1x} + 15LF_{S1y} + 24LF_{S2y} - 12L \cdot 24Lq = 0$$

$$\Rightarrow \quad -10L \cdot 0.6F_S + 15L \cdot 0.8F_S + 24L \cdot \frac{5}{13}F_S - 12L \cdot 24L \cdot 55\frac{F}{L} = 0$$

$$\Rightarrow \quad F_S = 1040F$$

B2:

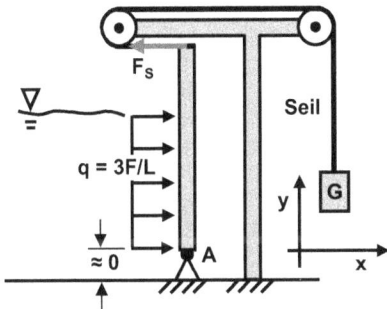

$$\sum M|_A = 0: \; 3LF_S - L(q \cdot 2L) = 3LF_S - L\frac{3F}{L}2L = 0 \quad \Rightarrow \quad F_S = 2F$$

Lösung Aufgabe 4.2.2

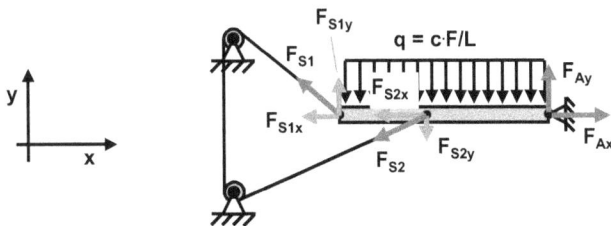

$$F_{S1} = F_{S2} = F_S$$

$$\sum M|_A = 0: \quad -80LF_{S1y} + 48LF_{S2y} + 40L \cdot q \cdot 80L = 0$$

$$\Rightarrow \quad -80L \cdot 0.6F_S + 48L\frac{5}{13}F_S + 40L \cdot c\frac{F}{L}80L = 0$$

$$\Rightarrow \quad c = 1.2$$

$$\sum F_x = 0: \quad -F_{S1x} - F_{S2x} + F_{Ax} = -0.8F_S - \frac{12}{13}F_S + F_{Ax} = 0$$

$$\Rightarrow \quad F_{Ax} = 224F$$

$$\sum F_y = 0: \quad F_{S1y} - F_{S2y} - q \cdot 80L + F_{Ay} = 0.6F_S - \frac{5}{13}F_S - 96F + F_{Ay} = 0$$

$$\Rightarrow \quad F_{Ay} = 68F$$

Lösung Aufgabe 4.3.1

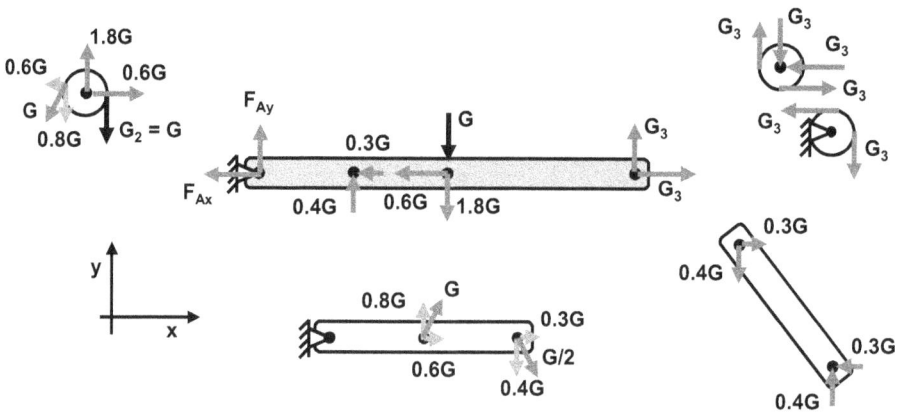

Betrachtung des grauen Balkens:

$$\sum M|_A = 0: \quad L \cdot 0.4G - 2LG - 2L \cdot 1.8G + 4LG_3 = 0 \quad \Rightarrow \quad G_3 = 1.3G$$

$$\sum F_x = 0: \quad -F_{Ax} - 0.3G - 0.6G + G_3 = 0 \quad \Rightarrow \quad F_{Ax} = 0.4G$$

$$\sum F_y = 0: \quad F_{Ay} + 0.4G - G - 1.8G + G_3 = 0 \quad \Rightarrow \quad F_{Ay} = 1.1G$$

Lösung Aufgabe 4.3.2

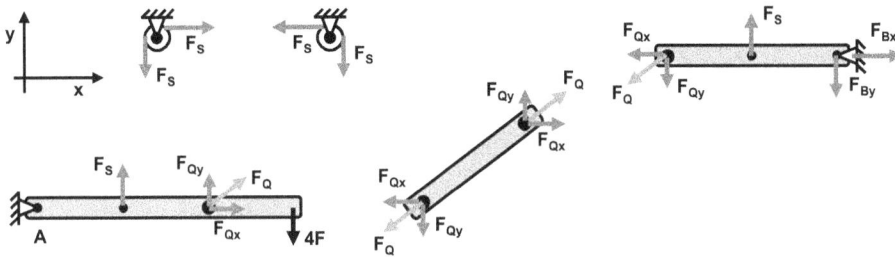

Betrachtung des oberen waagrechten Balkens:

$$\sum M|_B = 0: \quad 2LF_{Qy} - LF_S = 0 \quad \Rightarrow \quad F_{Qy} = 0.5F_S$$

Betrachtung des unteren waagrechten Balkens:

$$\sum M|_A = 0: \quad LF_S + 2LF_{Qy} - 3L \cdot 4F = LF_S + 2L \cdot 0.5F_S - 3L \cdot 4F = 0 \quad \Rightarrow \quad F_S = 6F$$

Betrachtung des oberen waagrechten Balkens:

$$\sum F_x = 0: \quad -F_{Qx} + F_{Bx} = -\frac{4}{3}F_{Qy} + F_{Bx} = -\frac{4}{3}0.5F_S + F_{Bx} = 0 \quad \Rightarrow \quad F_{Bx} = 4F$$

$$\sum F_y = 0: \quad -F_{Qy} + F_S - F_{By} = -0.5F_S + F_S - F_{By} = 0 \quad \Rightarrow \quad F_{By} = 3F$$

Lösung Aufgabe 4.3.3

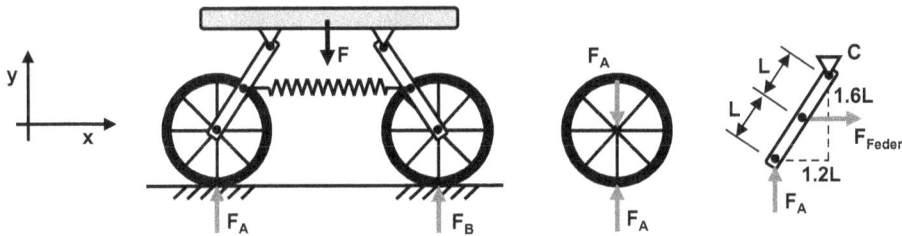

Betrachtung des Gesamtbauteils:

$$\sum M|_B = 0: \quad -4.4LF_A + 2.2LF = 0 \quad \Rightarrow \quad F_A = 0.5F$$

Betrachtung des linken Diagonalbalkens:

$$\sum M|_C = 0: \quad -1.2LF_A + \frac{1.6L}{2}F_{Feder} = 0 \quad \Rightarrow \quad F_{Feder} = 0.75F$$

Lösung Aufgabe 4.3.4

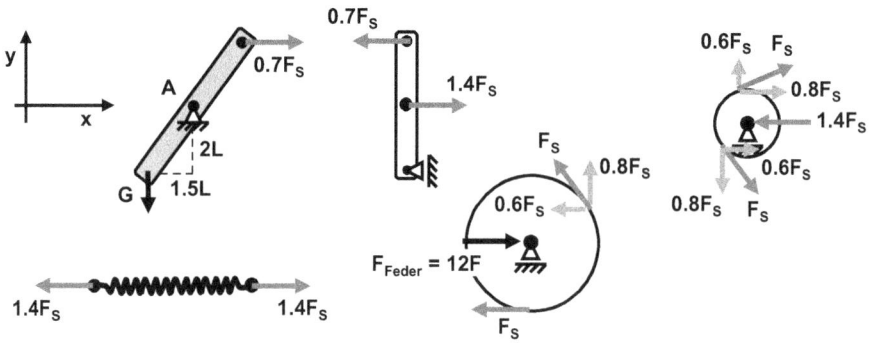

Betrachtung der unteren großen Rolle:

$$\sum F_X = 0: \quad F_{\text{Feder}} - F_S - 0.6F_S = 12F - 1.6F_S = 0 \quad \Rightarrow \quad F_S = 7.5F$$

Betrachtung des grauen Balkens:

$$\sum M|_A = 0: \quad 1.5LG - 2L \cdot 0.7F_S = 1.5LG - 2L \cdot 0.7 \cdot 7.5F = 0 \quad \Rightarrow \quad G = 7F$$

Lösung Aufgabe 4.3.5

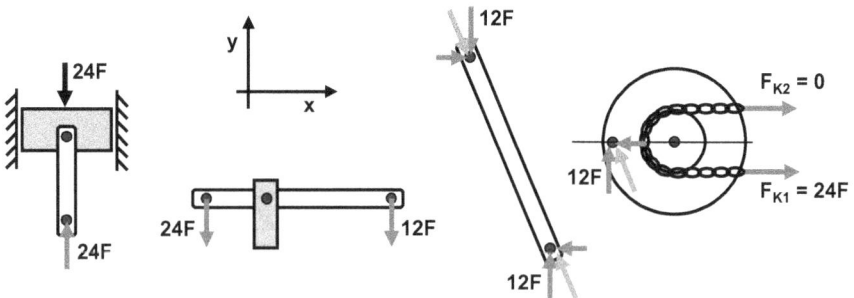

Betrachtung des Gesamtbauteils:

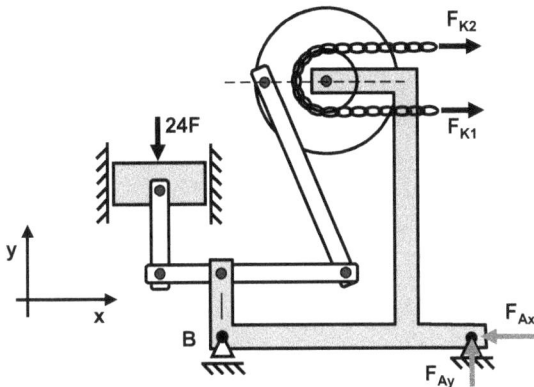

$$\sum F_x = 0: \qquad\qquad -F_{Ax} + F_{K1} = 0 \quad \Rightarrow \quad F_{Ax} = 24F$$
$$\sum M|_B = 0: \qquad L \cdot 24F - 3.5LF_{K1} + 4LF_{Ay} = 0 \quad \Rightarrow \quad F_{Ay} = 15F$$

Lösung Aufgabe 4.3.6

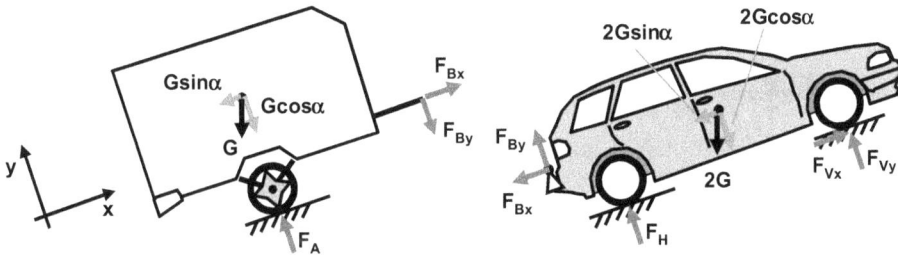

Betrachtung des Anhängers:

$$\sum F_x = 0: \qquad\qquad F_{Bx} - G \sin \alpha = 0 \quad \Rightarrow \quad F_{Bx} = G \sin \alpha$$
$$\sum M|_A = 0: \qquad 2LG \sin \alpha - LF_{Bx} - 3LF_{By} = 0 \quad \Rightarrow \quad F_{By} = \frac{1}{3}G \sin \alpha$$

Betrachtung des Pkws:

$$\sum F_x = 0: \quad F_{Vx} - F_{Bx} - 2G\sin\alpha = 0 \quad \Rightarrow \quad F_{Vx} = 3G\sin\alpha$$

$$\sum M|_H = 0: \quad LF_{Bx} - LF_{By} + L \cdot 2G\sin\alpha - 2L \cdot 2G\cos\alpha + 4LF_{Vy} = 0$$

$$\Rightarrow \quad F_{Vy} = G\left(\cos\alpha - \frac{2}{3}\sin\alpha\right)$$

$$F_{Vx} = F_{Vy}: \quad 3G\sin\alpha = G\left(\cos\alpha - \frac{2}{3}\sin\alpha\right)$$

$$\Rightarrow \quad \frac{11}{3}\sin\alpha = \cos\alpha \quad \Rightarrow \quad \alpha = 15.26°$$

Lösung Aufgabe 4.3.7

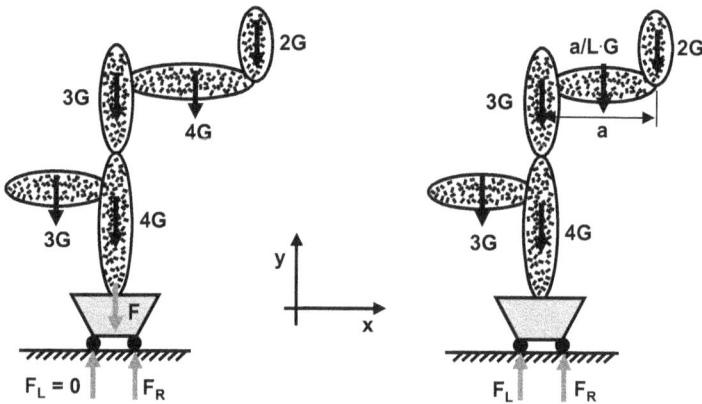

Linke Skizze: Wenn, dann kippt der Kaktus nach rechts. Dabei verliert der linke Topf-fuß den Kontakt zum Boden, wodurch F_L zu null wird.

$$\sum M|_R = 0: \quad \frac{L}{2}F + \frac{L}{2}4G + 2L \cdot 3G + \frac{L}{2}3G - \frac{3L}{2}4G - \frac{7L}{2}2G = 0 \quad \Rightarrow \quad F = 7G$$

Rechte Skizze: Soll das Topfgewicht keine Rolle spielen, so muss $F = 0$ gesetzt werden. Ist a zu groß, kippt der Kaktus nach rechts und F_L ist gleich null. Ist a zu klein, kippt er nach links und F_R ist gleich null.

Kippen nach rechts ($F_L = 0$):

$$\sum M|_R = 0: \quad \frac{L}{2}4G + 2L \cdot 3G + \frac{L}{2}3G - \frac{a-L}{2}\frac{a}{L}G - \frac{2a-L}{2}2G = 0$$

$$\Rightarrow \quad -\frac{a^2}{2L}G - 1.5Ga + 10.5LG = 0$$

$$\Rightarrow \quad a^2 + 3La - 21L^2 = 0 \Rightarrow \quad a = \frac{-3L + \sqrt{(3L)^2 - 4(-21L^2)}}{2} = 3.322L$$

Die zweite Lösung $a = -6.322L$ ist keine physikalisch sinnvolle Lösung.

Kippen nach rechts ($F_R = 0$):

$$\sum M|_R = 0: \quad -\frac{L}{2}4G + L \cdot 3G - \frac{L}{2}3G - \frac{a+L}{2}\frac{a}{L}G - \frac{2a+L}{2}2G = 0$$

$$\Rightarrow \quad -\frac{a^2}{2L}G - 2.5Ga - 1.5LG = 0$$

$$\Rightarrow \quad a^2 + 5La + 3L^2 = 0 \Rightarrow \quad a = \frac{-5L + \sqrt{(5L)^2 - 4 \cdot 3L^2}}{2} = -0.697L$$

Das Segment mit der Länge a dürfte eine negative Länge besitzen bzw. nach links zeigen. Da a nicht kleiner wie 0 sein soll, gilt $0 \le a \le 3.322$.

Lösung Aufgabe 4.3.8

Wenn, dann kippt das Gerät über das linke Rad. Dabei verliert das rechte Rad den Kontakt zur Straße, wodurch F_R zu null wird.

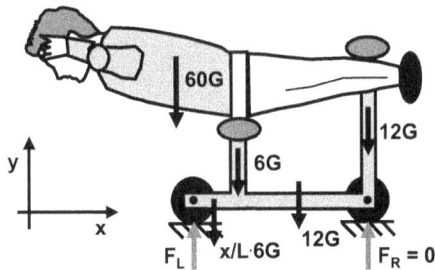

$$\sum M|_L = 0: \quad (L-x)60G - \frac{x}{2}\frac{x}{L}6G - x \cdot 6G - (x+L)12G - (x+2L)12G = 0$$

$$\Rightarrow \quad -3\frac{x^2}{L}G - 90Gx + 24LG = 0$$

$$\Rightarrow \quad x^2 + 30Lx - 8L^2 = 0 \Rightarrow \quad x = \frac{-30L + \sqrt{(30L)^2 - 4 \cdot (-8L^2)}}{2} = 0.264L$$

Lösung Aufgabe 4.3.9

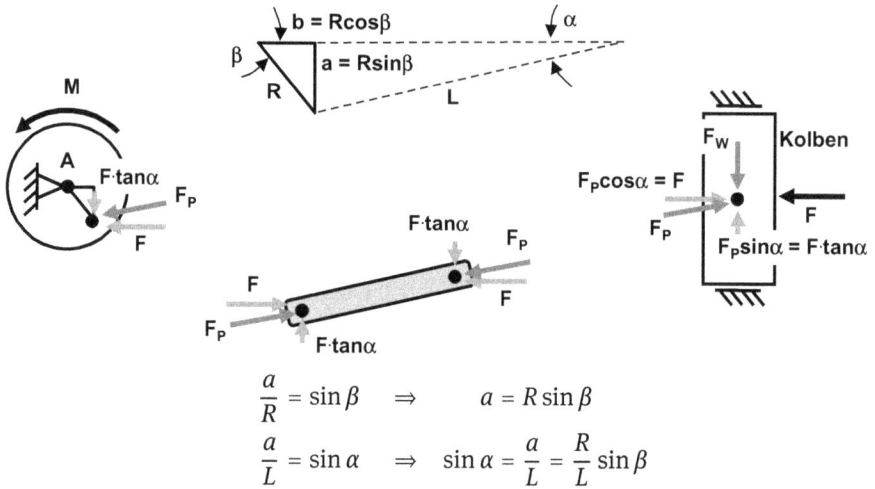

$$\frac{a}{R} = \sin\beta \quad \Rightarrow \quad a = R\sin\beta$$

$$\frac{a}{L} = \sin\alpha \quad \Rightarrow \quad \sin\alpha = \frac{a}{L} = \frac{R}{L}\sin\beta$$

Betrachtung der linken Rolle ($\tan\alpha = \sin\alpha = R/L\sin\beta$, $R/L = 0.2$):

$$\sum M|_A = 0: \quad M - aF - bF\tan\alpha = M - R\sin\beta \cdot F - R\cos\beta \cdot F\frac{R}{L}\sin\beta = 0$$

$$\Rightarrow \quad M = RF\sin\beta\,(1 + 0.2\cos\beta)$$

Um M_{max} zu bestimmen, muss die Funktion $M(\beta)$ nach β abgeleitet werden und die Ableitung gleich null gesetzt werden.

$$0 = M' = \frac{dM}{d\beta} = RF\cos\beta\,(1 + 0.2\cos\beta) + RF\sin\beta\,(-0.2\sin\beta)$$

$$= RF\left(\cos\beta + 0.2\left(\cos^2\beta - \sin^2\beta\right)\right)$$

$$= RF\left(\cos\beta + 0.2\left(2\cos^2\beta - 1\right)\right)$$

$$\Rightarrow \quad 0 = \cos\beta + 0.2\left(2\cos^2\beta - 1\right) = 0.4\cos^2\beta + \cos\beta - 0.2$$

$$\Rightarrow \quad \cos\beta = \frac{-1 + \sqrt{1^2 - 4\cdot 0.4\,(-0.2)}}{2\cdot 0.4} = 0.186 \Rightarrow \quad \beta = 79.3°$$

Lösung Aufgabe 4.3.10

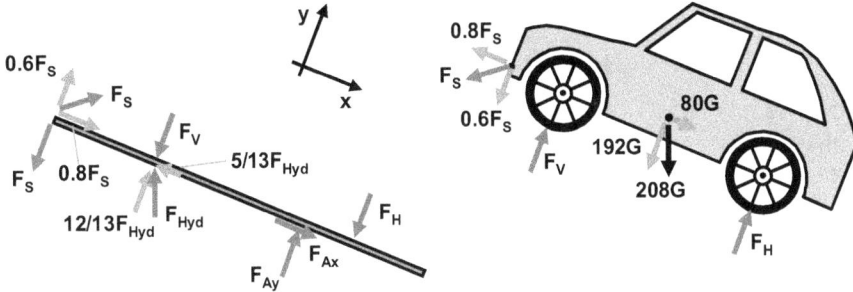

Betrachtung des Autos:

$$\sum F_x = 0: \quad -0.8F_S - 80G = 0$$

$$\Rightarrow \quad F_S = 100G$$

$$\sum M|_V = 0: \quad 2L \cdot 0.6F_S + 1.5L \cdot 0.8F_S - 4L \cdot 192G - 2L \cdot 80G + 8LF_H = 0$$

$$\Rightarrow \quad F_H = 86G$$

$$\sum F_y = 0: \quad -0.6F_S + F_V - 192G + F_H = 0$$

$$\Rightarrow \quad F_V = 166G$$

Betrachtung der Stellfläche:

$$\sum M|_A = 0: \quad 10LF_S - 10L \cdot 0.6F_S + 6LF_V - 6L\frac{12}{13}F_{Hyd} - 2LF_H = 0$$

$$\Rightarrow \quad F_{Hyd} = 221G$$

$$\sum F_x = 0: \quad 0.8F_S - \frac{5}{13}F_{Hyd} + F_{Ax} = 0 \quad \Rightarrow \quad F_{Ax} = 5G$$

$$\sum F_y = 0: \quad -F_S + 0.6F_S - F_V + \frac{12}{13}F_{Hyd} + F_{Ay} - F_H = 0 \quad \Rightarrow \quad F_{Ay} = 88G$$

$$\Rightarrow \quad F_A = \sqrt{F_{Ax}^2 + F_{Ay}^2} = \sqrt{(5G)^2 + (88G)^2} = \sqrt{7769}G$$

$F_1 = 8F$ F_3 E R

F_5 M_2 C F_2

x y z

F_4 F_5 M_1 F_B M_2 F_A

F_3 D M_1 F_4

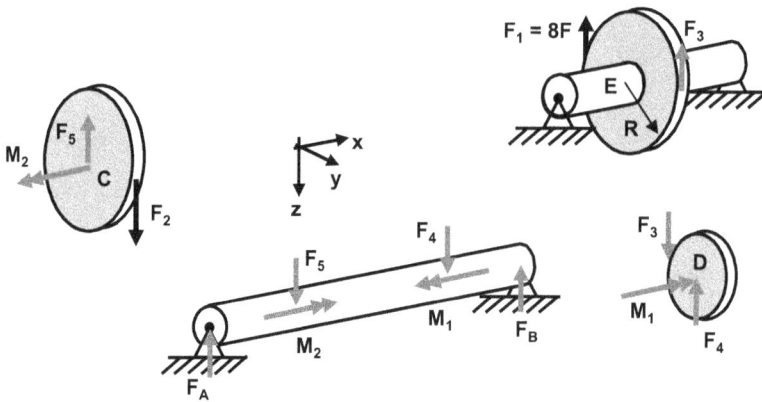

Lösung Aufgabe 4.3.11

Betrachtung der hinteren Achse, das Zahnrad hat den Radius R:

$$\sum M_x|_E = 0: \quad RF_1 - RF_3 = 0 \quad \Rightarrow \quad F_3 = 8F$$

Betrachtung des kleinen Zahnrads:

$$\sum F_z = 0: \quad F_3 - F_4 = 0 \quad \Rightarrow \quad F_4 = 8F$$

$$\sum M_x|_D = 0: \quad M_1 - \frac{L}{2}F_3 = 0 \quad \Rightarrow \quad M_1 = 4LF$$

Betrachtung der vorderen Welle:

$$\sum M_x|_A = 0: \quad -M_1 + M_2 = 0 \quad \Rightarrow \quad M_2 = 4LF$$

Betrachtung des großen vorderen Zahnrads:

$$\sum M_x|_C = 0: \quad -M_2 + LF_2 = 0 \quad \Rightarrow \quad F_2 = 4F$$

$$\sum F_z = 0: \quad F_2 - F_5 = 0 \quad \Rightarrow \quad F_5 = 4F$$

Betrachtung der vorderen Welle:

$$\sum M_y|_A = 0: \quad -LF_5 - 3LF_4 + 4LF_B = 0 \quad \Rightarrow \quad F_B = 7F$$

$$\sum F_z = 0: \quad -F_A + F_5 + F_4 - F_B = 0 \quad \Rightarrow \quad F_A = 5F$$

Lösung Aufgabe 4.3.12

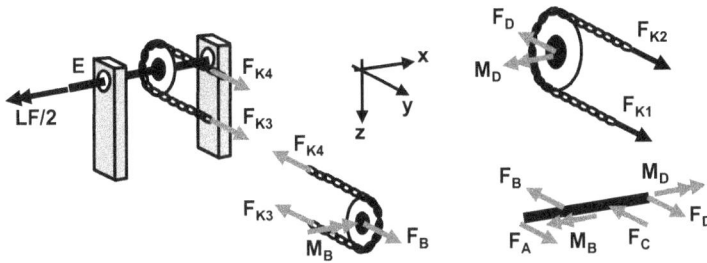

Betrachtung der hinteren Welle, die Kettenkraft F_{K3} ist gleich null:

$$\sum M_x|_E = 0: \quad -\frac{LF}{2} + LF_{K4} = 0 \quad \Rightarrow \quad F_{K4} = \frac{F}{2}$$

Betrachtung des kleinen linken Kettenrads:

$$\sum F_y = 0: \quad -F_{K4} + F_B = 0 \quad \Rightarrow \quad F_B = \frac{F}{2}$$

$$\sum M_x|_B = 0: \quad M_B - LF_{K4} = 0 \quad \Rightarrow \quad M_B = \frac{LF}{2}$$

Betrachtung der vorderen Welle:

$$\sum M_x|_B = 0: \quad -M_B + M_D = 0 \quad \Rightarrow \quad M_D = \frac{LF}{2}$$

Betrachtung des großen rechten Kettenrads, die Kettenkraft F_{K1} ist gleich null:

$$\sum M_x|_D = 0: \quad -M_D + 2LF_{K2} = 0 \quad \Rightarrow \quad F_{K2} = \frac{F}{4}$$

$$\sum F_y = 0: \quad F_{K2} - F_D = 0 \quad \Rightarrow \quad F_D = \frac{F}{4}$$

Betrachtung der vorderen Welle:

$$\sum M_z|_A = 0: \quad -LF_B - 2LF_C + 3LF_D = 0 \quad \Rightarrow \quad F_C = \frac{F}{8}$$

$$\sum F_y = 0: \quad F_A - F_B - F_C + F_D = 0 \quad \Rightarrow \quad F_A = \frac{3}{8}F$$

Anhang B4.4: Lösungen der Aufgaben des Kapitels 4.4

Lösung Aufgabe 4.4.1

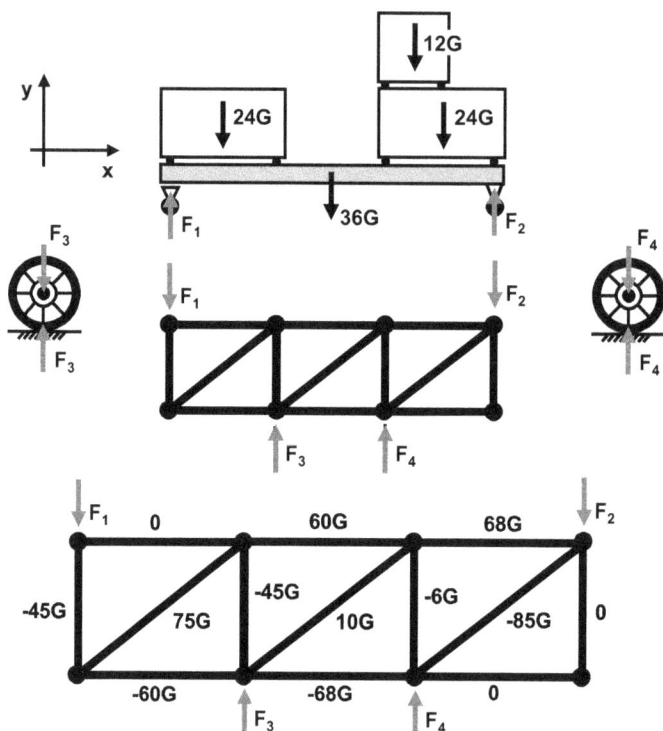

Betrachtung des Aufbaus:

$$\sum M|_1 = 0: \quad -\frac{2}{3}L \cdot 24G - 2L \cdot 36G - 3L \cdot 12G - \frac{10}{3}L \cdot 24G + 4LF_2 = 0$$

$$\Rightarrow \quad F_2 = 51G$$

$$\sum F_y = 0: \quad F_1 - 24G - 36G - 12G - 24G + F_2 = 0$$

$$\Rightarrow \quad F_1 = 45G$$

Betrachtung des Unterbaus:

$$\sum M|_3 = 0: \quad \frac{4}{3}LF_1 + \frac{4}{3}LF_4 - \frac{8}{3}LF_2 = 0 \quad \Rightarrow \quad F_4 = 57G$$

$$\sum F_y = 0: \quad -F_1 + F_3 + F_4 - F_2 = 0 \quad \Rightarrow \quad F_3 = 39G$$

Die Null kennzeichnet einen Nullstab. Ein positiver Wert der Stabkraft beschreibt einen Zugstab, ein negativer Wert einen Druckstab.

Lösung Aufgabe 4.4.2

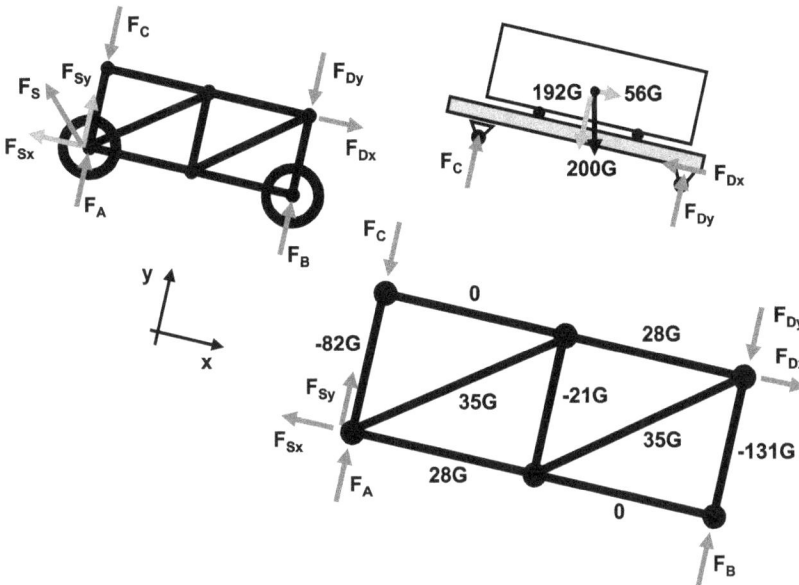

Betrachtung des Balkens und der Kiste mit der Gewichtskraft $200G$:

$$\sum F_x = 0: \qquad\qquad -F_{Dx} + 56G = 0 \quad \Rightarrow \quad F_{Dx} = 56G$$

$$\sum M|_C = 0: \quad -4L \cdot 192G - 2L \cdot 56G + 8LF_{Dy} = 0 \quad \Rightarrow \quad F_{Dy} = 110G$$

$$\sum F_y = 0: \qquad\qquad F_C + F_{Dy} - 192G = 0 \quad \Rightarrow \quad F_C = 82G$$

Betrachtung des Unterbaus:

$$\sum F_x = 0: \qquad\qquad -F_{Sx} + F_{Dx} = 0 \quad \Rightarrow \qquad\qquad F_{Sx} = 56G$$

$$\Rightarrow \quad F_{Sy} = F_{Sx} = 56G$$

$$\sum M|_A = 0: \quad 8LF_B - 8LF_{Dy} - 3LF_{Dx} = 0 \quad \Rightarrow \qquad\qquad F_B = 131G$$

$$\sum F_y = 0: \quad F_A + F_{Sy} + F_B - F_C - F_{Dy} = 0 \quad \Rightarrow \qquad\qquad F_A = 5G$$

Lösung Aufgabe 4.4.3

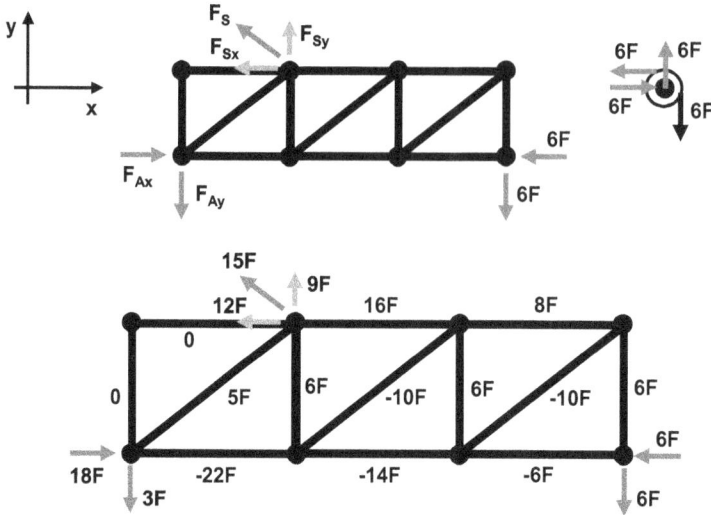

Betrachtung des Gesamtfachwerks ($F_{Sx} = 0.8F_S$, $F_{Sy} = 0.6F_S$):

$$\sum M|_A = 0: \quad -6\,\text{m} \cdot 6F + 1.5\,\text{m} \cdot F_{Sx} + 2\,\text{m} \cdot F_{Sy}$$
$$= -6\,\text{m} \cdot 6F + 1.5\,\text{m} \cdot 0.8F_S + 2\,\text{m} \cdot 0.6F_S = 0$$

$$\Rightarrow \qquad\qquad\qquad\qquad F_S = 15F$$

$$\Rightarrow \qquad\qquad F_{Sx} = 12F, \quad F_{Sy} = 9F$$

$$\sum F_x = 0: \qquad\qquad F_{Ax} - F_{Sx} - 6F = 0 \quad\Rightarrow\quad F_{Ax} = 18F$$
$$\sum F_y = 0: \qquad\qquad -F_{Ay} + F_{Sy} - 6F = 0 \quad\Rightarrow\quad F_{Ay} = 3F$$

Lösung Aufgabe 4.4.4

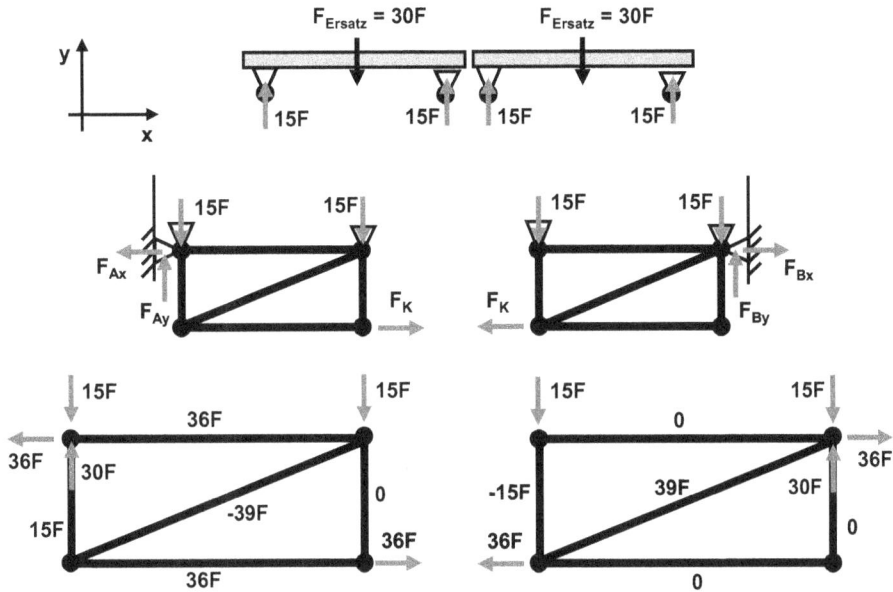

Betrachtung des linken Fachwerks:

$$\sum M|_A = 0: \quad -12L \cdot 15F + 5LF_K = 0 \quad \Rightarrow \quad F_K = 36F$$

$$\sum F_x = 0: \quad -F_{Ax} + F_K = 0 \quad \Rightarrow \quad F_{Ax} = 36F$$

$$\sum F_y = 0: \quad F_{Ay} - 15F - 15F = 0 \quad \Rightarrow \quad F_{Ay} = 30F$$

Betrachtung des rechten Fachwerks:

$$\sum F_x = 0: \quad F_{Bx} - F_K = 0 \quad \Rightarrow \quad F_{Bx} = 36F$$

$$\sum F_y = 0: \quad F_{By} - 15F - 15F = 0 \quad \Rightarrow \quad F_{By} = 30F$$

Lösung Aufgabe 4.4.5

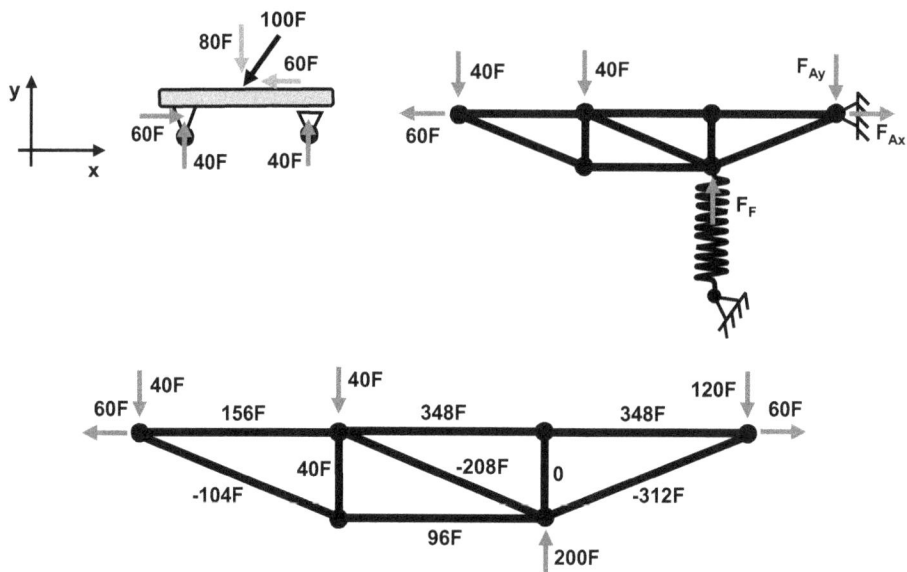

Das Bauteil kann um den Winkel α in die waagrechte Betrachtungsperspektive gedreht werden.

Betrachtung des Gesamtfachwerks:

$$\sum M|_A = 0: \quad 18L \cdot 40F + 12L \cdot 40F - 6LF_F = 0 \quad \Rightarrow \quad F_F = 200F$$
$$\sum F_x = 0: \quad\quad\quad\quad\quad\quad\quad F_{Ax} - 60F = 0 \quad \Rightarrow \quad F_{Ax} = 60F$$
$$\sum F_y = 0: \quad\quad -F_{Ay} - 40F - 40F + F_F = 0 \quad \Rightarrow \quad F_{Ay} = 120F$$

Anhang B4.5: Lösungen der Aufgaben des Kapitels 4.5

Lösung Aufgabe 4.5.1

Betrachtung der Lokomotive ($a + b = 2L$, $a/b = 2 \Rightarrow a = 4/3L$, $b = 2/3L$):

$$\sum M|_1 = 0: \quad -\frac{4}{3}L \cdot 12G + 2LF_2 = 0 \quad \Rightarrow \quad F_2 = 8G$$

$$\sum F_z = 0: \quad -F_1 + 12G - F_2 = 0 \quad \Rightarrow \quad F_1 = 4G$$

Betrachtung des Balkens:

$$\sum M|_A = 0: \quad -6L \cdot 2G - 8L \cdot 2G - 13L \cdot 8G - 16LF_1 - 18LF_2 + 20LF_B = 0$$

$$\Rightarrow \qquad\qquad\qquad\qquad\qquad\qquad\qquad\qquad\qquad F_B = 17G$$

$$\sum F_z = 0: \qquad\qquad -F_A + 2G + 2G + 8G + F_1 + F_2 - F_B = 0$$

$$\Rightarrow \qquad\qquad\qquad\qquad\qquad\qquad\qquad\qquad\qquad F_A = 7G$$

Lösung Aufgabe 4.5.2

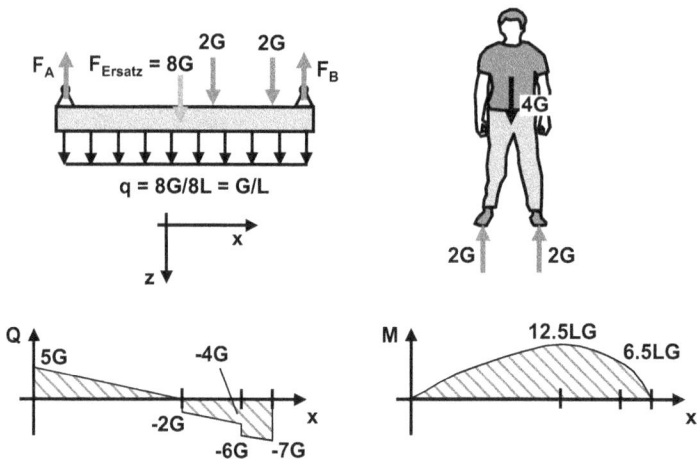

Betrachtung des Aufzugbodens:

$$\sum M|_A = 0: \quad -4LF_{Ersatz} - 5L \cdot 2G - 7L \cdot 2G + 8LF_B = 0 \quad \Rightarrow \quad F_B = 7G$$

$$\sum F_z = 0: \quad -F_A + F_{Ersatz} + 2G + 2G - F_B = 0 \quad \Rightarrow \quad F_A = 5G$$

Betrachtung des ersten Intervalls ($0 < x < 5L$), Randbedingung: $M(x = 0) = 0$:

$$Q = 5G - \frac{G}{L}x \quad \Rightarrow \quad M = 5Gx - \frac{G}{2L}x^2$$

Betrachtung des zweiten Intervalls ($5L < x < 7L$), Randbedingung: $M(x = 5L) = 12.5LG$:

$$Q = 3G - \frac{G}{L}x \quad \Rightarrow \quad M = 3Gx - \frac{G}{2L}x^2 + 10LG$$

Betrachtung des dritten Intervalls ($7L < x < 8L$), Randbedingung: $M(x = 7L) = 6.5LG$:

$$Q - G - \frac{G}{L}x \quad \Rightarrow \quad M = Gx - \frac{G}{2L}x^2 + 24LG$$

Lösung Aufgabe 4.5.3

B1:

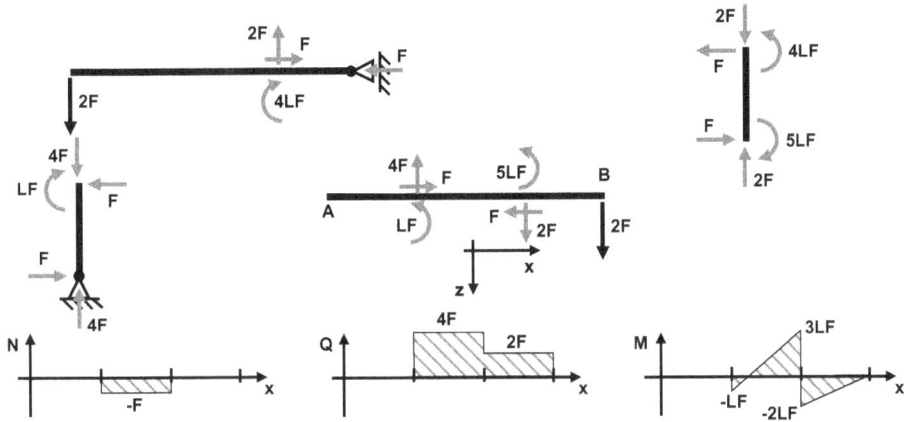

B2:

Die waagrechten Lagerkräfte $F_{Cx} = F_D = 3F$ werden dadurch bestimmt, dass nachdem am Gesamtbauteil die senkrechten Lagerkräfte berechnet wurden, das Bauteil am Gelenk zerlegt wird. Der Winkel Gelenk, Punkt A und linkes oberes Lager ergeben F_{Cx}. Am Gesamtbauteil erhält man anschließend die Kraft F_D.

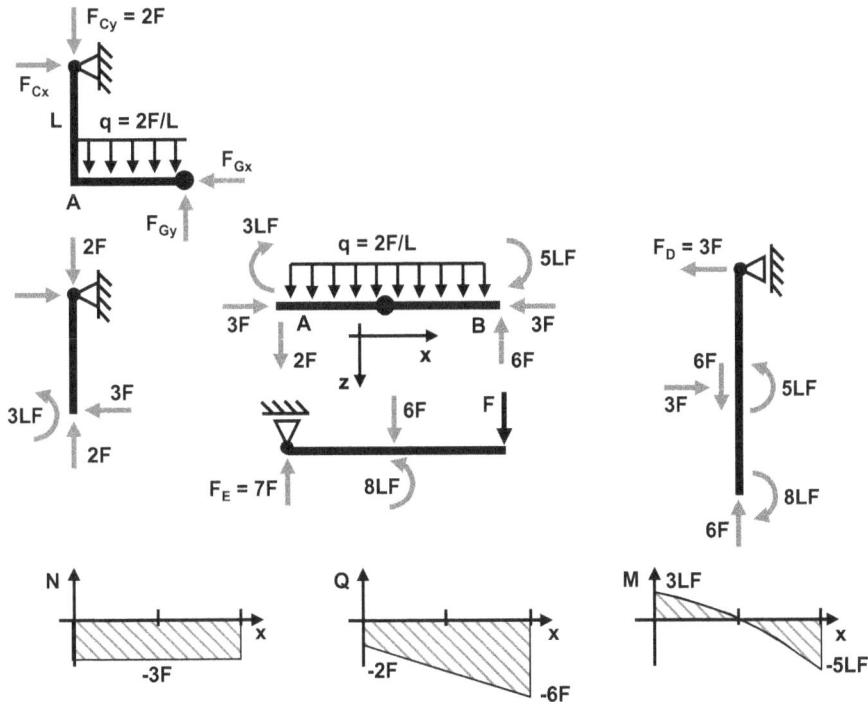

Lösung Aufgabe 4.5.4

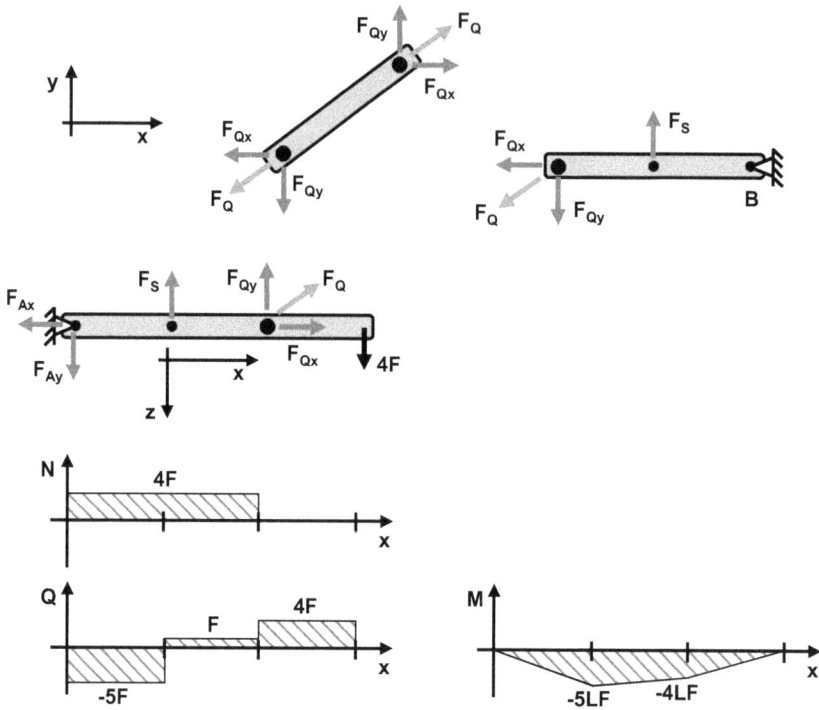

Betrachtung des Diagonalbalkens (vgl. Aufgabe 4.3.2):

$$\frac{F_{Qx}}{F_{Qy}} = \frac{4L}{3L} = \frac{4}{3} \quad \Rightarrow \quad F_{Qx} = \frac{4}{3}F_{Qy}$$

Betrachtung des rechten waagrechten Balkens:

$$\sum M|_B = 0: \quad 2LF_{Qy} - LF_S = 0 \quad \Rightarrow \quad F_S = 2F_{Qy}$$

Betrachtung des linken waagrechten Balkens:

$$\sum M|_A = 0: \quad LF_S + 2LF_{Qy} - 3L \cdot 4F = L \cdot 2F_{Qy} + 2LF_{Qy} - 3L \cdot 4F = 0$$

$$\Rightarrow \quad F_{Qy} = 3F \quad \Rightarrow \quad F_{Qx} = 4F \quad \Rightarrow \quad F_S = 6F$$

$$\sum F_y = 0: \quad -F_{Ay} + F_S + F_{Qy} - 4F = 0 \quad \Rightarrow \quad F_{Ay} = 5F$$

$$\sum F_x = 0: \quad -F_{Ax} + F_{Qx} = 0 \quad \Rightarrow \quad F_{Ax} = 4F$$

Lösung Aufgabe 4.5.5

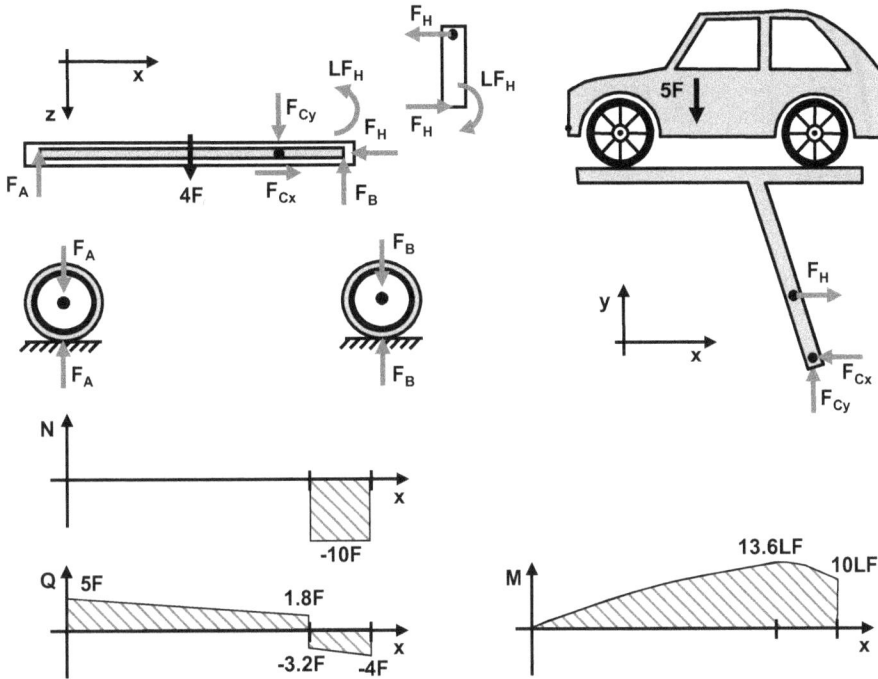

Betrachtung des Autoträgers mit Auto:

$$\sum M|_C = 0: \quad 2L \cdot 5F - LF_H = 0 \Rightarrow \quad F_H = 10F$$

$$\sum F_y = 0: \quad -5F + F_{Cy} = 0 \Rightarrow \quad F_{Cy} = 5F$$

$$\sum F_x = 0: \quad -F_{Cx} + F_H = 0 \Rightarrow \quad F_{Cx} = 10F$$

Betrachtung des waagrechten Balkens:

$$\sum M|_A = 0: \quad -2.5L \cdot 4F - 4LF_{Cy} + 5LF_B + LF_H = 0 \Rightarrow \quad F_B = 4F$$

$$\sum F_y = 0: \quad F_A - 4F - F_{Cy} + F_B = 0 \Rightarrow \quad F_A = 5F$$

Bestimmung der Streckenlast:

$$q = \frac{4F}{5L} = 0.8\frac{F}{L}$$

Betrachtung des ersten Intervalls ($0 < x < 4L$), Randbedingung: $M(x = 0) = 0$:

$$Q = 5F - 0.8\frac{F}{L}x \quad \Rightarrow \quad M = 5Fx - 0.4\frac{F}{L}x^2$$

Im zweiten Intervall ($4L < x < 5L$) fällt das Biegemoment auf $M(x = 5L) = LF_H = 10LF$.

Lösung Aufgabe 4.5.6

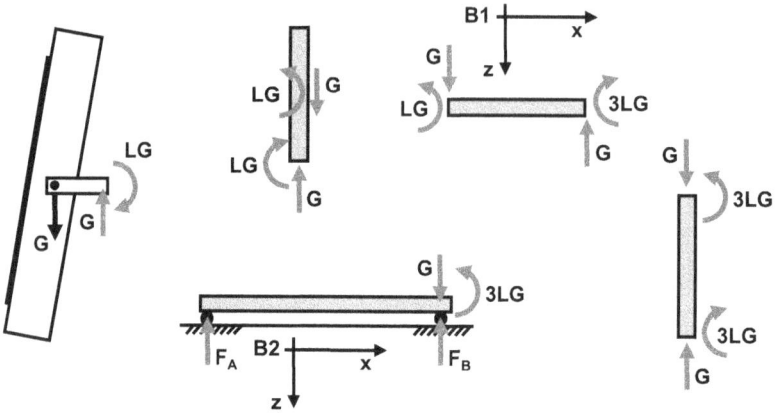

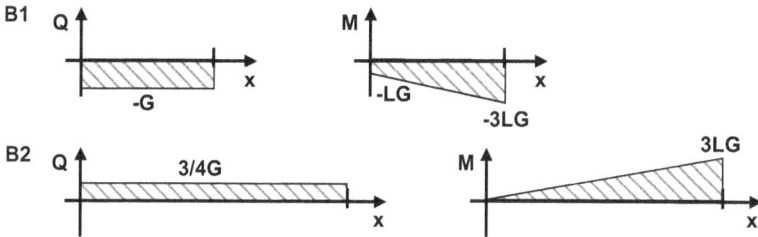

Betrachtung des Balkens B2:

$$\sum M|_A = 0: \quad -4LG + 4LF_B + 3LG = 0 \Rightarrow \quad F_B = \frac{F}{4}$$

$$\sum F_z = 0: \quad -F_A - F_B + G = 0 \Rightarrow \quad F_A = \frac{3}{4}F$$

Lösung Aufgabe 4.5.7

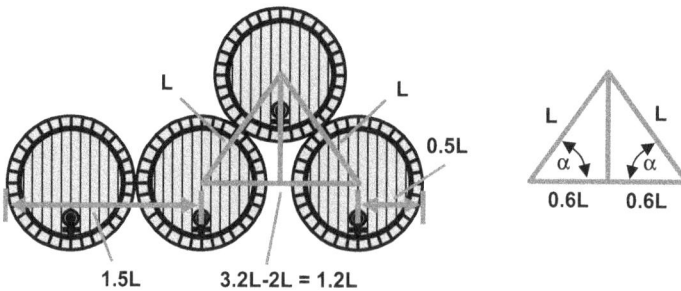

Berechnung des Winkel α:

$$\cos \alpha = \frac{0.6L}{L} = 0.6 \quad \Rightarrow \quad \sin \alpha = 0.8$$

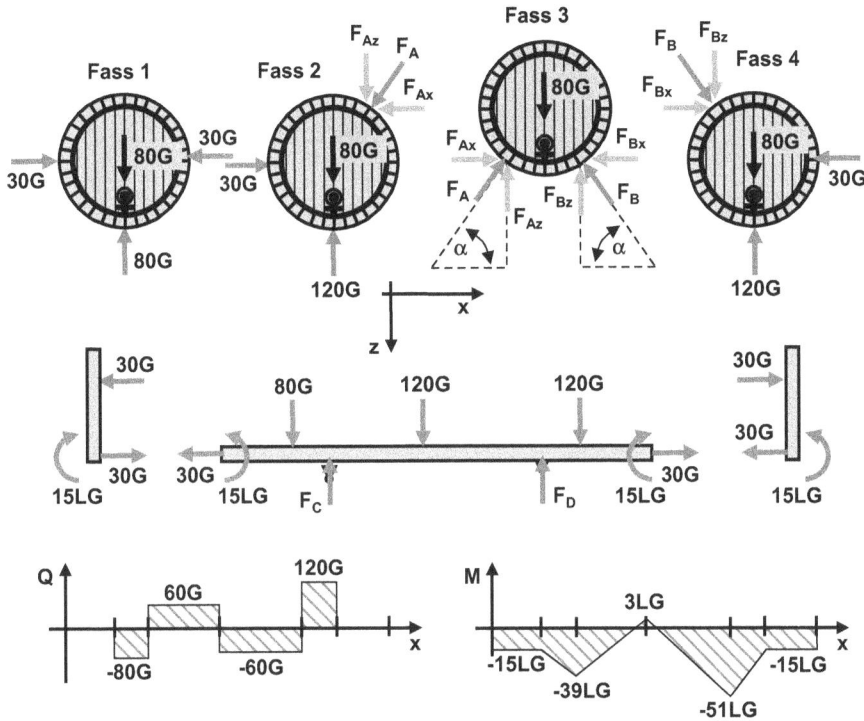

Betrachtung von Fass 3 ($F_{Ax} = 0.6F_A$, $F_{Az} = 0.8F_A$, $F_{Bx} = 0.6F_B$, $F_{Bz} = 0.8F_B$):

$$\sum F_x = 0: \quad F_{Ax} - F_{Bx} = 0 \quad \Rightarrow \quad F_{Ax} = F_{Bx}$$

$$\Rightarrow \quad F_A = F_B \quad \Rightarrow \quad F_{Az} = F_{Bz}$$

$$\sum F_z = 0: \quad -F_{Az} - F_{Bz} + 80G = -2F_{Az} - 80G = 0 \quad \Rightarrow \quad F_{Az} = F_{Bz} = 40G$$

$$\Rightarrow \quad F_A = F_B = 50G \quad \Rightarrow \quad F_{Ax} = F_{Bx} = 30G$$

Betrachtung des waagrechten Balkens:

$$\sum M|_C = 0: \quad 15LG + 0.3L \cdot 80G - 0.7L \cdot 120G + 1.6LF_D - 1.9L \cdot 120G - 15LG = 0$$

$$\Rightarrow \quad F_D = 180G$$

$$\sum F_z = 0: \quad 80G - F_C + 120G - F_D + 120G = 0 \quad \Rightarrow \quad F_C = 140G$$

Lösung Aufgabe 4.5.8

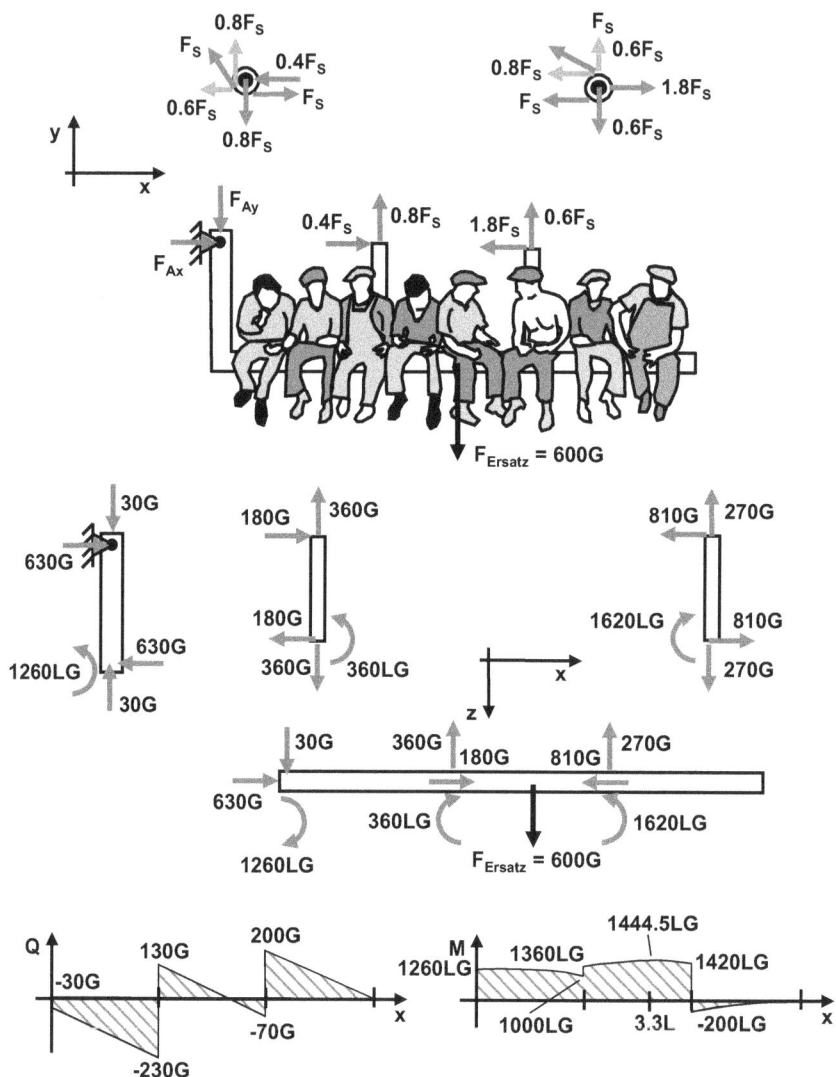

Betrachtung des gesamten weißen Sitzbalkens mit den Männern:

$$\sum M|_A = 0: \quad 2L \cdot 0.8F_S - 3L \cdot 600G + 4L \cdot 0.6F_S = 0 \quad \Rightarrow \quad F_S = 450G$$

$$\sum F_x = 0: \quad F_{Ax} + 0.4F_S - 1.8F_S = 0 \quad \Rightarrow \quad F_{Ax} = 630G$$

$$\sum F_y = 0: \quad -F_{Ay} + 0.8F_S - 600G + 0.6F_S = 0 \quad \Rightarrow \quad F_{Ay} = 30G$$

Lösung Aufgabe 4.5.9

Gesamtmasse und Gesamtgewichtskraft des Flugzeuges:

$$m_{ges} = 2 \cdot 90\,t + 4 \cdot 10\,t + 176\,t = 396\,t = 396000\,kg$$

$$\Rightarrow \quad G_{ges} = m_{ges}g = 396000\,kg \cdot 10\frac{m}{s^2} = 3960000\,N = 3960\,kN$$

Auftriebskraft nach oben:

$$\sum F_{senkrechte\ Richtung} = 0: \quad F_A - G_{ges} = 0 \quad \Rightarrow \quad F_A = 3960\,kN$$

Streckenlast durch Auftriebskraft nach oben:

$$q_A = \frac{F_A}{2 \cdot 36\,m} = \frac{3960\,kN}{2 \cdot 36\,m} = 55\frac{kN}{m}$$

Streckenlast durch Gewichtskraftkraft nach unten:

$$q_G = \frac{90000\,kg \cdot 10\frac{m}{s^2}}{36\,m} = \frac{900000\,N}{36\,m} = 25000\frac{N}{m} = 25\frac{kN}{m}$$

Gesamtstreckenlast nach oben:

$$q = q_A - q_G = 55\frac{kN}{m} - 25\frac{kN}{m} = 30\frac{kN}{m}$$

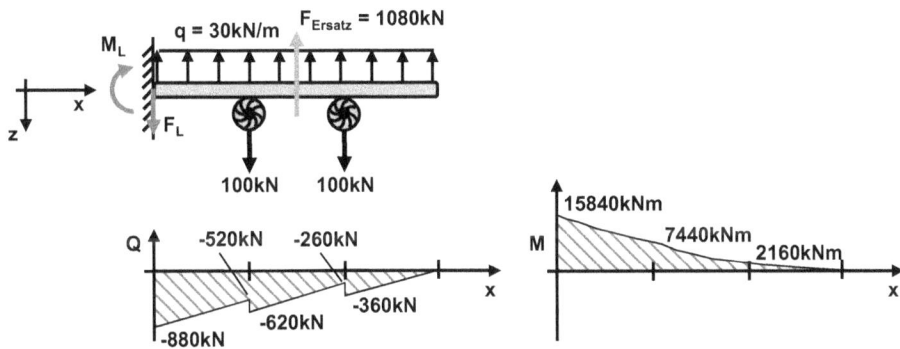

Betrachtung des Flügels:

$$\sum F_z = 0: \quad F_L + 100\,kN - F_{Ersatz} + 100\,kN = 0 \Rightarrow \quad F_L = 880\,kN$$

$$\sum M|_L = 0: \quad -M_L - 12\,m \cdot 100\,kN + 18\,m \cdot F_{Ersatz}$$
$$-24\,m \cdot 100\,kN = 0 \Rightarrow \quad M_L = 15840\,kNm$$

Funktionsverlauf im ersten Intervall ($0 < x < 12\,m$):

$$Q = -880\,kN + 30\frac{kN}{m}x \quad \Rightarrow \quad M = -880\,kN \cdot x + 15\frac{kN}{m}x^2 + 15840\,kNm$$

Funktionsverlauf im zweiten Intervall ($12\,\mathrm{m} < x < 24\,\mathrm{m}$):

$$Q = -980\,\mathrm{kN} + 30\frac{\mathrm{kN}}{\mathrm{m}}x \quad \Rightarrow \quad M = -980\,\mathrm{kN}\cdot x + 15\frac{\mathrm{kN}}{\mathrm{m}}x^2 + 17040\,\mathrm{kNm}$$

Lösung Aufgabe 4.5.10

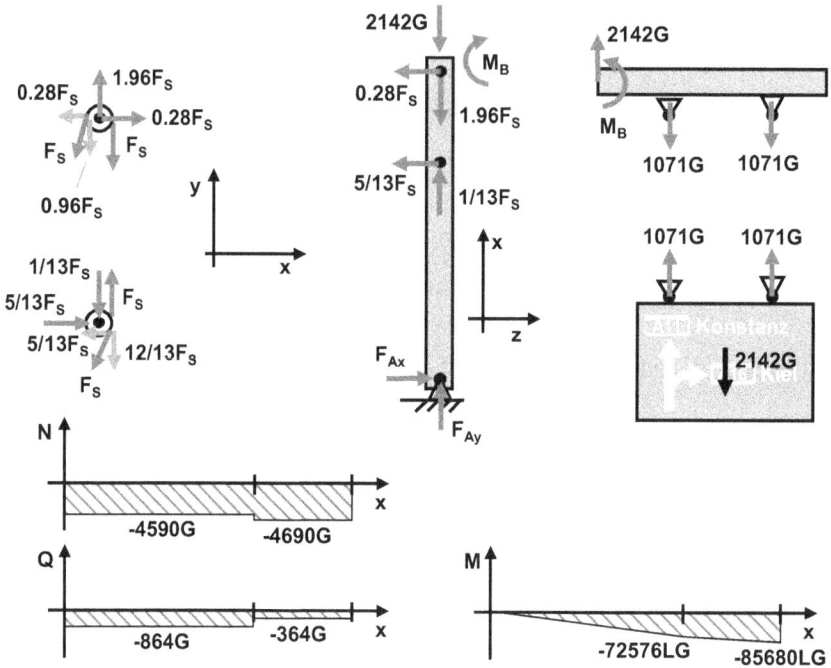

Betrachtung des waagrechten grauen Balkens der Länge $80L$:

$$\sum M|_B = 0: \quad M_B - 20L\cdot 1071G - 60L\cdot 1071G = 0 \quad \Rightarrow \quad M_B = 85680LG$$

Betrachtung des senkrechten grauen Balkens der Länge $120L$:

$$\sum M|_A = 0: \quad 84L\cdot\frac{5}{13}F_S + 120L\cdot 0.28F_S - M_B = 0 \quad \Rightarrow \quad F_S = 1300G$$

$$\sum F_x = 0: \quad F_{Ax} - \frac{5}{13}F_S - 0.28F_S = 0 \quad \Rightarrow \quad F_{Ax} = 864G$$

$$\sum F_y = 0: \quad F_{Ay} + \frac{1}{13}F_S - 1.96F_S - 2142G = 0 \quad \Rightarrow \quad F_{Ay} = 4590G$$

Lösung Aufgabe 4.5.11

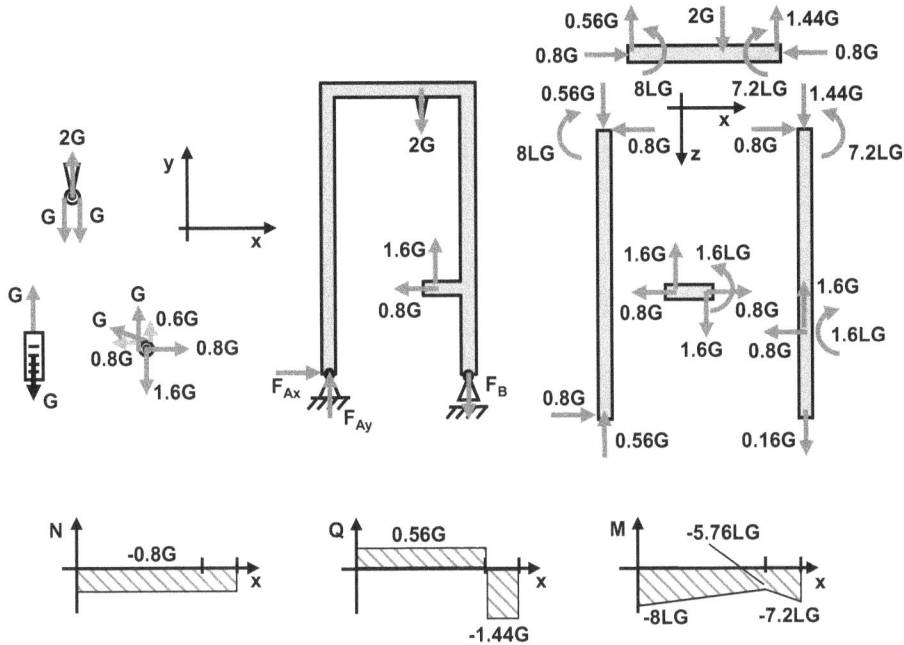

Betrachtung des grauen Gesamtrahmens:

$$\sum M|_A = 0: \quad -5LF_B + 3L \cdot 0.8G + 4L \cdot 1.6G - 4L \cdot 2G = 0 \quad \Rightarrow \quad F_B = 0.16G$$

$$\sum F_x = 0: \quad F_{Ax} - 0.8G = 0 \quad \Rightarrow \quad F_{Ax} = 0.8G$$

$$\sum F_y = 0: \quad F_{Ay} - F_B + 1.6G - 2G = 0 \quad \Rightarrow \quad F_{Ay} = 0.56G$$

Lösung Aufgabe 4.5.12

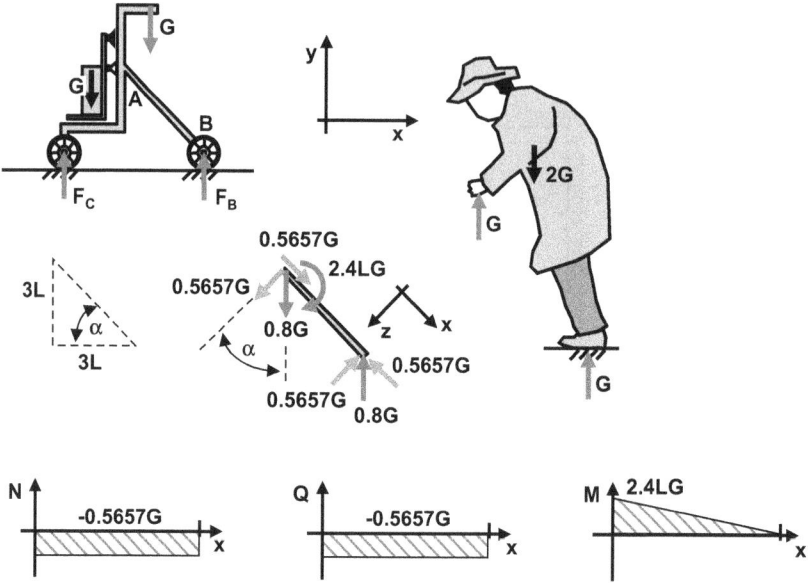

Betrachtung des Mannes:

Die Gewichtskraft $2G$ liegt genau in der Mitte zwischen der Handkraft und der Fuß-kraft. Daher müssen beide den Betrag G besitzen.

Betrachtung des Rollators:

$$\sum M|_C = 0: \quad 5LF_B - LG - 3LG = 0 \quad \Rightarrow \quad F_B = 0.8G$$

Lösung Aufgabe 4.5.13

Betrachtung des grauen Balkens ($F_{Fx} = 0.96F_F$, $F_{Fy} = 0.28F_F$):

$$\sum M|_A = 0: \quad 0.75LF_{Fx} + LF_{Fy} - 4L \cdot 18G + 3L \cdot 12G = 0 \quad \Rightarrow \quad F_F = 36G$$

Die Kraftkomponente F_{Fz} und die Kraft F_F schließen den Winkel $\gamma = 90° - \alpha + \beta$ ein.

$$\tan \alpha = \frac{3L}{4L} = \frac{3}{4} \quad \tan \beta = \frac{7/12L}{2L} = \frac{7}{24} \quad \Rightarrow \quad \cos \gamma = 0.8$$

$$\frac{F_{Fz}}{F_F} = \cos \gamma \quad \Rightarrow \quad F_{Fz} = 0.8F_F = 28.8G$$

Betrachtung des grauen Balkens:

$$\sum M|_B = 0: \quad 5LF_{Az} - 3.75LF_{Fy} = 0 \quad \Rightarrow \quad F_{Az} = 21.6G$$

Die Kräfte $18G$ und $12G$ am Balkenende B müssen nicht zerlegt werden, da ihre Resultierende quer zum Balken aus der Sprunghöhe $7.2G$ des Querkraftverlaufs ermittelt werden kann.

Lösung Aufgabe 4.5.14

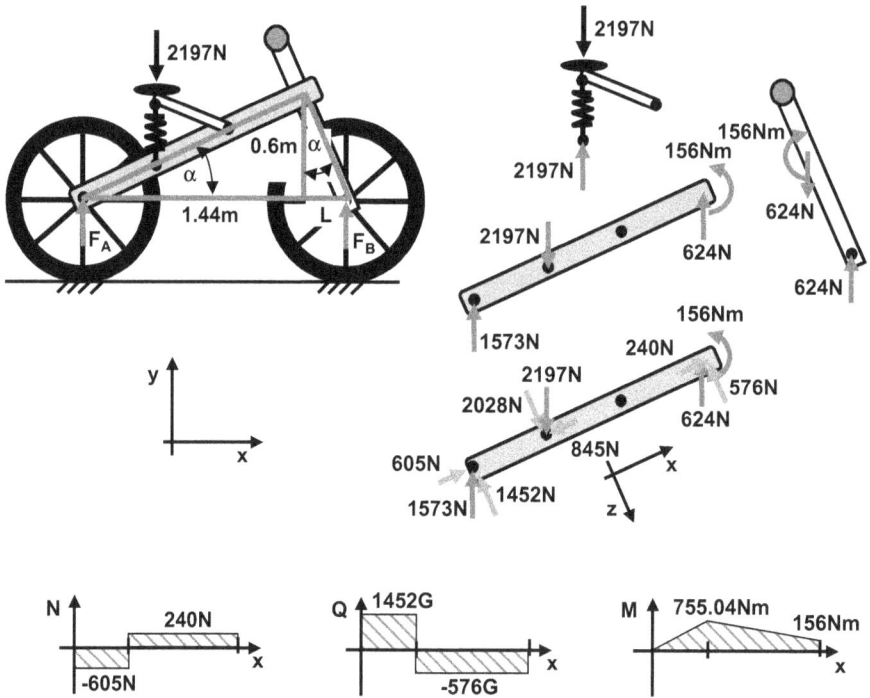

2197N

0.6m α

α

1.44m

α

L

F_A

F_B

y

x

2197N

2197N

156Nm

156Nm

624N

2197N

1573N

624N

624N

624N

156Nm

240N

2197N

2028N

576N

624N

845N

605N

x

1573N

1452N

z

N

240N

x

-605N

Q

1452G

x

-576G

M

755.04Nm

156Nm

x

Berechnung des Winkels α und der Länge L:

$$\tan\alpha = \frac{0.6\,\text{m}}{1.44\,\text{m}} = \frac{5}{12} \quad \Rightarrow \quad \sin\alpha = \frac{5}{13}, \quad \cos\alpha = \frac{12}{13}$$

$$\frac{L}{0.6\,\text{m}} = \tan\alpha \qquad \Rightarrow \quad L = 0.25\,\text{m}$$

Betrachtung des Gesamtlaufrads:

$$\sum M|_\Lambda = 0: \quad -0.48\,\text{m} \cdot 2197\,\text{N} + 1.69\,\text{m} \cdot F_B = 0 \quad \Rightarrow \quad F_B = 624\,\text{N}$$

$$\sum F_y = 0: \qquad\qquad F_A - 2197\,\text{N} + F_B = 0 \quad \Rightarrow \quad F_A = 1573\,\text{N}$$

Lösung Aufgabe 4.5.15

B1:

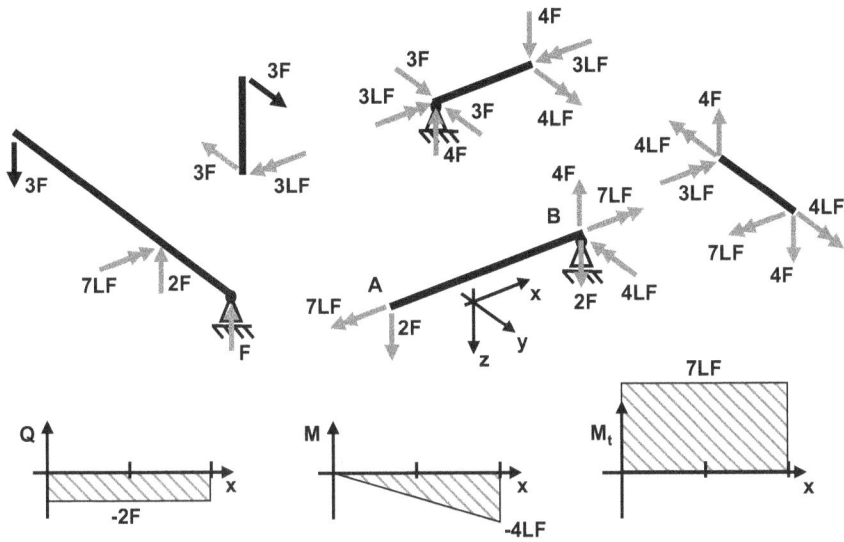

B2:

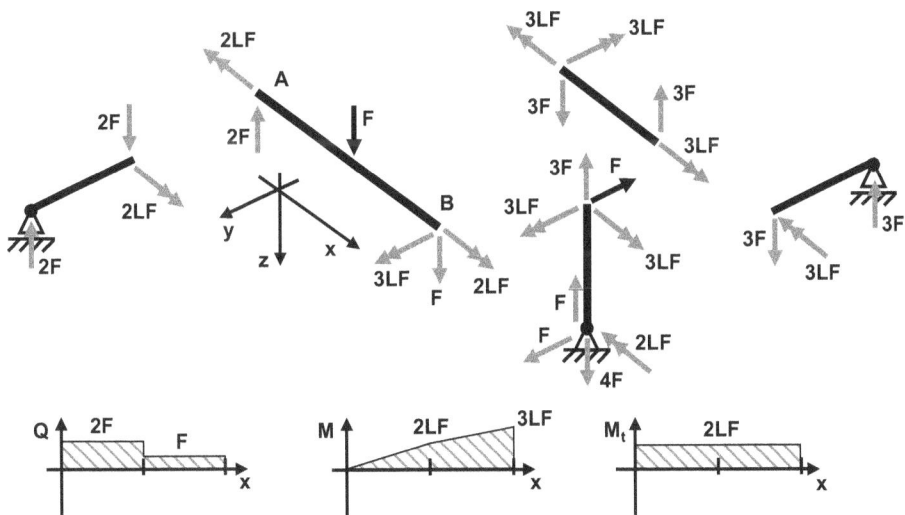

Lösung Aufgabe 4.5.16

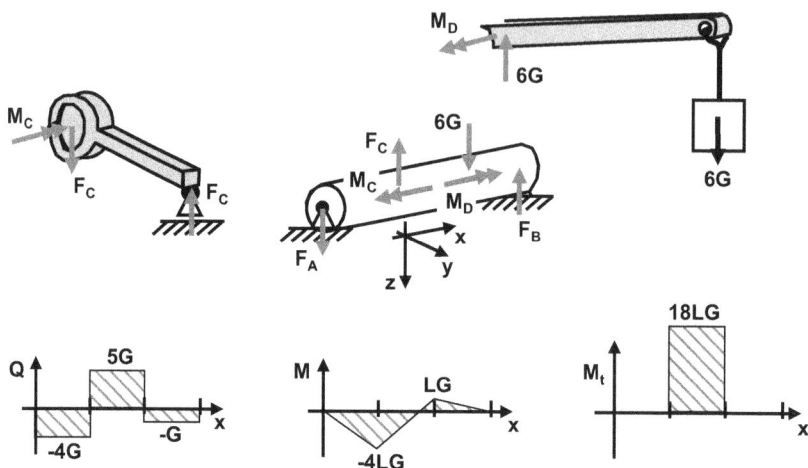

Betrachtung des grauen rechten Diagonalbalkens:

$$\sum M_x|_D = 0: \quad 4L\cos\alpha \cdot 6G - M_D = 0 \quad \Rightarrow \quad M_D = 18LG$$

Betrachtung der Welle:

$$\sum M_x|_C = 0: \quad -M_C + M_D = 0 \quad \Rightarrow \quad M_C = 18LG$$

Betrachtung des linken waagrechten Balkens:

$$\sum M_x|_C = 0: \quad -2LF_C + M_C = 0 \quad \Rightarrow \quad F_C = 9G$$

Betrachtung der Welle:

$$\sum M_y|_A = 0: \quad LF_C - 2L \cdot 6G + 3LF_B = 0 \quad \Rightarrow \quad F_B = G$$
$$\sum F_z = 0: \quad F_A - F_C + 6G - F_B = 0 \quad \Rightarrow \quad F_A = 4G$$

Lösung Aufgabe 4.5.17

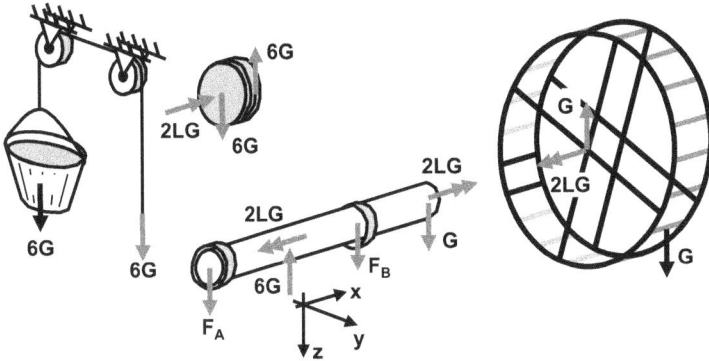

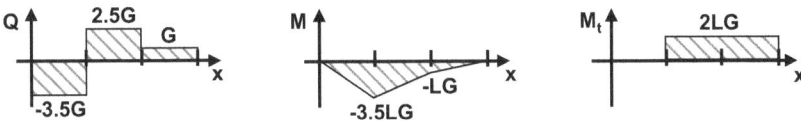

Betrachtung der Welle:

$$\sum M_y\big|_A = 0: \quad L \cdot 6G - 2LF_B - 3LG = 0 \quad \Rightarrow \quad F_B = 1.5G$$

$$\sum F_z = 0: \quad F_A - 6G + F_B + G = 0 \quad \Rightarrow \quad F_A = 3.5G$$

Lösung Aufgabe 4.5.18

B1:

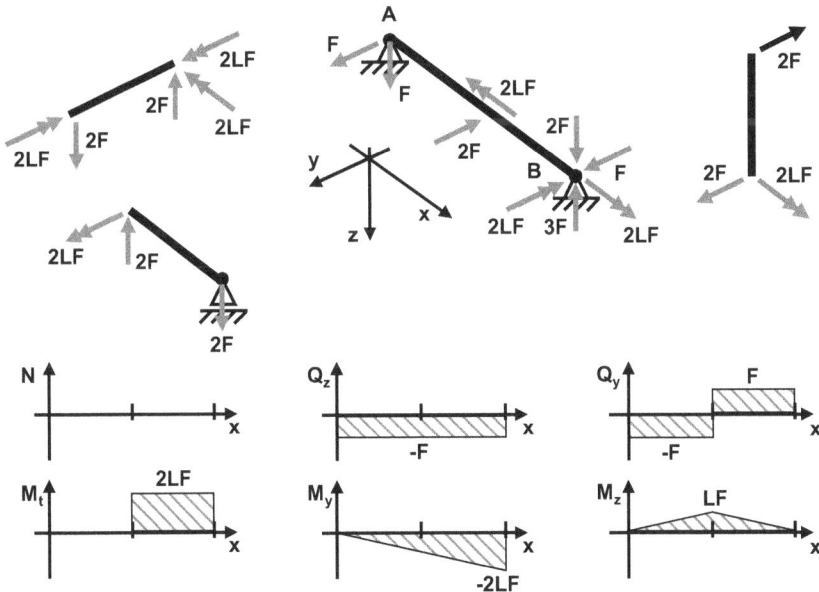

B2:

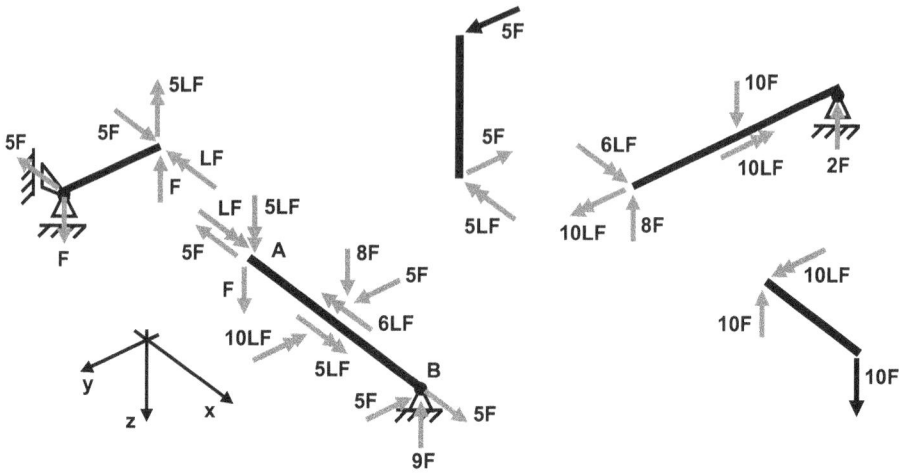

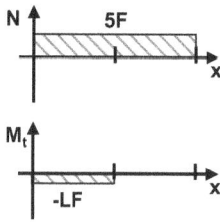 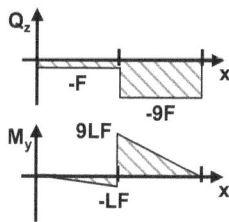 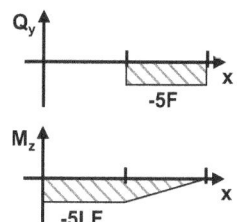

Lösung Aufgabe 4.5.19

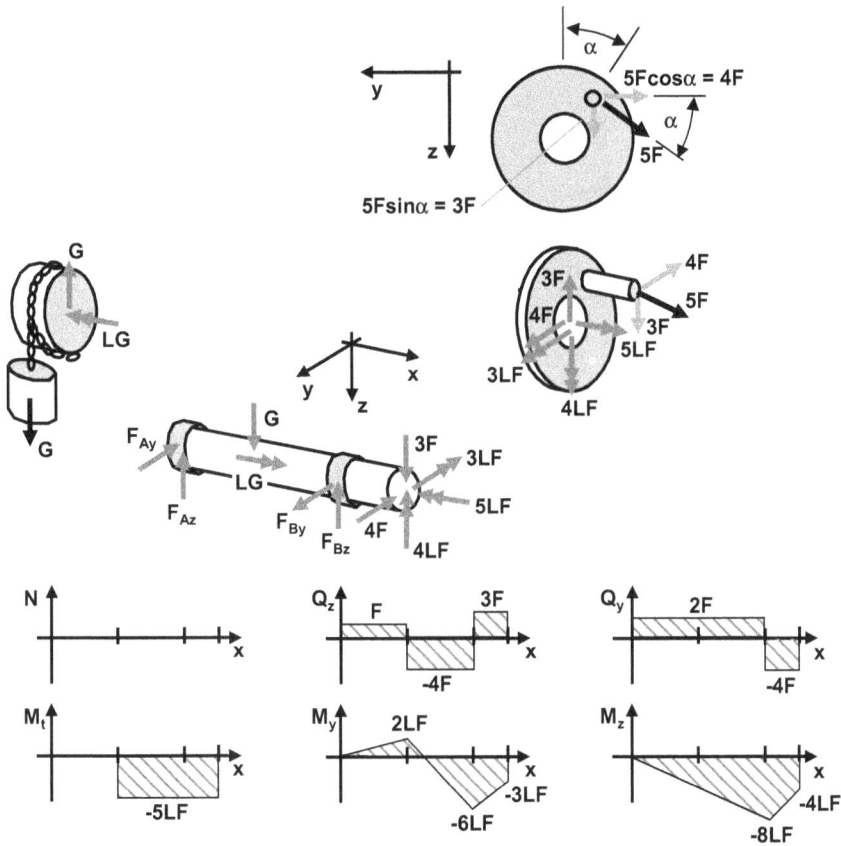

Betrachtung der Welle:

$$\sum M_x\big|_A = 0: \qquad\qquad\qquad LG - 5LF = 0 \quad \Rightarrow \quad\qquad G = 5F$$

$$\sum M_y\big|_A = 0: \quad -2LG + 4LF_{Bz} - 5L \cdot 3F - 3LF = 0 \quad \Rightarrow \quad F_{Bz} = 7F$$

$$\sum F_z = 0: \qquad\qquad -F_{Az} + G - F_{Bz} + 3F = 0 \quad \Rightarrow \quad F_{Az} = F$$

$$\sum M_z\big|_A = 0: \qquad\quad 4LF_{By} - 5L \cdot 4F - 4LF = 0 \quad \Rightarrow \quad F_{By} = 6F$$

$$\sum F_y = 0: \qquad\qquad\quad -F_{Ay} + F_{By} - 4F = 0 \quad \Rightarrow \quad F_{Ay} = 2F$$

Lösung Aufgabe 4.5.20

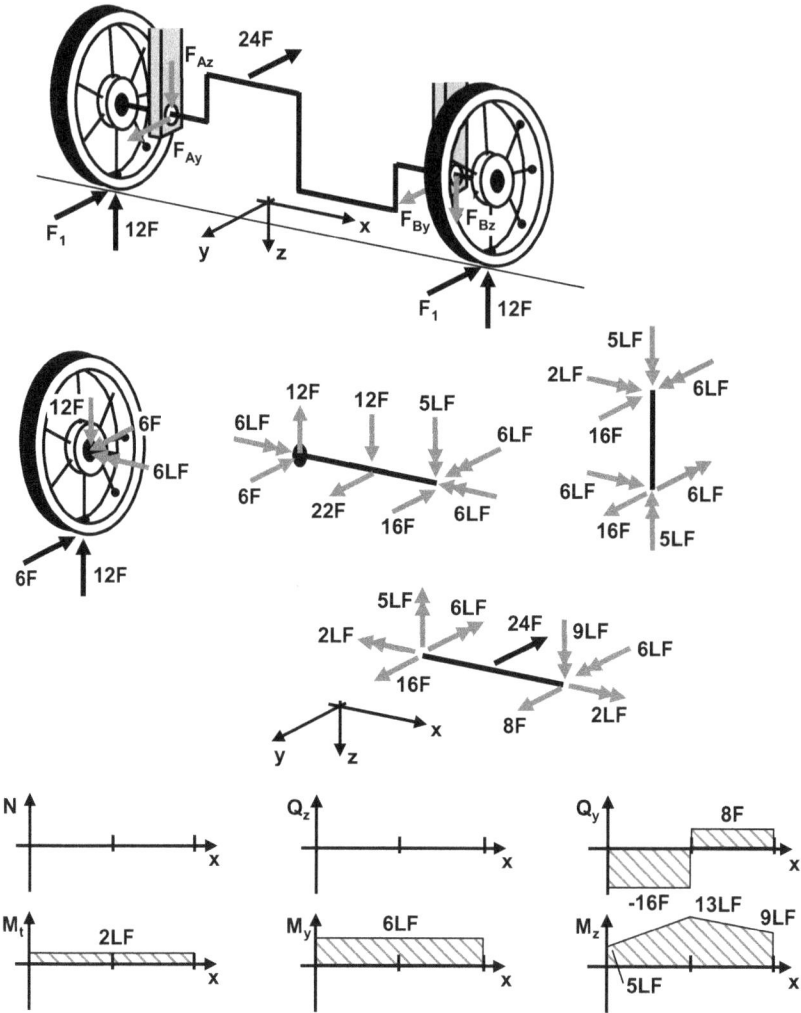

Betrachtung des Gesamtbauteils:

$$\sum M_x|_A = 0: \qquad LF_1 - \frac{L}{2}24F + LF_1 = 0 \quad \Rightarrow \quad F_1 = 6F$$

$$\sum M_y|_A = 0: \qquad -\frac{L}{2}12F - 3LF_{Bz} + 3.5L \cdot 12F = 0 \quad \Rightarrow \quad F_{Bz} = 12F$$

$$\sum F_z = 0: \qquad -12F + F_{Az} + F_{Bz} - 12F = 0 \quad \Rightarrow \quad F_{Az} = 12F$$

$$\sum M_z|_A = 0: \qquad \frac{L}{2}F_1 - L \cdot 24F + 3LF_{By} - 3.5L \cdot F_1 = 0 \quad \Rightarrow \quad F_{By} = 14F$$

$$\sum F_y = 0: \qquad -F_1 + F_{Ay} - 24F + F_{By} - F_1 = 0 \quad \Rightarrow \quad F_{Ay} = 22F$$

Anhang B5: Lösungen der Aufgaben des Kapitels 5

Lösung Aufgabe 5.1

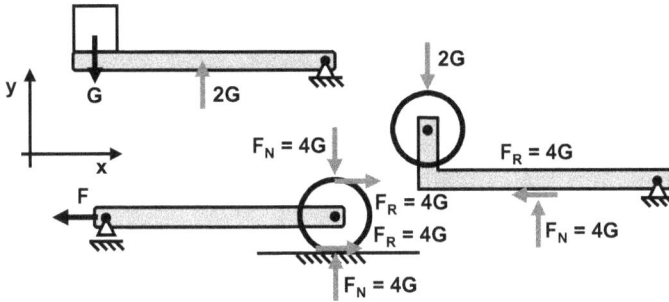

Haftbedingung:

$$F_R = \mu F_N = 1 \cdot 4G = 4G$$

Betrachtung des Balkens mit der Kraft F:

$$\sum F_x = 0: \quad -F + 4G + 4G = 0 \quad \Rightarrow \quad G = \frac{F}{8}$$

Lösung Aufgabe 5.2

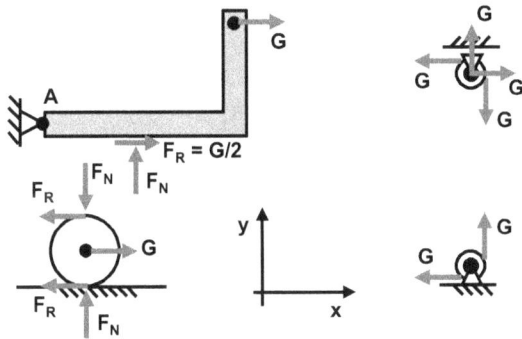

Betrachtung des Hebels:

$$\sum M|_A = 0: \quad LF_N - LG = 0 \quad \Rightarrow \quad F_N = G$$

Betrachtung der Walze:

$$\sum F_x = 0: \quad -F_R - F_R + G = 0 \quad \Rightarrow \quad F_R = \frac{G}{2}$$

Haftreibungsbedingung:

$$F_R = \mu F_N \quad \Rightarrow \quad \mu = 0.5$$

Lösung Aufgabe 5.3

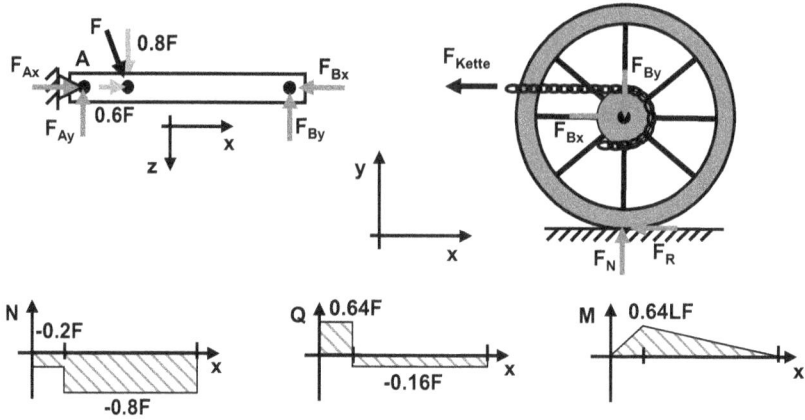

Betrachtung der waagrechten Schwinge:

$$\sum M|_A = 0: \quad -L \cdot 0.8F + 5LF_{By} = 0 \quad \Rightarrow \quad F_{By} = 0.16F$$

$$\sum F_y = 0: \quad F_{Ay} - 0.8F + F_{By} = 0 \quad \Rightarrow \quad F_{Ay} = 0.64F$$

Betrachtung des Rads:

$$\sum F_y = 0: \quad F_N - F_{By} = 0 \quad \Rightarrow \quad F_N = 0.16F$$

$$F_R = \mu F_N = 0.16F$$

$$\sum M|_B = 0: \quad R_2 F_{Kette} - R_1 F_R = 0 \quad \Rightarrow \quad F_{Kette} = \frac{R_1}{R_2} F_R = 0.64F$$

$$\sum F_x = 0: \quad F_{Bx} - F_{Kette} - F_R = 0 \quad \Rightarrow \quad F_{Bx} = 0.8F$$

Betrachtung der waagrechten Schwinge:

$$\sum F_x = 0: \quad F_{Ax} + 0.6F - F_{Bx} = 0 \quad \Rightarrow \quad F_{Ax} = 0.2F$$

Lösung Aufgabe 5.4

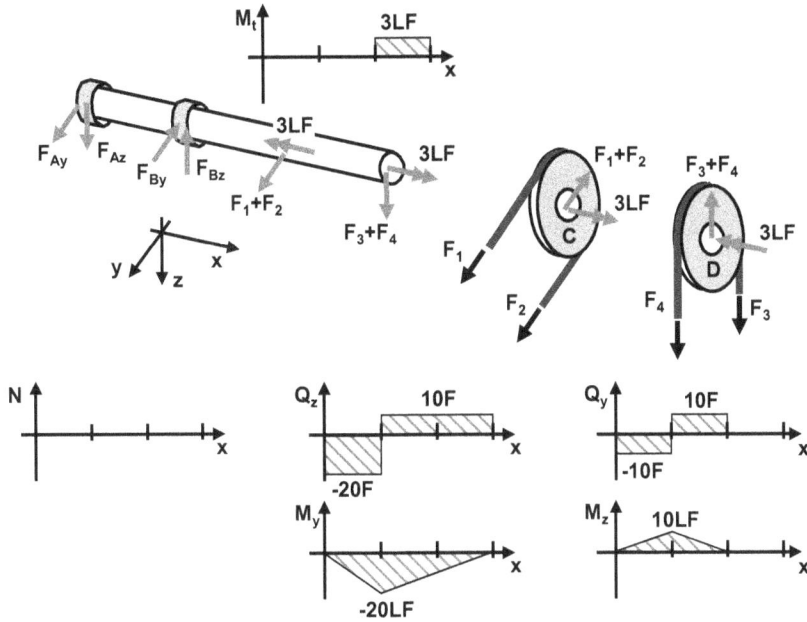

Betrachtung des linken Rads:

Seilreibung: $F_2 = F_1 e^{\mu\pi} = F_1 e^{\frac{\ln 4}{\pi}\pi} = 4F_1$

$$\sum M_x|_C = 0: \quad \frac{L}{2}F_1 - \frac{L}{2}F_2 + 3LF = \frac{L}{2}F_1 - \frac{L}{2}4F_1 + 3LF = 0$$

$$\Rightarrow \quad F_1 = 2F \Rightarrow \quad F_2 = 8F$$

Betrachtung des rechten Rads:

Seilreibung: $F_4 = F_3 e^{\mu\pi} = F_3 e^{\frac{\ln 4}{\pi}\pi} = 4F_3$

$$\sum M_x|_D = 0: \quad -\frac{L}{2}F_3 + \frac{L}{2}F_4 - 3LF = -\frac{L}{2}F_3 + \frac{L}{2}4F_3 - 3LF = 0$$

$$\Rightarrow \quad F_3 = 2F \Rightarrow \quad F_4 = 8F$$

Betrachtung der Welle:

$$\sum M_y|_A = 0: \quad LF_{Bz} - 3L(F_3 + F_4) = 0 \quad \Rightarrow \quad F_{Bz} = 30F$$

$$\sum F_z = 0: \quad F_{Az} - F_{Az} + (F_3 + F_4) = 0 \quad \Rightarrow \quad F_{Az} = 20F$$

$$\sum M_z|_A = 0: \quad -LF_{By} + 2L(F_1 + F_2) = 0 \quad \Rightarrow \quad F_{By} = 20F$$

$$\sum F_y = 0: \quad F_{Ay} - F_{By} + (F_1 + F_2) = 0 \quad \Rightarrow \quad F_{Ay} = 10F$$

Lösung Aufgabe 5.5

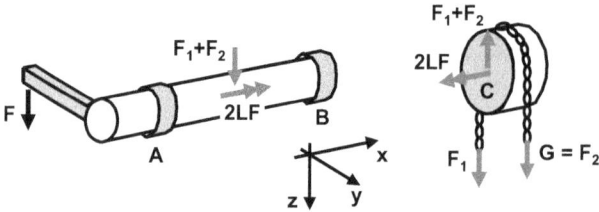

Betrachtung der Rolle:

Seilreibung: $F_2 = F_1 e^{\mu \pi} = F_1 e^{\frac{\ln 9}{2\pi}\pi} = F_1 e^{\frac{\ln 9}{2}} = F_1 e^{\ln 3} = 3F_1$

$$\sum M_x |_C = 0: \quad -LF_1 + LF_2 - 2LF = -LF_1 + L \cdot 3F_1 - 2LF = 0$$

$$\Rightarrow \quad F_1 = F \Rightarrow \quad F_2 = G = 3F$$

Lösung Aufgabe 5.6

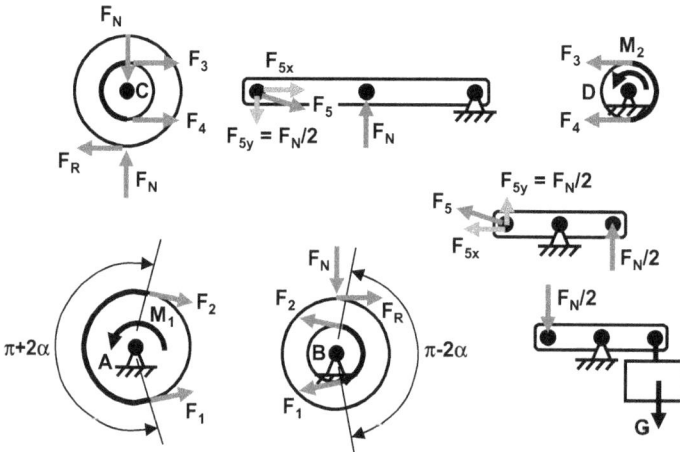

Betrachtung der unteren rechten Rolle ($\alpha = 0.28379$):
Seilreibung: $F_2 = F_1 e^{\mu_S \pi} = F_1 e^{0.6253(\pi - 2\alpha)} = 5F_1$

Betrachtung der unteren linken Rolle ($\alpha = 0.28379$):
Seilreibung: $F_2 = F_1 e^{\mu_S \pi} = F_1 e^{0.6253(\pi + 2\alpha)} = 10.17F_1$

Da bei der unteren rechten Rolle der Riemen „früher rutscht", muss die an dieser Rolle bestimmte Bedingung $F_2 = 5F_1$ verwendet werden.

$$\sum M|_A = 0: \quad M_1 + LF_1 - LF_2 = M_1 + LF_1 - L5F_1 = 0$$

$$\Rightarrow \quad F_1 = 100F \Rightarrow \quad F_2 = 500F$$

Betrachtung der unteren rechten Rolle:

$$\sum M|_B = 0: \quad -\frac{L}{2}F_1 + \frac{L}{2}F_2 - LF_R = 0 \quad \Rightarrow \quad F_R = 200F$$

Haftreibung: $F_R = \mu_R F_N \Rightarrow \quad F_N = 200F$

Betrachtung des Hebels mit dem Gewicht G:

$$G = \frac{F_N}{2} = 100F$$

Betrachtung der oberen linken Rolle ($\alpha = \pi$):

Seilreibung: $F_4 = F_3 e^{\mu_S \pi} = F_3 e^{0.6253\pi} = 7.13F_3$

$$\sum M|_C = 0: \quad -\frac{L}{2}F_3 + \frac{L}{2}F_4 - LF_R = -\frac{L}{2}F_3 + \frac{L}{2}7.13F_3 - LF_R = 0$$

$$\Rightarrow \quad F_3 = 65.25F \Rightarrow \quad F_4 = 465.25F$$

Betrachtung der oberen rechten Rolle:

$$\sum M|_D = 0: \quad \frac{L}{2}F_3 - \frac{L}{2}F_4 + M_2 = 0 \quad \Rightarrow \quad M_2 = 200LF$$

Anhang B6: Lösungen der Aufgaben des Kapitels 6

Lösung Aufgabe 6.1

Die Normalspannung kann durch einen linearen Ansatz $\sigma(z) = az + b$ beschrieben werden. Zur Bestimmung der Konstanten a und b werden die Wertepaare $\sigma(z = H/2) = 3\sigma_0$ und $\sigma(z = -H/2) = -\sigma_0$ verwendet.

$$\sigma(z) = \frac{4\sigma_0}{H}z + \sigma_0$$

Normalkraft N und Biegemoment M erhält man, indem man den Spannungsansatz in die Gleichgewichtsbedingungen einsetzt.

$$N = \int_{-\frac{H}{2}}^{\frac{H}{2}} \sigma(z)\,s\,dz = s\int_{-\frac{H}{2}}^{\frac{H}{2}} \frac{4\sigma_0}{H}z + \sigma_0\,dz = s\left[\frac{2\sigma_0}{H}z^2 + \sigma_0 z\right]_{-\frac{H}{2}}^{\frac{H}{2}}$$

$$= s\left[\sigma_0 H - 0\right] = \sigma_0 Hs = 10\,\text{N}$$

$$M = \int_{-\frac{H}{2}}^{\frac{H}{2}} z\sigma(z)\,s\,dz = s\int_{-\frac{H}{2}}^{\frac{H}{2}} \frac{4\sigma_0}{H}z^2 + \sigma_0 z\,dz = s\left[\frac{4\sigma_0}{3H}z^3 + \frac{\sigma_0}{2}z^2\right]_{-\frac{H}{2}}^{\frac{H}{2}}$$

$$= s\left[\frac{7}{24}\sigma_0 H^2 - \left(-\frac{1}{24}\sigma_0 H^2\right)\right] = \frac{1}{3}\sigma_0 HsH = 100\,\text{Nmm}$$

Lösung Aufgabe 6.2

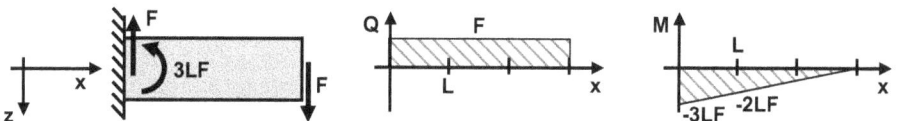

Bei $x = L$ wirkt das Biegemoment $M(x = L) = -2LF$. Alternativ kann es über die Gleichgewichtsbedingung aus der Spannungsfunktion ermittelt werden.

$$M(x = L) = \int_{-\frac{L}{2}}^{\frac{L}{2}} z\sigma(z)\frac{L}{2}\,dz = \frac{L}{2}\int_{-\frac{L}{2}}^{\frac{L}{2}} -\frac{48\sigma_0}{L}z^2\,dz = -24\sigma_0\left[\frac{z^3}{3}\right]_{-\frac{L}{2}}^{\frac{L}{2}}$$

$$= -24\sigma_0\left[\frac{L^3}{24} - \left(-\frac{L^3}{24}\right)\right] = -2\sigma_0 L^3$$

Der Vergleich der beiden Werte ergibt $F = \sigma_0 L^2$. Die Querkraft ist konstant $Q = F$. Damit kann die Konstante a durch die Gleichgewichtsbedingung für die Querkraft berechnet werden.

$$Q\,(x = L) = \int\limits_{-\frac{L}{2}}^{\frac{L}{2}} \tau\,(z)\,\frac{L}{2}\,dz = \frac{L}{2}\int\limits_{-\frac{L}{2}}^{\frac{L}{2}} a\left(1 - \left(\frac{2z}{L}\right)^2\right)dz = \frac{aL}{2}\left[z - \frac{4z^3}{3L^2}\right]_{-\frac{L}{2}}^{\frac{L}{2}}$$

$$= \frac{aL}{2}\left[\frac{L}{3} - \left(-\frac{L}{3}\right)\right] = \frac{aL^2}{3}$$

Der Vergleich der beiden Werte ergibt $a = 3Q/L^2 = 3F/L^2 = 3\sigma_0$. Wegen $\tau_{max} = \tau(z = 0)$ gilt für die Konstante $\tau_{max} = a = 3\sigma_0$. Für $z = -L/2$ erhält man die maximale Normalspannung $\sigma_{max} = 24\sigma_0$. Somit ergibt sich der Quotient $\sigma_{max}/\tau_{max} = 8$.

Lösung Aufgabe 6.3

Für die Dehnungen gilt $\varepsilon_x = 0.01$ und $\varepsilon_u = -0.0025$. Aus

$$\varepsilon_x = \frac{1}{E}\,(\sigma_x - v\sigma_u) \quad \varepsilon_u = \frac{1}{E}\,(\sigma_u - v\sigma_x) \quad \gamma = \frac{\tau}{G}$$

folgt

$$\sigma_x = \frac{E}{1 - v^2}\,(\varepsilon_x + v\varepsilon_u) \quad \sigma_u = \frac{E}{1 - v^2}\,(\varepsilon_u + v\varepsilon_x) \quad \tau = G\gamma$$

Da keine Kräfte quer zur Zugprobe wirksam sind, folgt $\sigma_u = 0$.

$$0 = \sigma_u = \frac{E}{1 - v^2}\,(\varepsilon_u + v\varepsilon_x) \quad \Rightarrow \quad 0 = \varepsilon_u + v\varepsilon_x \quad \Rightarrow \quad v = -\frac{\varepsilon_u}{\varepsilon_x} = 0.25$$

Aus der Bestimmungsgleichung für σ_x kann diese und F bestimmt werden.

$$\sigma_x = \frac{E}{1 - v^2}\,(\varepsilon_x + v\varepsilon_u) = 100\,\frac{N}{mm^2} \quad \Rightarrow \quad F = \sigma_x A = \sigma_x Hs = 2000\,N$$

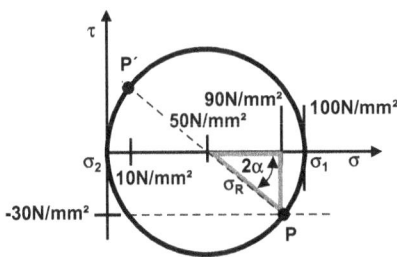

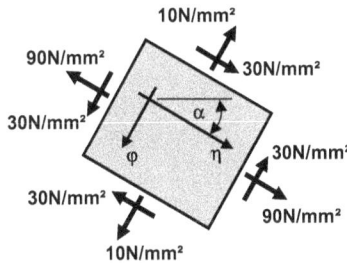

Für ein xu-Koordinatensystem mit waagrechter x-Achse erhält man $\sigma_x = 100\,N/mm^2$, $\sigma_u = 0$ und die Schubspannung $\tau = 0$. Die beiden Normalspannungen sind die Hauptspannungen $\sigma_1 = \sigma_x$ und $\sigma_2 = \sigma_u$. Der Mohrsche Spannungskreis hat den Mittelpunkt

$(50\,\text{N/mm}^2, 0)$ und den Radius $\sigma_R = 50\,\text{N/mm}^2$.

$$(\sigma_M, 0) = \left(\frac{\sigma_x + \sigma_u}{2}, 0\right) = \left(50\frac{\text{N}}{\text{mm}^2}, 0\right)$$

$$\sigma_R = \sqrt{\left(\frac{\sigma_x - \sigma_u}{2}\right)^2 + \tau^2} = \sqrt{\left(\frac{100\,\text{N/mm}^2 - 0}{2}\right)^2 + 0^2} = 50\frac{\text{N}}{\text{mm}^2}$$

Mit dem Betrag $30\,\text{N/mm}^2$ für die Schubspannung $\tau_{\eta\varphi}$, folgt aus dem Kreis der Drehwinkel $\alpha = 18.4°$.

$$\sin 2\alpha = \frac{30\,\text{N/mm}^2}{50\,\text{N/mm}^2} = 0.6 \quad \Rightarrow \quad \alpha = 18.4°$$

Die Normalspannung $\sigma_\eta = 90\,\text{N/mm}^2$ ist der σ-Wert am Punkt P. Dreht man den Punkt P um 180°, so erhält man den Punkt P′. Der dortige σ-Wert ist $\sigma_\varphi = 10\,\text{N/mm}^2$. Die Vergleichsspannung nach Mises ergibt $\sigma_V = 100\,\text{N/mm}^2$.

$$\sigma_V = \sqrt{\sigma_x^2 + \sigma_u^2 - \sigma_x\sigma_u + 3\tau^2} = \sqrt{\sigma_1^2 + \sigma_2^2 - \sigma_1\sigma_2} = \sqrt{\sigma_\eta^2 + \sigma_\varphi^2 - \sigma_\eta\sigma_\varphi + 3\tau_{\eta\varphi}^2}$$

$$= \sqrt{\left(100\frac{\text{N}}{\text{mm}^2}\right)^2 + 0^2 - 100\frac{\text{N}}{\text{mm}^2} \cdot 0 + 0^2}$$

$$= \sqrt{\left(90\frac{\text{N}}{\text{mm}^2}\right)^2 + \left(10\frac{\text{N}}{\text{mm}^2}\right)^2 - 90\frac{\text{N}}{\text{mm}^2} \cdot 10\frac{\text{N}}{\text{mm}^2} + \left(-30\frac{\text{N}}{\text{mm}^2}\right)^2} = 100\frac{\text{N}}{\text{mm}^2}$$

Lösung Aufgabe 6.4

Analog zur Lösung von Aufgabe 6.3 gilt:

$$\sigma_x = \frac{E}{1 - v^2}(\varepsilon_x + v\varepsilon_u) \quad \Rightarrow \quad E = \frac{\sigma_x(1 - v^2)}{\varepsilon_x + v\varepsilon_u}$$

$$\sigma_u = \frac{E}{1 - v^2}(\varepsilon_u + v\varepsilon_x) \quad \Rightarrow \quad E = \frac{\sigma_u(1 - v^2)}{\varepsilon_u + v\varepsilon_x}$$

$$\Rightarrow \quad \frac{\sigma_x(1 - v^2)}{\varepsilon_x + v\varepsilon_u} = \frac{\sigma_u(1 - v^2)}{\varepsilon_u + v\varepsilon_x}$$

$$\Rightarrow \quad v = \frac{\sigma_u\varepsilon_x - \sigma_x\varepsilon_u}{\sigma_x\varepsilon_x - \sigma_u\varepsilon_u} = \frac{-4\,\text{N/mm}^2 \cdot 2/300 - 12\,\text{N/mm}^2 \cdot (-1/300)}{12\,\text{N/mm}^2 \cdot 2/300 - (-4\,\text{N/mm}^2)(-1/300)} = 0.2$$

Dabei sind die Wirkrichtungen aus der Aufgabenskizze zu berücksichtigen, wodurch $\sigma_x = 12\,\text{N/mm}^2$, $\sigma_u = -4\,\text{N/mm}^2$ und $\tau = 6\,\text{N/mm}^2$ zu verwenden sind. Für die erste Hauptspannung folgt $\sigma_1 = 14\,\text{N/mm}^2$.

$$\sigma_1 = \frac{1}{2}\left[(\sigma_x + \sigma_u) + \sqrt{(\sigma_x - \sigma_u)^2 + 4\tau^2}\right] = 14\frac{\text{N}}{\text{mm}^2}$$

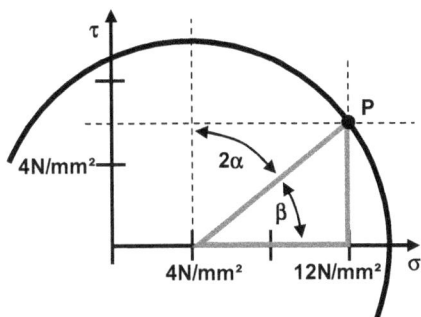

$$\tan\beta = \frac{6\,\text{N/mm}^2}{8\,\text{N/mm}^2} = 0.75 \quad \Rightarrow \quad \beta = 36.9°$$

$$2\alpha = 90° - \beta \qquad\qquad \Rightarrow \quad \alpha = 26.6°$$

Lösung Aufgabe 6.5

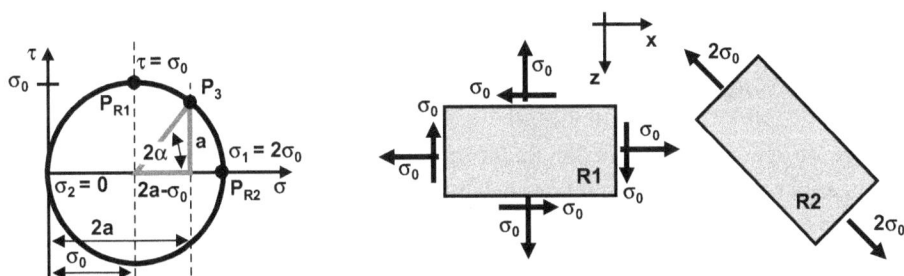

Die erste Hauptspannung $\sigma_1 = 2\sigma_0$ wirkt am rechten Rechteck R2. Somit können an diesem nur Normalspannungen wirksam sein. Die zweite Hauptspannung ist $\sigma_2 = 0$. Der entsprechende Punkt im Mohrschen Spannungskreis ist P_{R2}. Den Spannungszustand am linken Rechteck R1 erhält man, wenn man den Punkt P_{R2} um $2·45°$ dreht. P_{R1} stellt den gesuchten Spannungszustand dar. Der Punkt P3 beschreibt den Spannungszustand, wenn die Normalspannung doppelt so groß ist, wie die Schubspannung. Der Wert a, der den Betrag der gesuchten Schubspannung beschreibt, kann am roten Dreieck mit dem Satz des Pythagoras bestimmt werden. Anschließend der Winkel α.

$$(2a - \sigma_0)^2 + a^2 = 4a^2 - 4a\sigma_0 + \sigma_0^2 + a^2 = \sigma_0^2$$

$$\Rightarrow \quad 5a^2 = 4a\sigma_0 \Rightarrow \quad a = 0.8\sigma_0$$

$$\sin 2\alpha = \frac{a}{\sigma_0} = \frac{0.8\sigma_0}{\sigma_0} = 0.8 \quad \Rightarrow \quad \alpha = 26.6°$$

Lösung Aufgabe 6.6

Die beiden Dehnmessstreifen r und q zeigen in x_1- und u_1-Richtung des ersten Koordinatensystems. Das zweite Koordinatensystem ist um 135° gedreht. Der Streifen p zeigt in die u_2-Richtung.

$$\varepsilon_{x1} = \varepsilon_r = 11.3 \cdot 10^{-4} \quad \varepsilon_{u1} = \varepsilon_q = -4.3 \cdot 10^{-4} \quad \varepsilon_{u2} = \varepsilon_p = 2.5 \cdot 10^{-5}$$

Das bedeutet, die Dehnung ε_{x2} ist unbekannt.

$$\sigma_{x1} = \frac{E}{1 - v^2} (\varepsilon_{x1} + v\varepsilon_{u1}) = 220 \frac{N}{mm^2}$$

$$\sigma_{u1} = \frac{E}{1 - v^2} (\varepsilon_{u1} + v\varepsilon_{x1}) = -20 \frac{N}{mm^2}$$

$$\sigma_{x2} = \frac{E}{1 - v^2} (\varepsilon_{x2} + v\varepsilon_{u2}) = 219780 \frac{N}{mm^2}\varepsilon_{x2} + 1.65 \frac{N}{mm^2}$$

$$\sigma_{u2} = \frac{E}{1 - v^2} (\varepsilon_{u2} + v\varepsilon_{x2}) = 65934 \frac{N}{mm^2}\varepsilon_{x2} + 5.49 \frac{N}{mm^2}$$

Mit den Spannungswerten σ_{x1} und σ_{u1} kann der Mittelpunkt des Mohrschen Spannungskreises bestimmt werden.

$$\sigma_M = \frac{\sigma_{x1} + \sigma_{u1}}{2} = \frac{220\,N/mm^2 - 20\,N/mm^2}{2} = 100 \frac{N}{mm^2}$$

Da der Mittelpunkt auch aus den Spannungswerten σ_{x2} und σ_{u2} berechnet werden kann, erhält man eine Bestimmungsgleichung für die fehlende Dehnung ε_{x2}.

$$\sigma_M = 100 \frac{N}{mm^2} = \frac{\sigma_{x2} + \sigma_{u2}}{2}$$

$$= \frac{219780\,N/mm^2\varepsilon_{x2} + 1.65\,N/mm^2 + 65934\,N/mm^2\varepsilon_{x2} + 5.49\,N/mm^2}{2}$$

$$\Rightarrow \quad \varepsilon_{x2} = 6.75 \cdot 10^{-4} \quad \Rightarrow \quad \sigma_{x2} = 150 \frac{N}{mm^2} \quad \sigma_{u2} = 50 \frac{N}{mm^2}$$

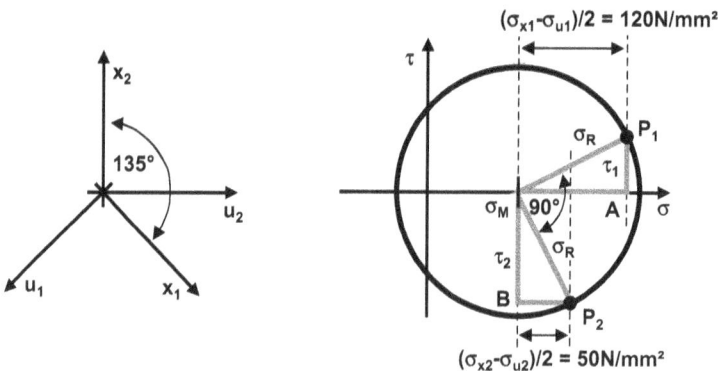

In der $\sigma\tau$-Ebene können zwei senkrechte Geraden eingezeichnet werden. Auf der ersten liegt der Punkt P_1, der den Spannungszustand im x_1u_1-Koordinatensystem darstellt. Die Gerade muss den waagrechten Abstand $(\sigma_{x1} - \sigma_{u1})/2 = 120\,\text{N/mm}^2$ vom Kreismittelpunkt besitzen. Auf der zweiten liegt P_2, der den Spannungszustand im x_2u_2-Koordinatensystem beschreibt. Diese Gerade hat den waagrechten Abstand $(\sigma_{x2} - \sigma_{u2})/2 = 50\,\text{N/mm}^2$ vom Kreismittelpunkt. Die Punkte σ_M, A und P_1 bilden ein Dreieck, welches die Katheten τ_1 und $(\sigma_{x1} - \sigma_{u1})/2$ besitzt. Entsprechend bilden die Punkte σ_M, B und P_2 ein Dreieck, dessen Katheten τ_2 und $(\sigma_{x2} - \sigma_{u2})/2$ sind. Beide Dreiecke haben die gleich langen Hypothenusen σ_R, die in einem Winkel von $90°$ in negativer Richtung (bzw. $2 \cdot 135°$ in positive Richtung) zueinander stehen. Da die Katheten beider Dreiecke waagrecht oder senkrecht verlaufen, müssen beide Dreiecke die gleichen Winkel und Längen besitzen. Man erhält das zweite, indem man das erste um $90°$ in negativer Richtung dreht. Aus den Dreieckslängen bestimmt man die beiden gesuchten Schubspannungen $\tau_1 = (\sigma_{x2} - \sigma_{u2})/2 = 50\,\text{N/mm}^2$ und $\tau_2 = -(\sigma_{x1} - \sigma_{u1})/2 = -120\,\text{N/mm}^2$ (P_2 liegt unterhalb der σ-Achse). Die Hauptspannungen ergeben sich zu $\sigma_1 = 230\,\text{N/mm}^2$ und $\sigma_2 = -30\,\text{N/mm}^2$, die gesuchte Vergleichsspannung nach Mises nimmt den Wert $\sigma_V = 246\,\text{N/mm}^2$ an.

$$\sigma_{1,2} = \frac{\sigma_{x1} + \sigma_{u1}}{2} \pm \sqrt{\left(\frac{\sigma_{x1} - \sigma_{u1}}{2}\right)^2 + \tau_1^2} = 100\frac{\text{N}}{\text{mm}^2} \pm 130\frac{\text{N}}{\text{mm}^2}$$

$$\Rightarrow \quad \sigma_1 = 230\frac{\text{N}}{\text{mm}^2} \quad \sigma_2 = -30\frac{\text{N}}{\text{mm}^2}$$

$$\sigma_V = \sqrt{\sigma_{x1}^2 + \sigma_{u1}^2 - \sigma_{x1}\sigma_{u1} + 3\tau_1^2} = \sqrt{\sigma_{x2}^2 + \sigma_{u2}^2 - \sigma_{x2}\sigma_{u2} + 3\tau_2^2} = \sqrt{\sigma_1^2 + \sigma_2^2 - \sigma_1\sigma_2}$$

$$= 246\frac{\text{N}}{\text{mm}^2}$$

Anhang B7.1–2: Lösungen der Aufgaben der Kapitel 7.1 und 7.2

Lösung Aufgabe 7.2.1

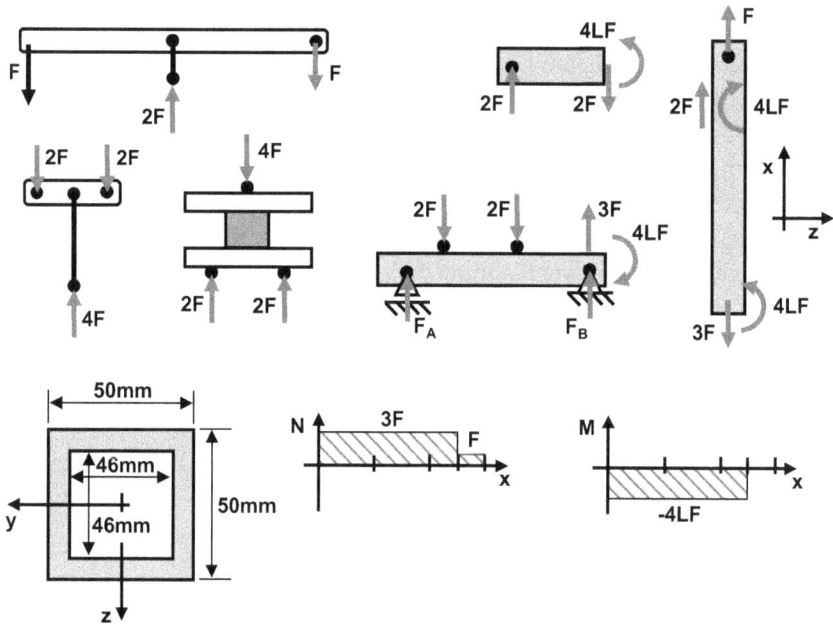

Querschnittsfläche und Flächenträgheitsmoment:

$$A = (50\,\text{mm})^2 - (46\,\text{mm})^2 = 384\,\text{mm}^2$$

$$I_y = \frac{50\,\text{mm} \cdot (50\,\text{mm})^3 - 46\,\text{mm} \cdot (46\,\text{mm})^3}{12} = 147712\,\text{mm}^4$$

Maximaler Betrag der Normalspannung infolge der Normalkraft:

$$\sigma_\text{N} = \frac{N_\text{max}}{A} = \frac{3F}{A} - \frac{3 \cdot 250\,\text{N}}{384\,\text{mm}^2} = 1.95\,\frac{\text{N}}{\text{mm}^2}$$

Maximaler Betrag der Normalspannung infolge des Biegemoments:

$$\sigma_\text{B} = \frac{|M_\text{max}|}{I_y} z_\text{max} = \frac{4LF}{I_y} z_\text{max} = \frac{4 \cdot 100\,\text{mm} \cdot 250\,\text{N}}{147712\,\text{mm}^4} 25\,\text{mm} = 16.92\,\frac{\text{N}}{\text{mm}^2}$$

Da nur der Betrag der maximalen Normalspannung infolge des Biegemoments gesucht ist, ist es ausreichend, nur mit den positiven Beträgen zu rechnen. Berücksichtigt man die Vorzeichen, erhält man an der Unterseite ($z = 25\,\text{mm}$) die Druckspannung $\sigma_\text{D} = -16.92\,\text{N/mm}^2$ und entsprechend an der Oberseite ($z = -25\,\text{mm}$) die Zugspannung $\sigma_\text{Z} = 16.92\,\text{N/mm}^2$.

Lösung Aufgabe 7.2.2

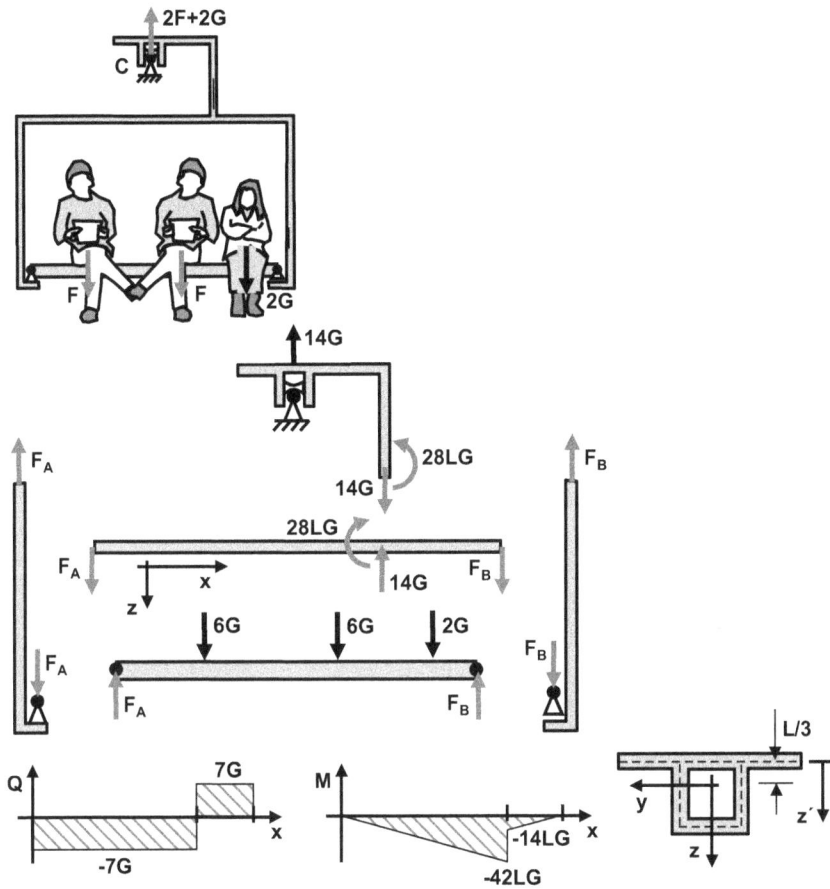

a.) Betrachtung des Gesamtbauteils:

$$\sum M|_C = 0: \quad 2LF - LF - 3L \cdot 2G = 0 \quad \Rightarrow \quad F = 6G$$

b.) Betrachtung des oberen waagrechten Balkens AB:

$$\sum M|_A = 0: \quad 6L \cdot 14G - 28LG - 8LF_B = 0 \quad \Rightarrow \quad F_B = 7G$$
$$\sum F_z = 0: \quad -F_A + 14G - F_B = 0 \quad \Rightarrow \quad F_A = 7G$$

Querschnittsfläche, Flächenmittelpunkt und Flächenträgheitsmoment:

$$A = 6Ls$$

$$z'_s = \frac{1}{A}\sum_{i=1}^{4} z'_i A_i = \frac{0 \cdot 3Ls + 2 \cdot L/2 \cdot Ls + L \cdot Ls}{6Ls} = \frac{L}{3}$$

$$I_y = \sum_{i=1}^{4} \frac{B_i H_i^3}{12} + z_i^2 A_i = \left(-\frac{L}{3}\right)^2 3Ls + 2\left(\frac{sL^3}{12} + \left(\frac{L}{6}\right)^2 Ls\right) + \left(\frac{2}{3}L\right)^2 Ls = L^3 s$$

Funktion der Normalspannung infolge des Biegemoments bei $x = 6L$:

$$\sigma(z) = \frac{M}{I_y}z = \frac{-42LG}{L^3 s}z = -42\frac{G}{L^2 s}z$$

Maximale Zugspannung infolge des Biegemoments:

$$\sigma_Z = \sigma\left(z = -\frac{1}{3}L\right) = -42\frac{G}{L^2 s}\left(-\frac{L}{3}\right) = 14\frac{G}{Ls}$$

Maximale Druckspannung infolge des Biegemoments:

$$\sigma_D = \sigma\left(z = \frac{2}{3}L\right) = -42\frac{G}{L^2 s}\frac{2}{3}L = -28\frac{G}{Ls}$$

Maximaler Schubspannungsbetrag infolge der Querkraft:

$$\tau_Q = \frac{|Q|}{A} = \frac{7G}{6Ls} = \frac{7}{6}\frac{G}{Ls}$$

Lösung Aufgabe 7.2.3

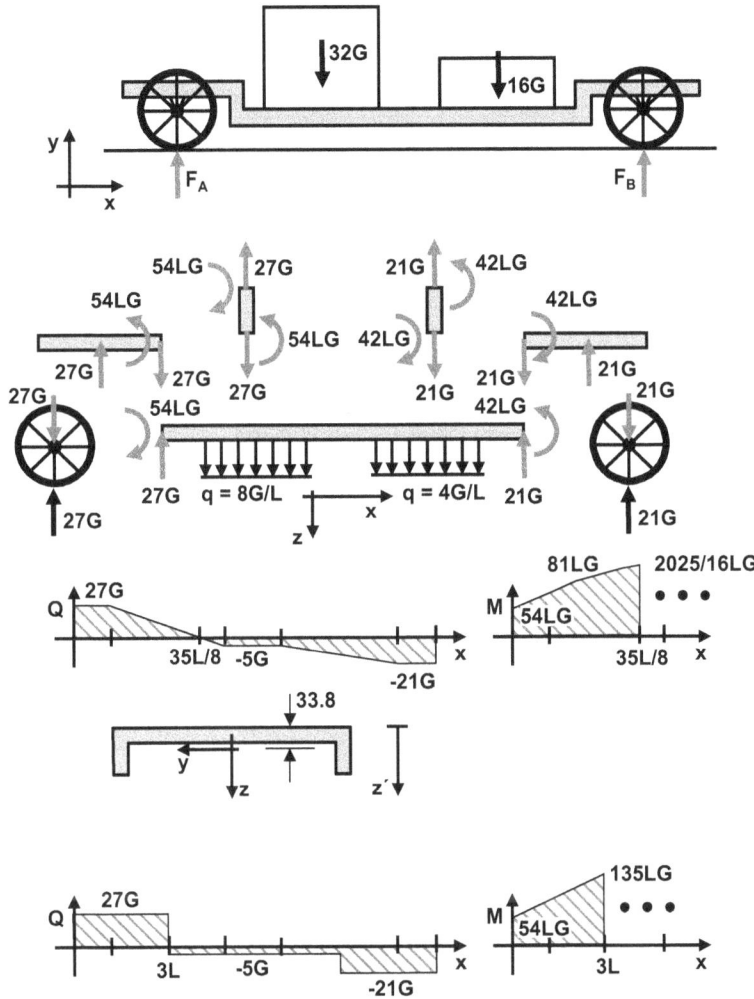

a.) Betrachtung des Gesamtwagens:

$$\sum M|_A = 0: \quad -5L \cdot 32G - 11L \cdot 16G + 16LF_B = 0 \quad \Rightarrow \quad F_B = 21G$$

$$\sum F_y = 0: \quad F_A - 32G - 16G + F_B = 0 \quad \Rightarrow \quad F_A = 27G$$

Querkraftverlauf im waagrechten unteren Balken im Intervall $L < x < 5L$:

$$Q = 35G - 8\frac{G}{L}x \quad\quad \Rightarrow \quad Q\left(x = \frac{35}{8}L\right) = 0$$

$$M = 35Gx - 4\frac{G}{L}x^2 + 50LG \quad \Rightarrow \quad M_{max} = M\left(x = \frac{35}{8}L\right) = \frac{2025}{16}LG$$

Im weiteren Verlauf ist die Querkraft Q negativ. Somit ist M_{max} ein globales Maximum.

Querschnittsfläche, Flächenmittelpunkt und Flächenträgheitsmoment:

$$A = 2 \cdot 150\,\text{mm} \cdot 50\,\text{mm} + 1400\,\text{mm} \cdot 50\,\text{mm} = 85000\,\text{mm}^2$$

$$z'_s = \frac{1}{A} \sum_{i=1}^{3} z'_i A_i = \frac{25\,\text{mm} \cdot 1400\,\text{mm} \cdot 50\,\text{mm} + 2 \cdot 75\,\text{mm} \cdot 150\,\text{mm} \cdot 50\,\text{mm}}{85000\,\text{mm}^2}$$

$$= 33.8\,\text{mm}$$

$$I_y = \sum_{i=1}^{3} \frac{B_i H_i^3}{12} + z_i^2 A_i = 2 \left(\frac{50\,\text{mm} \cdot (150\,\text{mm})^3}{12} + (41.2\,\text{mm})^2 \cdot 50\,\text{mm} \cdot 150\,\text{mm} \right)$$

$$+ \frac{1400\,\text{mm} \cdot (50\,\text{mm})^3}{12} + (-8.8\,\text{mm})^2 \cdot 50\,\text{mm} \cdot 1400\,\text{mm}$$

$$= 7.36 \cdot 10^7\,\text{mm}^4$$

Funktion der Normalspannung infolge des Biegemoments bei $x = 35L/8$:

$$\sigma(z) = \frac{M}{I_y} z = \frac{2025 LG/16}{7.36 \cdot 10^7\,\text{mm}^4} z = 0.86\,\frac{\text{N}}{\text{mm}^3} z$$

Maximale Zugspannung:

$$\sigma_Z = \sigma(z = 116.2\,\text{mm}) = 0.86\,\frac{\text{N}}{\text{mm}^3} \cdot 116.2\,\text{mm} = 99.9\,\frac{\text{N}}{\text{mm}^2}$$

Maximale Druckspannung:

$$\sigma_D = \sigma(z = -33.8\,\text{mm}) = 0.86\,\frac{\text{N}}{\text{mm}^3} \cdot (-33.8\,\text{mm}) = -29.1\,\frac{\text{N}}{\text{mm}^2}$$

b.) Die Normalspannung infolge des Biegemoments ist linear vom Biegemoment abhängig. Somit kann die Änderung der Normalspannung auch mit den Biegemomenten bestimmt werden. Man erhält einen Fehler von 6.7 %.

$$\Delta\sigma = \Delta M = \frac{135 LG - 2025 LG/16}{2025 LG/16} 100\,\% = 6.7\,\%$$

Lösung Aufgabe 7.2.4

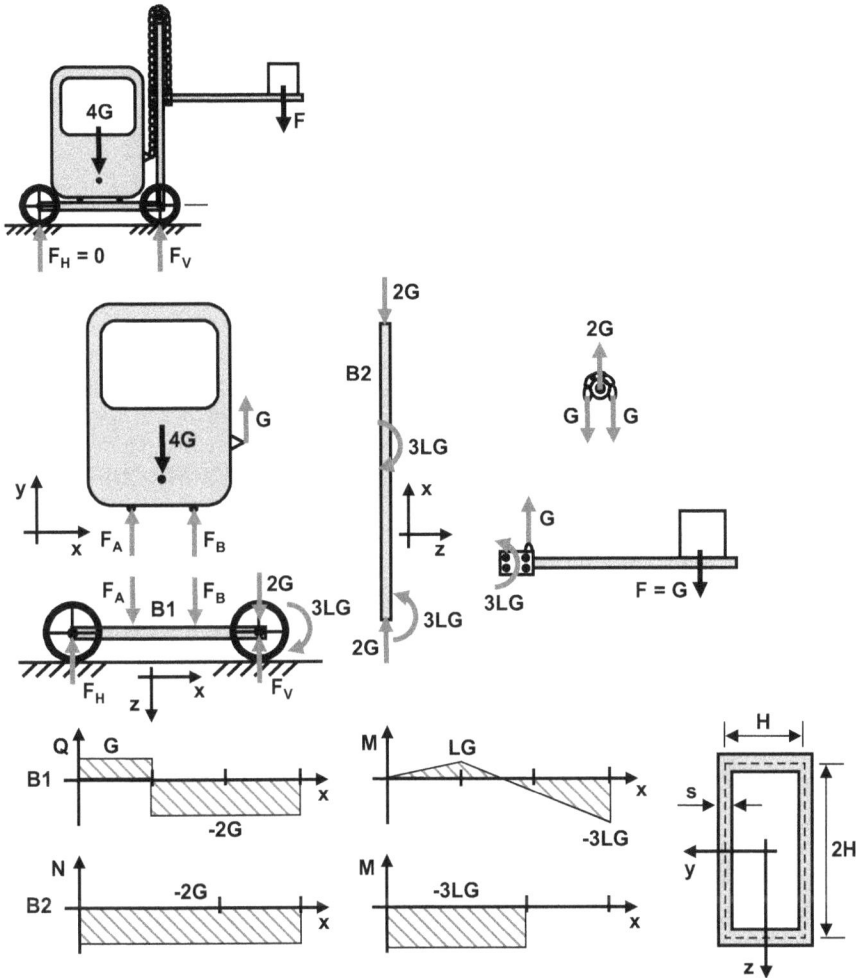

a.) Der Gabelstapler kippt nach vorne. Dabei wird F_H gleich null.

$$\sum M|_V = 0: \quad -3LF + 1.5L \cdot 4G = 0 \quad \Rightarrow \quad F = 2G$$

b.) Betrachtung des Fahrerhauses:

$$\sum M|_A = 0: \quad -0.5L \cdot 4G + LF_B + 2LG = 0 \quad \Rightarrow \quad F_B = 0$$
$$\sum F_y = 0: \quad F_A - 4G + F_B + G = 0 \quad \Rightarrow \quad F_A = 3G$$

Betrachtung des Balken B1:

$$\sum M|_H = 0: \quad -LF_A - 2LF_B + 3LF_V - 3L \cdot 2G - 3LG = 0 \quad \Rightarrow \quad F_V = 4G$$
$$\sum F_y = 0: \quad F_H - F_A - F_B + F_V - 2G = 0 \quad \Rightarrow \quad F_H = G$$

Querschnittsfläche und Flächenträgheitsmoment:

$$A = 2 \cdot 2Hs + 2Hs = 6Hs$$
$$I_y = 2\frac{s(2H)^3}{12} + 2H^2 Hs = \frac{10}{3}H^3 s$$

Maximaler Normalspannungsbetrag infolge des Biegemoments:

$$\sigma_B = \frac{|-3LG|}{10/3H^3 s}H = \frac{9LG}{10H^2 s}$$
$$\Rightarrow \quad s = \frac{9LG}{10H^2 \sigma_B} = \frac{9 \cdot 500\,\text{mm} \cdot 2000\,\text{N}}{10 \cdot (50\,\text{mm})^2 \cdot 40\,\text{N/mm}^2} = 9\,\text{mm}$$

Resultierender Normalspannungsbetrag infolge der Normalkraft mit $s = 9\,\text{mm}$.

$$\sigma_N = \frac{|-2G|}{6Hs} = \frac{G}{3Hs} = \frac{40}{27}\frac{\text{N}}{\text{mm}^2}$$

c.) Im Balken B1 würde sich der Momentenverlauf nicht ändern, wenn die Gabel nach oben verschoben wird. Da im Balken B2 unabhängig von der Höhe der Gabel das Biegemoment -3LG beträgt, würde sich die Normalspannung infolge des Biegemoments auch dort nicht ändern.

Lösung Aufgabe 7.2.5

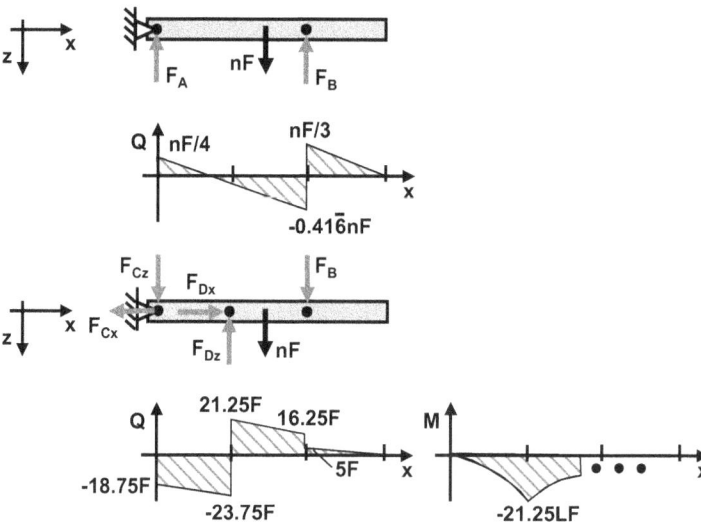

a.) Betrachtung des oberen Balkens:

$$\sum M|_A = 0: \quad -1.5LnF + 2LF_B = 0 \quad \Rightarrow \quad F_B = \frac{3}{4}nF$$

$$\sum F_z = 0: \quad -F_A + nF - F_B = 0 \quad \Rightarrow \quad F_A = \frac{n}{4}F$$

Der Betrag der maximalen Querkraft soll 5000 N betragen.

$$\left|-0.41\overline{6}nF\right| = 5000\,\text{N} \quad \Rightarrow \quad n = \frac{5000\,\text{N}}{0.41\overline{6}F} = 15$$

b.) Betrachtung des unteren Balkens mit $n = 15$ und $F_B = 0.75nF = 11.25F$:

$$\sum M|_A = 0: \quad LF_{Dz} - 1.5LnF - 2LF_B = 0 \quad \Rightarrow \quad F_{Dz} = 45F$$

$$\sum F_z = 0: \quad F_{Cz} - F_{Dz} + nF + F_B = 0 \quad \Rightarrow \quad F_{Cz} = 18.75F$$

Flächenträgheitsmoment:

$$I_y = \frac{3L \cdot H^3}{12} = \frac{H^3 L}{4}$$

Maximaler Normalspannungsbetrag infolge des Biegemoments:

$$\sigma_{\max} = \frac{|-21.25LF|}{H^3 L/4}\frac{H}{2} = 42.5\frac{F}{H^2}$$

$$\Rightarrow \quad H = \sqrt{42.5\frac{F}{\sigma_{\max}}} = 20\,\text{mm}$$

Lösung Aufgabe 7.2.6

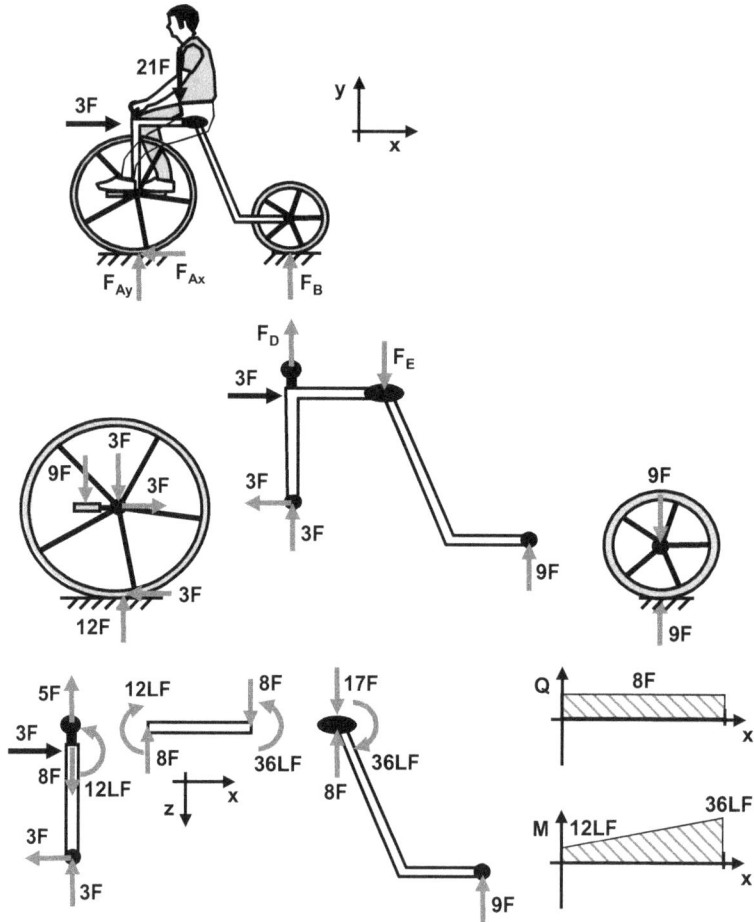

Betrachtung des Gesamtfahrrads und des Fahrers:

$$\sum M|_A = 0: \quad -7L \cdot 3F - 2L \cdot 21F + 7LF_B = 0 \quad \Rightarrow \quad F_B = 9F$$

$$\sum F_x = 0: \quad -F_{Ax} + 3F = 0 \quad \Rightarrow \quad F_{Ax} = 3F$$

$$\sum F_y = 0: \quad F_{Ay} - 21F + F_B = 0 \quad \Rightarrow \quad F_{Ay} = 12F$$

Betrachtung des Gesamtrahmens:

$$\sum M|_D = 0: \quad -4L \cdot 3F - 3LF_E + 7L \cdot 9F = 0 \quad \Rightarrow \quad F_E = 17F$$

$$\sum F_y = 0: \quad 3F + F_D - F_E + 9F = 0 \quad \Rightarrow \quad F_D = 5F$$

Maximale Normalspannung infolge des Biegemoments ($M = 36LF$):

$$\sigma_{max} = \frac{36LF}{\pi R_m^3 s} R_m = 36 \frac{LF}{\pi R_m^2 s} = 36 \frac{N}{mm^2}$$

Lösung Aufgabe 7.2.7

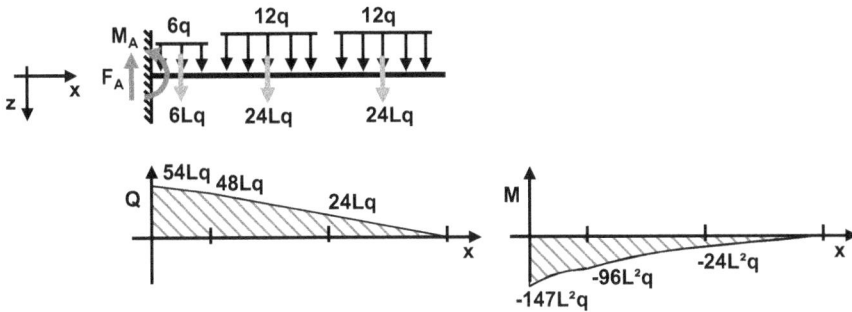

Bestimmung der Lagerkraft F_A und des Lagermoments M_A:

$$\sum F_z = 0: \qquad\qquad -F_A + 6Lq + 24Lq + 24Lq = 0 \quad \Rightarrow \quad F_A = 54Lq$$

$$\sum M|_A = 0: \quad M_A - 0.5L \cdot 6Lq - 2L \cdot 24Lq - 4L \cdot 24Lq = 0 \quad \Rightarrow \quad M_A = 147Lq$$

Flächenträgheitsmomente für die Segmente 1, 2 und 3:

$$I_{yi} = \frac{2}{3}(c_i H)^3 s = \frac{2}{3}c_i^3 H^3 s \quad \text{mit} \quad i = 1, 2, 3$$

Maximale Normalspannungen in den Segmenten 1, 2 und 3 mit $c_1 = 1$:

$$\sigma_1 = \frac{\left|-147L^2 q\right|}{2/3 c_1^3 H^3 s} \frac{c_1 H}{2} = \frac{147}{c_1^2} \frac{3L^2 q}{4H^2 s} = 147 \frac{3L^2 q}{4H^2 s}$$

$$\sigma_2 = \frac{\left|-96L^2 q\right|}{2/3 c_2^3 H^3 s} \frac{c_2 H}{2} = \frac{96}{c_2^2} \frac{3L^2 q}{4H^2 s}$$

$$\sigma_3 = \frac{\left|-24L^2 q\right|}{2/3 c_3^3 H^3 s} \frac{c_3 H}{2} = \frac{24}{c_3^2} \frac{3L^2 q}{4H^2 s}$$

Gleichsetzen der Spannungen σ_1, σ_2 und σ_3:

$$\sigma_1 = \sigma_2 \quad \Rightarrow \quad 147 \frac{3L^2 q}{4H^2 s} = \frac{96}{c_2^2} \frac{3L^2 q}{4H^2 s} \quad \Rightarrow \quad c_2 = \sqrt{\frac{96}{147}} = 0.81$$

$$\sigma_1 = \sigma_3 \quad \Rightarrow \quad 147 \frac{3L^2 q}{4H^2 s} = \frac{24}{c_3^2} \frac{3L^2 q}{4H^2 s} \quad \Rightarrow \quad c_3 = \sqrt{\frac{24}{147}} = 0.40$$

Lösung Aufgabe 7.2.8

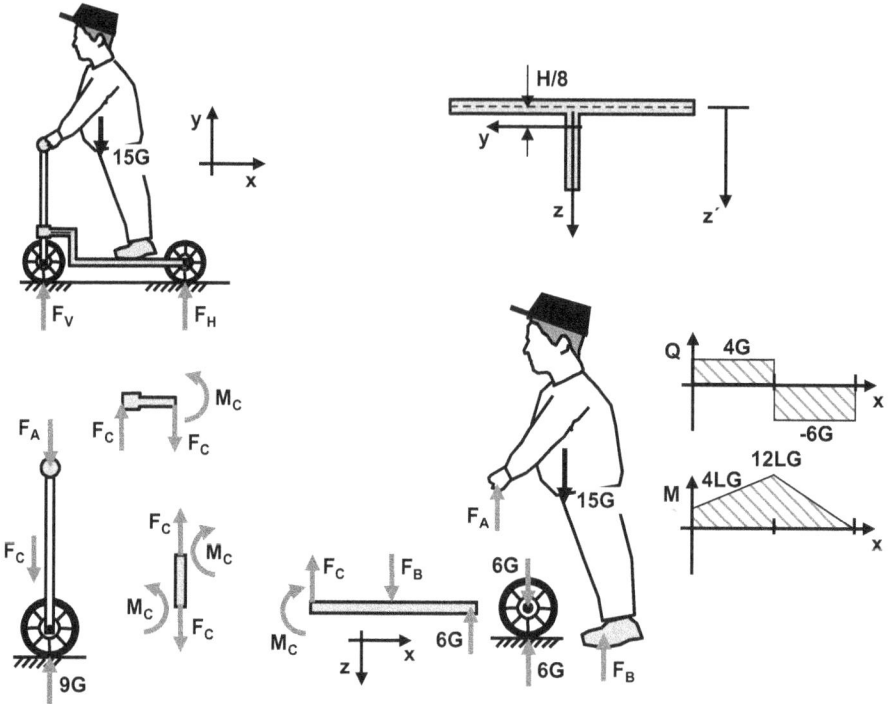

a.) Betrachtung des Gesamtrollers:

$$\sum M|_V = 0: \quad -2L \cdot 15G + 5LF_H = 0 \quad \Rightarrow \quad F_H = 6G$$

$$\sum F_y = 0: \quad F_V - 15G + F_H = 0 \quad \Rightarrow \quad F_V = 9G$$

Betrachtung des Mannes:

$$\sum M|_B = 0: \quad L \cdot 15G - 3LF_A = 0 \quad \Rightarrow \quad F_A = 5G$$

$$\sum F_y = 0: \quad F_A - 15G + F_B = 0 \quad \Rightarrow \quad F_B = 10G$$

Betrachtung des waagrechten Balkens der Länge $4L$:

$$\sum M|_C = 0: \quad -M_C - 2LF_B + 4L \cdot 6G = 0 \quad \Rightarrow \quad M_C = 4LG$$

$$\sum F_y = 0: \quad F_C - F_B + 6G = 0 \quad \Rightarrow \quad F_C = 4G$$

Bestimmung der Querschnittsfläche und des Flächenträgheitsmoments:

$$A = 3Hs + Hs = 4Hs$$

$$z'_s = \frac{0 \cdot 3Hs + H/2 \cdot Hs}{4Hs} = \frac{H}{8}$$

$$I_y = \left(-\frac{H}{8}\right)^2 3Hs + \frac{H^3 s}{12} + \left(\frac{3}{8}H\right)^2 Hs = \frac{13}{48}H^3 s$$

Normalspannungsfunktion infolge des maximalen Biegemoments:

$$\sigma(z) = \frac{12LG}{13/48H^3 s}z = \frac{576}{13}\frac{LG}{H^3 s}z = \frac{576}{13}\frac{L}{H}\frac{G}{H^2}\frac{1}{s}z = \frac{576}{13}6\frac{13}{432}\frac{N}{mm^2}\frac{4}{H}z = 32\frac{N}{mm^2}\frac{z}{H}$$

Maximale Zug- und Druckspannung infolge des Biegemoments:

$$\sigma_Z = \sigma\left(z = \frac{7}{8}H\right) = 32\frac{N}{mm^2}\frac{7H/8}{H} = 28\frac{N}{mm^2}$$

$$\sigma_D = \sigma\left(z = -\frac{H}{8}\right) = 32\frac{N}{mm^2}\left(\frac{-H/8}{H}\right) = -4\frac{N}{mm^2}$$

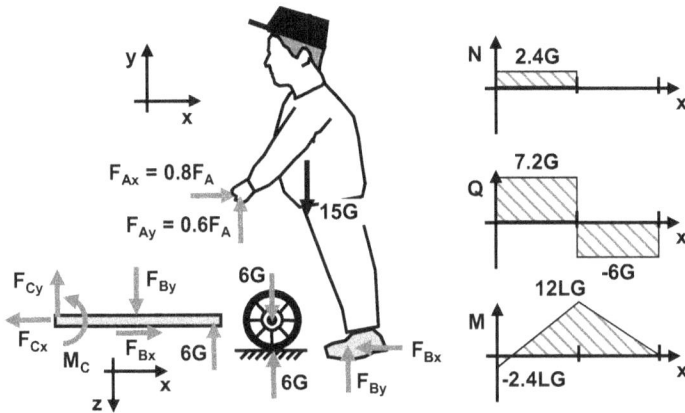

b.) Die Radkräfte bleiben unverändert! Betrachtung des Mannes:

$$\sum M|_B = 0: \quad L \cdot 15G - 3LF_{Ay} - 4LF_{Ax} = L \cdot 15G - 3L \cdot 0.6F_A - 4L \cdot 0.8F_A = 0$$

$$\Rightarrow \quad F_A = 3G \quad \Rightarrow \quad F_{Ax} = 2.4G \quad F_{Ay} = 1.8G$$

$$\sum F_x = 0: \quad F_{Ax} - F_{Bx} = 0 \quad \Rightarrow \quad F_{Bx} = 2.4G$$

$$\sum F_y = 0: \quad F_{Ay} - 15G + F_{By} = 0 \quad \Rightarrow \quad F_{By} = 13.2G$$

Betrachtung des waagrechten Balkens der Länge $4L$:

$$\sum M|_C = 0: \quad M_C - 2LF_{By} + 4L \cdot 6G = 0 \quad \Rightarrow \quad M_C = 2.4LG$$

$$\sum F_x = 0: \quad -F_{Cx} + F_{Bx} = 0 \quad \Rightarrow \quad F_{Cx} = 2.4G$$

$$\sum F_y = 0: \quad F_{Cy} - F_{By} + 6G = 0 \quad \Rightarrow \quad F_{Cy} = 13.2G$$

Da das maximale Biegemoment im Vergleich zu a.) unverändert bleibt, ändert sich auch die maximale Zugspannung $\sigma_B = 28\,N/mm^2$ infolge des Biegemoments nicht. Für die Normalspannung infolge der Normalkraft folgt:

$$\sigma_N = \frac{2.4G}{4Hs} = 0.6\frac{G}{Hs} = 0.6\frac{G}{H^2}\frac{H}{s} = 0.6\frac{13}{432}\frac{N}{mm^2}4 = \frac{39}{540}\frac{N}{mm^2}$$

Lösung Aufgabe 7.2.9

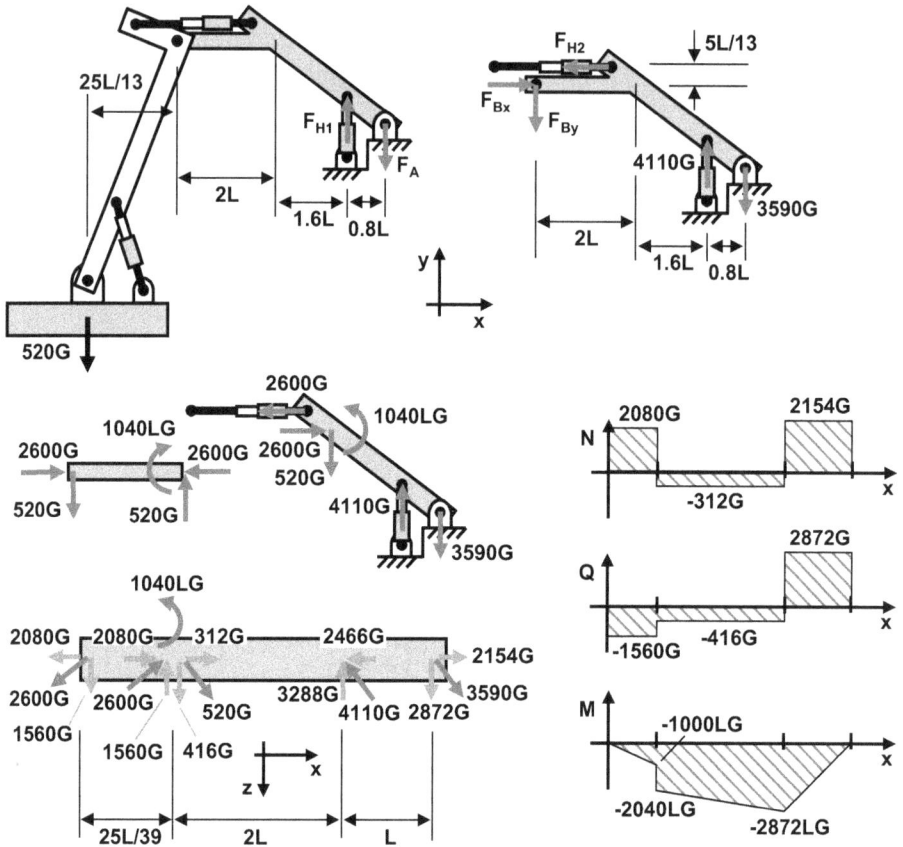

Betrachtung des Gesamtmähers (keine Kräfte in x-Richtung):

$$\sum M|_A = 0: \quad \left(\frac{25}{13}L + 2L + 1.6L + 0.8L\right)\cdot 520G - 0.8LF_{H1} = 0 \Rightarrow \quad F_{H1} = 4110G$$

$$\sum F_y = 0: \quad -520G + F_{H1} - F_A = 0 \Rightarrow \quad F_A = 3590G$$

Betrachtung der beiden grauen Balken:

$$\sum M|_B = 0: \quad \frac{5}{13}LF_{H2} + 3.6L\cdot 4110G - 4.4L\cdot 3590G = 0 \quad \Rightarrow \quad F_{H2} = 2600G$$

$$\sum F_x = 0: \quad F_{Bx} - F_{H2} = 0 \quad \Rightarrow \quad F_{Bx} = 2600G$$

$$\sum F_y = 0: \quad -F_{By} + 4110G - 3590G = 0 \quad \Rightarrow \quad F_{By} = 520G$$

Querschnittsfläche und Flächenträgheitsmoment:

$$A = 2 \cdot 2Hs + 2Hs = 6Hs$$

$$I_y = 2\frac{s\,(2H)^3}{12} + 2H^2Hs = \frac{10}{3}H^3s$$

Maximaler Normalspannungsbetrag infolge des Biegemoments:

$$\sigma_B = \frac{|-2872LG|}{10/3H^3s}H = \frac{8616}{10}\frac{LG}{H^2s} = \frac{861600\,\text{N}}{H^2}$$

$$\Rightarrow \quad H = \sqrt{\frac{861600\,\text{N}}{\sigma_B}} = 100\,\text{mm}$$

Resultierende maximale Normalspannung infolge der Normalkraft:

$$\sigma_N = \frac{2154G}{6Hs} = 359\frac{G}{Hs} = 7.18\frac{\text{N}}{\text{mm}^2}$$

Lösung Aufgabe 7.2.10

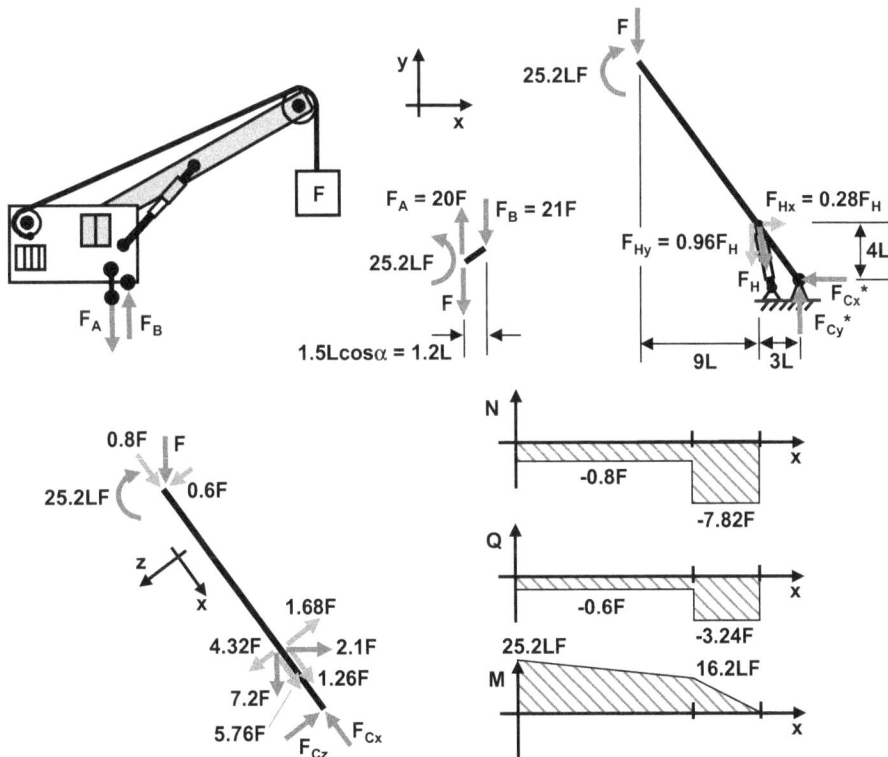

Betrachtung des Kranoberbaus:

$$\sum M|_B = 0: \quad 1.2LF_A - 24LF = 0 \quad \Rightarrow \quad F_A = 20F$$

$$\sum F_y = 0: \quad -F_A + F_B - F = 0 \quad \Rightarrow \quad F_B = 21F$$

Der nicht mittige Angriffspunkt von F_B am diagonalen Kranunterbau wird durch einen kurzen Balken der Länge $1.5L$ berücksichtigt. Betrachtung des Kranunterbaus:

$$\sum M|_C = 0: \quad -25.2LF + 12LF + 3LF_{Hy} - 4LF_{Hx}$$

$$= -25.2LF + 12LF + 3L \cdot 0.96F_H - 4L \cdot 0.28F_H = 0$$

$$\Rightarrow \quad F_H = 7.5F \Rightarrow \quad F_{Hx} = 2.1F \quad F_{Hy} = 7.2F$$

Die Lagerkräfte F_{Cx} und F_{Cz} werden im balkenspezifischen xz-Koordinatensystem bestimmt.

$$\sum F_x = 0: \quad 0.8F + 5.76F + 1.26F - F_{Cx} = 0 \quad \Rightarrow \quad F_{Cx} = 7.82F$$

$$\sum F_z = 0: \quad 0.6F + 4.32F - 1.68F - F_{Cz} = 0 \quad \Rightarrow \quad F_{Cz} = 3.24F$$

Querschnittsfläche und Flächenträgheitsmoment:

$$A = 4 \cdot 3Ls = 12Ls$$

$$I_y = 2\frac{s(3L)^3}{12} + 2(1.5L)^2 \, 3Ls = 18L^3s$$

Maximaler Normalspannungsbetrag infolge des Biegemoments:

$$\sigma_B = \frac{25.2LF}{18L^3s} 1.5L = 2.1\frac{F}{L}\frac{1}{s} = 2.1 \cdot 60\frac{N}{mm}\frac{1}{s} = \frac{126}{s}\frac{N}{mm}$$

$$\Rightarrow \quad s = \frac{126}{\sigma_B}\frac{N}{mm} = 6\,mm$$

Resultierende maximale Normalspannung infolge der Normalkraft:

$$\sigma_N = \frac{-7.82F}{12Ls} = -\frac{0.651\overline{6}}{s}\frac{F}{L} = -6.51\overline{6}\frac{N}{mm^2}$$

Anhang B7.4: Lösungen der Aufgaben des Kapitels 7.4

Lösung Aufgabe 7.4.1

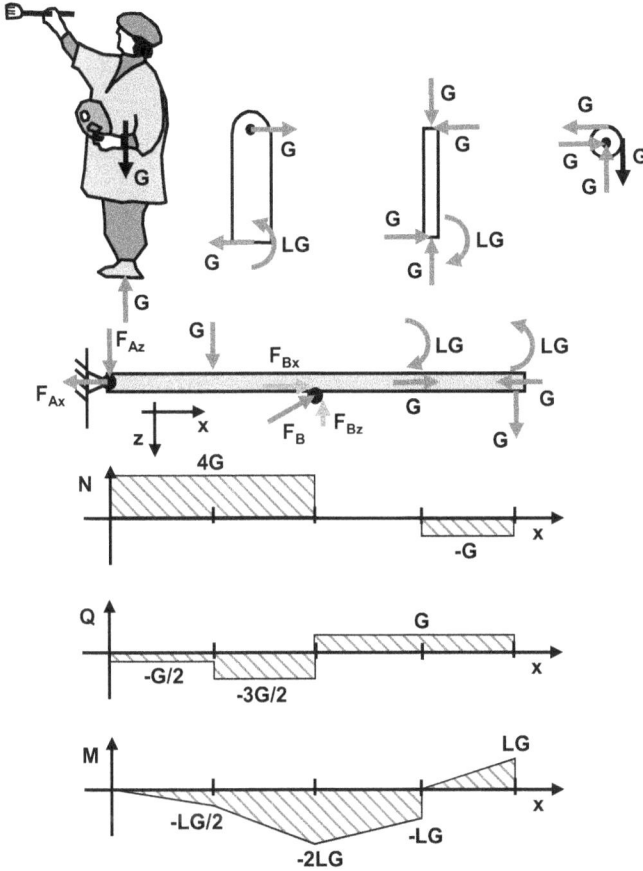

Betrachtung der Arbeitsplattform mit $F_{Bx} = 1.6 F_{Bz}$:

$$\sum M|_A = 0: \quad -LG + 2LF_{Bz} - LG - 4LG + LG = 0 \quad \Rightarrow \quad F_{Bz} = 2.5G$$

$$\sum F_x = 0: \quad -F_{Ax} + F_{Bx} + G - G = 0 \quad \Rightarrow \quad F_{Ax} = 4G$$

$$\sum F_z = 0: \quad F_{Az} + G - F_{Bz} + G = 0 \quad \Rightarrow \quad F_{Az} = 0.5G$$

Querschnittsfläche und Flächenträgheitsmoment:

$$A = BH = 50HH = 50H^2$$

$$I_y = \frac{BH^3}{12} = \frac{50H \cdot H^3}{12} = \frac{25}{6}H^4$$

Normalspannung infolge des Biegemoments kurz vor $x = 2L$ ($M = -2LG$):

$$\sigma_B(z) = \frac{-2LG}{25/6H^4}z = -\frac{2 \cdot 25H \cdot G}{25/6H^4}z = -12\frac{G}{H^3}z$$

Normalspannung infolge der Normalkraft kurz vor $x = 2L$ ($N = 4G$):

$$\sigma_N = \frac{4G}{50H^2} = \frac{2}{25}\frac{G}{H^2}$$

Da σ_N eine Zugspannung ist, ist die maximale Normalspannung auch eine Zugspannung, die an der Balkenoberseite wirksam ist.

$$\sigma_{max} = \sigma_B\left(z = -\frac{H}{2}\right) + \sigma_N = -12\frac{G}{H^3}\left(-\frac{H}{2}\right) + \frac{2}{25}\frac{G}{H^2} = 6.08\frac{G}{H^2}$$

$$\Rightarrow \quad H = \sqrt{6.08\frac{G}{\sigma_{max}}} = 20\,\text{mm}$$

Lösung Aufgabe 7.4.2

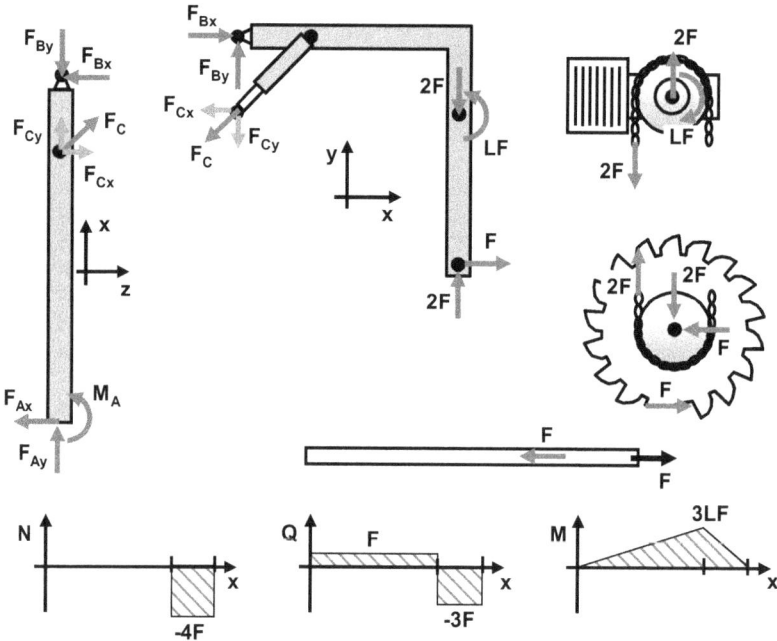

Betrachtung des L-förmigen Hebels mit $F_{Cx} = F_{Cy}$:

$$\sum M|_B = 0: \quad -LF_{Cx} + 3L \cdot 2F - 3L \cdot 2F + 3LF + LF = 0 \quad \Rightarrow \quad F_{Cx} = F_{Cy} = 4F$$

$$\sum F_x = 0: \quad F_{Bx} - F_{Cx} + F = 0 \quad \Rightarrow \quad F_{Bx} = 3F$$

$$\sum F_y = 0: \quad F_{By} - 2F + 2F - F_{Cy} = 0 \quad \Rightarrow \quad F_{By} = 4F$$

Betrachtung des Balkens AB:

$$\sum F_x = 0: \qquad -F_{Ax} - F_{Bx} + F_{Cx} = 0 \quad \Rightarrow \quad F_{Ax} = F$$

$$\sum F_y = 0: \qquad F_{Ay} - F_{By} + F_{Cy} = 0 \quad \Rightarrow \quad F_{Ay} = 0$$

$$\sum M|_A = 0: \quad M_A - 3LF_{Cx} + 4LF_{Bx} = 0 \quad \Rightarrow \quad M_A = 0$$

Querschnittsfläche und Flächenträgheitsmoment:

$$A = 2 \cdot 3Hs + 2 \cdot Hs = 8Hs$$

$$I_y = 2\frac{s(3H)^3}{12} + 2(1.5H)^2 Hs = 9H^3 s$$

Normalspannungsfunktion infolge des Biegemoments bei $x = 3L$:

$$\sigma_B(z) = \frac{3LF}{9H^3 s}z = \frac{3 \cdot 4HF}{9H^3 s}z = \frac{4}{3}\frac{F}{Hs}\frac{z}{H} = \frac{40}{3}\frac{N}{mm^2}\frac{z}{H}$$

Normalspannung infolge der Normalkraft im Intervall $3L < x < 4L$:

$$\sigma_N = \frac{-4F}{8Hs} = -\frac{1}{2}\frac{F}{Hs} = -5\frac{N}{mm^2}$$

Maximale Zugspannung an der Balkenunterseite ($z = 1.5H$) kurz vor $x = 3L$ ($M = 3LF$, $N = 0$):

$$\sigma_Z = \sigma_B(z = 1.5H) + 0 = \frac{40}{3}\frac{N}{mm^2}\frac{1.5H}{H} + 0 = 20\frac{N}{mm^2}$$

Maximale Druckspannung an der Balkenoberseite ($z = -1.5H$) kurz nach $x = 3L$ ($M = 3LF$, $N = -4F$):

$$\sigma_Z = \sigma_B(z = -1.5H) + \sigma_N = \frac{40}{3}\frac{N}{mm^2}\frac{-1.5H}{H} - 5\frac{N}{mm^2} = -20\frac{N}{mm^2} - 5\frac{N}{mm^2} = -25\frac{N}{mm^2}$$

kurz vor x = 3L:

Normalspannungen infolge Biegemoment:

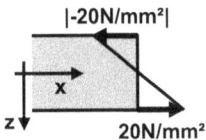

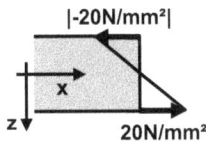

|-20N/mm²|

x

z

20N/mm²

Normalspannungen infolge Normalkraft:

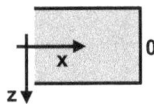

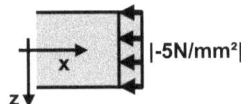

x

z

0

Gesamtnormalspannungen:

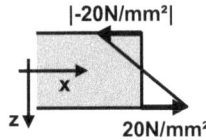

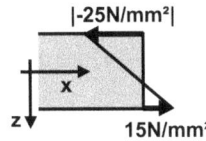

|-20N/mm²|

x

z

20N/mm²

kurz nach x = 3L:

Normalspannungen infolge Biegemoment:

|-20N/mm²|

x

z

20N/mm²

Normalspannungen infolge Normalkraft:

x

z

|-5N/mm²|

Gesamtnormalspannungen:

|-25N/mm²|

x

z

15N/mm²

Lösung Aufgabe 7.4.3

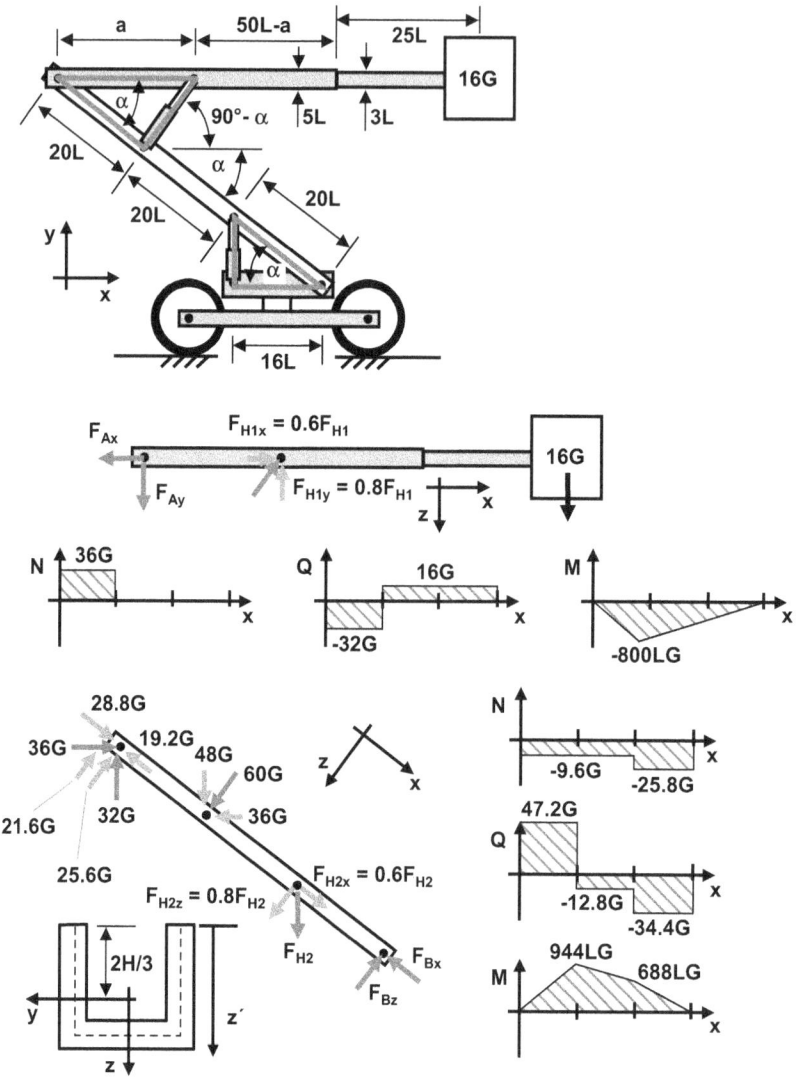

Betrachtung der roten Dreiecke:

$$\cos \alpha = \frac{16L}{20L} = 0.8 \quad \Rightarrow \quad \sin \alpha = 0.6$$

$$\frac{20L}{a} = \cos \alpha \qquad \Rightarrow \quad a = \frac{20L}{\cos \alpha} = 25L$$

Betrachtung des Teleskoparms:

$$\sum M|_A = 0: \quad 25LF_{H1y} - 75L \cdot 16G = 25L \cdot 0.8F_{H1} - 75 \cdot 16G = 0 \quad \Rightarrow \quad F_{H1} = 60G$$
$$\sum F_x = 0: \quad -F_{Ax} + F_{H1x} = -F_{Ax} + 0.6F_{H1} = 0 \quad \Rightarrow \quad F_{Ax} = 36G$$
$$\sum F_y = 0: \quad -F_{Ay} + F_{H1y} - 16G = -F_{Ay} + 0.8F_{H1} - 16G = 0 \quad \Rightarrow \quad F_{Ay} = 32G$$

1. Intervall ($0 < x < 50L$):

Querschnittsfläche und Flächenträgheitsmoment:

$$A = 5L \cdot 5L - 4L \cdot 4L = 9L^2$$
$$I_y = \frac{5L(5L)^3}{12} - \frac{4L(4L)^3}{12} = \frac{5^4L^4 - 4^4L^4}{12} = \frac{369}{12}L^4$$

Maximaler Normalspannungsbetrag infolge des Biegemoments bei bzw. kurz vor $x = 25L$ ($M = -800LG$, $z = -2.5L$):

$$\sigma_B(z = -2.5L) = \frac{-800LG}{369/12L^4}(-2.5L) = 65.0\frac{G}{L^2} = 65\frac{N}{mm^2}$$

Maximaler Normalspannungsbetrag infolge der Normalkraft kurz vor $x = 25L$ ($N = 36G$):

$$\sigma_N = \frac{36G}{9L^2} = 4\frac{G}{L^2} = 4\frac{N}{mm^2}$$

Maximaler Gesamtnormalspannungsbetrag:

$$\sigma_{max} = \sigma_B + \sigma_N = 69\frac{N}{mm^2}$$

2. Intervall ($50L < x < 75L$):

Querschnittsfläche und Flächenträgheitsmoment:

$$A = 3L \cdot 3L - 2L \cdot 2L = 5L^2$$
$$I_y = \frac{3L(3L)^3}{12} - \frac{2L(2L)^3}{12} = \frac{3^4L^4 - 2^4L^4}{12} = \frac{65}{12}L^4$$

Maximaler Normalspannungsbetrag infolge des Biegemoments bei $x = 50L$ ($M = -400LG$, $z = -1.5L$):

$$\sigma_B(z = -1.5L) = \frac{-400LG}{65/12L^4}(-1.5L) = 110.8\frac{G}{L^2} = 110.8\frac{N}{mm^2}$$

Der maximale Normalspannungsbetrag infolge der Normalkraft ist gleich null. Maximaler Gesamtnormalspannungsbetrag:

$$\sigma_{max} = \sigma_B + \sigma_N = \sigma_B = 110.8\frac{N}{mm^2}$$

Somit ist der maximale Normalspannungsbetrag $\sigma_{max} = 110.8\,N/mm^2$ am Anfang des zweiten Intervalls wirksam.

Betrachtung des Diagonalbalkens:

$$\sum M|_B = 0: \quad 20L\cos\alpha F_{H2} + 40L \cdot 60G - 60L\cos\alpha \cdot 32G - 60L\sin\alpha \cdot 36G = 0$$

$$\Rightarrow \quad F_{H2} = 27G \quad \Rightarrow \quad F_{H2x} = 16.2G \qquad F_{H2z} = 21.6G$$

$$\sum F_x = 0: \quad 28.8G - 19.2G + F_{H2x} - F_{Bx} = 0 \quad \Rightarrow \quad F_{Bx} = 25.8G$$

$$\sum F_z = 0: \quad -21.6G - 25.6G + 60G + F_{H2z} - F_{Bz} = 0 \quad \Rightarrow \quad F_{Bz} = 34.4G$$

Querschnittsfläche und Flächenträgheitsmoment:

$$A = 3 \cdot HL = 3HL$$

$$z_s' = \frac{2H/2 \cdot HL + HHL}{3HL} = \frac{2}{3}H$$

$$I_y = 2\frac{LH^3}{12} + 2\left(-\frac{H}{6}\right)^2 HL + \left(\frac{H}{3}\right)^2 HL = \frac{H^3 L}{3}$$

Maximaler Normalspannungsbetrag infolge des Biegemoments bei $x = 20L$ ($M = 944LG$, $z = -2H/3$):

$$\left|\sigma_B\left(z = -\frac{2}{3}H\right)\right| = \left|\frac{944LG}{H^3L/3}\left(-\frac{2}{3}H\right)\right| = 1888\frac{G}{H^2}$$

Normalspannungsbetrag infolge der Normalkraft bei $x = 20L$ ($N = -9.6G$):

$$|\sigma_N| = \left|\frac{-9.6G}{3HL}\right| = 3.2\frac{G}{LH}$$

Vermutet wird, dass die Summe von $|\sigma_B| + |\sigma_N|$ den maximalen Betrag der Normalspannungen ergibt. Diese Vermutung wird nachträglich überprüft.

$$\sigma_{max} = 76.16\frac{N}{mm^2} = 76.16\frac{G}{L^2} = |\sigma_B| + |\sigma_N| = 1888\frac{G}{H^2} + 3.2\frac{G}{LH}$$

$$\Rightarrow \quad H^2 - \frac{3.2L}{76.16}H - \frac{1888L^2}{76.16} = 0$$

$$\Rightarrow \quad H = \frac{\frac{3.2L}{76.16} + \sqrt{\left(-\frac{3.2L}{76.16}\right)^2 - 4\left(-\frac{1888L^2}{76.16}\right)}}{2} = 5L$$

Für die Kontrolle wird $H = 5L$ eingesetzt.

$$|\sigma_B| = 1888\frac{G}{H^2} = 1888\frac{G}{(5L)^2} = \frac{1888}{25}\frac{G}{L^2} = 75.52\frac{N}{mm^2}$$

$$|\sigma_N| = 3.2\frac{G}{LH} = 3.2\frac{G}{L \cdot 5L} = 0.64\frac{G}{L^2} = 0.64\frac{N}{mm^2}$$

Im Intervall $40L < x < 60L$ ist die Normalkraft mit $N = -25.8G$ maximal und das Biegemoment hat den maximalen Wert $M = 688LG$. Der daraus resultierende Maximalbetrag lautet $\sigma_{max}^* = 56.8\,N/mm^2$, und ist kleiner als der Wert bei $x = 20L$.

$$\sigma_{max}^* = 0.64\frac{N}{mm^2} \cdot \frac{-25.8}{-9.6} + 75.52\frac{N}{mm^2}\frac{688}{944} = 56.8\frac{N}{mm^2}$$

Lösung Aufgabe 7.4.4

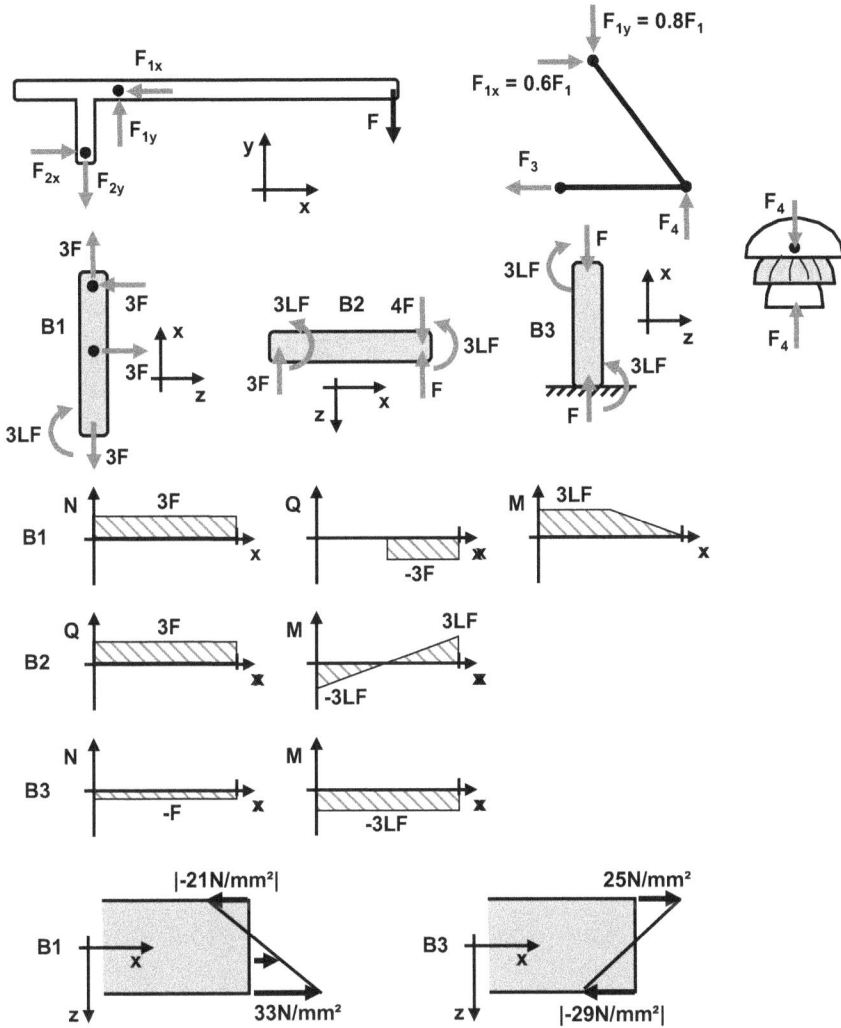

a.) Betrachtung des weißen Hebels:

$$\sum M|_2 = 0: \quad LF_{1x} + 0.5LF_{1y} - 5LF = L \cdot 0.6F_1 + 0.5L \cdot 0.8F_1 - 5LF = 0$$

$$\Rightarrow \qquad\qquad F_1 = 5F \quad \Rightarrow \quad F_{1x} = 3F \quad F_{1y} = 4F$$

$$\sum F_x = 0: \qquad F_{2x} - F_{1x} = 0 \quad \Rightarrow \quad F_{2x} = 3F$$

$$\sum F_y = 0: \qquad -F_{2y} + F_y - F = 0 \quad \Rightarrow \quad F_{2y} = 3F$$

Betrachtung der Zugstäbe:

$$\sum F_x = 0: \quad -F_3 + F_{1x} = 0 \quad \Rightarrow \quad F_3 = 3F$$

$$\sum F_y = 0: \quad F_4 + F_{1y} = 0 \quad \Rightarrow \quad F_4 = 4F$$

Normalspannung infolge des maximalen Normalkraftbetrags $N = 3F$ mit $A = 4Hs$:

$$\sigma_N = \frac{3F}{4Hs} = \frac{3}{4}\frac{F}{Hs} = \frac{3}{4} \cdot 8\frac{N}{mm^2} = 6\frac{N}{mm^2}$$

Normalspannung infolge des maximalen Betrags des Biegemoments $M = 3LF$ mit $I_y = 2/3H^3s$:

$$\sigma_B = \frac{3LF}{2/3H^3s}\frac{H}{2} = \frac{9}{4}\frac{L}{H}\frac{F}{Hs} = \frac{9}{4} \cdot 1.5 \cdot 8\frac{N}{mm^2} = 27\frac{N}{mm^2}$$

Maximale Zugspannung im Balken B1 mit $M = 3LF$ und $N = 3F$:

$$\sigma_Z = \sigma_B + \sigma_N = 27\frac{N}{mm^2} + 6\frac{N}{mm^2} = 33\frac{N}{mm^2}$$

Maximale Druckspannung im Balken B3 mit $M = -3LF$ und $N = -F$:

$$\sigma_D = -\sigma_B - \frac{\sigma_N}{3} = -27\frac{N}{mm^2} - 2\frac{N}{mm^2} = -29\frac{N}{mm^2}$$

b.) Dehnung des waagrechten Zugstabes:

$$\varepsilon = \frac{\sigma}{E} = \frac{N}{EA} = \frac{3F}{EA} \quad \Rightarrow \quad EA = \frac{3F}{\varepsilon} = \frac{3F}{0.01} = 300F$$

Lösung Aufgabe 7.4.5

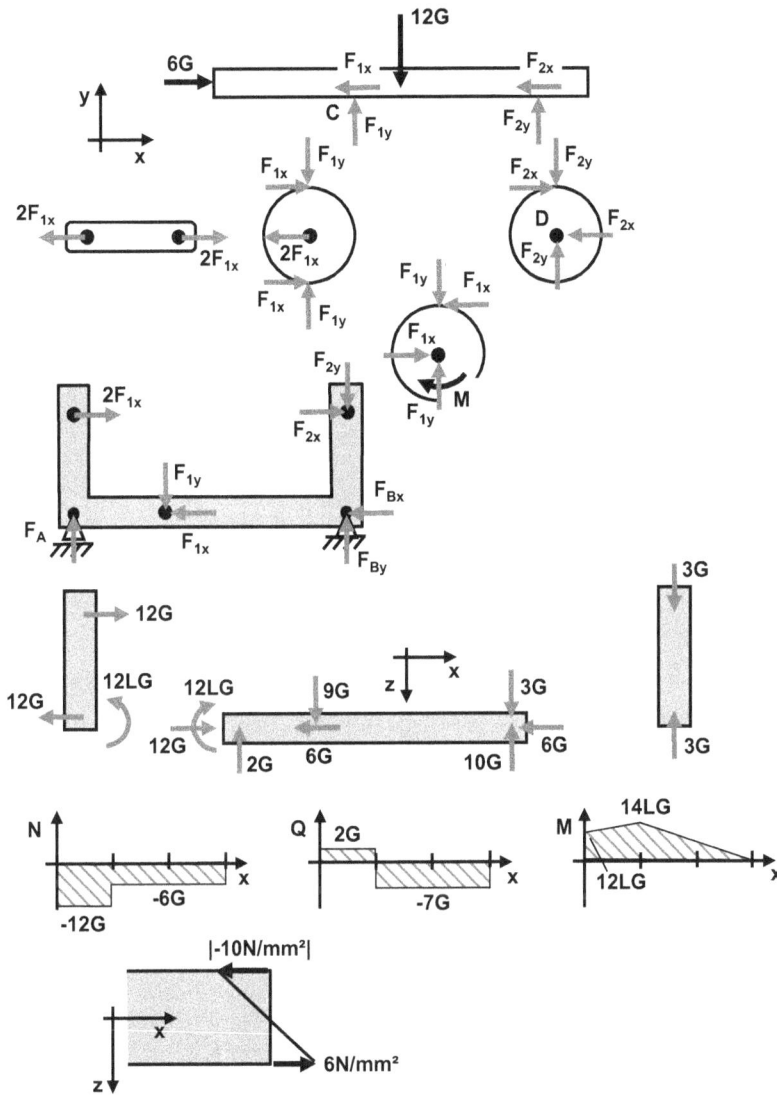

Betrachtung des Transportguts:

$$a + b = 2L \qquad\qquad \frac{b}{a} = 3 \Rightarrow \qquad a = \frac{L}{2}, \quad b = \frac{3}{2}L$$

$$\sum M|_C = 0: \quad -a \cdot 12G + 2LF_{2y} = 0 \quad \Rightarrow \quad F_{2y} = 3G$$

$$\sum F_y = 0: \quad F_{1y} - 12G + F_{2y} = 0 \quad \Rightarrow \quad F_{1y} = 9G$$

Betrachtung der rechten Rolle:

$$\sum M|_D = 0: \quad -\frac{L}{2}F_{2x} = 0 \quad \Rightarrow \quad F_{2x} = 0$$

Betrachtung des Transportguts:

$$\sum F_x = 0: \quad 6G - F_{1x} - F_{2x} = 0 \quad \Rightarrow \quad F_{1x} = 6G$$

Betrachtung des grauen Rahmens:

$$\sum F_x = 0: \qquad\qquad 2F_{1x} - F_{1x} - F_{Bx} = 0 \quad \Rightarrow \quad F_{Bx} = 6G$$
$$\sum M|_A = 0: \quad -L \cdot 2F_{1x} - LF_{1y} - 3LF_{2y} + 3LF_{By} = 0 \quad \Rightarrow \quad F_{By} = 10G$$
$$\sum F_y = 0: \qquad\qquad F_A - F_{1y} - F_{2y} + F_B = 0 \quad \Rightarrow \quad F_A = 2G$$

Querschnittsfläche und Flächenträgheitsmoment:

$$A = 2Hs + 2 \cdot 2Hs = 6Hs$$

$$I_y = 2\frac{s(2H)^3}{12} + 2H^2 Hs = \frac{10}{3}H^3 s$$

Normalspannungsfunktion infolge des Biegemoments ($M = 14LG$):

$$\sigma_B(z) = \frac{14LG}{10/3H^3 s}z = \frac{42}{10}\frac{LG}{H^3 s}z$$

Maximale Normalspannung infolge der Normalkraft ($N = -12G$):

$$\sigma_N = \frac{-12G}{6Hs} = -2\frac{G}{Hs}$$

Maximale Zugspannung kurz nach $x = L$ ($M = 14LG$, $z = H$, $N = -6G$):

$$\sigma_Z = \sigma_B(z = H) + \frac{\sigma_N}{2} = \frac{42}{10}\frac{LG}{H^3 s}H - \frac{G}{Hs} = \left(\frac{42}{10}\frac{L}{H} - 1\right)\frac{G}{Hs} = 7\frac{N}{mm^2}$$

Maximale Druckspannung kurz vor $x = L$ ($M = 14LG$, $z = -H$, $N = -12G$):

$$\sigma_D = \sigma_B(z = -H) + \sigma_N = \frac{42}{10}\frac{LG}{H^3 s}(-H) - 2\frac{G}{Hs} = \left(-\frac{42}{10}\frac{L}{H} - 2\right)\frac{G}{Hs} = -10\frac{N}{mm^2}$$

Lösung Aufgabe 7.4.6

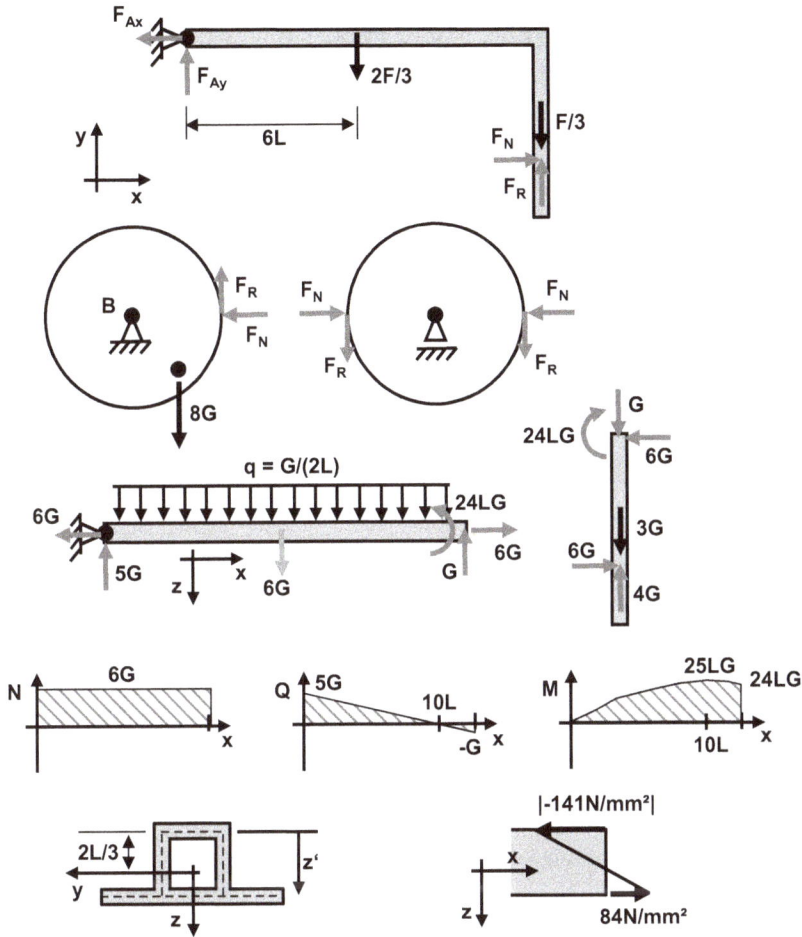

Betrachtung der linken Rolle:

$$\sum M|_B = 0: \quad -1.5L \cdot 8G + 3LF_R = 0 \quad \Rightarrow \quad F_R = 4G$$

Haftbedingung: $F_R = \mu F_N \Rightarrow \quad F_N = \frac{F_R}{\mu} = 6G$

Betrachtung des Gesamthebels, wobei 2/3 der Gesamtkraft F am Schwerpunkt des waagrechten Bereichs und 1/3 im Schwerpunkt des senkrechten Bereichs angreift:

$$\sum M|_A = 0: \quad -6L\frac{2}{3}F - 12L\frac{F}{3} + 4LF_N + 12LF_R = 0 \quad \Rightarrow \quad F = 9G$$

$$\sum F_x = 0: \quad\quad\quad\quad\quad\quad -F_{Ax} + F_N = 0 \quad \Rightarrow \quad F_{Ax} = 6G$$

$$\sum F_y = 0: \quad\quad\quad F_{Ay} - \frac{2}{3}F - \frac{F}{3} + F_R = 0 \quad \Rightarrow \quad F_{Ay} = 5G$$

Querkraft- und Biegemomentenverlauf im waagrechten Balken:

$$q = \frac{2/3F}{12L} = \frac{6G}{12L} = \frac{G}{2L}$$

$$Q = 5G - \frac{G}{2L}x \quad\quad \Rightarrow \quad Q(x = 10) = 0$$

$$M = 5Gx - \frac{G}{4L}x^2 \quad\quad \Rightarrow \quad M(x = 10L) = 25LG$$

Querschnittsfläche und Flächenträgheitsmoment:

$$A = 6Ls$$

$$z'_s = \frac{0 \cdot Ls + 2 \cdot L/2 \cdot Ls + L \cdot 3Ls}{6Ls} = \frac{2}{3}L$$

$$I_y = \left(-\frac{2}{3}L\right)^2 Ls + 2\frac{sL^3}{12} + 2\left(-\frac{L}{6}\right)^2 Ls + \left(\frac{L}{3}\right)^2 3Ls = L^3 s$$

Normalspannungsfunktion infolge des Biegemoments ($M = 25LG$):

$$\sigma_B(z) = \frac{25LG}{L^3 s}z = 25\frac{G}{L^2 s}z$$

Maximale Normalspannung infolge der Normalkraft ($N = 6G$):

$$\sigma_N = \frac{6G}{6Ls} = \frac{G}{Ls}$$

Maximale Zugspannung bei $x = 10L$ ($M = 25LG$, $z = L/3$, $N = 6G$):

$$\sigma_Z = \sigma_B\left(z = \frac{L}{3}\right) + \sigma_N = 25\frac{G}{L^2 s}\frac{L}{3} + \frac{G}{Ls} = \left(\frac{25}{3} + 1\right)\frac{G}{Hs} = 84\frac{N}{mm^2}$$

Maximale Druckspannung bei $x = 10L$ ($M = 25LG$, $z = -2L/3$, $N = 6G$):

$$\sigma_D = \sigma_B\left(z = -\frac{2}{3}L\right) + \sigma_N = 25\frac{G}{L^2 s}\left(-\frac{2}{3}L\right) + \frac{G}{Ls} = \left(-\frac{50}{3} + 1\right)\frac{G}{Hs} = -141\frac{N}{mm^2}$$

Lösung Aufgabe 7.4.7

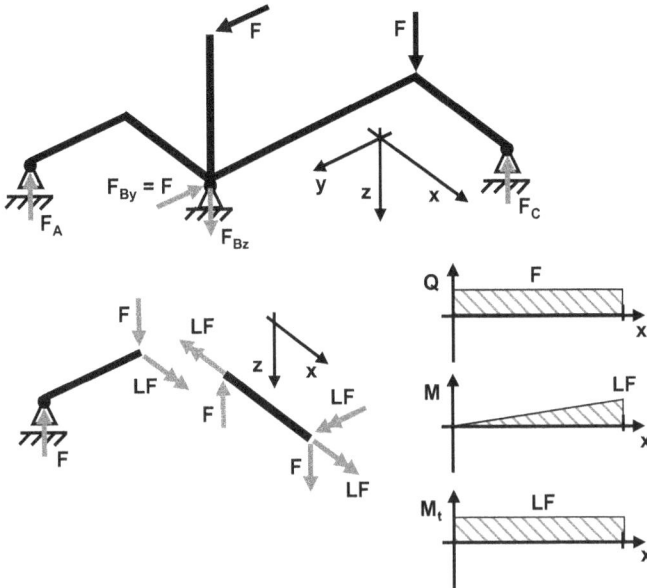

Bestimmung der Lagerkräfte:

$$\sum M_x\big|_A = 0: \qquad -LF_{Bz} + LF - 3LF + 3LF_C = 0 \qquad \Rightarrow \qquad -F_{Bz} + 3F_C = 2F$$

$$\sum M_y\big|_A = 0: \qquad -LF_{Bz} - LF + 2LF_C = 0 \qquad \Rightarrow \qquad -F_{Bz} + 2F_C = F$$

$$\Rightarrow \qquad F_C = F \quad F_{Bz} = F$$

$$\sum F_z = 0: \qquad -F_A + F_{Bz} + F - F_C = 0 \qquad \Rightarrow \qquad F_A = F$$

Vergleichsspannung σ_{VK} bei kreisrundem Querschnitt ($M_y = M_t = LF$, $I_y = \pi R_m^3 s$, $I_t = 2\pi R_m^3$):

$$\sigma_{VK} = \sqrt{\left(\frac{LF}{\pi R_m^3 s} R_m\right)^2 + 3\left(\frac{LF}{2\pi R_m^3 s} R_m\right)^2} = \frac{LF}{\pi R_m^2 s}\sqrt{1^2 + 3\left(\frac{1}{2}\right)^2} = \frac{LF}{\pi R_m^2 s}\sqrt{\frac{7}{4}}$$

Vergleichsspannung σ_{VQ} bei quadratischem Querschnitt ($M_y = M_t = LF$, $I_y = 2/3H^3 s$, $I_t = 2H^2 s$):

$$\sigma_{VQ} = \sqrt{\left(\frac{LF}{2/3H^3 s}\frac{H}{2}\right)^2 + 3\left(\frac{LF}{2H^2 s}\right)^2} = \frac{LF}{H^2 s}\sqrt{\left(\frac{3}{4}\right)^2 + 3\left(\frac{1}{2}\right)^2} = \frac{LF}{H^2 s}\sqrt{\frac{21}{16}}$$

Bestimmung des Verhältnisses R_m/H mit $\sigma_{VK} = \sigma_{VQ}$:

$$\frac{LF}{\pi R_m^2 s}\sqrt{\frac{7}{4}} = \frac{LF}{H^2 s}\sqrt{\frac{21}{16}}$$

$$\Rightarrow \quad \frac{R_m}{H} = \sqrt{\frac{\sqrt{7/4}}{\pi\sqrt{21/16}}} = \sqrt{\frac{1}{\pi}}\sqrt{\frac{4}{3}} = 0.606$$

Lösung Aufgabe 7.4.8

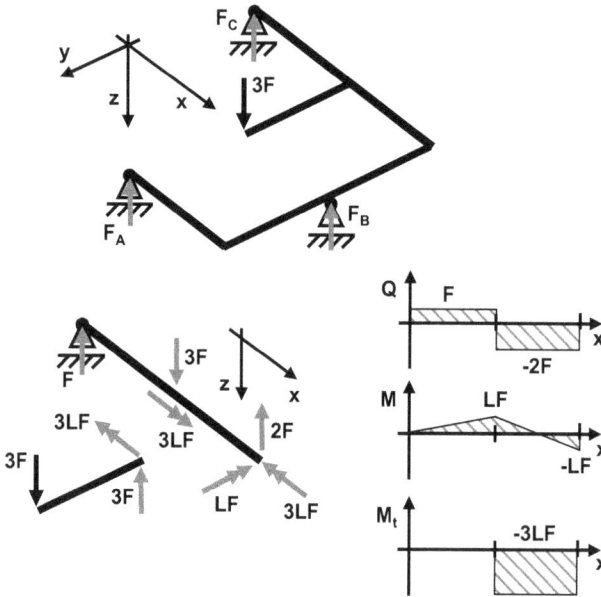

Bestimmung der Lagerkräfte:

$$\sum M_x|_A = 0: \quad LF_B - L\cdot 3F + 2LF_C = 0 \quad \Rightarrow \quad F_B + 2F_C = 3F$$

$$\sum M_y|_A = 0: \quad LF_B - LF_C = 0 \quad \Rightarrow \quad F_B - F_C = 0$$

$$\Rightarrow \quad F_C = F, \quad F_B = F$$

$$\sum F_z = 0: \quad -F_A - F_B - F_C + 3F = 0 \quad \Rightarrow \quad F_A = F$$

Da das Biegemoment und das Torsionsmoment von gleicher Größenordnung ist, überwiegen bei einem offenen Profil die Schubspannungen infolge des Torsionsmoments gegenüber den Normalspannungen infolge des Biegemoments. Daher können die Normalspannungen vernachlässigt werden. Berechnung des Torsionswiderstandsmoments:

$$I_t = \frac{1}{3} \sum_{i=1}^{5} U_i s_i^3 = \frac{1}{3} \left(4Hs^3 + 2Hs^3 \right) = 2Hs^3$$

$$W_t = \frac{I_t}{s} = \frac{2Hs^3}{s} = 2Hs^2$$

Vergleichsspannung σ_V nach Mises:

$$\sigma_V = \sqrt{0^2 + 3 \left(\frac{-3LF}{2Hs^2} \right)^2} = \frac{3}{2} \sqrt{3} \frac{N}{mm^2}$$

Lösung Aufgabe 7.4.9

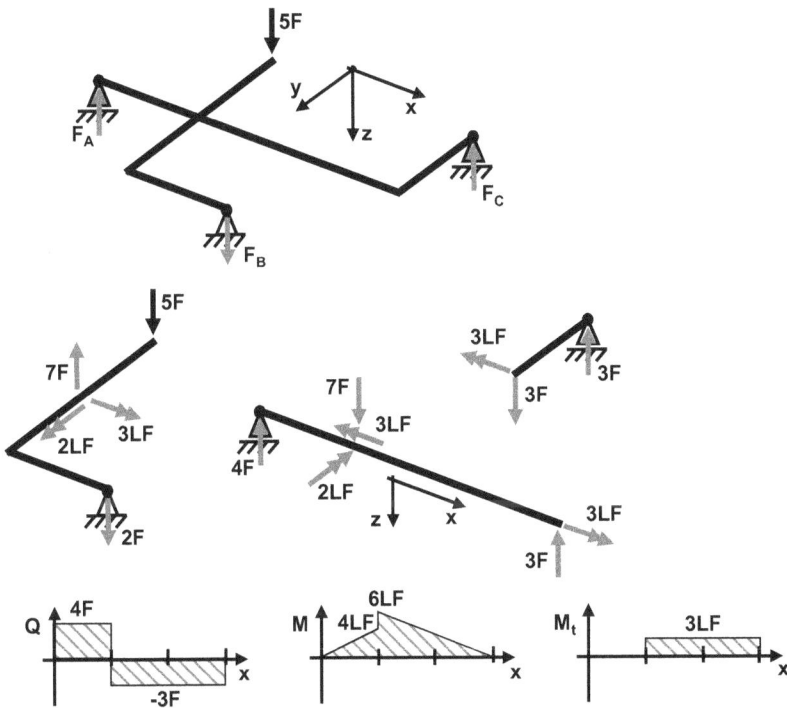

Bestimmung der Lagerkräfte:

$$\sum M_x |_A = 0: \qquad LF_B + LF_C - L \cdot 5F = 0 \quad \Rightarrow \qquad F_B + F_C = 5F$$

$$\sum M_y |_A = 0: \qquad -2LF_B + 3LF_C - L \cdot 5F = 0 \quad \Rightarrow \qquad 2F_B - 3F_C = -5F$$

$$\Rightarrow \qquad F_C = 3F, \quad F_B = 2F$$

$$\sum F_z = 0: \qquad -F_A + F_B - F_C + 5F = 0 \quad \Rightarrow \qquad F_A = 4F$$

Flächenträgheitsmoment und Torsionswiderstandsmoment:

$$I_y = 2\left(\frac{cH}{2}\right)^2 Hs + 2\frac{s\,(cH)^3}{12} = \left(\frac{c^2}{2} + \frac{c^3}{6}\right)H^3 s$$

$$W_t = 2HcHs = 2cH^2 s$$

Maximale Normalspannung σ_B infolge des Biegemoments:

$$\sigma_B = \frac{6LF}{\left(\frac{c^2}{2} + \frac{c^3}{6}\right)H^3 s}\frac{cH}{2} = \frac{1}{\left(\frac{c}{2} + \frac{c^2}{6}\right)}\frac{3LF}{H^2 s}$$

Maximale Schubspannung τ_T infolge des Torsionsmoments:

$$\tau_T = \frac{3LF}{2cH^2 s} = \frac{1}{2c}\frac{3LF}{H^2 s}$$

Gleichsetzen der beiden Spannungen σ_B und τ_T:

$$\frac{1}{\left(\frac{c}{2} + \frac{c^2}{6}\right)}\frac{3LF}{H^2 s} = \frac{1}{2c}\frac{3LF}{H^2 s}$$

$$\Rightarrow \quad \frac{c}{2} + \frac{c^2}{6} = 2c \Rightarrow \quad c = 9$$

Lösung Aufgabe 7.4.10

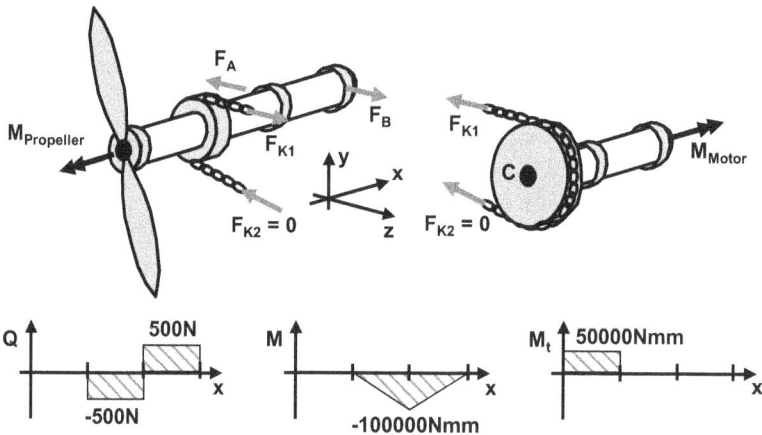

Die lokale z-Achse verläuft parallel zum oberen Kettenstrang. Somit zeigen die Kräfte F_{K1}, F_A und F_B in z-Richtung.

Betrachtung der rechten Welle:

$$\sum M_x|_C = 0: \quad -R_2 F_{K1} + M_{Motor} = 0 \quad \Rightarrow \quad F_{K1} = 500\,\text{N}$$

Betrachtung der linken Welle:

$$\sum M_x|_A = 0: \quad R_1 F_{K1} - M_{\text{Propeller}} = 0 \quad \Rightarrow \quad M_{\text{Propeller}} = 50000 \, \text{Nmm}$$

$$\sum M_y|_A = 0: \quad L F_{K1} - L F_B = 0 \quad \Rightarrow \quad F_B = 500 \, \text{N}$$

$$\sum F_z = 0: \quad F_{K1} - F_A + F_B = 0 \quad \Rightarrow \quad F_A = 1000 \, \text{N}$$

Da M und M_t nicht an der gleichen Stelle ihr Maximum besitzen, müssen zwei Punkte untersucht werden ($I_y = \pi R_m^3 s$, $I_t = 2\pi R_m^3 s$).

Maximale Vergleichsspannung σ_{V1} für $0 < x < L$ ($M = 0$, $M_t = 50000 \, \text{Nmm}$):

$$\sigma_{V1} = \sqrt{0^2 + 3\left(\frac{M_t}{2\pi R_m^3 s} R_m\right)^2} = \sqrt{3}\frac{M_t}{2\pi R_m^2 s} = 68.9 \, \frac{\text{N}}{\text{mm}^2}$$

Maximale Vergleichsspannung σ_{V2} bei $x = 2L$ ($M = -100000 \, \text{Nmm}$, $M_t = 0$):

$$\sigma_{V2} = \sqrt{\left(\frac{M}{\pi R_m^3 s} R_m\right)^2 + 3 \cdot 0^2} = \frac{|M|}{\pi R_m^2 s} = 159.2 \, \frac{\text{N}}{\text{mm}^2}$$

Bei $x = 2L$ ist die maximale Vergleichsspannung $\sigma_V = \sigma_{V2}$ wirksam.

Lösung Aufgabe 7.4.11

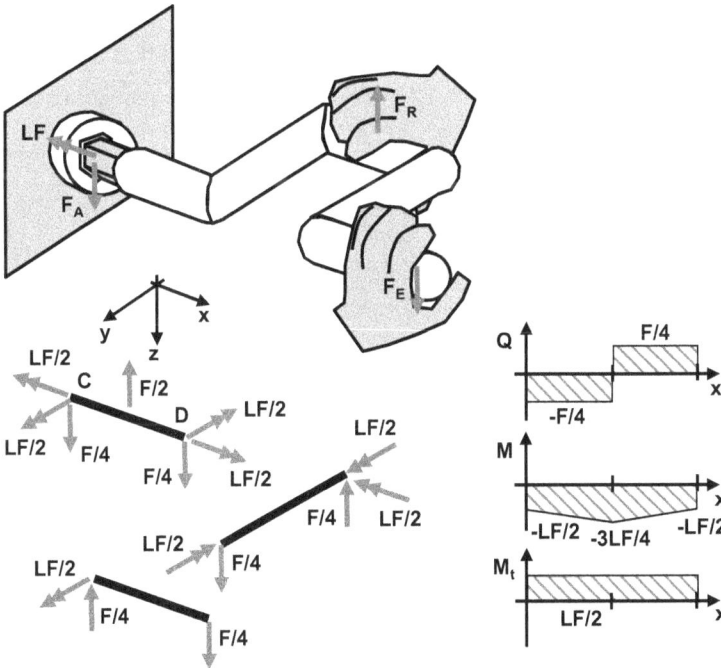

a.) Wenn an der Schraube ein positives Moment angreift, ist das Moment am Schraubendreher negativ. Betrachtung des Gesamtbauteils:

$$\sum M_x|_A = 0: \quad -LF + 2LF_R = 0 \quad \Rightarrow \quad F_R = \frac{F}{2}$$

$$\sum M_y|_A = 0: \quad 3LF_R - 6LF_E = 0 \quad \Rightarrow \quad F_E = \frac{F}{4}$$

$$\sum F_z = 0: \quad F_A - F_R + F_E = 0 \quad \Rightarrow \quad F_A = \frac{F}{4}$$

Maximale Vergleichsspannung σ_V bei $x = L$ ($M = -3LF/4$, $M_t = LF/2$, $I_y = \pi/4 \cdot R^4$, $I_t = \pi/2 \cdot R^4$):

$$\sigma_V = \sqrt{\left(\frac{-0.75LF}{\pi/4R^4}R\right)^2 + 3 \cdot \left(\frac{0.5LF}{\pi/2R^4}R\right)^2} = \frac{LF}{\pi R^3}\sqrt{3^2 + 3 \cdot 1^2} = \sqrt{12}\frac{LF}{\pi R^3} = \frac{\sqrt{12}}{\pi}\frac{LF}{R^3}$$

$$= 22.1\frac{N}{mm^2}$$

b.) Betrachtung des Gesamtbauteils:

$$\sum M_x|_A = 0: \quad -LF + 2LF_R = 0 \quad \Rightarrow \quad F_R = \frac{F}{2}$$

$$\sum M_y|_A = 0: \quad -M_{Ay} + 3LF_R = 0 \quad \Rightarrow \quad M_{Ay} = \frac{3}{2}LF$$

$$\sum F_z = 0: \quad F_A - F_R = 0 \quad \Rightarrow \quad F_A = \frac{F}{2}$$

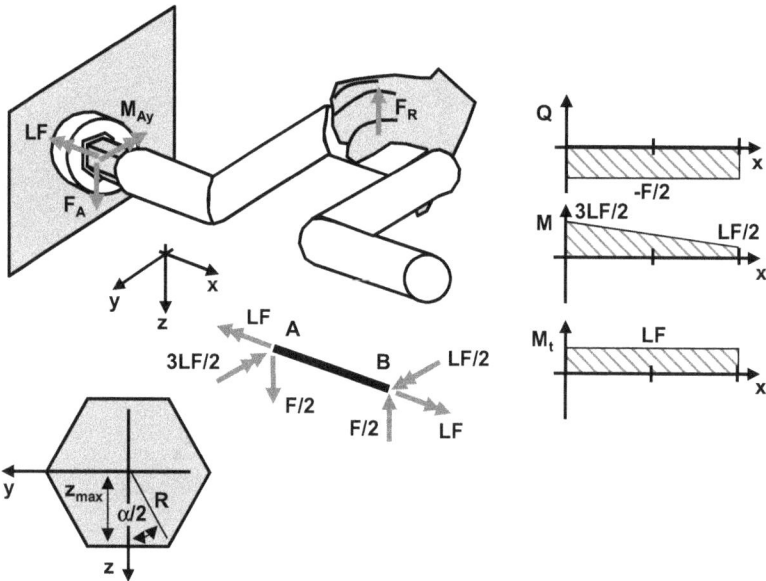

Flächenträgheitsmoment des Sechseckes ($n = 6$, $\alpha = 60°$):

$$z_{max} = R \cos \frac{\alpha}{2} = R \cos 30°$$

$$I_y\,(n = 6) = \frac{6}{96} R^4 \frac{2 + \cos 60°}{(1 - \cos 60°)^2} \sin 60° = \frac{R^4}{16} \frac{2.5}{(1 - 0.5)^2} \cos 30° = 0.625 \cos 30° \cdot R^4$$

Maximale Vergleichsspannung σ_V bei $x = 0$ ($M = 3LF/2$, $M_t = LF$):

$$\sigma_V = \sqrt{\left(\frac{1.5LF}{0.625 \cos 30° \cdot R^4} R \cos 30° \right)^2 + 3 \cdot \left(\frac{LF}{2 \frac{0.625 \cos 30° \cdot R^4}{\cos 30°}} R \right)^2}$$

$$= \frac{LF}{R^3} \sqrt{2.4^2 + 3 \cdot 0.8^2} = \sqrt{7.68} \frac{LF}{R^3} = 55.4 \frac{\text{N}}{\text{mm}^2}$$

Für großes n gilt näherungsweise $a = \alpha R$, $\sin \alpha = \alpha$ und $\cos \alpha = 1 - \alpha^2/2$. Allgemein gilt $n\alpha = 2\pi$.

$$I_y\,(n \to \infty) = \frac{2\pi/\alpha}{96} (\alpha R)^4 \frac{2 + 1 - \alpha^2/2}{(1 - (1 - \alpha^2/2))^2} \alpha = \frac{\pi}{48} \alpha^4 R^4 \frac{3 - \alpha^2/2}{(\alpha^2/2)^2}$$

$$= \frac{\pi}{48} \alpha^4 R^4 \frac{4\,(3 - \alpha^2/2)}{\alpha^4} = \frac{\pi}{12} R^4 \left(3 - \alpha^2/2 \right)$$

Da α klein ist, ist $\alpha^2/2$ viel kleiner als 3 und kann vernachlässigt werden.

$$I_y\,(n \to \infty) = \frac{\pi}{12} R^4 \,(3 + 0) = \frac{\pi}{4} R^4$$

Für $n \to \infty$ strebt das Vieleck gegen einen Kreis. Somit muss das Flächenträgheitsmoment I_y gegen das Flächenträgheitsmoment $\pi/4 \cdot R^4$ des Kreises streben.

Lösung Aufgabe 7.4.12

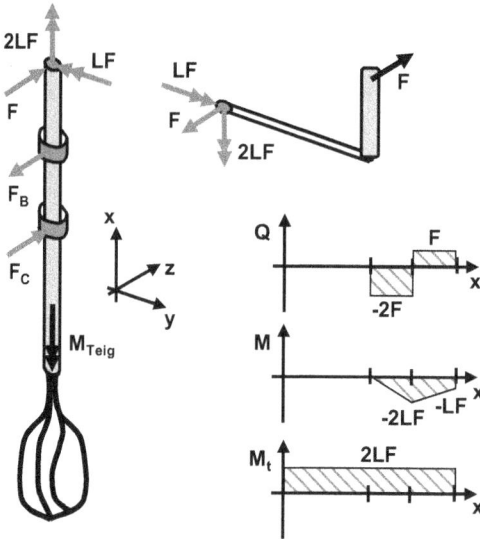

Betrachtung der Welle AD:

$$\sum M_y\big|_C = 0: \quad LF_B - 2LF - LF = 0 \quad \Rightarrow \quad F_B = 3F$$
$$\sum F_z = 0: \quad F_C - F_B + F = 0 \quad \Rightarrow \quad F_C = 2F$$

Maximale Vergleichsspannung σ_V für bei $x = 3L$ ($M = -2LF$, $M_t = 2LF$):

$$\sigma_V = \sqrt{\left(\frac{-2LF}{\pi/4R^4}R\right)^2 + 3\cdot\left(\frac{2LF}{\pi/2R^4}R\right)^2} = \frac{2LF}{\pi R^3}\sqrt{4^2 + 3\cdot 2^2} = \sqrt{28}\frac{2LF}{\pi R^3}$$

$$R = \sqrt[3]{\sqrt{28}\frac{2LF}{\pi\sigma_V}} = 4.4\,\text{mm}$$

Verdrehwinkel der Welle AD:

$$\varphi = \frac{M_t 4L}{GI_t} = \frac{2LF\cdot 4L}{G\frac{\pi}{2}R^4} = \frac{16}{\pi}\frac{FL^2}{GR^4} = 0.0136 \approx 0.78°$$

Lösung Aufgabe 7.4.13

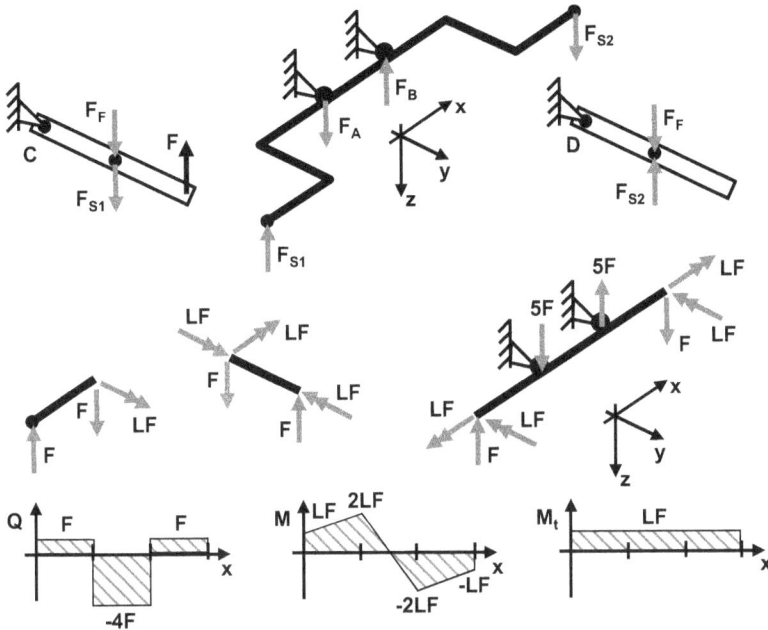

Betrachtung des gesamten Stabilisators:

$$\sum M_x|_A = 0: \quad -LF_{S1} + LF_{S2} = 0 \quad \Rightarrow \quad F_{S1} = F_{S2}$$

Betrachtung des rechten weißen Hebels:

$$\sum M_x|_D = 0: \quad LF_F - LF_{S2} = 0 \quad \Rightarrow \quad F_{S1} = F_{S2} = F_F$$

Betrachtung des linken weißen Hebels:

$$\sum M_x|_C = 0: \quad LF_F + LF_{S1} - 2LF = 0 \quad \Rightarrow \quad F_{S1} = 2F - F_F$$

$$\Rightarrow \quad F_F = 2F - F_F \Rightarrow \quad F_F = F_{S1} = F_{S2} = F$$

Betrachtung des Stabilisators:

$$\sum M_y|_A = 0: \quad -2LF_{S1} + LF_B - 3LF_{S2} = 0 \quad \Rightarrow \quad F_B = 5F$$

$$\sum F_z = 0: \quad -F_{S1} + F_A - F_B + F_{S2} = 0 \quad \Rightarrow \quad F_A = 5F$$

Maximale Vergleichsspannung σ_V für bei $x = L$ ($M = 2LF$, $M_t = LF$):

$$\sigma_V = \sqrt{\left(\frac{2LF}{\pi R_m^3 s} R_m\right)^2 + 3 \cdot \left(\frac{LF}{2\pi R_m^3 s} R_m\right)^2} = \frac{LF}{\pi R_m^2 s}\sqrt{2^2 + 3 \cdot 0.5^2} = \sqrt{4.75}\frac{LF}{\pi R_m^2 s}$$

$$\Rightarrow \quad R_m = \sqrt{\sqrt{4.75}\frac{LF}{\pi s \sigma_V}} = \sqrt{\sqrt{4.75} \cdot 11.4708\,\text{mm}^2} = 5\,\text{mm}$$

Anhang B7.5: Lösungen der Aufgaben des Kapitels 7.5

Lösung Aufgabe 7.5.1

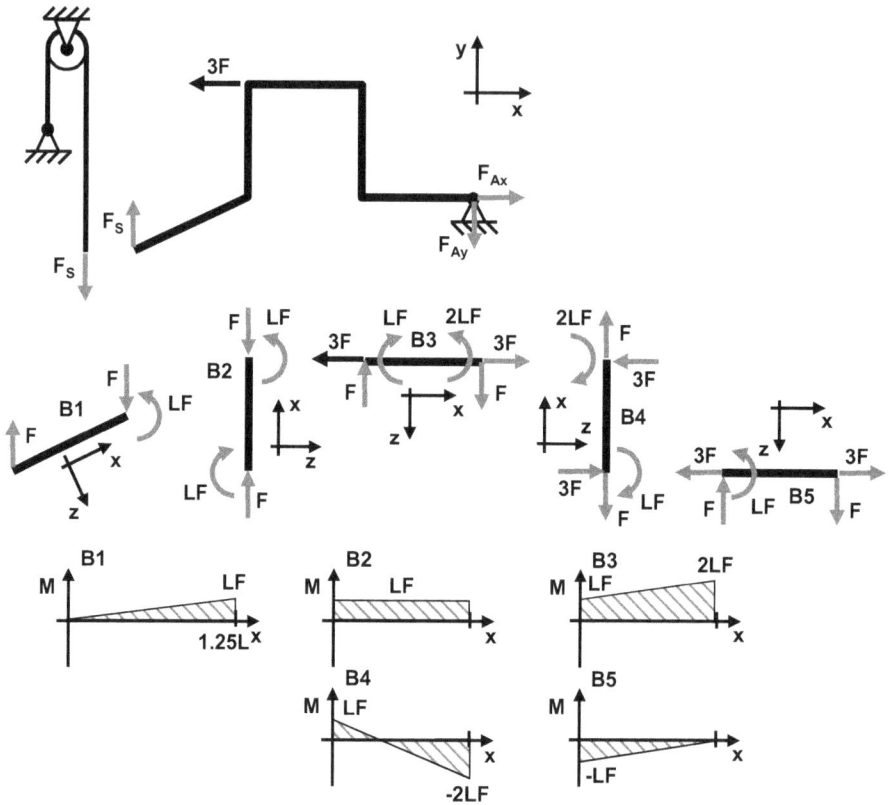

Betrachtung des Gesamtbauteils:

$$\sum M|_A = 0: \quad L \cdot 3F - 3LF_S = 0 \quad \Rightarrow \quad F_S = F$$

$$\sum F_x = 0: \quad -3F + F_{Ax} = 0 \quad \Rightarrow \quad F_{Ax} = 3F$$

$$\sum F_y = 0: \quad F_S - F_{Ay} = 0 \quad \Rightarrow \quad F_{Ay} = F$$

Bei der Berechnung der waagrechten Verschiebung u des Kraftangriffspunktes können die Schaubilder der Balken für M_E und die Seilkraft F_{SE} infolge der Einheitskraft aus den Schaubildern infolge der gegebenen Kraft $3F$ bestimmt werden, indem bei diesen jeder Wert durch $3F$ geteilt wird.

$$u_B = \frac{1}{EI_y} \left(\frac{LF\frac{LF}{3F}1.25L}{3} + LF\frac{LF}{3F}L + \frac{L\left(LF\left(2\frac{LF}{3F} + \frac{2LF}{3F}\right) + 2LF\left(\frac{LF}{3F} + 2\frac{2LF}{3F}\right)\right)}{6} \right.$$

$$\left. + \frac{L\left(LF\left(2\frac{LF}{3F} + \frac{-2LF}{3F}\right) - 2LF\left(\frac{LF}{3F} + 2\frac{-2LF}{3F}\right)\right)}{6} + \frac{-LF\frac{-LF}{3F}L}{3} \right)$$

$$= \frac{FL^3}{EI_y}\left(\frac{1.25}{9} + \frac{1}{3} + \frac{14}{18} + \frac{2}{6} + \frac{1}{9}\right) = \frac{61}{36}\frac{FL^3}{EI_y} = \frac{61}{36}\frac{FL^3}{\frac{1891}{18}FL^2} = \frac{L}{62}$$

$$u_N = \frac{1}{EA}\left(F\frac{F}{3F}3L\right) = \frac{FL}{EA} = \frac{FL}{62F} = \frac{L}{62}$$

$$\Rightarrow \quad u = u_B + u_N = \frac{L}{62} + \frac{L}{62} = \frac{L}{31}$$

Für die Berechnung der senkrechten Verschiebung v müssen die Schaubilder infolge der Einheitskraft aufgestellt werden.

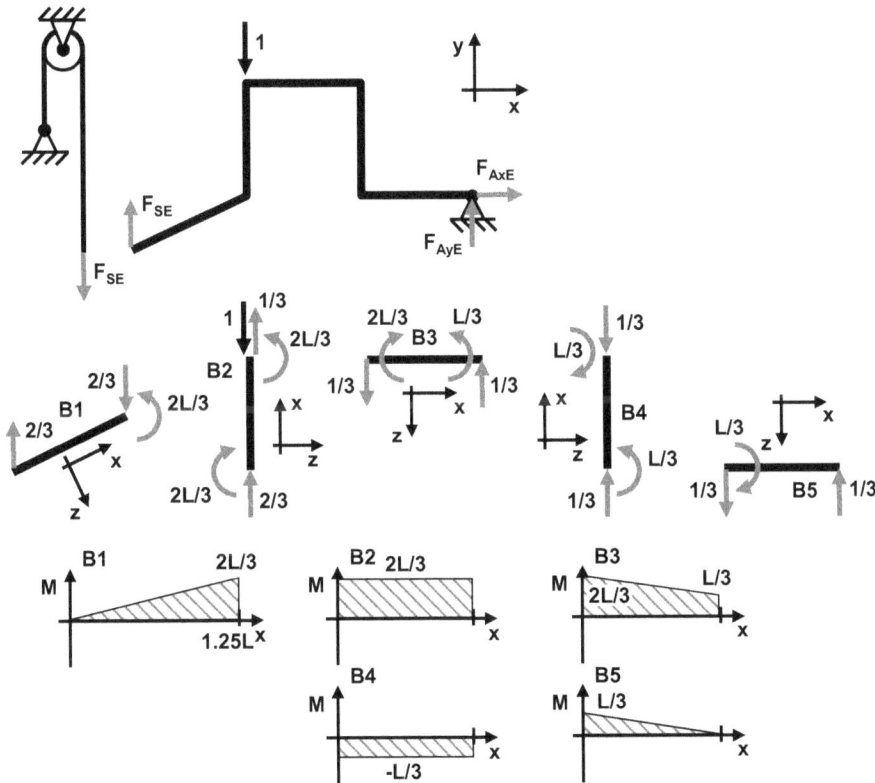

Betrachtung des Gesamtbauteils:

$$\sum M|_A = 0: \quad 2L \cdot 1 - 3LF_{SE} = 0 \quad \Rightarrow \quad F_{SE} = \frac{2}{3}$$

$$\sum F_x = 0: \qquad\qquad F_{AxE} = 0$$

$$\sum F_y = 0: \quad F_{SE} - F_{AyE} = 0 \quad \Rightarrow \quad F_{AyE} = \frac{1}{3}$$

Berechnung der senkrechten Absenkung v:

$$v_B = \frac{1}{EI_y}\left(\frac{LF\frac{2L}{3}1.25L}{3} + LF\frac{2L}{3}L + \frac{L\left(LF\left(2\frac{2L}{3}+\frac{L}{3}\right)+2LF\left(\frac{2L}{3}+2\frac{L}{3}\right)\right)}{6} \right.$$

$$\left. + \frac{\frac{-L}{3}L\left(LF-2L\right)}{2} + \frac{-LF\frac{L}{3}L}{3} \right)$$

$$= \frac{FL^3}{EI_y}\left(\frac{2.5}{9}+\frac{2}{3}+\frac{13}{18}+\frac{1}{6}-\frac{1}{9}\right) = \frac{62}{36}\frac{FL^3}{EI_y} = \frac{62}{36}\frac{FL^3}{\frac{1891}{18}FL^2} = \frac{L}{61}$$

$$v_N = \frac{1}{EA}\left(F\frac{2}{3}3L\right) = \frac{2FL}{EA} = \frac{2FL}{62F} = \frac{L}{31}$$

$$\Rightarrow \quad v = v_B + v_N = \frac{L}{61} + \frac{L}{31} = \frac{92}{1891}L$$

Lösung Aufgabe 7.5.2

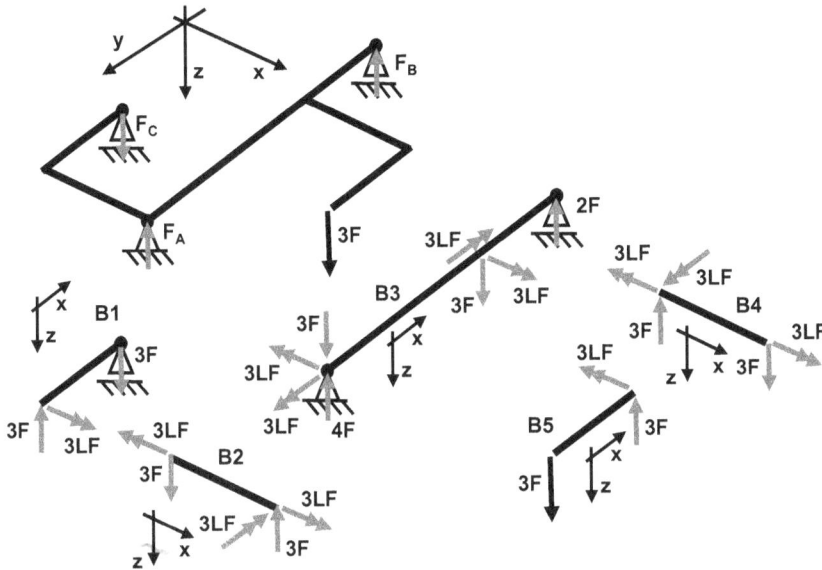

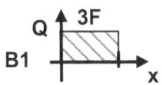

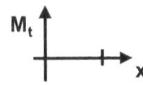

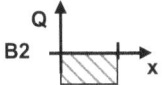

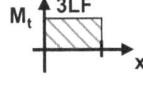

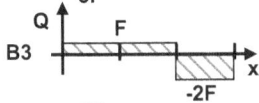

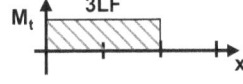

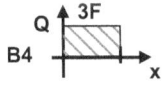

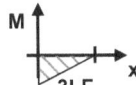

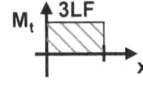

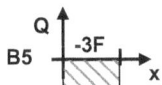

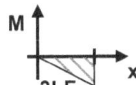

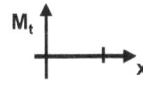

Betrachtung des Gesamtbauteils:

$$\sum M_y\big|_A = 0: \qquad LF_C - L \cdot 3F = 0 \quad \Rightarrow \quad F_C = 3F$$

$$\sum M_x\big|_A = 0: \quad -LF_C - L \cdot 3F + 3LF_B = 0 \quad \Rightarrow \quad F_B = 2F$$

$$\sum F_z = 0: \qquad -F_A - F_B + F_C + 3F = 0 \quad \Rightarrow \quad F_A = 4F$$

Bei der Berechnung der senkrechten Verschiebung u des Kraftangriffspunktes können die Schaubilder für M_E und M_tE infolge der Einheitskraft aus den Schaubildern infolge der gegebenen Kraft $3F$ bestimmt werden, indem bei diesen jeder Wert durch $3F$ geteilt wird.

$$u_\mathrm{B} = \frac{1}{EI_y}\left(4\frac{-3LF\frac{-3LF}{3F}L}{3} + \frac{2L\left(3LF\left(2\frac{3LF}{3F} + \frac{5LF}{3F}\right) + 5LF\left(\frac{3LF}{3F} + 2\frac{5LF}{3F}\right)\right)}{6} + \frac{2LF\frac{2LF}{3F}L}{3}\right)$$

$$= \frac{FL^3}{EI_y}\left(4 + \frac{98}{9} + \frac{4}{9}\right) = \frac{138}{9}\frac{FL^3}{EI_y} = \frac{46}{3}\frac{FL^3}{46FL^2} = \frac{L}{3}$$

$$u_\mathrm{T} = \frac{1}{GI_\mathrm{t}}\left(2\cdot 3LF\frac{3LF}{3F}L + 3LF\frac{3LF}{3F}2L\right) = \frac{FL^3}{GI_\mathrm{t}}(6+6) = 12\frac{FL^3}{GI_\mathrm{t}} = 12\frac{FL^3}{36/23EI_y}$$

$$= 12\frac{FL^3}{36/23\cdot 46FL^2} = \frac{L}{6}$$

$$\Rightarrow \quad u = u_\mathrm{B} + u_\mathrm{T} = \frac{L}{3} + \frac{L}{6} = \frac{L}{2}$$

Lösung Aufgabe 7.5.3

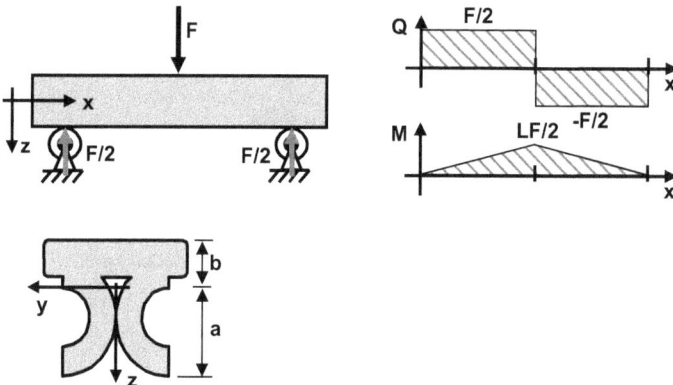

$$u = \frac{1}{EI_y}\left(\frac{\frac{LF}{2}\frac{LF/2}{F}2L}{3}\right) = \frac{1}{6}\frac{FL^3}{EI_y}$$

$$\Rightarrow \quad I_y = \frac{1}{6}\frac{FL^3}{Eu} = 31250\,\mathrm{mm}^4$$

$$\sigma_{\max} = \frac{\frac{LF}{2}}{I_y}a$$

$$\Rightarrow \quad a = \frac{2\sigma_{\max}I_y}{FL} = 15\,\mathrm{mm}$$

$$\Rightarrow \quad b = H - a = 10\,\mathrm{mm}$$

Lösung Aufgabe 7.5.4

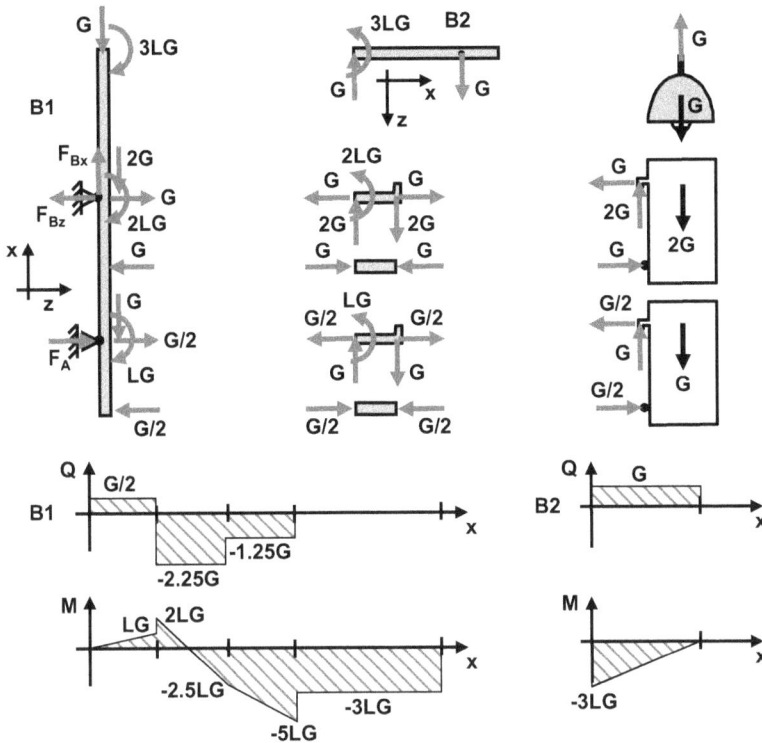

Berechnung der Lagerkräfte F_A, F_{Bx} und F_{Bz} infolge der Gewichtskräfte am Bauteil B1:

$$\sum M|_A = 0: \ -2L\frac{G}{2} - LG + 2LG - 4LG - 2LG + 4LF_{Bz} - 3LG = 0 \ \Rightarrow \ F_{Bz} = 2.25G$$

$$\sum F_z = 0: \qquad\qquad\qquad -\frac{G}{2} + \frac{G}{2} + F_A - G + G - F_{Bz} = 0 \ \Rightarrow \ F_A = 2.25G$$

Berechnung der Lagerkräfte F_{AE}, F_{BxE} und F_{BzE} infolge der Einheitskraft am Bauteil B1:

$$\sum M|_A = 0: \quad 4LF_{BzE} - 3L = 0 \quad \Rightarrow \quad F_{BzE} = 0.75$$

$$\sum F_z = 0: \quad F_{AE} - F_{BzE} = 0 \quad \Rightarrow \quad F_{AE} = 0.75$$

Da infolge der Einheitskraft nur die Balken B1 und B2 belastet sind, müssen nur in diesen Balken die Schaubilder der inneren Kräfte und Momente bestimmt werden.

1
3L

B1

F_{BxE}

F_{BzE}

x
z

F_{AE}

3L   B2
1   x   1
z

Q_E
B1
-3/4
x

Q_E 1
B2
x

M_E
-3L
x

M_E
-3L
x

3H/5
y
z'
z

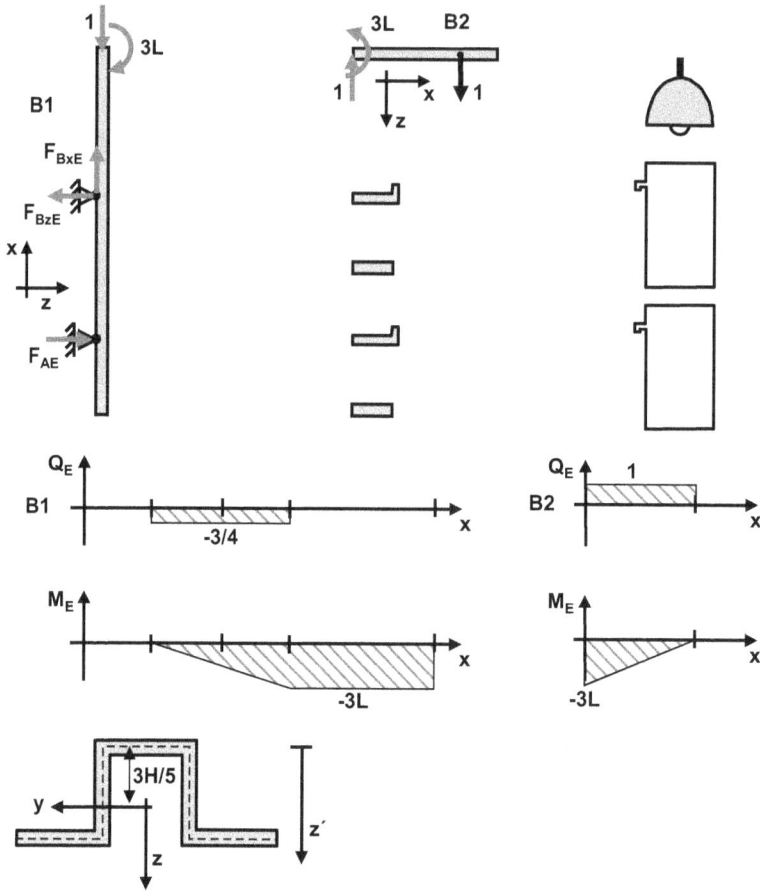

Bestimmung der Querschnittsfläche und des Flächenträgheitsmoments:

$$A = 5Hs$$

$$z_s' = \frac{0 \cdot Hs + 2 \cdot H/2 \cdot Hs + 2H \cdot Hs}{5Hs} = \frac{3}{5}H$$

$$I_y = 2\left(\frac{2}{5}H\right)^2 Hs + 2\frac{sH^3}{12} + 2\left(-\frac{H}{10}\right)^2 Hs + \left(-\frac{3}{5}H\right)^2 Hs = \frac{13}{15}H^3 s$$

Berechnung der Absenkung u des Lampenanbindungspunktes infolge des Biegemoments:

$$u = \frac{1}{EI_y}\left(\frac{-1.5L \cdot 2L(2LG + 2(-2.5LG))}{6}\right.$$

$$+ \frac{2L(-2.5LG(2(-1.5L) - 3L) - 5LG(-1.5L + 2(-3L)))}{6}$$

$$\left. + (-3LG)\,3L \cdot 4L + \frac{(-3LG)(-3L) \cdot 3L}{3}\right)$$

$$= \frac{GL^3}{EI_y}\left(\frac{9}{6} + \frac{105}{6} + 36 + 9\right)$$

$$= 64\frac{GL^3}{EI_y} = 64\frac{GL^3}{E\frac{13}{15}H^3 s} = \frac{960}{13}\frac{L^3}{H^3}\frac{G}{Es} = \frac{960}{13}\left(\frac{L}{H}\right)^3\frac{G}{Es} = \frac{960}{13}13^3\frac{G}{Es} = 20\,\text{mm}$$

Lösung Aufgabe 7.5.5

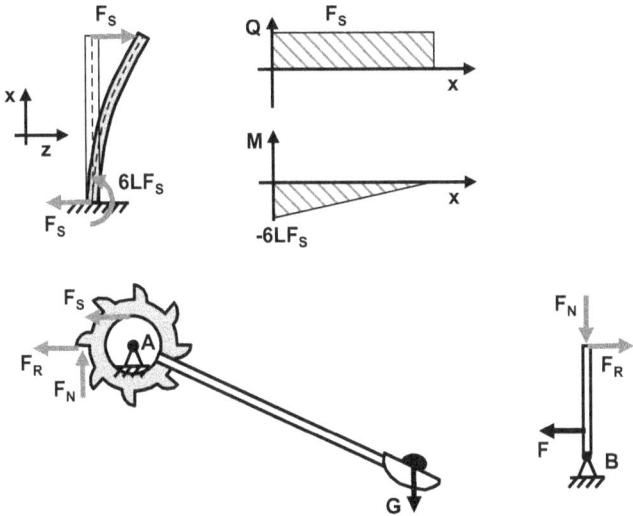

Berechnung der waagrechten Verschiebung des Seilanbindungspunktes mit $u_B = 2\,\text{mm}$:

$$u_B = \frac{1}{EI_y}\left(\frac{-6LF_S\frac{-6LF_S}{F_S}6L}{3}\right) = 72\frac{L^2}{EI_y}F_S L = 72\frac{1}{720G}F_S L = \frac{F_S L}{10G}$$

$$\Rightarrow \quad F_S = \frac{10G \cdot u_B}{L} = \frac{10G \cdot 2L}{L} = 20G$$

Berechnung der Normalkraft F_N und der Reibkraft F_R:

$$\sum M|_A = 0: \quad LF_S - 2LF_N - 11L\cos\alpha \cdot G = 0 \quad \Rightarrow \quad F_N = 5G$$

$$F_R = \mu F_N = 0.2 \cdot 5G = G$$

Bestimmung der Kraft zum Auslösen des Geschosses:

$$\sum M|_B = 0: \quad 2LF - 5LF_R = 0 \quad \Rightarrow \quad F = 2.5G$$

Anhang B7.5.2: Lösungen der Aufgaben des Kapitels 7.5.2

Lösung Aufgabe 7.5.2.1

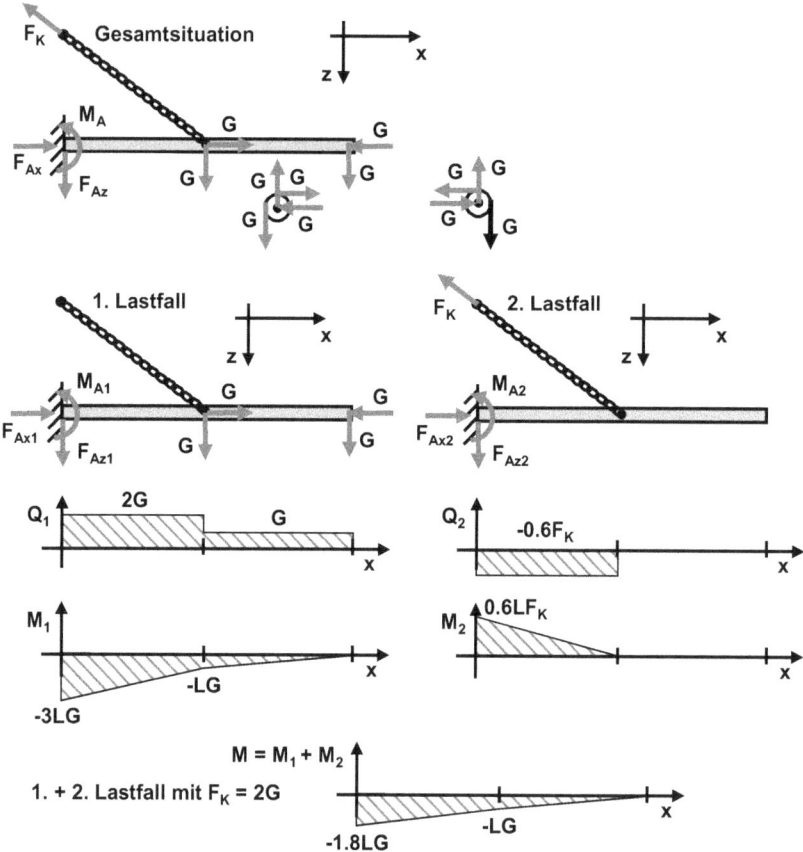

Zur Bestimmung der Kettenkraft F_K wird die Gesamtbelastung in zwei Lastfälle zerlegt. Im ersten Lastfall wirkt die Kraft G, nicht aber die Kettenkraft F_K. Im zweiten Lastfall ist nur die Kettenkraft F_K wirksam. Für beide Lastfälle wird die Verschiebung des oberen Kettenanbindungspunktes berechnet. Die Werte werden zu u_{ges} addiert. Die Summe ist infolge der Lagerung am Kettenanbindungspunkt gleich null. Dadurch resultiert eine Bestimmungsgleichung für F_K. Die Verläufe infolge der Einheitskraft am oberen Kettenanbindungspunkt sind bis auf den Faktor F_K identisch mit den Schaubildern des zweiten Lastfalls.

Lagerkräfte des 1. Lastfalls:

$$\sum F_z = 0: \qquad F_{Az1} + G + G = 0 \quad \Rightarrow \quad F_{Az1} = -2G$$

$$\sum M|_A = 0: \quad M_{A1} - LG - 2LG = 0 \quad \Rightarrow \quad M_{A1} = 3LG$$

Lagerkräfte des 2. Lastfalls mit $F_{Kx} = 0.8F_K$ und $F_{Kz} = 0.6F_K$:

$$\sum F_z = 0: \qquad\qquad F_{Az2} - F_{Kz} = F_{Az2} - 0.6F_K = 0 \quad \Rightarrow \quad F_{Az2} = 0.6F_K$$

$$\sum M|_A = 0: \quad M_{A2} + 0.75LF_{Kx} = M_{A2} + 0.75L \cdot 0.8F_K = 0 \quad \Rightarrow \quad M_{A2} = -0.6LF_K$$

Verschiebung des oberen Kettenanbindungspunktes infolge des 1. Lastfalls. Für die Einheitskraft werden die Schaubilder des 2. Lastfalls verwendet, wobei jeder Wert durch F_K geteilt wird:

$$u_1 = \frac{1}{EI_y} \left(\frac{\frac{0.6LF_K}{F_K} L \left(2\left(-3LG\right) - LG \right)}{6} \right) = -0.7 \frac{GL^3}{EI_y}$$

Verschiebung des oberen Kettenanbindungspunktes infolge des 2. Lastfalls mit der benötigten Kettenlänge $L_K = 1.25L$:

$$u_2 = \frac{1}{EI_y} \left(\frac{\frac{0.6LF_K}{F_K} 0.6LF_K \cdot L}{3} \right) + \frac{1}{EA} \left(\frac{F_K}{F_K} F_K \cdot 1.25L \right) = 0.12 \frac{F_K L^3}{EI_y} + 1.25 \frac{F_K L}{EA}$$

$$= 0.12 \frac{F_K L^3}{EI_y} + 1.25 \frac{F_K L}{\frac{125}{23} \frac{EI_y}{L^2}} = 0.12 \frac{F_K L^3}{EI_y} + \frac{23}{100} \frac{F_K L^3}{EI_y} = 0.35 \frac{F_K L^3}{EI_y}$$

Gesamtverschiebung des Kettenanbindungspunktes infolge beider Lastfälle:

$$0 = u_{ges} = u_1 + u_2 = -0.7 \frac{GL^3}{EI_y} + 0.35 \frac{F_K L^3}{EI_y} = \frac{L^3}{EI_y} \left(0.35F_K - 0.7G \right)$$

$$\Rightarrow \quad F_K = 2G$$

Für die Berechnung der senkrechten Absenkung u_R des rechten Balkenendes muss dort eine senkrechte Einheitskraft angebracht werden. Anschließend wird die Kettenkraft F_{KE} und das Biegemoment M_E infolge dieser Einheitskraft bestimmt. Die Vorgehensweise ist identisch zur Bestimmung von F_K.

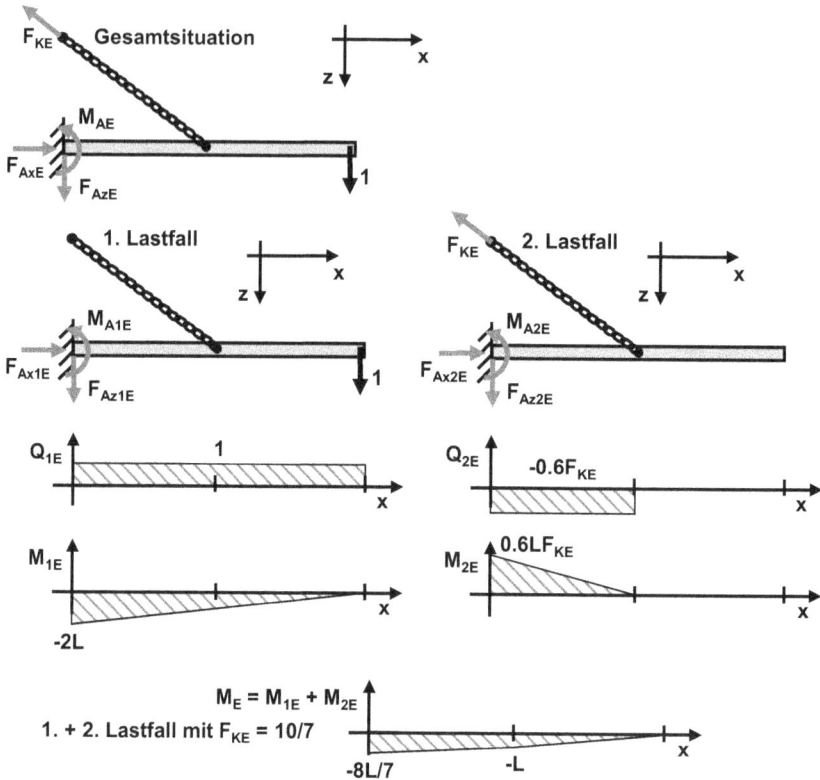

Lagerkräfte des 1. Lastfalls:

$$\sum F_z = 0: \qquad F_{Az1E} + 1 = 0 \quad \Rightarrow \quad F_{Az1E} = -1$$

$$\sum M|_A = 0: \quad M_{A1E} - 2L \cdot 1 = 0 \quad \Rightarrow \quad M_{A1E} = 2L$$

Lagerkräfte des 2. Lastfalls mit $F_{KxE} = 0.8F_{KE}$ und $F_{KzE} = 0.6F_{KE}$:

$$\sum F_z = 0: \qquad F_{Az2E} - F_{KzE} = F_{Az2E} - 0.6F_{KE} = 0 \Rightarrow \qquad F_{Az2E} = 0.6F_K$$

$$\sum M|_A = 0: \; M_{A2E} + 0.75LF_{KxE} = M_{A2E} + 0.75L \cdot 0.8F_{KE} = 0 \Rightarrow \quad M_{A2E} = -0.6LF_{KE}$$

Verschiebung des oberen Kettenanbindungspunktes infolge des 1. Lastfalls:

$$u_{1E} = \frac{1}{EI_y}\left(\frac{\frac{0.6LF_{KE}}{F_{KE}}L\,(2\,(-2L)-L)}{6}\right) = -0.5\frac{L^3}{EI_y}$$

Verschiebung des oberen Kettenanbindungspunktes infolge des 2. Lastfalls mit der benötigten Kettenlänge $L_K = 1.25L$:

$$u_{2E} = \frac{1}{EI_y}\left(\frac{\frac{0.6LF_{KE}}{F_{KE}}0.6LF_{KE}\cdot L}{3}\right) + \frac{1}{EA}\left(\frac{F_{KE}}{F_{KE}}F_{KE}\cdot 1.25L\right) = 0.12\frac{F_{KE}L^3}{EI_y} + 1.25\frac{F_{KE}L}{EA}$$

$$= 0.12\frac{F_{KE}L^3}{EI_y} + 1.25\frac{F_{KE}L}{\frac{125}{23}\frac{EI_y}{L^2}} = 0.12\frac{F_{KE}L^3}{EI_y} + \frac{23}{100}\frac{F_{KE}L^3}{EI_y} = 0.35\frac{F_{KE}L^3}{EI_y}$$

Gesamtverschiebung des Kettenanbindungspunktes infolge beider Lastfälle:

$$0 = u_{gesE} = u_{1E} + u_{2E} = -0.5\frac{L^3}{EI_y} + 0.35\frac{F_{KE}L^3}{EI_y} = \frac{L^3}{EI_y}(0.35F_{KE} - 0.5)$$

$$\Rightarrow \quad F_{KE} = \frac{0.5}{0.35} = \frac{10}{7}$$

Abschließend müssen zur Berechnung von u_R die Schaubilder für M und M_E bzw. die Kettenkräfte F_K und F_{KE} verknüpft werden.

$$u_R = \frac{1}{EI_y}\left(\frac{L\left(-1.8LG\left(2\left(-\frac{8L}{7}\right)-L\right)-LG\left(-\frac{8L}{7}+2(-L)\right)\right)}{6} + \frac{-LG(-L)L}{3}\right)$$

$$+ \frac{1}{EA}\left(2G\frac{10}{7}1.25L\right)$$

$$= \frac{774}{420}\frac{GL^3}{EI_y} + \frac{25}{7}\frac{GL}{EA} = \frac{774}{420}\frac{GL^3}{EI_y} + \frac{25}{7}\frac{GL}{\frac{125}{23}\frac{EI_y}{L^2}} = \frac{774}{420}\frac{GL^3}{EI_y} + \frac{23}{35}\frac{GL^3}{EI_y} = 2.5\frac{GL^3}{EI_y}$$

$$= 2.5\frac{GL^3}{25GL^2} = \frac{L}{10}$$

Lösung Aufgabe 7.5.2.2

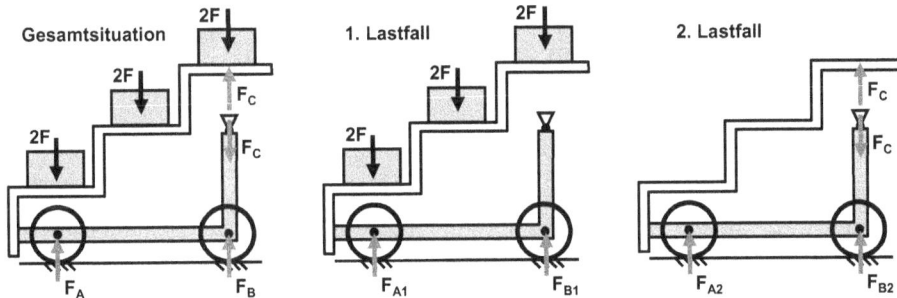

Für die Berechnung der Normalkraft im senkrechten Balken des grauen Rahmens wird die Wirkung des Verbindungselementes am Punkt C durch die Kräfte F_C beschrieben.

Anschließend werden zwei Lastfälle gebildet. Im 1. Lastfall wirken nur die gegeben drei Kräfte $2F$, im 2. Lastfall nur die beiden Kräfte F_C. Da nur die Biegesteifigkeit im waagrechten Balken des grauen Rahmens nicht unendlich ist, muss nur das Biegemoment in diesem Balken berücksichtigt werden.

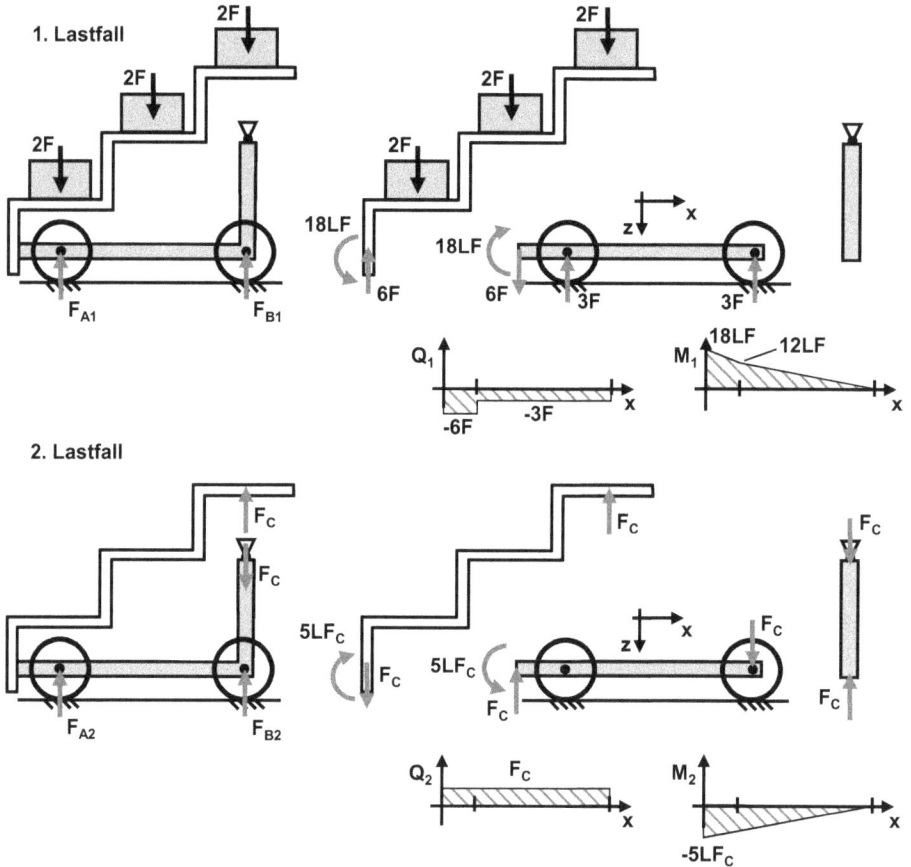

Zur Bestimmung der Kraft F_C wird die senkrechte Verschiebung $u_{CO} = u_{CO1} + u_{CO2}$ des Punktes C nach oben an der Treppe für beide Lastfälle bestimmt. Anschließend wird die Absenkung $u_{CU} = u_{CU1} + u_{CU2}$ des Punktes C am senkrechten Balken des Rahmens bestimmt. Da die beiden Punkte eigentlich übereinstimmen, muss die Summe der beiden Verschiebungen $u_C = u_{C1} + u_{C2} = u_{CO} + u_{CU}$ gleich null sein. Die Summe kann direkt berechnet werden, wenn für die Schaubilder der benötigten Einheitskräfte alle

Werte der Schaubilder des 2. Lastfalls durch F_C geteilt werden.

$$u_{C1} = \frac{1}{EI_y} \left(\frac{L\left(18LF \left(2\left(\frac{-5LF_C}{F_C}\right) + \frac{-4LF_C}{F_C} \right) + 12LF \left(\frac{-5LF_C}{F_C} + 2\left(\frac{-4LF_C}{F_C}\right) \right) \right)}{6} + \frac{12LF\frac{-4LF_C}{F_C}4L}{3} \right)$$

$$= \frac{FL^3}{EI_y} (-68 - 64) = -132\frac{FL^3}{EI_y}$$

$$u_{C2} = \frac{1}{EI_y} \left(\frac{-5LF_C\left(\frac{-5LF_C}{F_C}\right)5L}{3} \right) = \frac{125}{3}\frac{F_C L^3}{EI_y}$$

Gesamtverschiebung $u_C = 0$:

$$0 = u_C = u_{C1} + u_{C2} = -132\frac{FL^3}{EI_y} + \frac{125}{3}\frac{F_C L^3}{EI_y} = \frac{L^3}{EI_y}\left(-132F + \frac{125}{3}F_C\right)$$

$$\Rightarrow \quad F_C = \frac{3}{125}132F = 3.168F$$

Die Normalkraft N im senkrechten Balken des Rahmens folgt aus der Kraft F_C:

$$N = -F_C = -3.168F$$

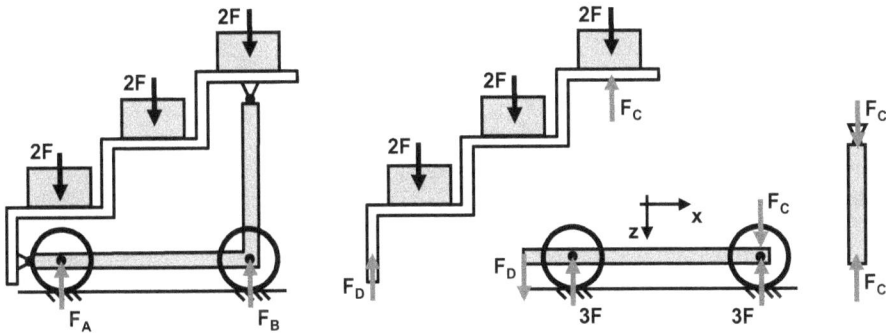

Wird die Treppe gelenkig an den grauen Rahmen angebunden, kann zur Bestimmung von F_C allein die Treppe betrachtet werden.

$$\sum M|_D = 0: \quad 5LF_C - L \cdot 2F - 3L \cdot 2F - 5L \cdot 2F = 0 \quad \Rightarrow \quad F_C = 3.6F$$

Somit erhält man $N = -3.6F$. Der Fehler wäre $(3.6F - 3.168F)/(3.168F) \cdot 100\% = 13.6\%$.

Anhang B7.6: Lösungen der Aufgaben des Kapitels 7.6

Lösung Aufgabe 7.6.1

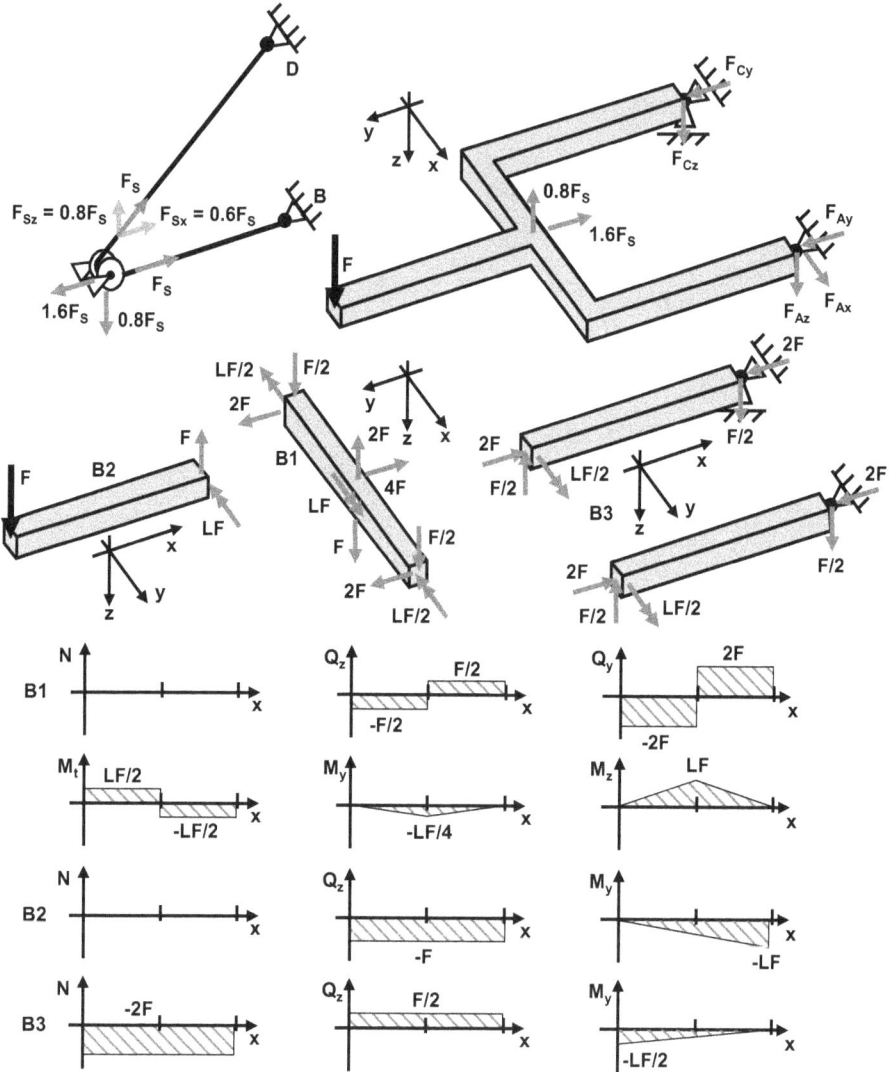

D

F_S

$F_{Sz} = 0.8F_S$ $F_{Sx} = 0.6F_S$ B

F_S

$1.6F_S$ $0.8F_S$

F

y   z   x

F_{Cy}

F_{Cz}

$0.8F_S$ $1.6F_S$

F_{Ay}

F_{Ax}

F_{Az}

LF/2   F/2

2F

F B2   F

F

LF

x

z   y

B1

LF/2   F/2

2F   y   z   x

2F

4F

LF

F   F/2

2F

LF/2

2F

2F   F/2

F/2   LF/2   x

B3   z   y

2F   F/2

F/2   LF/2

2F

N   B1   x

Q_z F/2   x   −F/2

Q_y 2F   x   −2F

M_t LF/2   −LF/2   x

M_y −LF/4   x

M_z LF   x

N   B2   x

Q_z −F   x

M_y −LF   x

N   B3   −2F   x

Q_z F/2   x

M_y −LF/2   x

Betrachtung des grauen Rahmens:

$$\sum F_x = 0: \qquad\qquad F_{Ax} = 0$$

$$\sum M_x|_A = 0: \qquad\qquad 2LF - L \cdot 0.8F_S = 0 \quad \Rightarrow \quad F_S = 2.5F$$

$$\sum M_y|_A = 0: \quad 0.5LF - 0.5L \cdot 0.8F_S + LF_{Cz} = 0 \quad \Rightarrow \quad F_{Cz} = 0.5F$$

$$\sum F_z = 0: \qquad\quad F - 0.8F_S + F_{Az} + F_{Cz} = 0 \quad \Rightarrow \quad F_{Az} = 0.5F$$

$$\sum M_z|_A = 0: \qquad\quad 0.5L \cdot 1.6F_S - LF_{Cy} = 0 \quad \Rightarrow \quad F_{Cy} = 2F$$

$$\sum F_y = 0: \qquad\qquad 1.6F_S + F_{Ay} + F_{Cy} = 0 \quad \Rightarrow \quad F_{Ay} = 2F$$

Flächenträgheitsmoment, Torsionsflächenträgheitsmoment und Torsionswiderstandsmoment:

$$I_y = I_z = 2\left(\frac{H}{2}\right)^2 Hs + 2\frac{sH^3}{12} = \frac{2}{3}H^3 s$$

$$I_t = \frac{4A_m^2 s}{U_m} = \frac{4\left(H^2\right)^2 s}{4H} = H^3 s$$

$$W_t = 2A_m s = 2H^2 s$$

Länge des Seils:

$$L_S = L + \sqrt{L^2 + \left(\frac{4}{3}L\right)^2} = L + \frac{5}{3}L = \frac{8}{3}L$$

Verschiebung des Kraftangriffspunktes mit $I_y = I_z$:

$$u = \frac{1}{EI_y}\left(\frac{-0.25LF\frac{-0.25LF}{F}L}{3} + \frac{-LF\frac{-LF}{F}L}{3} + 2\frac{-0.5LF\frac{-0.5LF}{F}L}{3}\right)$$

$$+ \frac{1}{EI_z}\left(\frac{LF\frac{LF}{F}L}{3}\right) + \frac{1}{GI_t}\left(0.5LF\frac{0.5LF}{F}\frac{L}{2} - 0.5LF\frac{-0.5LF}{F}\frac{L}{2}\right) + \frac{1}{EA_{Seil}}\left(2.5F\frac{2.5F}{F}L_S\right)$$

$$= \frac{41}{48}\frac{FL^3}{EI_y} + \frac{1}{4}\frac{FL^3}{GI_t} + 16.\overline{6}\frac{LF}{EA_{Seil}} = \frac{41}{48}\frac{FL^3}{E\frac{2}{3}H^3 s} + \frac{1}{4}\frac{FL^3}{\frac{E}{3}H^3 s} + 16.\overline{6}\frac{LF}{EA_{Seil}} = 17.25 \text{ mm}$$

Maximale Vergleichsspannung σ_V nach Mises kurz vor der Balkenmitte von B1 bei $y = z = -H/2$:

$$\sigma_V = \sqrt{\sigma^2 + 3\tau^2} = \sqrt{\left(-\frac{M_z}{I_z}\left(-\frac{H}{2}\right) + \frac{M_y}{I_y}\left(-\frac{H}{2}\right)\right)^2 + 3\left(\frac{M_t}{W_t}\right)^2}$$

$$= \sqrt{\left(-\frac{LF}{\frac{2}{3}H^3 s}\left(-\frac{H}{2}\right) + \frac{\frac{-LF}{4}}{\frac{2}{3}H^3 s}\left(-\frac{H}{2}\right)\right)^2 + 3\left(\frac{\frac{LF}{2}}{2H^2 s}\right)^2}$$

$$= \frac{LF}{H^2 s}\sqrt{\left(\frac{15}{16}\right)^2 + 3\left(\frac{1}{4}\right)^2} = \frac{\sqrt{273}}{16}\frac{LF}{H^2 s} = 82.61 \frac{\text{N}}{\text{mm}^2}$$

Lösung Aufgabe 7.6.2

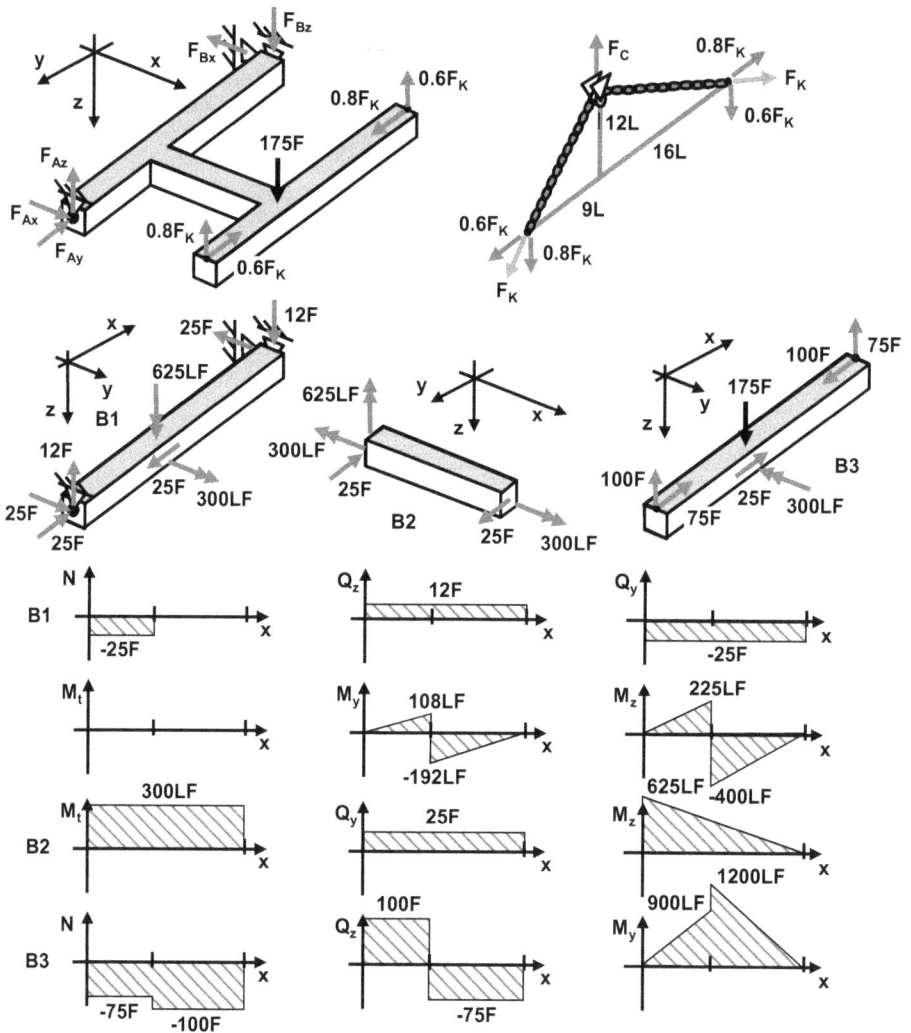

Betrachtung des Rahmens:

$$\sum M_y\big|_A = 0: \quad -25L \cdot 175F + 25L \cdot 0.8F_K + 25L \cdot 0.6F_K = 0 \quad \Rightarrow \quad F_K = 125F$$

$$\sum M_x\big|_A = 0: \quad -9L \cdot 175F + 25L \cdot 0.6F_K - 25LF_{Bz} = 0 \quad \Rightarrow \quad F_{Bz} = 12F$$

$$\sum M_z\big|_A = 0: \quad -25L \cdot 0.6F_K + 25L \cdot 0.8F_K - 25LF_{Bx} = 0 \quad \Rightarrow \quad F_{Bx} = 25F$$

$$\sum F_x = 0: \quad F_{Ax} - F_{Bx} = 0 \quad \Rightarrow \quad F_{Ax} = 25F$$

$$\sum F_y = 0: \quad -F_{Ay} - 0.6F_K + 0.8F_K = 0 \quad \Rightarrow \quad F_{Ay} = 25F$$

$$\sum F_z = 0: \quad -F_{Az} + F_{Bz} + 175F - 0.8F_K - 0.6F_K = 0 \quad \Rightarrow \quad F_{Az} = 12F$$

Flächenträgheitsmoment und Torsionsflächenträgheitsmoment und Torsionswiderstandsmoment:

$$I_y = I_z = 2\left(\frac{H}{2}\right)^2 Hs + 2\frac{sH^3}{12} = \frac{2}{3}H^3 s \quad I_t = \frac{4A_m^2 s}{U_m} = \frac{4\left(H^2\right)^2 s}{4H} = H^3 s$$

Normalspannung kurz nach der Mitte des Balkens AB (B1) ($M_y = -192LF$, $M_z = -400LF$):

$$\sigma(y,z) = -\frac{M_z}{I_z}y + \frac{M_y}{I_y}z = -\frac{-400LF}{\frac{2}{3}H^3 s}y + \frac{-192LF}{\frac{2}{3}H^3 s}z = 600\frac{LF}{H^3 s}\left(y - \frac{288}{600}z\right)$$

$$= 600\frac{LF}{H^3 s}(y - 0.48z)$$

$$\sigma_1 = \sigma\left(y = \frac{H}{2}, z = \frac{H}{2}\right) = 600\frac{LF}{H^3 s}\left(\frac{H}{2} - 0.48\frac{H}{2}\right) = 156\frac{LF}{H^2 s} = 156\frac{N}{mm^2}$$

$$\sigma_2 = \sigma\left(y = -\frac{H}{2}, z = \frac{H}{2}\right) = 600\frac{LF}{H^3 s}\left(-\frac{H}{2} - 0.48\frac{H}{2}\right) = -444\frac{LF}{H^2 s} = -444\frac{N}{mm^2}$$

$$\sigma_3 = \sigma\left(y = -\frac{H}{2}, z = -\frac{H}{2}\right) = 600\frac{LF}{H^3 s}\left(-\frac{H}{2} - 0.48\left(-\frac{H}{2}\right)\right) = -156\frac{LF}{H^2 s} = -156\frac{N}{mm^2}$$

$$\sigma_4 = \sigma\left(y = \frac{H}{2}, z = -\frac{H}{2}\right) = 600\frac{LF}{H^3 s}\left(\frac{H}{2} - 0.48\left(-\frac{H}{2}\right)\right) = 444\frac{LF}{H^2 s} = 444\frac{N}{mm^2}$$

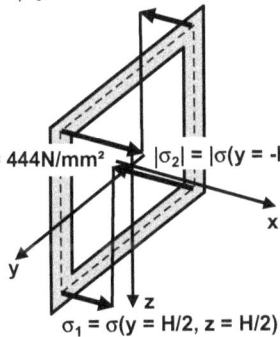

$|\sigma_3| = |\sigma(y = -H/2, z = -H/2)| = |-156N/mm^2|$

$\sigma_4 = \sigma(y = H/2, z = -H/2) = 444N/mm^2$ $|\sigma_2| = |\sigma(y = -H/2, z = H/2)| = |-444N/mm^2|$

$\sigma_1 = \sigma(y = H/2, z = H/2) = 156N/mm^2$

Absenkung des Kraftangriffspunktes mit $I_y = I_z$:

$$u = \frac{1}{EI_y}\left(\frac{108LF\frac{108LF}{175F}9L}{3} + \frac{-192LF\frac{-192LF}{175F}16L}{3} + \frac{900LF\frac{900LF}{175F}9L}{3} + \frac{1200LF\frac{1200LF}{175F}16L}{3}\right)$$

$$+ \frac{1}{EI_z}\left(\frac{225LF\frac{225LF}{175F}9L}{3} + \frac{-400LF\frac{-400LF}{175F}16L}{3} + \frac{625LF\frac{625LF}{175F}25L}{3}\right)$$

$$+ \frac{1}{GI_t}\left(300LF\frac{300LF}{175F}25L\right)$$

$$= \frac{43806050}{3 \cdot 175} \frac{FL^3}{EI_y} + \frac{2250000}{175} \frac{FL^3}{GI_t} = \frac{43806050}{3 \cdot 175} \frac{FL^3}{E\frac{2}{3}H^3 s} + \frac{2250000}{175} \frac{FL^3}{\frac{E}{3}H^3 s}$$

$$= \frac{1146121}{7} \frac{FL^3}{EH^3 s} = 10\,\text{mm}$$

Lösung Aufgabe 7.6.3

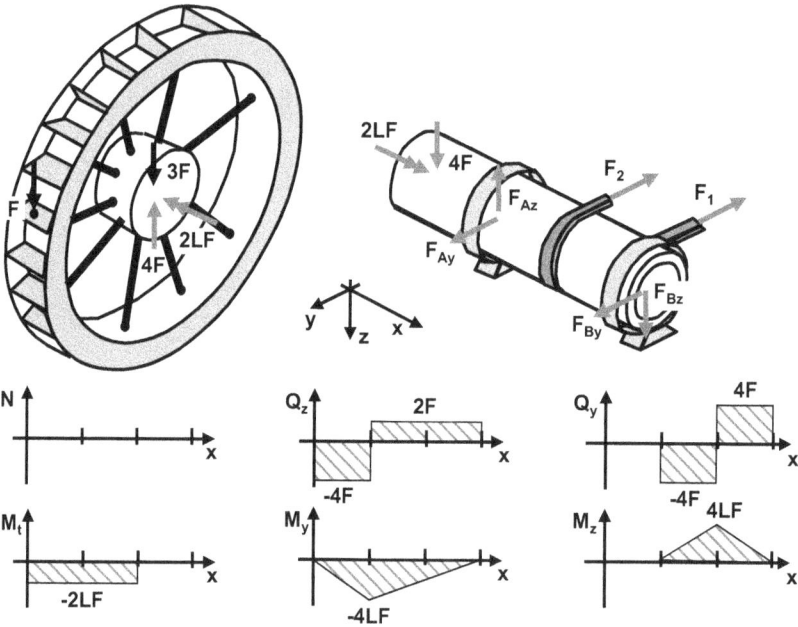

Betrachtung der Welle:

Seilreibung. $F_2 = F_1 e^{\mu\pi} = F_1 e^{\frac{\ln 3}{\pi}\pi} = F_1 e^{\ln 3} = 3F_1$

$$\sum M_x|_A = 0: \qquad 2LF - \frac{L}{2}F_2 + \frac{L}{2}F_1 = 0 \quad \Rightarrow \qquad F_1 = 2F, \quad F_2 = 6F$$

$$\sum M_y|_A = 0: \qquad L \cdot 4F - 2LF_{Bz} = 0 \quad \Rightarrow \qquad F_{Bz} = 2F$$

$$\sum F_z = 0: \qquad 4F - F_{Az} + F_{Bz} = 0 \quad \Rightarrow \qquad F_{Az} = 6F$$

$$\sum M_z|_A = 0: \qquad -L(F_1 + F_2) + 2LF_{By} = 0 \quad \Rightarrow \qquad F_{By} = 4F$$

$$\sum F_y = 0: \qquad F_{Ay} - (F_1 + F_2) + F_{By} = 0 \quad \Rightarrow \qquad F_{Ay} = 4F$$

Gesamtmoment in der Welle kurz vor $x = 2L$ ($M_y = -2LF$, $M_z = 4LF$):

$$M_{ges} = \sqrt{M_y^2 + M_z^2} = \sqrt{(-2LF)^2 + (4LF)^2} = \sqrt{20}LF$$

Maximale Vergleichsspannung in der Welle kurz vor $x = 2L$ ($M_{ges} = \sqrt{20} \cdot LF$, $M_t = -2LF$):

$$\sigma_V = \sqrt{\sigma^2 + 3\tau^2} = \sqrt{\left(\frac{M_{ges}}{I_y}R_m\right)^2 + 3\left(\frac{M_t}{I_t}R_m\right)^2} = \sqrt{\left(\frac{\sqrt{20}LF}{\pi R_m^3 s}R_m\right)^2 + 3\left(\frac{-2LF}{2\pi R_m^3 s}R_m\right)^2}$$

$$= \frac{LF}{\pi R_m^2 s}\sqrt{\left(\sqrt{20}\right)^2 + 3\,(1)^2} = \sqrt{23}\,\frac{LF}{\pi\left(\frac{L}{2}\right)^2 s} = \sqrt{23}\frac{4}{\pi}\frac{F}{Ls} = 100\frac{N}{mm^2}$$

Lösung Aufgabe 7.6.4

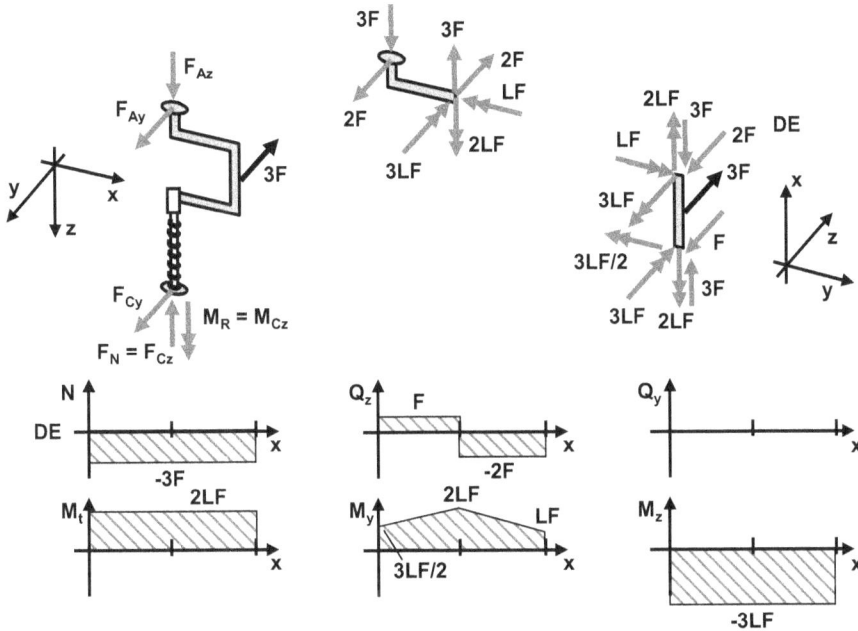

Betrachtung des Gesamtbohrers:

$$\sum M_z|_C = 0: \quad M_R - L \cdot 3F = 0 \quad \Rightarrow \quad M_R = 3LF$$

Reibbedingung: $LF_N = M_R \Rightarrow \quad F_N = 3F$

$$\sum M_x|_C = 0: \quad 3LF_{Ay} - 2L \cdot 3F = 0 \quad \Rightarrow \quad F_{Ay} = 2F$$
$$\sum F_z = 0: \quad F_N - F_{Az} = 0 \quad \Rightarrow \quad F_{Az} = 3F$$
$$\sum F_y = 0: \quad F_{Cy} - 3F + F_{Ay} = 0 \quad \Rightarrow \quad F_{Cy} = F$$

Gesamtmoment in der Mitte des Balkens DE ($M_y = 2LF$, $M_z = -3LF$):

$$M_{ges} = \sqrt{M_y^2 + M_z^2} = \sqrt{(2LF)^2 + (-3LF)^2} = \sqrt{13}LF$$

Maximale Vergleichsspannung in der Mitte des Balkens DE ($M_{ges} = \sqrt{13} \cdot LF$, $M_t = 2LF$):

$$\sigma_V = \sqrt{\sigma^2 + 3\tau^2} = \sqrt{\left(\frac{M_{ges}}{I_y}R_m\right)^2 + 3\left(\frac{M_t}{I_t}R_m\right)^2}$$

$$= \sqrt{\left(\frac{\sqrt{13}LF}{\pi R_m^3 s}R_m\right)^2 + 3\left(\frac{2LF}{2\pi R_m^3 s}R_m\right)^2} = 4\frac{LF}{\pi R_m^2 s}$$

$$\Rightarrow \quad R_m = \sqrt{4\frac{LF}{\pi\sigma_V s}} = 10\,\text{mm}$$

Lösung Aufgabe 7.6.5

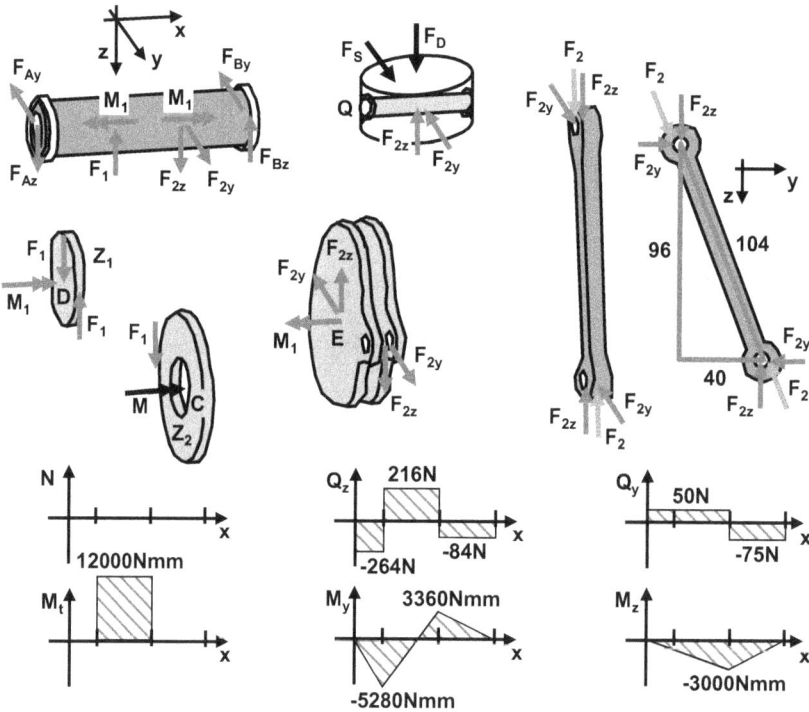

Betrachtung des Zahnrades Z2:

$$\sum M_x|_C = 0: \quad M - R_2 F_1 = 0 \quad \Rightarrow \quad F_1 = 480\,\text{N}$$

Betrachtung des Zahnrades Z1:

$$\sum M_x|_D = 0: \quad M_1 - R_1 F_1 = 0 \quad \Rightarrow \quad M_1 = 12000\,\text{Nmm}$$

Betrachtung der Kurbelwange:

$$\sum M_x\big|_E = 0: \quad -M_1 + 40F_{2z} = 0 \quad \Rightarrow \quad F_{2z} = 300\,\text{N}$$

Betrachtung des Pleuels:

$$\frac{F_{2y}}{F_{2z}} = \frac{40}{96} = \frac{5}{12} \quad \Rightarrow \quad F_{2y} = \frac{5}{12}F_{2z} = 125\,\text{N}$$

Betrachtung der Welle:

$$\sum M_y\big|_A = 0: \quad 20\,\text{mm}\cdot F_1 - 60\,\text{mm}\cdot F_{2z} + 100\,\text{mm}\cdot F_{Bz} = 0 \quad \Rightarrow \quad F_{Bz} = 84\,\text{N}$$

$$\sum F_z = 0: \quad F_{Az} - F_1 + F_{2z} - F_{Bz} = 0 \quad \Rightarrow \quad F_{Az} = 264\,\text{N}$$

$$\sum M_z\big|_A = 0: \quad 60\,\text{mm}\cdot F_{2y} - 100\,\text{mm}\cdot F_{By} = 0 \quad \Rightarrow \quad F_{By} = 75\,\text{N}$$

$$\sum F_y = 0: \quad -F_{Ay} + F_{2y} - F_{By} = 0 \quad \Rightarrow \quad F_{Ay} = 50\,\text{N}$$

Bestimmung des maximalen Gesamtmoments M_{ges} in der Welle:

$$x = 20\,\text{mm}: \quad M_{20} = \sqrt{(-5280\,\text{Nmm})^2 + (-1000\,\text{Nmm})^2} = 5374\,\text{Nmm}$$

$$x = 60\,\text{mm}: \quad M_{60} = \sqrt{(3360\,\text{Nmm})^2 + (-3000\,\text{Nmm})^2} = 4504\,\text{Nmm}$$

$$\Rightarrow \qquad\qquad M_{ges} = M_{20} = 5374\,\text{Nmm}$$

Bestimmung der maximalen Vergleichsspannung σ_V nach Mises ($M_{ges} = 5374\,\text{Nmm}$, $M_t = 12000\,\text{Nmm}$):

$$\sigma_V = \sqrt{\left(\frac{M_{ges}}{I_y}R_a\right)^2 + 3\left(\frac{M_t}{I_t}R_a\right)^2} = \sqrt{\left(\frac{M_{ges}}{\frac{\pi}{4}(R_a^4-R_i^4)}R_a\right)^2 + 3\left(\frac{M_t}{\frac{\pi}{2}(R_a^4-R_i^4)}R_a\right)^2}$$

$$= \frac{R_a}{\pi(R_a^4-R_i^4)}\sqrt{16M_{ges}^2 + 12M_t^2} = 16.7\,\frac{\text{N}}{\text{mm}^2}$$

Lösung Aufgabe 7.6.6

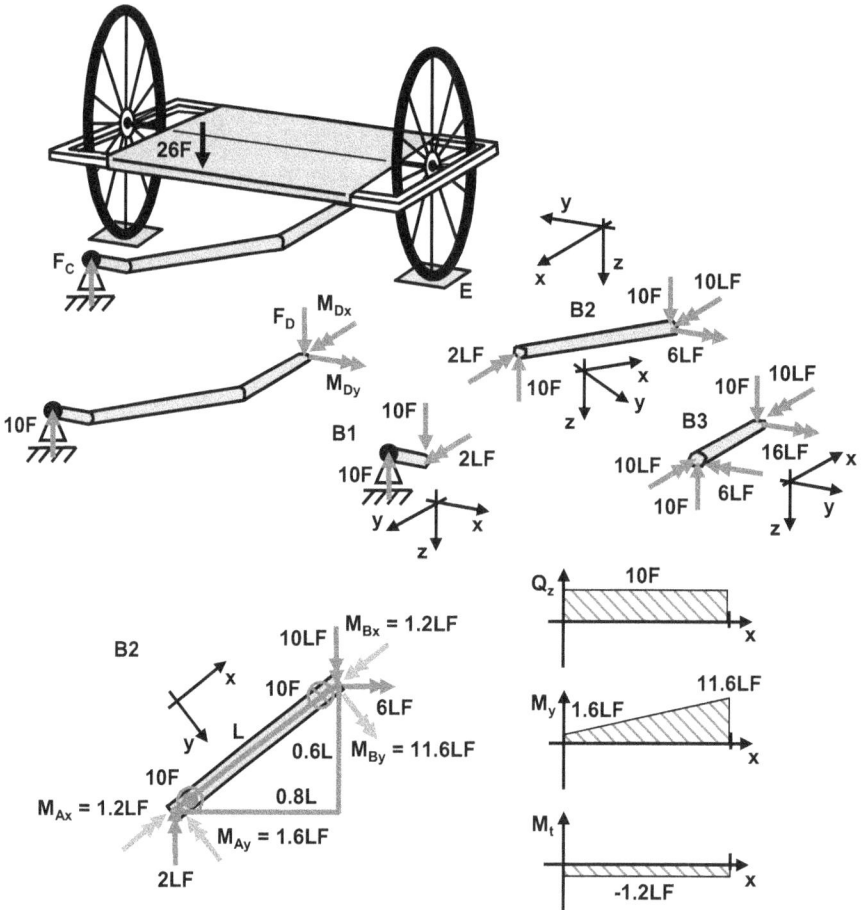

Betrachtung des gesamten Fahrradanhängers:

$$\sum M_y\big|_E = 0: \quad 2.6LF_C - L \cdot 26F = 0 \quad \Rightarrow \quad F_C = 10F$$

Betrachtung des Gesamtarmes CD:

$$\sum F_z = 0: \quad -F_C + F_D = 0 \quad \Rightarrow \quad F_D = 10F$$

$$\sum M_x\big|_D = 0: \quad M_{Dx} - LF_C = 0 \quad \Rightarrow \quad M_{Dx} = 10LF$$

$$\sum M_y\big|_D = 0: \quad -M_{Dy} + 1.6LF_C = 0 \quad \Rightarrow \quad M_{Dy} = 16LF$$

Betrachtung des Teilarms AB (B2):

Am Punkt A ist das Moment 2LF in negativer globaler x-Richtung wirksam. Dieses muss in einen Anteil parallel (M_{Ax}) und quer (M_{Ay}) zum Balken zerlegt werden.

$$\frac{M_{Ax}}{2LF} = \frac{0.6L}{L} = 0.6 \quad \Rightarrow \quad M_{Ax} = 0.6 \cdot 2LF = 1.2LF$$

$$\frac{M_{Ay}}{2LF} = \frac{0.8L}{L} = 0.8 \quad \Rightarrow \quad M_{Ay} = 0.8 \cdot 2LF = 1.6LF$$

Ebenso müssen die Momente (10LF, 6LF) am Punkt B zerlegt werden. Das Moment M_{Bx} kann durch die Momentenbilanz in Stabrichtung bestimmt werden.

$$\sum M_x|_A = 0: \quad M_{Ax} - M_{Bx} = 0 \quad \Rightarrow \quad M_{Bx} = 1.2LF$$

Das Moment M_{By} wird dadurch bestimmt, dass sich das Gesamtmoment M_B entweder aus den Komponenten 10LF und 6LF oder den Komponenten M_{Bx} und M_{By} zusammensetzt.

$$M_B = \sqrt{(10LF)^2 + (6LF)^2} = \sqrt{M_{Bx}^2 + M_{By}^2}$$

$$\Rightarrow \quad M_{By} = \sqrt{(10LF)^2 + (6LF)^2 - M_{Bx}^2} = 11.6LF$$

Flächenträgheitsmoment und Torsionswiderstandsmoment:

$$I_y = 2\left(\frac{U}{2}\right)^2 Us + \frac{sU^3}{12} = \frac{7}{12}U^3s \quad W_t = \frac{I_t}{s} = \frac{1}{3}\sum_{i=1}^{3} U_i s^2 = Us^2$$

Maximale Vergleichspannung σ_V nach Mises am Balkenende B:

$$\sigma_V = \sqrt{\left(\frac{11.6LF}{7/12 \cdot U^3 s}\frac{U}{2}\right)^2 + 3\left(\frac{1.2LF}{Us^2}\right)^2} = \sqrt{\left(\frac{139.2LF}{14U^2 s}\right)^2 + 3\left(\frac{1.2LF}{Us^2}\right)^2}$$

$$= \sqrt{\left(\frac{139.2LF}{14\left(\frac{L}{25}\right)^2 \frac{L}{125}}\right)^2 + 3\left(\frac{1.2LF}{\frac{L}{25}\left(\frac{L}{125}\right)^2}\right)^2} = \frac{F}{L^2}\sqrt{\left(\frac{10875000}{14}\right)^2 + 3 \cdot 468750^2}$$

$$= 1123644.0\frac{F}{L^2} = 179.8\frac{N}{mm^2}$$

Lösung Aufgabe 7.6.7

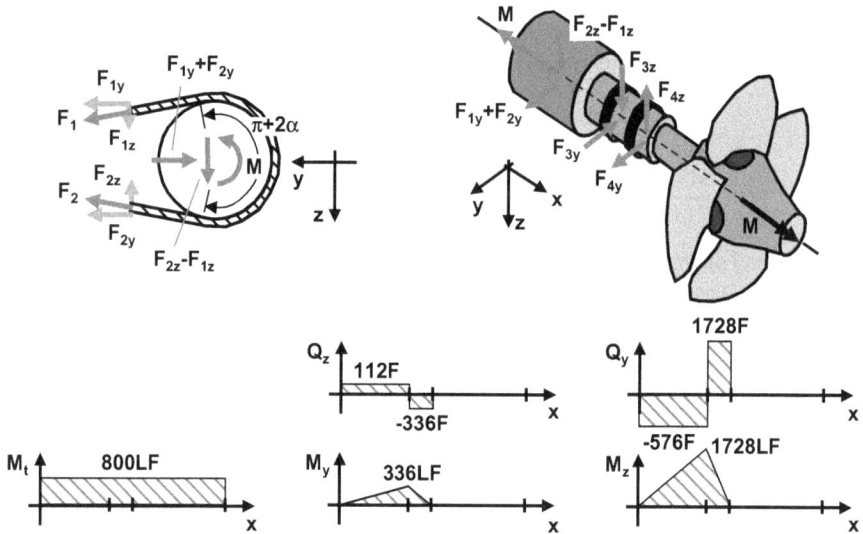

Betrachtung der Gesamtwelle zur Bestimmung der Riemenkräfte F_1 und F_2, wobei der Überdeckungswinkel des Riemens $\pi + 2\alpha$ beträgt ($\tan\alpha = 7/24$, $\sin\alpha = 0.28$, $\cos\alpha = 0.96$):

Seilreibung: $F_2 = F_1 e^{\mu(\pi+2\alpha)} = 5F_1$

$$\sum M_x\big|_1 = 0: \qquad M + 2LF_1 - 2LF_2 = 0 \quad \Rightarrow \qquad F_1 = 100F \quad F_2 = 500F$$

$$\Rightarrow \qquad F_{1y} + F_{2y} = 576F \qquad F_{2z} - F_{1z} = 112F$$

$$\sum M_y\big|_3 = 0: \qquad -3L\,(F_{2z} - F_{1z}) + LF_{4z} = 0 \quad \Rightarrow \qquad F_{4z} = 336F$$

$$\sum F_z = 0: \qquad -(F_{2z} - F_{1z}) + F_{3z} - F_{4z} = 0 \quad \Rightarrow \qquad F_{3z} = 448F$$

$$\sum M_z\big|_3 = 0: \qquad -3L\,(F_{1y} + F_{2y}) + LF_{4y} = 0 \quad \Rightarrow \qquad F_{4y} = 1728F$$

$$\sum F_y = 0: \quad (F_{1y} + F_{2y})\,F_{Ay} - F_{3y} + F_{4y} = 0 \quad \Rightarrow \qquad F_{3y} = 2304F$$

Maximale Vergleichsspannung σ_{V25} im Bereich zwischen 2 und 5:

$$M_{\text{ges}} = \sqrt{(336LF)^2 + (1728LF)^2} = 1760LF$$

$$\sigma_{V25} = \sqrt{\left(\frac{M_{\text{ges}}}{I_y}R_a\right)^2 + 3\left(\frac{M_t}{I_t}R_a\right)^2} = \sqrt{\left(\frac{M_{\text{ges}}}{\frac{\pi}{4}\left(R_a^4 - R_i^4\right)}R_a\right)^2 + 3\left(\frac{M_t}{\frac{\pi}{2}\left(R_a^4 - R_i^4\right)}R_a\right)^2}$$

$$= \sqrt{\left(\frac{1760LF}{\frac{\pi}{4}\left((1.5L)^4 - (1.2L)^4\right)}1.5L\right)^2 + 3\left(\frac{800LF}{\frac{\pi}{2}\left((1.5L)^4 - (1.2L)^4\right)}1.5L\right)^2}$$

$$= 1208.61\,\frac{F}{L^2}$$

Maximale Vergleichsspannung σ_{V56} im Bereich zwischen 5 und 6:

$$M_{ges} = 0$$

$$\sigma_{V56} = \sqrt{\left(\frac{M_{ges}}{I_y}R\right)^2 + 3\left(\frac{M_t}{I_t}R\right)^2} = \sqrt{0 + 3\left(\frac{800LF}{\pi/2 \cdot R^4}R\right)^2} = 882.13\frac{LF}{R^3}$$

Gleichsetzen der Vergleichspannungen σ_{V25} und σ_{V56}:

$$882.13\frac{LF}{R^3} = 1208.61\frac{F}{L^2}$$

$$\Rightarrow \quad \frac{882.13}{1208.61} = \frac{R^3}{L^3} \Rightarrow R = L\sqrt[3]{\frac{882.13}{1208.61}} = 0.9L$$

Lösung Aufgabe 7.6.8

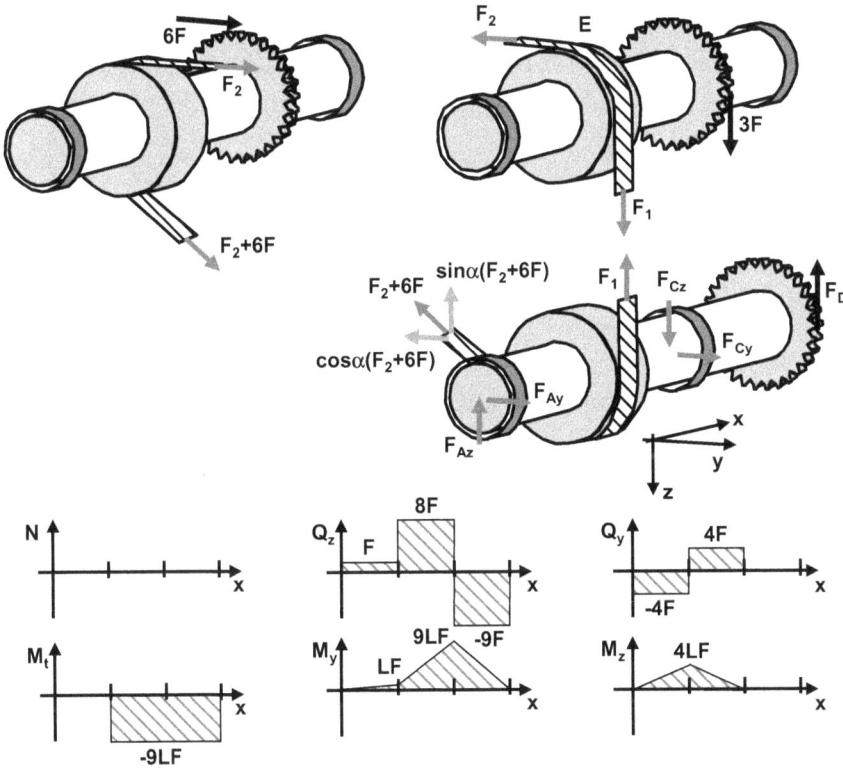

a.) Betrachtung der oberen rechten Welle:

Seilreibung: $F_2 = F_1 e^{\mu \frac{\pi}{2}} = F_1 e^{\frac{\ln 16}{\pi} \frac{\pi}{2}} = F_1 e^{\ln \sqrt{16}} = F_1 e^{\ln 4} = 4F_1$

$$\sum M_x|_E = 0: \quad 3LF + LF_1 - LF_2 = 0 \quad \Rightarrow \quad F_1 = F \quad F_2 = 4F$$

Betrachtung der unteren Welle:

Seilreibung: $F_2 + 6F = F_1 e^{\mu_B \left(\frac{\pi}{2} + \alpha\right)}$

$$\Rightarrow \quad e^{\mu_B \left(\frac{\pi}{2} + \alpha\right)} = \frac{F_2 + 6F}{F_1} = \frac{4F + 6F}{F} = 10 \Rightarrow \quad \mu_B = \frac{\ln 10}{\left(\frac{\pi}{2} + \alpha\right)} = 1.04$$

b.) Betrachtung der unteren Welle:

$$\sum M_x|_A = 0: \qquad L(F_2 + 6F) - LF_1 - LF_D = 0 \quad \Rightarrow \quad F_D = 9F$$
$$\sum M_y|_A = 0: \quad L(\sin\alpha (F_2 + 6F) + F_1) - 2LF_{cz} + 3LF_D = 0 \quad \Rightarrow \quad F_{Cz} = 17F$$
$$\sum F_z = 0: \quad -F_{Az} - \sin\alpha (F_2 + 6F) - F_1 + F_{Cz} - F_D = 0 \quad \Rightarrow \quad F_{Az} = F$$
$$\sum M_z|_A = 0: \qquad -L\cos\alpha (F_2 + 6F) + 2LF_{cy} = 0 \quad \Rightarrow \quad F_{Cy} = 4F$$
$$\sum F_y = 0: \qquad F_{Ay} - \cos\alpha (F_2 + 6F) + F_{Cy} = 0 \quad \Rightarrow \quad F_{Ay} = 4F$$

Gesamtmoment:

$$x = L: \quad M_L = \sqrt{(LF)^2 + (4LF)^2} = \sqrt{17}LF$$
$$x = 2L: \quad M_{2L} = \sqrt{0^2 + (9LF)^2} = 9LF$$
$$\Rightarrow \quad M_{ges} = M_{2L} = 9LF$$

Maximale Vergleichsspannung σ_V nach Mises bei $x = 2L$ ($M_{ges} = 9LF$, $M_t = -9LF$):

$$\sigma_V = \sqrt{\left(\frac{9LF}{\pi/4 \cdot R^4} R\right)^2 + 3\left(\frac{-9LF}{\pi/2 \cdot R^4} R\right)^2} = \frac{9LF}{\pi R^3} \sqrt{4^2 + 3 \cdot 2^2} = \frac{9\sqrt{28}}{\pi} \frac{LF}{R^3} = 10.0 \frac{N}{mm^2}$$

c.) Maximale Vergleichsspannung σ_V bei $x = L$ im Intervall AB ($M_{ges} = \sqrt{17} \cdot L$, $M_t = 0$)

$$\sigma_V = \sqrt{\left(\frac{\sqrt{17}LF}{\pi/4 \cdot (cR)^4} (cR)\right)^2 + 3 \cdot 0^2} = \frac{4\sqrt{17}LF}{\pi c^3 R^3}$$

$$\Rightarrow \quad c = \sqrt[3]{\frac{4\sqrt{17}}{\pi\sigma_V} \frac{LF}{R^3}} = 0.70 \Rightarrow \quad \Delta R = (1 - c) \, 100\% = 30\%$$

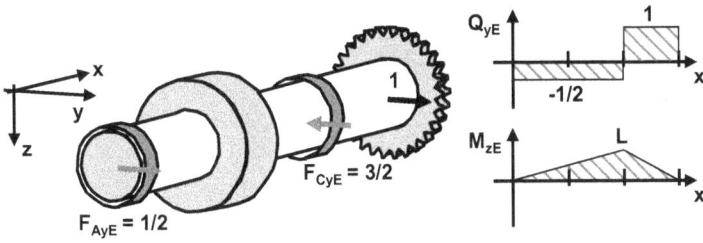

d.) Verschiebung v des Punktes D in y-Richtung:

$$v = \frac{1}{EI_z}\left(\frac{4LF{\cdot}L/2\cdot L}{3} + \frac{4LF\cdot L\,(2\cdot L/2 + L)}{6}\right) = \frac{FL^3}{E\pi/4\cdot R^4}\left(\frac{2}{3} + \frac{8}{6}\right) = \frac{8}{\pi}\frac{LF}{R^3}\frac{L^2}{ER}$$

$$= 3\,\text{mm}$$

Anhang B7.7: Lösungen der Aufgaben des Kapitels 7.7

Lösung Aufgabe 7.7.1

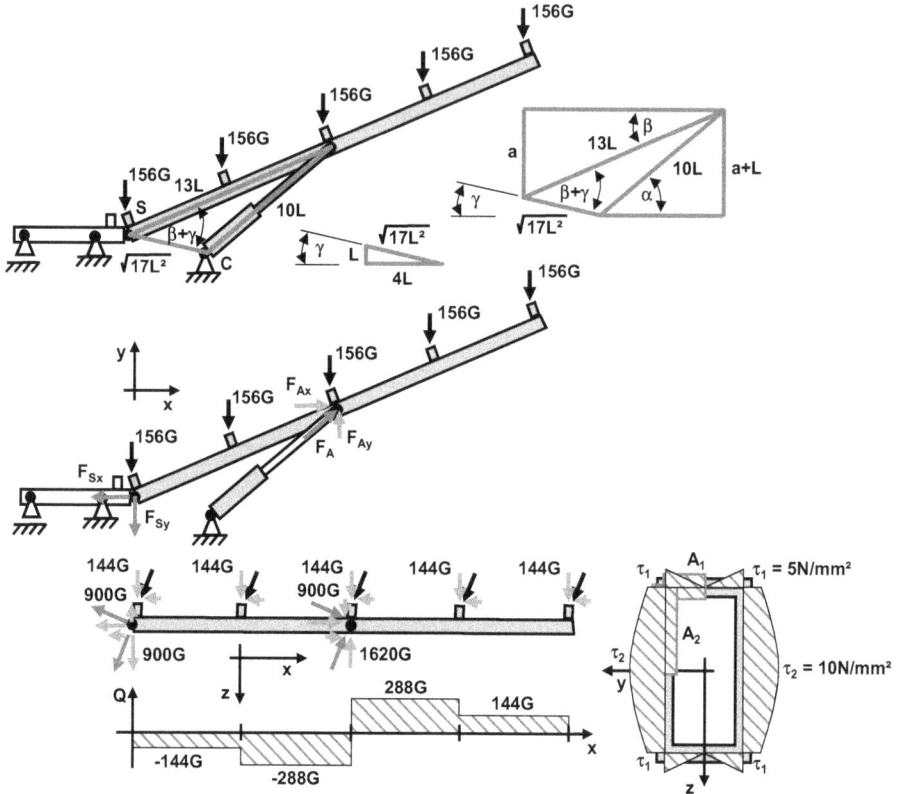

Vor Anwendung des Kosinussatz wird der Neigungswinkel γ der Verbindungslinie SC und ihre Länge bestimmt.

$$\tan \gamma = \frac{L}{4L} = 0.25 \qquad \Rightarrow \quad \gamma = 14.0362°$$

$$L_{SC} = \sqrt{(4L)^2 + L^2} = \sqrt{17}L$$

Mit dem Kosinussatz kann der Winkel β am Dreieck SCA bestimmt werden.

$$\cos(\beta + \gamma) = \frac{(13L)^2 + \left(\sqrt{17}L\right)^2 - (10L)^2}{2 \cdot 13L\sqrt{17}L} = 0.8022 \quad \Rightarrow \quad \beta = 22.6199°$$

$$\Rightarrow \quad \sin \beta = \frac{5}{13} \qquad \cos \beta = \frac{12}{13}$$

Für den Winkel α benötigt man die Länge a.

$$\sin\beta = \frac{a}{13L} \qquad\qquad \Rightarrow \quad a = 5L$$

$$\sin\alpha = \frac{a+L}{10L} = \frac{5L+L}{10L} = 0.6 \quad \Rightarrow \quad \cos\alpha = 0.8$$

Zur Bestimmung der Kraft F_A und der Gelenkkräfte F_{Sx} und F_{Sy} wird der graue diagonale Balken freigeschnitten.

$$\sum M|_S = 0: \quad 13L\cos\beta F_{Ay} - 13L\sin\beta F_{Ax} - \cos\beta\cdot 156G(6.5L+13L+19.5L+26L) = 0$$

$$\Rightarrow \quad 13L\cos\beta F_A\sin\alpha - 13L\sin\beta F_A\cos\alpha - \cos\beta\cdot 156G\cdot 65L = 0$$

$$\Rightarrow \qquad\qquad F_A = 2925G \quad \Rightarrow \quad F_{Ax} = 2340G \quad F_{Ay} = 1755G$$

$$\sum F_x = 0: \qquad\qquad -F_{Sx} + F_{Ax} = 0 \quad \Rightarrow \quad F_{Sx} = 2340G$$

$$\sum F_y = 0: \qquad -F_{Sy} + F_{Ay} - 5\cdot 156G = 0 \quad \Rightarrow \quad F_{Sy} = 975G$$

Für den Querkraftverlauf benötigt man die Kräfte quer zum Balken. Dazu müssen die waagrechten Kräfte F_{Sx} und F_{Ax} mit dem Faktor $\sin\beta$ und die senkrechten Kräfte mit dem Faktor $\cos\beta$ multipliziert werden. Man erhält im Abschnitt AB die Querkraft $Q = 288G$.

Für die Schubspannungen an den Eckpunkten des Querschnitts und auf Höhe des Flächenmittelpunkts benötigt man die statischen Momente S_{y1} und S_{y2} und das Flächenträgheitsmoment I_y.

$$S_{y1} = -z_{sA_1}A_1 = -(-H)\frac{H}{2}s = \frac{1}{2}H^2 s$$

$$S_{y2} = S_{y1} - z_{sA_2}A_2 = S_{y1} - \left(-\frac{H}{2}\right)Hs = \frac{1}{2}H^2 s + \frac{1}{2}H^2 s = H^2 s$$

$$I_y = 2\frac{s(2H)^3}{12} + 2H^2 Hs = \frac{10}{3}H^3 s$$

Daraus resultieren die Schubspannungen $\tau_1 = 5\,\text{N/mm}^2$ und $\tau_2 = 10\,\text{N/mm}^2$.

$$\tau_1 = \frac{Q}{I_y s}S_{y1} = \frac{288G}{10/3H^3 s\cdot s}\frac{1}{2}H^2 s = \frac{864}{20}\frac{G}{Hs} = \frac{864}{20}\frac{25}{216}\frac{\text{N}}{\text{mm}^2} = 5\frac{\text{N}}{\text{mm}^2}$$

$$\tau_2 = \tau_{\max} = \frac{Q}{I_y s}S_{y2} = \frac{288G}{10/3H^3 s\cdot s}H^2 s = \frac{864}{10}\frac{G}{Hs} = \frac{864}{10}\frac{25}{216}\frac{\text{N}}{\text{mm}^2} = 10\frac{\text{N}}{\text{mm}^2}$$

Näherungsweise kann die Schubspannung durch die mittlere τ_{mittel} abgeschätzt werden.

$$\tau_{\text{mittel}} = \frac{Q}{A} = \frac{288G}{6Hs} = 48\frac{G}{Hs} = 48\frac{25}{216}\frac{\text{N}}{\text{mm}^2} = 5.\overline{5}\frac{\text{N}}{\text{mm}^2}$$

Dies entspricht einem Fehler von $\Delta\tau = 44.4\,\%$.

$$\Delta\tau = \frac{\tau_{\max} - \tau_{\text{mittel}}}{\tau_{\max}}100\,\% = 44.\overline{4}\%$$

Lösung Aufgabe 7.7.2

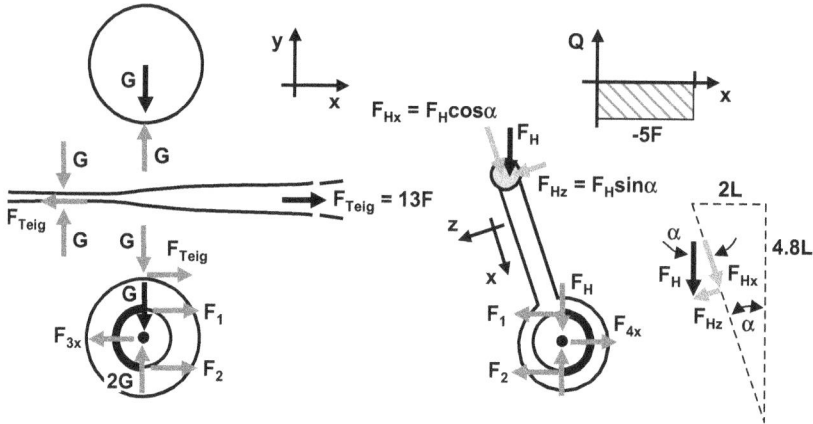

An der oberen Rolle kann keine Kraft F_{Teig} wirksam sein, da sie die einzige in Umfangsrichtung wäre. Das Momentengleichgewicht an der unteren Rolle und die Seilreibungsgleichung ergeben die Riemenkräfte F_1 und F_2.

Seilreibung: $F_2 = F_1 e^{\mu \pi} = F_1 e^{\frac{\ln 3}{\pi}\pi} F_1 e^{\ln 3} = 3F_1$

$$\sum M|_3 = 0: \quad -2LF_{\text{Teig}} - LF_1 + LF_2 = 0 \quad \Rightarrow \quad F_1 = 13F \quad F_2 = 39F$$

An der Kurbel kann die Kraft F_{H} ermittelt werden.

$$\sum M|_4 = 0: \quad 2LF_{\text{H}} + LF_1 - LF_2 = 0 \quad \Rightarrow \quad F_{\text{H}} = 13F$$

Mit dem Winkel α mit $\tan \alpha = 5/12$ kann die Kraftkomponente $F_{\text{Hz}} = 5/13 F_{\text{H}} = 5F$ quer zur Kurbel bestimmt werden. Diese ergibt eine Querkraft $Q = -5F$ in der Kurbel. Am Punkt 1 ist das statische Moment zu bestimmen. Mit dem Zuwachs ΔS_{y12} erhält man das statische Moment am Punkt 2.

$$S_{y1} = -(-R_{\text{m}})R_{\text{m}}s = R_{\text{m}}^2 s$$
$$S_{y2} = S_{y1} + \Delta S_{y12} = R_{\text{m}}^2 s + R_{\text{m}}^2 s = 2R_{\text{m}}^2 s$$

Bestimmung des Flächeninhalts A und des Flächenträgheitsmoments I_y.

$$A = 2\pi R_{\text{m}}s + 2 \cdot 2R_{\text{m}}s = (2\pi + 4)R_{\text{m}}s$$
$$I_y = \pi R_{\text{m}}^3 s + 2R_{\text{m}}^2 \cdot 2R_{\text{m}}s = (\pi + 4)R_{\text{m}}^3 s$$

Berechnung der Beträge der maximalen ($\tau_{\max}$) und der mittleren (τ_{mittel}) Schubspannung.

$$\tau_{\max} = \frac{|Q|}{I_y s}S_{y2} = \frac{|-5F|}{(\pi+4)R_{\text{m}}^3 s \cdot s}2R_{\text{m}}^2 s = \frac{10}{\pi+4}\frac{F}{R_{\text{m}}s} = \frac{10}{\pi+4}(\pi+4)\frac{\text{N}}{\text{mm}^2} = 10\frac{\text{N}}{\text{mm}^2}$$

$$\tau_{\text{mittel}} = \frac{|Q|}{A} = \frac{|-5F|}{(2\pi+4)R_{\text{m}}s} = \frac{5}{2\pi+4}\frac{F}{R_{\text{m}}s} = \frac{5}{2\pi+4}(\pi+4)\frac{\text{N}}{\text{mm}^2} = 3.47\frac{\text{N}}{\text{mm}^2}$$

Anhang B8: Lösungen der Aufgaben des Kapitels 8

Lösung Aufgabe 8.1

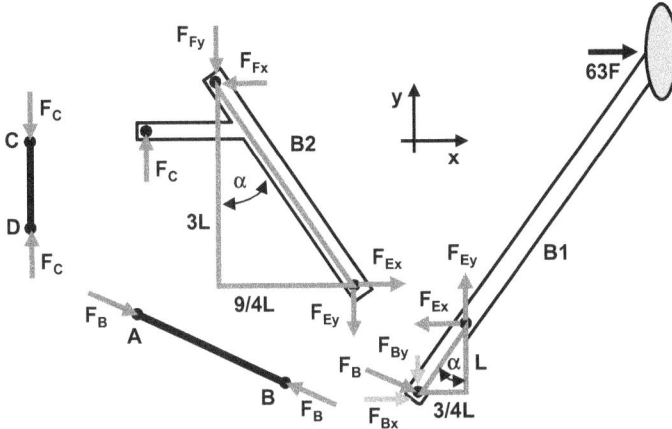

Betrachtung des Bauteils B1:

$$\sum M|_E = 0: \quad LF_{Bx} + \frac{3}{4}LF_{By} - 4L \cdot 63F = L\frac{12}{13}F_B + \frac{3}{4}L\frac{5}{13}F_B - 4L \cdot 63F = 0$$

$$\Rightarrow \qquad F_B = 208F \quad \Rightarrow \quad F_{Bx} = 192F \quad F_{By} = 80F$$

$$\sum F_x = 0: \quad -F_{Ex} + F_{Bx} + 63F = 0 \quad \Rightarrow \quad F_{Ex} = 255F$$

$$\sum F_y = 0: \quad F_{Ey} - F_{By} = 0 \quad \Rightarrow \quad F_{Ey} = 80F$$

Betrachtung des Bauteils B2:

$$\sum M|_F = 0: \quad -LF_C + 3LF_{Ex} - \frac{9}{4}LF_{Ey} = 0 \quad \Rightarrow \quad F_C = 585F$$

Betrachtung des Stabes AB. Der Stab benötigt einen Radius $R_{AB} = 5\,\text{mm}$.

$$\sigma_{max} = \frac{N}{A} = \frac{F_B}{\pi R_{AB}^2} = \frac{208F}{\pi R_{AB}^2} \quad \Rightarrow \quad R_{AB} = \sqrt{\frac{208F}{\pi \sigma_{max}}} = \sqrt{\frac{208 \cdot 125/104\pi\,\text{N}}{\pi \cdot 10\,\text{N/mm}^2}} = 5\,\text{mm}$$

$$F_{kritisch} = F_B = \pi^2 \frac{EI_y}{L^2} = \pi^2 \frac{E\pi/4 R_{AB}^4}{L^2}$$

$$\Rightarrow \quad R_{AB} = \sqrt[4]{4\frac{F_B L^2}{\pi^3 E}} = \sqrt[4]{4\frac{208F}{\pi^3}\frac{L^2}{E}} = \sqrt[4]{4\frac{208 \cdot 125/104\pi\,\text{N}}{\pi^3}0.625\pi^2\frac{\text{mm}^4}{\text{N}}} = 5\,\text{mm}$$

Betrachtung des Stabes CD. Der Stab darf maximal $L_{CD} = 5/4L$ lang sein:

$$F_{kritisch} = F_C = \pi^2 \frac{EI_y}{L_{CD}^2} = \pi^2 \frac{E\pi/4R_{CD}^4}{L_{CD}^2} = \frac{\pi^3 ER_{CD}^4}{4L_{CD}^2}$$

$$\Rightarrow \quad L_{CD} = \sqrt{\frac{\pi^3 ER_{CD}^4}{4F_C}} = \sqrt{\frac{\pi^3 ER_{CD}^4}{4 \cdot 585F}} = \sqrt{\frac{\pi^3 100000 \, \text{N/mm}^2 \left(0.25832 \sqrt{\text{mm}} \sqrt{L}\right)^4}{4 \cdot 585 \cdot 125/104\pi \text{N}}} = \frac{5}{4}L$$

Lösung Aufgabe 8.2

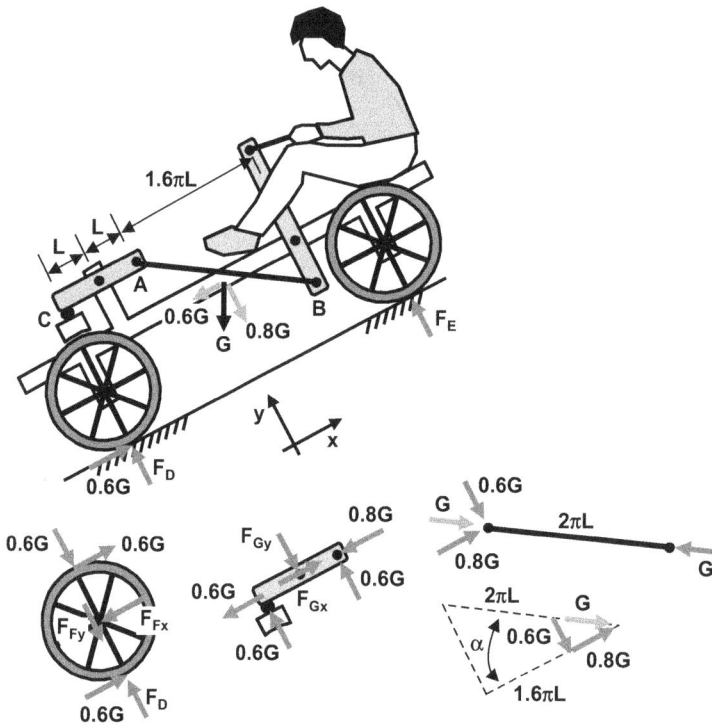

Die Hangabtriebskraft beträgt $G \cdot \sin \alpha = 0.6G$. Da nur das Vorderrad gebremst ist, kann nur am Vorderrad eine Kraft in x-Richtung wirksam sein. Da zwischen Bremsklotz und Rad der Haftreibungskoeffizient $\mu = 1$ wirksam ist, ist die Normalkraft gleich der Reibkraft $0.6G$. Am Stab AB ist die Stabkraft $F_{AB} = G$ wirksam, er hat die Länge $L_{AB} = 2\pi L$.

$$F_{kritisch} = F_{AB} = \pi^2 \frac{EI_y}{L_{AB}^2} = \pi^2 \frac{E\pi/4R^4}{L_{AB}^2} = \frac{\pi^3 ER^4}{4L_{AB}^2}$$

$$\Rightarrow \quad R = \sqrt[4]{\frac{4F_{AB}L_{AB}^2}{\pi^3 E}} = \sqrt[4]{\frac{4G(2\pi L)^2}{\pi^3 E}} = \sqrt[4]{\frac{16}{\pi} \frac{GL^2}{E}} = \sqrt[4]{\frac{16}{\pi} 625\pi \, \text{mm}^4} = 10 \, \text{mm}$$

Stichwortverzeichnis

www.ingramcontent.com/pod-product-compliance
Lightning Source LLC
Chambersburg PA
CBHW080916220326
41598CB00034B/5587